张宪魁

物理教育思想文集

中国教育学会物理教学专业委员会 编

中国海洋大学出版社

·青岛·

图书在版编目（CIP）数据

张宪魁物理教育思想文集／中国教育学会物理教学专业委员会编．—青岛：中国海洋大学出版社，2021.10

ISBN 978-7-5670-2853-1

Ⅰ．①张…　Ⅱ．①中…　Ⅲ．①张宪魁—物理—教育思想—文集　Ⅳ．①O4-53

中国版本图书馆 CIP 数据核字（2021）第 122774 号

出版发行	中国海洋大学出版社
社　　址	青岛市香港东路23号　　邮政编码　266071
网　　址	http://pub.ouc.edu.cn
出 版 人	杨立敏
责任编辑	李夕聪　刘宗寅　　　　电　　话　0532-85901087
电子信箱	1152003083@qq.com
印　　制	青岛海蓝印刷有限责任公司
版　　次	2021年10月第1版
印　　次	2021年10月第1次印刷
成品尺寸	185 mm×260 mm
印　　张	23.5
字　　数	469千
印　　数	1～3100
定　　价	99.00元
订购电话	0532-82032573（传真）

发现印装质量问题，请致电0532-88785354，由印刷厂负责调换。

张宪魁教授

（1941年2月—2020年11月）

序 一

　　张宪魁先生是济宁学院（原济宁师范专科学校）教授，是我国当代德高望重的物理教育专家。在几十年的教育研究和教育实践中，张宪魁先生始终坚持理论联系实际、实事求是的学术理念，在物理教学论和物理科学方法教育等方面取得了优异的教学成绩和丰硕的研究成果，同时也在全国范围内培养了一批治学严谨、研究功底深厚的优秀物理教师，成为我国广大中学物理教师的良师益友，为我国的中学物理教育做出了卓越的贡献。

　　张宪魁先生与中国教育学会物理教学专业委员会有着甚深的渊源。张先生每当谈到自己的教学研究之路时，经常说的一句话就是"全国教研会是我的良师益友"。张先生所说的"全国教研会"就是中国教育学会物理教学专业委员会的前身——中国教育学会物理教学研究会，我国物理教育界同行们常将其称为"全国教研会"（以下简称"学会"）。张先生对学会有着深厚的感情，直到晚年他仍然保留着一份用复写纸誊写的、十分陈旧的参加学会第一次年会暨成立大会的会议通知。说起来，那是1981年的事了。每当提起这张会议通知，张先生都会自豪地说："正是这张会议通知把我带进了中国物理基础教育研究的大家庭。在这里，我结识了许国梁先生、雷树人先生、阎金铎先生等老一辈物理教育专家，也结识了高师、师专、各省市区教研室的专家以及一大批中学物理教学一线的精英。多年来，我向这些学者、专家及优秀的一线教师学习了很多东西，也与他们成了知心朋友。教研会就是我的良师益友。"我国基础教育物理教学的前辈们成为张先生的良师益友，影响了他的物理教学研究之路，也使得他最终成为当今我国基础教育物理教学研究者的良师益友。

2002年张宪魁先生从济宁学院退休后，为照顾常年在国外工作的孩子家的生活，他迁到北京居住。应阎金铎教授、乔际平教授等老先生的邀请，张先生从一名积极参加学会活动的理事变为一名学会秘书处的核心成员，参与了大量学会活动的主持工作。

一、积极地筹划学术活动

张宪魁先生参与学会秘书处工作时，正是秘书处成员年龄断档时期。张先生根据多年来参与学会活动的经验，积极投身于学会各项学术活动的策划与组织工作；其中，不仅包括每年年会的学术主题及当时中学物理教学研究的关键问题的研究活动，也包括深受广大师生喜爱的"全国中学物理教学改革创新大赛""全国中学物理教学名师赛""全国高师院校大学生物理教学技能大赛""全国中学生应用物理知识竞赛"等各类比赛、交流活动，还包括"物理科学方法教育"等专题学术研究活动以及面向全国一线教师的"全国物理教育科研课题"指南的编写、立项、检查、结题等工作的规划与组织。这些工作与活动，既凝结着张先生对物理教学改革的心血，也体现了张先生对物理教学研究的敏感与智慧。这些学术活动的成功开展对于推动我国基础教育物理教学改革，调动广大中学物理教师参与教学研究的积极性，提升广大一线物理教师教学研究的水平，推动我国高等师范院校物理教育专业的发展都起到了极大的促进作用。

二、主动地做好日常工作

张宪魁先生在参与学会秘书处工作的过程中，不仅投入了智慧，更投入了精力。他经常对我们说："你们都是在职的，又都是各单位的骨干力量，平时工作太紧张，我退休了没有具体的工作任务，对学会的工作又比较熟悉，所以我多做一些工作没有问题。"张先生是这样说的，更是这样做的。学会的日常工作每到一个阶段结束需要开会总结时，张先生总是把待讨论的问题提前告知我们，并且在讨论中主动地、默默地做好记录，梳理好各项工作的分工情况与时间节点，会议结束后形成书面材料发给我们备忘。这样，学会秘书处的工作档案的分类整理、刻制光盘存档等自然也就成了张先生工作的一项重要内容。

每次选择学会秘书处开会时间和地点时，张先生总是为他人着想。为了照顾我们，开会地点通常会设在北京师范大学或人民教育出版社，开会时间通常是下午3点以后。这样，我们就可以少跑路了，可张先生赶到会场往往需要一两个小时，由此也打乱了张先生中午休息和下午锻炼的生活节奏。当我们为此对张先生表示歉意和感谢时，他总是露出他那宽厚温暖的笑容，乐呵呵地说："别客气嘛，你们都忙，我退休了，没有关系。我对教研会的工作有感情，能为教研会工作我心里很高兴。"

10多年来，我们学会秘书处的老师们都深切地感受到，有张先生这样一位"管家"在操心，不仅让我们对学会的工作心中有底，而且我们的工作负担也减轻了很多。为此，我们由衷地称张先生这位"教研老兵"为"常务副秘书长"。

三、热情地搞好各项服务

在每年的学术年会、各类大赛及交流展示活动中，张宪魁先生不仅是策划者，更是具体实施的组织者，可以说10多年来学会开展的各项工作，既有张先生的智力投入，又有他的体力付出。通常他都会比秘书处的老师们早到会场一两天，安排相关的工作：大到会议的具体议程、分组的安排、组长人员的落实等，小到会场的布置、专家住房的安排、参赛选手比赛抽签的流程、迟到的与会人员的就餐等，各个工作场景中都能看到张先生忙碌的身影。作为一位六七十岁的老者，一位物理教育界的老教授，他的所做所为是多么感人啊！

多少年来，正是张先生的投入与忙碌，才确保了学会活动安排的缜密性；正是张先生热情而无私的奉献，感染了所有与会者，才使得在各项工作中大家都能相互理解、相互支持，从而使学会成为一个和睦的大家庭。

在张宪魁先生参与学会秘书处工作的这十多年时间里，我们被张先生的治学态度、学术水平以及为人师表的高尚品格所折服，也与张先生结下了深厚的友情。2017年，考虑到老伴身体康复的需要，张先生和老伴住进了北京郊区的老年公寓，这才使他渐渐地离开了学会秘书处的具体工作，但他仍与秘书处保持着密切的通信联系，为学会的工作操心献策，并仍然参加全国物理科学方法教育学术研讨会的活动。后来，我们得知张先生老两口要移居济南，便到北京的老年公寓去看望他。此时，他仍是那样满面红光，带着他特有的谦和笑容与我们长谈学会的工作；分别时，他还拉着我们的手，嘱托我们要将学会的各项学术活动搞好，为广大一线物理教师的成长搭建平台。没想到那次分手后，我们就再也没有与张先生见过面。现在，我们眼前还会经常浮现出张先生在学会年会现场忙碌的身影，浮现出他那特有的宽厚温暖的笑容。

张宪魁先生以满腔的热忱全身心投入到中学物理教学研究之中，投入到学会的学术工作中，他那严谨的治学态度、极高的学术水平、旺盛的工作精力、超强的工作能力、谦逊的待人态度都深深地刻在我们的脑海里。

《张宪魁物理教育思想文集》即将出版。这一文集不仅汇集了张宪魁先生的学术成果，也展现了张宪魁先生留给基础物理教育研究的精神财富，对于我们学会秘书处的老师们和广大的基础物理教育工作者来说，这是一种极大的鞭策与激励。

中国教育学会物理教学专业委员会秘书处

苏明义　执笔

2021年5月于北京

（苏明义系中国教育学会物理教学专业委员会副理事长）

序 二

我校杰出教授张宪魁先生于2020年11月13日病逝。在他离世3个月后，中国教育学会物理教学专业委员会及一批奋斗在中学物理教学和研究战线上的同人们筹备编纂《张宪魁物理教育思想文集》。这是对他最好的告慰，也是对我国中学物理教学和研究最好的促进。

张宪魁先生1970年11月调入济宁师范专科学校（济宁学院前身），与另外7位教师共同组建物理教育专业，可以说是我校物理学科和专业建设的元老，也是我校逐步发展壮大的见证人和实践者。先生在校期间一直奋斗在教学和管理一线，主讲"无线电""普通物理""中学物理教学法"等课程，先后任物理教研组组长、物理系副主任、物理系主任、教务处处长等职。

张宪魁先生一直践行终身学习的信念。为促进教学的深入开展，他在41岁时，申请到南京大学进修梁昆淼先生的"理论力学"、蔡建华先生的"量子力学"、李真先生的"电动力学"、龚昌德先生的"热力学与统计物理学"等系列理论物理课程。尤其在旁听了徐纪敏先生的"科学学"课程后，他产生了对科学方法的研究兴趣，开启了影响深远的物理科学方法教育的研究和实践。在研究过程中，他不断学习、吸纳其他学科的教学研究成果，身体力行推动创新。譬如，20世纪80年代他对模糊数学的学习和研究为物理教学研究开辟了全新的方法，20世纪90年代他以计算机辅助教学推进了物理教学改革。

张宪魁先生拥有谦逊严谨的治学态度。他认真对待教学的每个环节，课前准备、课堂教学、课后辅导都留下他激情满怀的身影，教材、教案、习题无不凝聚着他辛勤的汗水；他认真对待每一项研究，在编撰14集《中学物理教学法电视系列教材》时，他带领编写组成员严密论证、查阅资料、撰写成稿、审核校对，每一个环节都浸润着他勤勉的心血和深邃的智慧。

张宪魁先生拥有助人为乐的高尚情怀。他关心同事的发展，鼓励青年教师进修学习、刻苦钻研，甘做他们成长的铺路石；他关怀学生们的成长，无论是为他们在校期间的答疑解惑，还是为他们步入社会后的职业发展，都会亲力亲为、不遗余力地给予帮助；即便退休后，他在参加各项活动时，仍然是宁可自己多些辛苦也要为他人的方便着想。

张宪魁先生拥有体育锻炼的良好习惯。到济宁师范专科学校工作后，他积极倡导体育锻炼以促进工作和生活质量的提高。他身体力行地推动学校羽毛球运动的开展，并引导一大批教师形成了健康的生活和工作习惯。退休后，由于时间和年龄原因，他虽然放弃了钟爱的羽毛球运动，但仍然通过游泳和快走来延续着锻炼身体的习惯。这正是他能在工作中始终保持旺盛精力的秘诀。

在近40年的教学研究工作中，张宪魁先生一直坚持物理学方法论及物理科学方法教育的研究与实践，并取得了丰硕成果。他先后出版了专著6部、教材10多本，发表了论文100多篇；先后获得"济宁市科技拔尖人才""山东省优秀科技工作者""山东省优秀教育工作者"等荣誉称号。他曾主持省部级教学科研项目4项，获山东省高等学校优秀教学成果一、二等奖共3次，获教育部优秀教育科研成果奖2项。张宪魁先生于1994年获曾宪梓教师奖，于1996年被国务院批准享受政府特殊津贴，于2010年被教育部聘为"国培计划"首批专家。

凝聚张宪魁先生多年物理教学研究心血结晶的《张宪魁物理教育思想文集》的出版，将深化我国中学物理教学的理论研究，也会对中学物理教师的一线教学实践起到引领作用。

在此，感谢参与编纂的各位同人的辛勤工作！

济宁学院

2021年5月

前 言

FOREWORD

　　张宪魁先生出生于巍峨雄伟、钟灵毓秀的泰山脚下，成长于底蕴深厚、汉韵流芳的古城徐州和曲水垂杨、荷香清韵的泉城济南，工作和生活在儒学原乡、孔子故里曲阜和历史悠久、文化交融的济宁。物华天宝、人杰地灵的文化圣地良好环境的熏陶，加上书香门第的濡染，使得聪明颖慧、勤敏笃行的他从小就树立起远大理想，并在一生中执着地坚守自己的人生信念：心之所向，愈挫愈奋；一息尚存，志不稍懈；一路前行，百折不回！

一

　　坚定的信念，生活的磨砺，深沉的思索，踏实的实践，成就了张先生的教育人生。对社会的深入体验，对人生的深刻感悟，愈加激发了他对教育的热爱、对学生的热爱，使他焕发出全身心投入教育事业的强大动力。

　　1982年9月，张先生已经41岁了，却毅然奔赴南京大学进修学习理论物理。他知难而进、迎难而上，勇气可嘉。也许是机缘巧合，期间他偶然接触到南京师范大学徐纪敏先生讲授的"科学学"这门课程，并且受到龚昌德院士开设的"热力学与统计物理学"等课程的影响，经过深入学习思考，写出了《物理学方法论学习要点》一文。这篇学习心得，是他物理科学方法教育研究的发轫之作。进修回来后，他做出了一个改变后半生研究方向的重大决定——学习与研究物理学方法论，由此开启了他长达近40年的物理科学方法教育研究之旅。

　　千里之行，始于足下。他用铁笔、钢板、蜡纸，刻印了第一份"物理学方法论学习要点"讲义分发给学生学习。他广泛查阅资料，积累了巴掌大的资料卡片几千张，经过梳理、汇总，确立了物理科学方法的体系。他通过物理教学法课程，宣传和推行物理科学方法教育。面对学生的追问：在物理备课中，我们到哪里去找科学方法呢？他寝食难安地苦苦寻找，终于发现了物理科学方法的判定原理。他深入课堂分析研究，对每节课都挖掘其中的科学方法，并在课堂教学设计中明确地体现出来，组织师生去试验、去探索、去检验，寻找物理科学方法教育的策略和路径。他反复观看课堂录像，深入分析获得的数据，总结取得的成果，撰写论文论著。各地教学研讨、备课活动以及课堂录像摄制现场，都留下了他忙碌而矫健的身影，回荡着他温和而坚定的话语，闪现着他智慧的光芒。他倡导创新。结合新课程标准的实施，他打破思维定式，拓展思维边界，进一步提出适合我国国情的物理科学方法教育课题，在全国范围内开展了新一轮既轰轰烈烈又扎扎实实的实验研究。他作为大学教授，不是坐在书斋里，而是将学术研究下移，把汗水洒在中学物理课堂上，把论文写在中学物理课堂上，把自己学术研究的根深深地扎在基础教育的沃土之中。

张先生对物理科学方法教育的坚定、执着和痴迷近40年来一以贯之。他潜心钻研、与同行们切磋琢磨，真可谓一朝相约则痴情不改、年复一年而倾情一生，达到了"发愤忘食，乐以忘忧，不知老之将至"的境界！

二

张先生通过近40年的不懈探索，以物理科学方法教育理论与实践研究为依托，逐步形成了鲜明而富有特色的物理教育思想。

1. 概括物理科学方法教育的内涵与目标

研究者对问题的选择，不仅是研究者知识、能力、素养的集中体现，更是研究者品味、情怀、境界的真实反映。张先生选择物理科学方法教育作为研究课题并进行长期的探索，就是基于他对科学方法的深刻认识、对科学教育的整体把握以及对学生成长的全面关怀。

通过深入研究科学发展史，搜集、整理、提炼科学工作者对科学方法重要价值的论述，张先生进而发现了一个现象，即"从科学发展的历史看，凡是对人类认识的发展起到积极影响的，不论是自然科学家还是哲学家，他们都非常关注方法论的研究"。他从认识论和学习论的角度来考察科学发现和科学课程学习规律，指出人们认识与学习客观规律的过程，应该经过三个阶段，即：建立实践基础阶段，应用科学的方法进行思考、归纳阶段，总结规律阶段。张先生系统分析了科学教育的目的和内容，指出科学方法的重要性：从形成学生正确的世界观来看，比起任何特殊的科学理论来，对学生影响最大的还是科学方法论，而且学习和掌握科学方法有利于尽快培养高素质的创造性人才。

基于上述研究，张先生明确提出了物理科学方法教育的目标。物理教育的本质是在进行物理教学的过程中进行科学方法教育，具体包括弘扬科学思想、掌握科学方法、树立科学态度。这就解决了教什么的问题，使得物理科学方法教育有了具体内容和目标，推动物理科学方法教育走上实践的道路。此外，他还细化了物理科学方法教育内容，指出科学精神就是怀疑精神、求真精神、创新精神、人文精神、实践精神，科学态度就是严谨的态度、实事求是的态度。这一强调"物理教学自然回归"的观点与2011年版义务教育物理课程标准中的三维课程目标具有内在的一致性，且早于物理课程标准发布10余年就由张先生明确提出了。从对学生学习的基本要求来看，物理学习不仅要学习知识，而且要学习科学方法。张先生对物理科学方法教育的重视，并非只来自他在理论上的思考，更来自他多年来科学教育实践的亲身体悟。

2. 建构系统完善的物理科学方法教育体系

进行物理科学方法教育，必须有一个完整的物理科学方法体系作为基本参考，坚持系统性，克服盲目性。在文献研究基础上，张先生逐步构建了物理科学方法体系，将其作为物理科学方法教育的基本参照系。在这个体系中，根据本身是否具有较为成熟的模式，张先生把常用的物理科学方法分为两大类。一类是有一定规律和程式可循的常规方法。常规方法又分为两种方法：经典常规方法，指的是观察实验方法、逻辑思维方法、数学方法等；现代常规方法，主要是指"老三论"和"新三论"涉及的科学方法。另一类是非常规方法。这类方法的产生常带有或然性，运用起来有些"变幻莫测"，其特征与艺术表现形式有些相似，有时还会带有一些戏剧性色彩，诸如直觉、灵感、想象、猜测等方法。另外，物理美学、物理学家的失误以及物理学悖论在物理学的发展中也具有方法论的作用和意义，所以也把它们作为非常规方法加以探讨和研究。为此，张先生在2001年编写了《物理发现的艺术》一书（中国海洋大学出版社，2003年出版，与程九标、陈为友合写），书中选取能够体现物理学发现艺术的事例，以物理学研究的基本方法为主线联缀成章，展现那些体现着天才物理学家们的机智、巧妙、敏锐、坚韧、广博、深邃等思维品质的研究方法和艺术风格，昭示物理学研究方法的重要性及教育价值。

3. 提出物理科学方法判定原理

针对教材中很少提及科学方法、教学缺少科学方法具体内容的问题，张先生认为应该结合知识，在教材中挖掘科学方法因素。在总结大量事实的基础上，他发现以下三种情况里一定有方法存在，或者说方法的存在有以下三种形式：① 对于同一事物来说，在纵向或横向发展过程中的转折过渡处，一定存在着方法；② 不同事物之间（包括人与事物之间）建立联系或者发生关系时，一定存在着方法；③ 理论用于实践解决实际问题时，理论本身就具有了方法的意义。基于此，张先生建立了"物理科学方法因素判定原理"——在物理学知识点的建立、引申和扩展中，知识点以及知识点与知识点之间的连接处（我们将其称为"键"），一定存在着物理科学方法因素。这就解决了科学方法教学内容的问题，也为科学方法在教学中生根发芽找到了落地之处，促进了科学方法教育与科学知识教学的结合，大大地提高了物理科学方法教育的可操作性和普及程度。

4. 概括物理科学方法因素分析策略

进行物理科学方法教育的基础性工作是分析教材中的科学方法因素，也就是以物理学史料为线索，运用物理科学方法判定原理，对比物理学发展中的研究方法，分析、挖掘教材中是用什么方法描述和研究物理现象的，是怎样设计物理实验的，是如何建立物理概念的，是怎样探讨、总结并检验物理规律的，等等。张先生总结了以下三种分析教材中科学方法因素的方法。

（1）知识结构分析法。所谓知识结构分析，就是在分析一节（或一单元）教材的知识结构、内容的内在联系并画出知识结构图示的基础上，针对知识的内在联系（体现在知识点的连接处）分析其中的方法论因素。其具体步骤是：首先，找出该单元教材中的知识点（概念、规律、实验、习题等），并用方框把每个知识点分别框起来；然后，按知识点的内在联系及扩展、引申的线索，用箭头把各方框（知识点）连接起来，揭示该单元教材的知识结构；最后，分析箭头处（键）所存在的方法论因素。

（2）教学逻辑程序分析法。所谓教学逻辑程序分析，就是依据某一节或某一单元教材所提供的传授知识的逻辑程序，或者教师自己设计的教学逻辑程序，把教学分成若干步骤（也就是许多"子程序"）。因为程序之间存在着知识的纵向联系，反映着知识逐渐引申的过程，由此可分析出每两个子程序之间存在的方法论因素。

（3）知识类型归类分析法。所谓知识类型归类分析，就是从物理学科本身的知识结构出发，把物理教材按其内容侧重点的不同宏观地分为若干大类，详细分析每一种知识类型一般具有的科学方法因素，以此为借鉴，再遇到同类型的知识时即可作出对应的类比分析。

张先生带领课题组运用上述方法，对中学物理课程内容进行剖析，以物理课程标准、物理学发展史料以及学生的年龄、心理特征与接受能力为依据，制定物理科学方法教育的目标要求，明确不同阶段物理科学方法教育的重点，制订具体的、与教学内容相配合、适应学生特点的、可操作的目标计划，采用识记、领会、简单运用、灵活运用四级目标分类层次，全面系统地建立起初中和高中物理科学方法教育的目标体系。

5. 提出知法并行教学模式

知法并行教学模式是指在物理课堂教学过程中，以教材中的知识发展过程以及其中所蕴含的科学方法因素为基础，将知识的发展过程及其所运用的科学方法整理出来形成线索，使"知识线"和"方法线"在教学过程中同时展开、并行前进的一种物理科学方法教育教学模式，其具体过程包含理出"知识线"、理出"方法线"、建立"知法并行表"，实施知法并行教学。因为科学本来就应该包括科学知识、科学思想、科学方法、科学态度，因此，知法并行体现了科学教育的自然回归。

张先生还大力倡导物理科学方法教育显性化。通过多年的科学方法教育实践，他深深地体会到，学习科学方法之路应该是一学习、二模仿、三创新；有鉴于此，落实科学方法教育不能仅仅囿于隐性教育，而应大力提倡显性化教育。中学生是最富有创造力的群体之一，应该让他们早日接受显性化的科学方法教育，不要让他们把时间更多地花费在自己对方法的"悟"上，应尽量避免让他们漫无边际地去摸索方法。

6. 构建物理科学方法教育支持系统

张先生开展物理科学方法教育研究，不仅注重理论探索和实践研究，还特别重视物理科学方法教育支持系统的建设。

首先，构建物理科学方法教育研究组织。他通过课题研究、课堂研讨、教学比赛，倾力传播物理科学方法教育的理念和方法。他作为教育部国培计划首批专家，足迹遍布大江南北，不辞劳苦地走进各地的教师培训讲堂，传播物理科学方法教育的理论知识与实践方法，指导物理科学方法教育活动的开展。他走进本科生课堂给他们开设科学方法课程，系统培养师范生的科学方法教育能力。他经常到研究生中，指导他们开展科学方法教育研究，撰写物理科学方法教育研究学位论文。他建立起物理科学方法教育专题网站、微信公众号和QQ群，形成了课题研究的滚动发展机制以及网上交流系统。几十年的努力耕耘，使得张先生拥有了为数众多的"铁粉"，发展了一大批物理科学方法教育的研究者和实践者，形成了开展物理科学方法教育的重要力量。

其次，构建教师专业发展支持系统。他提出了以具备"三力"（动力、精力、能力）、掌握"三术"（渊博的专业学术、熟练的教育技术、良好的教学艺术）、学会"五法"（物理学研究方法、物理学学习方法、物理学教学方法、物理教学研究方法、物理教学资源开发方法）和树立始终如一坚持研究的信念为架构的中学物理教师3351专业素质结构，主持编写了《物理科学方法教育》《物理科学方法教育视频教程》以及《新课程中学物理教法与实验技能视频教程》，摄制了28集《中学物理科学方法教育课堂教学示例》电视片，开发了涵盖216节初中物理教学所有知识点的系列化微课资源，为教师专业发展提供了丰富的资源支持。

最后，构建科学的课堂评价体系。张先生编写了《物理教育量化方法》（湖南教育出版社1992年出版，与王欣、李来政合写）与《物理课堂教学评价》（高等教育出版社1996

年出版，与王其超、李新乡合写），为物理科学方法教育课题组以及广大一线教师评价课堂、分析和查找教学中的问题，提供了精准的量化评价工具。

三

张先生是一位不倦的学者。他一直生活在物理科学方法教育的探索实践和成果推广中，学理论、找方法、下课堂、与老师交流、与学生座谈等；生活在中国教育学会物理教学专业委员会的一系列活动中，召开会议、培训教师、撰写著述以及组织教师教学比赛、大学生教学技能大赛、中学生应用物理知识竞赛等。他总是比别人有更多的付出和奉献、更多的忙碌和辛劳，好像总有做不完的事情、使不完的劲儿，始终洋溢着生命的冲动和创造力。

张先生是一位真正的师者。他既是曲阜师范学院附属中学那些学生的老师，也是济宁学院物理系那些学生的老师，更是全国各地拥趸爱戴他的那些课题组成员、那些物理科学方法教育的实践者、那些他的"铁粉"们的老师。他对待学生，比对待自己孩子都有耐心。他对学生充满热切的期待，洋溢着发自肺腑的喜爱。他那无微不至的关怀、春风化雨的教诲、具体细致的指导，无不让学生感到如沐春风、如饮甘霖。张先生用他自己的一生，绝佳地描摹出"学而不厌，诲人不倦"的师者风范！

虽然按照十二生肖，张先生不属牛，但是他像一头牛一样，几十年如一日，躬身耕耘在物理科学方法教育这片沃土之上，不遗余力地使出自己的"牛劲"。"牛劲"者，力大而持久也。苦心之人天不负，有志之者事竟成。我们从他身上，从他撰写的论文、论著中，从他的专题报告、讲座里，从他的言谈话语之中，都充分感受到他那"腹有诗书气自华"的底气——"牛气"。他晚年退而不休，移师京城专事学会秘书处工作，为此夜以继日、不辞辛劳。"老牛亦解韶光贵，不待扬鞭自奋蹄"正是他那珍爱人生、老当益壮、自强不息、甘于奉献的老黄牛精神的生动写照。

张宪魁先生虽然已经离开了我们，但是，他对我们治学精神的熏陶、教育思想的引领、品行修养的润泽、学术研究的启迪将永远活在我们的心里、落实在我们的行动中。

目录

CONTENTS

001

《物理科学方法教育（修订本）》选编

101

论文精选

流体静力学的佯谬

　　形状不同而底面积相同的容器，内装有深度相等的同种液体，虽然容器中的液体所受重力不同，但液体对底面的压力却是相同的。这在流体静力学尚未被人们完全认识时，是一个十分令人迷惑的现象。该结论最早由帕斯卡提出，并被人们称为"流体静力学的佯谬"。学生在学到这部分知识时往往会感到难以理解，因此，如何解释这一现象，是我们在教学中应该关注的问题。下面分别对该佯谬进行定性解释与定量证明。

一、定性解释

　　设有三个形状不同的容器，如图1所示，其底面都是正方形 $ABCD$ 且面积相等，容器高都是 h，其顶部分别为正方形 $A_1B_1C_1D_1$、长方形 $A_2B_2C_2D_2$ 和长方形 $A_3B_3C_3D_3$ 且面积不等。容器内注满相同的液体。显然，第二个容器中的液体所受重力最大，第三个容器中的液体所受重力最小。现在的问题是要证明，三个容器底面所受的压力大小是相同的，都等于长方体液柱 $ABCDA_1B_1C_1D_1$ 所受重力。

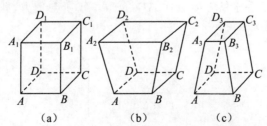

图1　三种底面相同而形状不同的容器

　　容器(a)底面上所受到的压力大小正好等于其中长方体液柱 $ABCDA_1B_1C_1D_1$ 所受重力，这是显而易见的。

　　容器(b)可以看成是图 2 所示容器的变形,其底面为长方形 $EFGH$(与长方形 $A_2B_2C_2D_2$ 的面积相同,比正方形 $ABCD$ 面积大),顶部与容器(b)的顶部相同,内部也盛满液体。这时,底面长方形 $EFGH$ 上所受到的压力大小等于长方体液柱 $EFGHA_2B_2C_2D_2$ 所受重力,而底面 $ABCD$ 上所受的压力大小等于长方体液柱 $ABCD$ $A_1B_1C_1D_1$ 所受重力,与容器(a)的情况相同。此时我们可以想象着慢慢地、对称地将薄薄的两块隔板 ADD_2A_2 与 BCC_2B_2 加到液体中。显然,这并不改变原来液体的情况,两个隔板的两面所受的压力大小相等,所以它们处于平衡状态。如果我们能够把两块隔板"黏结"在容器上,使其内外两侧液体不发生流动,这样仍然不会改变原平衡状态。然后,我们把隔板外的液体"移去",这时图 2 所示容器在隔板内的部分就变成容器(b)的形状。显然,这时底面 $ABCD$ 上所受的压力大小并不受影响,仍等于长方体液柱 $ABCD$ $A_1B_1C_1D_1$ 所受重力;不过,两块隔板上将要受到沿法线方向向外的压力。

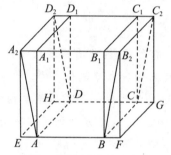

图 2　容器(b)液柱示意图

　　同样,容器(c)可以看成是图 3 所示容器的变形。此容器是上、下底面皆为正方形的长方体,其底面 $ABCD$ 上所受的压力大小等于长方体液柱 $ABCDEFGH$ 所受重力,即容器(a)中长方体液柱 $ABCDA_1B_1C_1D_1$ 所受重力。与对图 2 的分析类似,加入两块隔板 ADD_3A_3 及 BCC_3B_3,因为每个隔板两面上的压力大小相等,所以它们处于平衡状态,不改变原有液体的情况。我们把它们"黏结"在容器上,不会改变容器底面所受的压力;然后,把两隔板外的液体"移去"。这时,隔板将要受到沿法线方向向外的压力;反之,隔板对内部的液体也有一压力。此压力代替了移去的液体产生的压力,所以移去液体后对底面的压力并无影响。这时,液柱 $ABCDA_3B_3C_3D_3$ 变成与容器(c)中液柱相同的形状,而底面所受的压力大小仍等于长方体液柱 $ABCDEFGH$ 所受重力,即容器(a)中长方体液柱 $ABCDA_1B_1C_1D_1$ 所受重力。

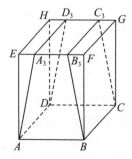

图 3　容器(c)液柱示意图

任何容器不管它的形状如何,我们都可以用类似的方法分析。

所以对于不同的容器,只要底面积相同,内部装有深度相等的同种液体,不管容器形状如何,其底面上所受的压力大小都是相同的。

二、定量证明

容器(b)中由于长方体液柱 $ABCDA_1B_1C_1D_1$ 之外"多余的"液柱 $ADD_1D_2A_2A_1$ 及 $BCC_1B_1B_2C_2$(图2)所产生的压力分别由器壁 ADD_2A_2 及 BCC_2B_2 承担,我们只要证明其中一侧即可。设 $B_1C_1=b,BB_2=l,B_1B_2=a$,$B_1B=h$,$\angle B_1B_2B=\alpha$,如图4所示。

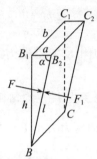

图4 器壁受力分析

命题:液柱 $BCC_1B_1B_2C_2$ 所受重力由器壁 BCC_2B_2 的支持力在竖直方向上的分力所平衡。

证明:由于液体受到重力的作用,器壁 BCC_2B_2 受到一压力;反之,器壁 BCC_2B_2 对液柱有一支持力(反作用力),而且随着深度的增加支持力逐渐增大。

选坐标系如图5所示,则液柱对器壁的压力为

$$F=\int_0^l \rho g \cdot y \cdot b \cdot \mathrm{d}l,$$

其中:$b\cdot\mathrm{d}l$ 为器壁上的一个个横向条状小面积元;ρ 为液体密度,$g=10\ \mathrm{N/kg}$;y 为 $\mathrm{d}l$ 中心处液体的深度,而 $\mathrm{d}l=\dfrac{\mathrm{d}y}{\sin\alpha}$。

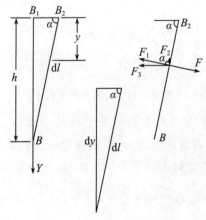

图5 液柱对器壁的压力分析

所以 $F = \int_0^l \rho g \cdot y \cdot b \cdot \mathrm{d}l = \int_0^h \rho g \cdot b \cdot y \cdot \dfrac{\mathrm{d}y}{\sin \alpha}$

$$= \dfrac{\rho g \cdot b}{\sin \alpha} \cdot \dfrac{y^2}{2} \bigg|_0^h = \dfrac{\rho g \cdot b}{\sin \alpha} \cdot \dfrac{h^2}{2}。$$

器壁对液柱的支持力 $F_1 = F$（大小相等，方向相反），那么 F_1 在竖直方向上的分力

$$F_2 = F_1 \cos \alpha = \dfrac{\rho g \cdot b}{\sin \alpha} \cdot \dfrac{h^2}{2} \cdot \cos \alpha = \dfrac{\rho g \cdot b \cdot h \cdot a}{2}。$$

显然，$\dfrac{\rho g b h a}{2}$ 就等于液柱 $BCC_1B_1B_2C_2$ 所受重力，命题得证。

F_1 沿水平方向的分力 $F_3 = F_1 \cdot \sin \alpha = \dfrac{\rho g \cdot b}{\sin \alpha} \cdot \dfrac{h^2}{2} \cdot \sin \alpha = \rho g \cdot \dfrac{h}{2}(b \cdot h)$，则平衡了由于液柱 $ABCDA_1B_1C_1D_1$ 所产生的侧压力（器壁 BCC_1B_1 侧面上的压力）。

我们也可以作如下简单证明。

因为液体产生的压强与深度的关系是线性均匀变化的，所以器壁 BCC_2B_2 上的压强可用平均值 $\dfrac{h}{2} \cdot \rho g$ 表示。器壁所受的压力大小 $F =$ 器壁对液体的支持力 $F_1 = \dfrac{h}{2} \rho g \cdot lb$，它在竖直方向上的分力为 $\dfrac{h}{2} \rho g \cdot l \cdot b \cos \alpha = \dfrac{\rho g \cdot h \cdot b \cdot a}{2}$，所得结果与前面的证明相同。

同样，我们可以证明容器(c)底面所受的压力大小等于液柱 $ABCDEFGH$ 所受重力，其中"缺少的"液体应该产生的压力被器壁的压力代替。

如图 6 所示，底面 $ABCD$ 上受的压力大小等于长方体液柱 $A_4B_4C_4D_4A_3B_3C_3D_3$ 所受重力加上底面 AA_4D_4D 及底面 BB_4C_4C 上所受的压力大小，只要证明底面 BB_4C_4C 上所受的压力大小等于液柱 $BB_4C_4CFB_3C_3G$ 所受重力，底面 AA_4D_4D 上所受的压力大小等于液柱 $AA_4D_4DEA_3D_3H$ 所受重力即可。

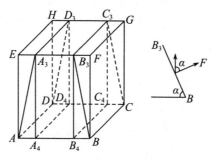

图 6　容器(c)底面、器壁所受压力分析

底面 BB_4C_4C 上所受的压力大小应该等于液柱 $B_4BCC_4C_3B_3$ 所受重力加上器壁 BCC_3B_3 对液体的压力在竖直方向上的分力，而这个分力的数值又等于器壁 BCC_3B_3 内部液体对它的压力 F 在竖直方向上的分力。所以，这个分力应等于

$$\rho g \cdot \dfrac{B_3B_4}{2} \times B_3C_3 \times B_3B \times \cos \alpha = \rho g \cdot \dfrac{h}{2} \times B_3C_3 \times B_4B = 液柱 BCGFB_3C_3 所受重力。$$

所以，底面 BB_4C_4C 上所受的压力大小等于液柱 $B_4BCC_4B_3FGC_3$ 所受重力。

同理可证底面 AA_4D_4D 上所受的压力大小等于液柱 $AA_4D_4DEA_3D_3H$ 所受重力。

所以,底面 $ABCD$ 上受的总压力等于底面积为 $ABCD$、高为 h 的长方体液柱所受重力,"缺少"的那部分液体所受重力应该产生的压力则由器壁对液体产生的压力代替。

（原文刊发于《物理教学》1981 年第 5 期,有修改）

物理实验的方法论思想初探

在加强实验教学培养学生操作技能的同时，注意向学生传授物理学方法论的思想是十分重要且有意义的。

新编初中物理课本中共有 205 个实验，其中演示实验 145 个、学生分组实验 22 个、小实验 20 个、习题中明显涉及的实验 18 个(有的是设计性实验)。这些实验从设计构思到效果观察都渗透着物理工作者十分丰富的方法论思想。概括起来，我认为方法论思想主要体现在以下几个方面。

一、物理实验常用的设计方法

设计物理实验的关键是如何通过设计达到良好的观察效果。为此，目前初中物理实验设计一般常用以下几种方法。

1. 转换法

物理实验中常常会遇到一些实验效果不易观察或者现象不明显的情况。为此，常借助力、热、电、光、机械等之间的相互转换的方法，来实现实验可观察、容易观察或观察效果明显的目的。转换的依据是等效思想，也就是从效果相当的角度进行实验。例如：① 弹簧测力计、握力计、牵引测力计等是把力的大小，转换为弹簧的伸长量或者指针的偏转角度；② 速度计是把需要测定多个量(路程、时间)方能确定的速度值，转换成直接读数即可得出速度值；③ 微小压强计是把压强的变化，转换为 U 形管中两边液面高度差的变化；④ 水受热后的对流不易观察，但是借助于紫红色高锰酸钾溶液的流动可以清楚地显示热传递的情况；⑤ 电流表、电压表以及显示固体受热膨胀的实验装置等，都是通过观察指针的偏转来实现测量或判断的。

2. 对比法

人们认识事物、区别事物需要掌握它们的特点，而它们的特点主要是通过对比来研究的,通过对比达到异中求同或同中求异的目的,从而打开思路,获得解决问题的方法。对比的方法广泛地应用在物理实验中。例如:① 研究物体的浮沉条件时,用所受重力相同的铅盒与铅团作比较;② 斜面省力实验中,是通过对不同倾角的斜面进行对比、对斜面与竖直面进行对比来获得结论;③ 两种不同的金属片铆在一起做成双金属片,进行受热对比来认识不同金属热膨胀的不同;④ 用黑白颜色的两种物体表面来对比物体吸热本领的不同;⑤ 通电导体周围磁针偏转与磁铁周围磁针偏转的对比来认识通电导体的周围存在磁场;⑥ 通过导体、绝缘体导电特性的对比认识物体导电性的不同;⑦ 研究密度、比热容、电阻等表征物质特性的物理量的实验,采取对比的方法更为有效;⑧ 有些实验要进行两种实验方法的对比,如测温度时的估测法与用温度计实际测量法的对比、用伏安法测电阻时的内接法与外接法误差大小的对比等。

3. 平衡法

平衡实质上就是矛盾双方的平衡,分析平衡就是分析矛盾双方的情况。在一个平衡系统中总是存在着使平衡发生偏离的因素,平衡就是对这种偏离的抵消效应。当矛盾双方达到平衡时,从物理学角度来说总是对应一个平衡方程式,最简单的情况是方程的一侧为已知量而另一侧为未知量。

例如:① 应用等臂天平测质量,实质上就是待测质量的物体与砝码这两个使天平失去平衡的因素相互抵消,重新使天平达到力矩平衡的过程,从而可知物体的质量等于砝码的质量;② 用托里拆利实验测大气压强,是根据管中一定高度的液柱所产生的压强等于大气压强;③ 测电流、电压以及研究液体的压强与深度的关系的实验,连通器的演示实验,物体的浮沉实验,验证阿基米德原理的实验,密度计、杠杆的平衡条件、定滑轮、伽利略温度计、测比热容等实验,也都渗透着平衡的思想。

4. 放大法

利用扩音机、幻灯机等设备把微小的声音或图像信息进行放大,这是大家都熟悉的方法。初中物理实验中对微小量的测量也常常采用间接的、广义上的放大法来解决。例如:① 游标卡尺就是在这种思想支配下的产物;② 借助细管中液体的移动或者 U 形管两侧液面的高度差来实现"小中见大",如微小压强计测压强的实验、气体与液体受热膨胀的实验、伽利略气体温度计实验、演示物体吸热本领不同的实验、焦耳定律实验等都应用了这种放大法。

二、物理实验中的数学方法

数学是一种科学的语言,它是对客观规律最精炼的总结,具有严密、逻辑、辩证、抽象的特点。在物理实验中同样可用数学方法来进行描述、推理和计算。初中物理实验中主要应用了以下几种数学方法。

1. 几何图形法(或图示法)

例如:① 测锥体的高及圆的直径;② 运用几何作图法说明光的反射定律、平面镜成像、潜望镜、光的折射现象、水中筷子的弯折、凸透镜对光的会聚作用、凹透镜对光的发散作用等；③ 在研究熔化(或凝固)过程时,运用描点法画出熔化(或凝固)过程中温度随时间变化的图象,从中总结规律；④ 运用假想的磁感线形象地描绘磁场,这是法拉第富有革命性的创见。

2. 叠加平均法

初中物理实验中主要运用了算术平均数的方法,即把测定的若干数相加求和,然后除以个数,如测纸厚、测细金属丝直径、测短棉线质量、伏安法测电阻等。

3. 比例法(或简单函数关系法)

例如,弹簧伸长与外力的关系、温度计的刻度与温度的关系、欧姆定律等实验都运用了比例法。

4. 表格法

例如,研究滑动摩擦力的大小与哪些因素有关、滑轮组的机械效率、电流与电压的关系等实验都运用了表格法。

三、物理实验中的思维方法

物理实验中,从设计、操作到分析实验结果、总结归纳公式等都离不开思维,特别是许多初中物理实验是验证理论的,因此实验中思维方法的运用显得更为重要。初中物理实验中主要运用了以下几种思维方法。

1. 分析法

人的思维离不开分析,实验者对实验过程的思维也是如此。例如：① 运用悬挂法测重心,为什么两次悬挂所得竖直线的交点就是重心？ ② 在惯性球实验中,为什么小球留在原处就说明物体有惯性？ ③ 在测量滑动摩擦力的实验中,为什么弹簧测力计的示数等于木块与桌面之间的滑动摩擦力大小？ ④ 应该如何解释证明空气受重力实验的原理？ ⑤ 在分子引力实验中,为什么通过两铅柱紧密接触后不易拉开可联想到这是由于分子引力引起的？ ⑥ 在欧姆定律实验中,如何从实验结果归纳得出公式？ 对于这些问题,实验者都必须借助分析法来解决。

2. 理想实验法

理想实验法是人们在真实的科学实验的基础上,以科学实验为依据,运用逻辑推理对实际的物理过程进行深入的分析,抓住主要矛盾,忽略次要矛盾,进而在思想中塑造的理想过程和分析方法。初中物理研究牛顿第一定律的斜面实验就运用了这种理想实验的思维方法。

3. 物理模型法

物理模型是在实验基础上对物理事实的一种近似形象的描述。物理模型的建立,往往会导致理论认识上的飞跃。初中物理实验中运用物理模型的有四处：① 根据实验建立液体压强公式时,运用理想液柱模型;② 分析连通器原理时,运用理想液片模型;③ 研究光学现象时,运用光线模型;④ 研究磁场时,运用磁感线模型。

4. 反向探求法

对于一个问题,当沿着某一方向思考不得其解时,不妨变换一下方向,反过来思考,这样可能会受到启发并导致新的发现。法拉第就是在这种思想指导下研究电磁感应现象的。

由于事物是复杂的,因此实际进行的实验往往要综合运用各种方法。例如,对于焦耳定律实验,研究 Q 与 R,I,t 的关系时运用了控制变量法,总结规律时运用了对比方法,观察实验效果时则运用了放大法。另外,不同分支的实验运用的方法也各有侧重,力学应用平衡法较多,光学应用对比、光线模型及几何作图法较多;还有些特殊的方法,如热学实验中常运用混合法(测比热、测温度),电学实验中常运用短路法、断路法等。

由以上所述可知,物理实验中的方法论研究领域广泛,对方法论进行深入的探讨将非常有利于培养学生的能力。

(原文刊发于《物理教师》1985 年第 1 期,有修改)

导致悖论教学法的理论与实践

2011 年 11 月 26 日是中国教育学会物理教学专业委员会成立 30 周年纪念日。值此喜庆之日,我想汇报一下曾经研究过的一个课题,即导致悖论教学法的理论与实践。我觉得导致悖论教学法对当前的教学和研究仍有一定的借鉴意义。

一、提出导致悖论教学法的背景

1. 一段教学随笔

在我 1978 年的课后教学随笔中,记录了在讲完牛顿第三定律之后我与学生一起进行拔河过程中受力分析的情况。大致情况是:我问学生,在甲乙二人拔河没有分出胜负的相持阶段,甲对乙和乙对甲的作用力有何关系?学生很快回答说两个力是相等的。我再问学生,如果甲战胜了乙,把乙慢慢地拉向自己一方,此时它们之间的相互作用力有何关系?这时,我有意地引导说,甲既然把乙拉向自己一方,说明甲的力气大,甲对乙的作用力比乙对甲的作用力要大。学生几乎异口同声回答:"对!"我也再一次随声附和,对学生的回答予以肯定。然后,我又进一步问,甲对乙和乙对甲的作用力不等,这说明两个相互作用的物体之间的作用力可以不等,这不是与牛顿第三定律矛盾吗?如果牛顿第三定律正确,那我们刚才分析得出的结论就是错误的;如果结论是正确的,那说明对于我们研究的问题牛顿第三定律就不适用了。究竟哪个对呢?这一问题的提出使学生受到不小震动,教室里鸦雀无声。但实际上此时无声胜有声,从眼神中可以看出,学生都在积极思考。之后,我否定了刚才的结论,并进一步通过分析得出正确的结论。

实际上,我们在物理教学中经常会遇到类似的情况,对于一些物理规律,学生看似接受了,但是在解决具体问题时又往往会由于思维定式而得出一些似是而非甚至错误的结论。

我在思考,既然这个问题具有普遍性,我们就可以利用它开展教学。于是在教学中,我往往先故意地通过分析得出一个让学生极易接受的、似是而非的结论，之后再想办法否定这个结论，最后得出正确的结论。实践证明，这个方法很好。于是，我在教学随笔中给它起了一个很直接的名字——肯定否定法。

2. 学习哲学中的"悖论"之后的联想

由哲学中的"悖论"联想到"肯定否定法"，通过深入研究，我又把"肯定否定法"改名为"导致悖论教学法"。

二、什么是悖论

悖论是指在逻辑上可以推导出互相矛盾的结论，但表面上又能自圆其说的命题或理论体系；也就是说，悖论是指这样的推理过程，看上去它是没有问题的，结果却得出了逻辑矛盾。

悖论（paradox）来自希腊语，意思是"多想一想"。这个词的意义比较丰富，它包括一切与人的直觉和日常经验相矛盾的结论，这些结论会使我们感到惊异。悖论是自相矛盾的命题，即如果承认这个命题成立，就可推出它的否定命题成立；反之，如果承认这个命题的否定命题成立，又可推出这个命题成立。例如，有一个语言悖论是这样的："我只给不给自己理发的人理发。"这一说法，使他自己陷入了窘境：他既不能给自己理发，也不能不给自己理发。这就是语言悖论引起的结果。

悖论的成因极为复杂且深刻，对它们的深入研究有助于数学、物理、逻辑学、语义学的发展，因此具有重要意义。

悖论的出现往往是因为人们对某些概念的理解认识不深刻、不正确所致。

在物理学的发展中出现悖论是不可避免的，属于科学发展中的正常现象。这是由于科学理论总会包含内在的逻辑矛盾。事实证明，想一劳永逸地消除这种内在的逻辑矛盾是不可能的。

例如，由于牛顿力学的巨大成功，使得人们对牛顿三大运动定律更加深信不疑，将其奉为金科玉律；而且，在相当长的一段时间内，它的确也是无往而不胜的。但是，想逐步扩大牛顿定律的使用范围却不是那么一帆风顺，甚至被怀疑陷入绝境了。有趣的是，它起因于一件生活小事。

桌上放一个乒乓球，乒乓球的正上方放一个玻璃漏斗，用嘴从漏斗对着小球吹气（图1），依照生活常识和牛顿第二定律，小球应该被紧紧地压在桌面上或者被吹走。然而，与人们的预料相反，小球反而被吸进了漏斗。当吹气并提升漏斗时，尽管小球受到重力作用以及往下吹的气流作用，但是小球并没有离开漏斗掉下去，而是跟着漏斗一起上升。小球为什么会"违背"牛顿第二定律而向相反方向运动呢？这一出乎预料的效应（还可以举出其他实例）引起了人们对

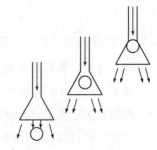

图1 漏斗吹乒乓球实验示意图

牛顿第二定律的怀疑:这可能说明流体不同于固体,它不遵守牛顿第二定律。是否需要另找一套适于流体的新规律呢?这就是有名的"流体动力学佯谬"(佯谬就是前面说的悖论)。

为了解决上述矛盾,瑞士数学家伯努利进行了深入探索,取得了令人瞩目的成就,并于 1738 年出版了《流体动力学》一书。伯努利从牛顿第二定律 $F = ma$ 这一普遍规律出发,得出了流体动力学中一个非常简洁的原理——伯努利原理。运用伯努利原理不仅可以圆满地解释上述佯谬,而且还可以预言其他新的现象。所以,人们也把上述佯谬称为伯努利佯谬。"山重水复疑无路,柳暗花明又一村。"虽然牛顿力学经历了这样一个坎坷,但流体动力学却因此应运而生。

杨建邺先生编著的《惊讶·思考·突破》一书(湖北教育出版社,1989 年出版)列举了许多物理学中的悖论,并论证了悖论是物理学发展的直接动因之一的观点。

在教学过程中,逻辑悖论会经常出现。前面的拔河受力分析不就是一个悖论吗?这样,我利用悖论思想,经过逐渐深入的研究,提出了导致悖论教学法,并将其应用到教学实践中去,取得了很好的效果。

三、什么是导致悖论教学法

所谓导致悖论教学法,就是借鉴悖论思想,在传统的教学过程中增加一个"导致悖论"和"否定悖论"的环节,而形成的一种行之有效的教学方法。

课堂教学一般的程序是由"根据 A"直接获得"结论 D"。此处的"根据 A"可以是生活经验、实验数据,或者是已经被证明是正确的某一规律。

而导致悖论教学法的基本程序是"根据 A—导致悖论 B—根据 C,否定悖论 B—获得结论 D"。这一程序更加接近科学家的科学研究、发现真理的过程,与课程改革提出的注重过程与方法的理念也是吻合的。

四、如何导致悖论

实施导致悖论教学法的关键是设法导致悖论。我根据悖论产生的原因,结合教学实际,总结了几种导致悖论的方法。下面我仍然用尽可能简单的例子对此加以说明,读者可以借鉴开发新的悖论。

1. 抛开前提,导致悖论

研究问题时忽略了前提,可以导致悖论。

例 1 图 2 所示的两个电阻 R_1 与 R_2 是什么联结方法?

根据非本质因素:两电阻像串糖球一样,头尾相接在一起就是串联。

导致悖论:所以图 2 中的两个电阻是串联。

分析:图 2 中的两个电阻表面看起来像是串联,实际上并不一定是串联。例如,图 3 所示的 R_1、R_2 为串联,而图 4 所示的 R_1 与 R_2 则是并联。

 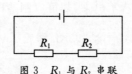 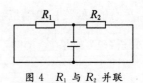

图 2 相互连接的 R_1 与 R_2　　图 3 R_1 与 R_2 串联　　图 4 R_1 与 R_2 并联

症结所在是研究问题时抛开了前提,只抓住非本质因素进行推论,必然导致悖论。实际上,串联与否是相对于电源而言的,没有电源就无法确定是串联还是并联。

2. 习惯思维,导致悖论

利用人们的习惯看法或错觉有意引向错误的推论,可以导致悖论。

例 2 两车同时、同地、同向出发,甲车匀速运动,乙车匀加速运动,试问两车在何处相遇。

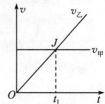

根据错误看法:两车速度图象的交点就是相遇点。

导致悖论:图 5 中的 J 点就是两车相遇点。

分析:把速度图线的交点(乙车与甲车速度相等的时刻)与两车实际运动时的相遇点(通过的路程相等的时刻)混淆了。实 图 5 两车相遇的 v-t 图象际上,速度相等的时刻不是通过相等路程的时刻,应该根据 $s_甲 = s_乙$,即 $v_甲\ t = \dfrac{1}{2} a_乙\ t^2$ 求出 t。

3. 推理不当,导致悖论

脱离物理模型的适用条件或者忽视物理与数学的相互制约关系,进行纯数学推导,可以导致悖论。

例 3 两个点电荷 q_1, q_2 之间的距离趋近于零时,计算其相互作用力。

根据数学知识:$y = k\dfrac{ab}{x^2}$,当 $x \to 0$ 时,则有 $y \to \infty$。

导致悖论:当两个点电荷之间的距离 $r \to 0$ 时,其相互作用力 $F = k\dfrac{q_1 q_2}{r^2}$ 趋于无限大。

分析:从纯数学观点看,上述结论是正确的;但是从物理角度看,当 $r \to 0$ 时,两个电荷已经不能再看作点电荷了,库仑定律公式 $F = k\dfrac{q_1 q_2}{r^2}$ 也就不适用了。

例 4 利用差动滑轮(俗称"神仙葫芦",如图 6 所示)匀速吊起重物 G,人手应施加多大的力?(设滑轮转动无摩擦,链条不可伸长,滑轮的轮与轴半径分别为 R 和 r)什么情况下最省力?

根据功的原理

$$F \cdot 2\pi R = G \cdot \dfrac{2\pi R - 2\pi r}{2}$$

得 $F = \dfrac{R-r}{2R} \cdot G$。

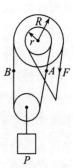

导致悖论:若 G, R 为常数,则 r 与 R 差别愈小,F 愈小;当 $r = R$ 时最 图 6 差动滑轮吊起重物示意图

省力，$F＝0$。妙哉！永动机制造不出来，却可以制造出不用力的起重机。

分析：(1)如果 $r＝R$ 时，已经不是"差动"滑轮了，而 $F＝\dfrac{R-r}{2R}\cdot G$ 是按"差动"滑轮推得的。

(2)所谓"差动"就表现在 B 点上升的距离与 A 点下降的距离不同，所以才"兜"着动滑轮使重物上升。如果 $r＝R$，则 B，A 两点上升、下降的距离相同，即动滑轮只转而不上升，就失去起重的作用了。

4. 扩大范围，导致悖论

不恰当地推广规律的适用范围，可以导致悖论。

例5 根据牛顿第二定律 $F＝ma$ 以及匀变速直线运动的速度公式 $v＝at$，当 t 逐渐增大时，v 将如何变化？

导致悖论：若 F 为定值，a 就为定值，只要 t 足够长，v 就可以取得足够大的数值，以致超过真空中的光速 c。根据相对论观点这是不可能的。

分析：牛顿力学不适用于相对论的时空观。在牛顿力学中，m 视为定值。可是在相对论力学中，惯性质量 $m＝\dfrac{F}{a}$ 不是常数，而是随速度的变化而变化的，遵循 $m＝\dfrac{m_0}{\sqrt{1-\dfrac{v^2}{c^2}}}$。显然，$v$ 愈大，m 愈

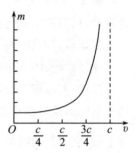

图7 物体质量 m 随速度 v 的变化图象

大。因此 $v\rightarrow c$ 时，$m\rightarrow\infty$（图7）。按此观点，上述矛盾即可解决：在一定外力作用下的物体，当它的速度逐渐增大而接近光速时，m 逐渐增大，使产生的加速度逐渐变小。这就可以保证，不论外力作用的时间多么长，也不会使物体的速度增加到超过光速的程度。

5. 实施实验，导致悖论

物理是以实验为基础的一门学科，通过实验可以建立概念、总结规律、验证规律，同时通过实验也可以创设悖论情境。

例6 取一张纸片和一个金属硬币，将它们从同一高度同时释放。实验表明，金属硬币先落地，这说明重的物体比轻的物体下落快。如果把纸片揉成一团，再从同一高度处同时释放，结果硬币与纸团几乎同时落地，于是出现了悖论。那么，究竟是重的物体下落快，还是轻的物体下落快，还是一样快呢？

分析：利用牛顿管演示不同物体在没有空气阻力影响时的下落情况。牛顿管内空气已被抽得很稀薄，空气阻力的影响非常小。由实验现象可见，如果没有空气阻力的影响，不同物体下落的快慢是一样的。有关实验现象可以使学生充分认识到，空气阻力的存在掩盖了自由下落的物体的运动规律，需要排除空气阻力的影响，才能发现自由下落物体的运动规律。这很自然地引出了理想运动——自由落体运动，并为后面的研究做好铺垫。这种创设悖论情境的教学方法，对中学生来说是比较容易接受的。

例 7 用图 8 所示的装置做实验,根据线圈中产生的感应电流可知,线圈中感应电流的磁场正好与条形磁铁的磁场方向相反(就这两个实验而言,结论是对的)。

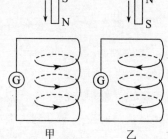

提出悖论:感应电流的磁场总是与原来的磁场方向相反(这恰好是学生对楞次定律中"阻碍"一词的错误理解)。

分析:只根据有限次实验,利用简单枚举法归纳出一般性的结论是不可靠的。只要观察从线圈中拔出磁铁时线圈中感应电流的磁场与条形磁铁的磁场方向相同,就很容易认识到上述结论是错误的。

图 8　线圈中产生感应电流实验示意图

事实证明,一个物理悖论的提出、分析和消除过程,往往是对一个物理概念或规律从表面到本质、从片面到全面、从错误到正确的认识过程。学生可以从对悖论的分析和解决中加深对物理知识的理解,这恰好体现了悖论的教学功能。

五、导致悖论教学法的理论基础

1. 心理学理论

知觉具有恒常性,也就是说,由于人们以已有知识和经验参与认知活动,使知觉往往并不随知觉条件的变化而改变,而是表现出相对的稳定性。导致悖论教学法恰好利用了这一点,使学生先"上当",然后再解脱。

从引起注意的角度看,新奇的刺激物容易成为注意的对象,而千篇一律、刻板不变、多次重复的东西往往较难引起人们的注意。因此,适当改变传统的教学程序,制造教学的新异性,教学内容就容易引起学生的注意并被学生所接受。

从记忆的角度看,通过对比来记忆效果更好,有意识地造成悖论然后再加以否定,这样的正误对比能使学生的记忆更加牢固。

因此,导致悖论教学法符合心理学规律。

2. 现代学习理论

学生习得的知识并不是问题的最终答案,而只是对客观事物的一种解释、一种假设。随着人类社会的进步,对于原来的结论也需要做出某种调整和改造。如果学生在学习过程中,通过同化能够把一个新问题纳入原有的认知结构,则这个问题就能被迅速解决,原有认知结构的平衡不会被打破但更加充实了。如果新的问题不能通过同化纳入原有的认知结构,则原来的认知结构的平衡被打破,这就需要学生通过顺应使认知结构发生改变来解决认知上的矛盾。教学实践证明,此时如果教师有意识地为学生设置一些合理的悖论,并让学生在发现、分析和消除悖论的过程中,重新调整自己的认知结构,可以使问题很快地得到解决,从而建立起新的认知平衡。所以,导致悖论教学法是建立在现代学习理论基础之上的。

六、导致悖论教学法的现实意义

1. "导致悖论"是重演知识的生成过程,凸显科学探究过程与方法的有效形式

我认为,科学家的科学研究,实际上都要经过"研究的失败,失败的研究,研究的成功"的过程。英国物理学家开尔文说:"我坚持奋斗五十五年,致力于科学发展,用一个词可以道出我最艰辛的工作特点,这个词就是失败。"英国化学家戴维感触至深地说:"我的那些最重要的发现是受到失败的启发而获得的。"我们过去的教学,比较重视向学生介绍一些科学家的成功事例,而科学家最富有魅力的"失败"却被掩盖了。现在我们有意识地利用上述方法导致悖论,在教学过程中故意出现失误,这是符合认识规律的。

2. 利用"导致悖论"指导探究实验设计

设计实验时我们不要企求一次成功。

例如,江苏张世成老师在指导学生设计实验"探究电流与电压的关系"时,故意首先给出如图9所示的电路。从表面上看,这个电路是可以用来进行探究的。以灯泡为研究对象,用干电池作为电源,通过电压表和电流表显示的数据便可总结出电流与电压的关系。但是,仔细分析会发现图9存在两个问题:一是灯泡的亮度会变化,灯丝的温度会变化,会引起其电阻发生变化,这不符合利用控制变量法探究问题的要求;二是灯泡两端的电压无法改变。因此,广义地说,这个实验电路内含悖论;解决的办法是把灯泡换成定值电阻,使用滑动变阻器改变定值电阻两端电压,再形成比较合理的实验电路,如图10所示。

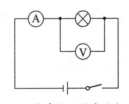
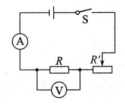

图9 含有缺陷的实验电路　　　　图10 合理的实验电路

3. 利用理论计算与实验测量的结果不同导致悖论,进行探究

(1)教师提出问题:如图11所示,一个阻值为 3 Ω 的电阻,两端加上 3 V 的电压,其中的电流是多大?

(2)① 通过计算,电流应为 1 A; ② 用两节各 1.5 V 的电池串联,与阻值为 3 Ω 的电阻连成如图12所示的电路,测量结果为电流小于 1 A。理论计算与实验数据不符,出现一个悖论。

(3)教师再次提出问题:为什么理论计算与实验测量的结果不同? 由此,教师进一步引导学生进行探究,最后归纳总结出全电路欧姆定律。这是河北省邯郸市第四中学关志华老师在导致悖论的基础上,利用理论计算与实验相结合的方法引导学生进行探究的优质课案例。

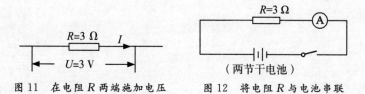

图 11　在电阻 R 两端施加电压　　　图 12　将电阻 R 与电池串联

多年来的实践证明,坚持应用导致悖论教学法,对于加深学生对物理概念和物理规律的理解、完善学生的认知结构、激发学生的学习兴趣和学习内驱力、培养学生的探究能力和创新能力,都是十分有利的;而且只要我们赋予它新的理念,导致悖论教学法便可发挥出更加独特的优势。

（原文刊发于《中学物理》2011 年第 11 期,有修改）

实施物理科学方法教育策略谈

近期，我就当前实施物理科学方法教育的状况，对几百位中学物理教师进行了问卷调查。通过总结分析，我认为为了进一步全面落实基础教育阶段的物理科学方法教育，推进创新人才的早期培养，还需要认真做好以下几项工作。

一、认真学习

（一）认真学习《义务教育物理课程标准》，明确实施物理科学方法教育是课程标准的基本要求之一

我认为，《义务教育物理课程标准》全方位、多角度、准确明晰地论述了科学方法，并且明确地提出了物理科学方法教育的基本要求。

例如，在"课程性质"中，《义务教育物理课程标准》指出，"物理学不仅含有人类探索大自然的知识成果，而且含有探索者的科学思想、科学方法、科学态度和科学精神等"。

在"课程目标"中，《义务教育物理课程标准》指出，要"通过学习物理知识，提高分析问题与解决问题的能力，养成自学能力，学习物理学家在科学探索中的研究方法，并能在解决问题中尝试应用科学研究方法"。

在"教学建议"中，《义务教育物理课程标准》指出，"学生不仅应学到物理知识，而且应学到科学方法，发展探究能力，逐步形成科学态度与科学精神等"，"要让学生学习基本的科学方法，并能将这些方法迁移到自己的生活之中"。

在"评价建议"中，《义务教育物理课程标准》指出，要评价学生"是否了解物理学的基本思想和方法，能否从不同的角度去独立思考问题，能否尝试利用科学方法来解决实际问题"。

总之，《义务教育物理课程标准》为我们进行物理科学方法教育指明了方向，并且提出了很高的要求。因此，我认为物理课堂教学必须全程关注物理科学方法教育。① 教学

设计中确定过程与方法的教学目标了吗？确定的目标是否合适恰当？此处的"方法"指的是物理学研究方法而非教学方法。② 教学过程中是否能显性、准确、自然流畅地进行科学方法教育？③ 课堂教学总结时是否同时关注了知识与方法，让学生形成完整的知识结构？如果我们的课堂教学，还是只注意讲知识而不谈科学方法，那就是没有完成教学任务，起码不是一节好课。

（二）学习有关物理科学方法教育的论著，掌握科学方法论的基础知识

在教学中，只有教师掌握了方法论的知识，居高临下，深入浅出，才能使学生受益。过去我们的高等师范教育大多没有专门开设科学方法论或科学方法教育的课程，因此建议教师再学习有关科学方法教育的论著，掌握科学方法论的基础知识。

1. 学习以下两本论著

《物理学方法论》（张宪魁、李晓林、阴瑞华主编，浙江教育出版社 2007 年出版）与《物理科学方法教育》（张宪魁著，青岛海洋大学出版社 2000 年出版）可以说是姊妹篇。前者全面介绍了物理学方法论的理论，后者比较全面地回答了物理科学方法教育的三个基本问题——为什么教？教什么？怎么教？这两本书结合中学物理教学实际，介绍了物理科学方法教育概述，物理科学方法教育的基本内涵，物理科学方法的基本理论（基本概念、物理科学方法因素判定原理、物理科学方法理论体系等），如何分析教学资源中的科学方法因素，物理实验教学中的科学方法教育，物理概念教学中的科学方法教育，物理规律教学中的科学方法教育，物理习题与应用教学中的科学方法教育，如何确定物理科学方法教育的目标，如何开展科学方法教育实验，物理科学方法教育的检测，物理科学方法教育的模式等方面的内容。

2. 学习《物理科学方法教育视频教程》

鉴于中学教师教学负担很重，为了让教师更好地学习物理科学方法教育的基本理论，我们又编写了《物理科学方法教育视频教程》，由广东科技出版社出版（图1、图2）。

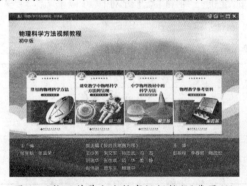

图 1 《物理科学方法教育视频教程》截图（1）　　图 2 《物理科学方法教育视频教程》截图（2）

《物理科学方法教育视频教程》以科学的内容、历史的脉络、文学艺术的形式、信息技术的手段，呈现了物理科学方法教育的理论与实践。该视频教程以视频、动画等灵活形象的形式，介绍了常用的物理科学研究方法，以达到解读物理科学方法教育之目的。该教程分为初中教师版和高中教师版,各4册,压缩成16G U盘,资料丰富,携带方便,具有可翻页、点击浏览等功能,方便易用。

该教程第1册介绍了常用的物理科学方法:以动画的形式介绍了物理科学方法的基本概念,物理科学方法存在的基本形式,物理科学方法因素判定原理,物理科学方法分类与结构体系;通过讲故事的形式具体介绍了设疑提问、科学猜想、物理假说、观察、实验、分析与综合、归纳与演绎、理想化、类比、等效转换等物理科学方法及其在中学物理教学中的应用。

该教程第2册介绍了课堂教学中物理科学方法的呈现方式:以课堂实例说明了在实施实验、建立概念、总结规律、应用解题的过程中如何显性地呈现等效转换、实验归纳、逻辑推理等物理科学方法。

该教程第3册介绍了中学物理教材中的科学方法:以人教社的初中和高中物理教材为蓝本,依次对每一节给出了一个教学设计方案,进行"知法分析",并以视频动画形式展示了这一节主要应该体现的几种科学方法,同时提供了丰富的教学参考资源。

该教程第4册系物理教学参考资料,提供了"中学物理实验荟萃""中学生创新实验""中学物理创新趣味系列实验""物理习题""物理学史""物理学家及当代科技进展""物理学史专题讲座""视频动画"等丰富的教学参考资料。

二、明确内涵

物理科学方法教育具有丰富的内涵。我们所说的物理科学方法教育,不是只学习几种科学方法,而是具有极其丰富内涵的。具体地说,它的内涵应该是在进行物理教学的过程中,以知识教学为载体,同时进行以科学方法为主的教育,即弘扬科学思想、学习和掌握科学方法、树立科学态度。我认为,这一内涵体现了物理科学的本质,是物理教学的自然回归。

将物理科学方法教育的内涵与物理课程标准的三维目标进行对比可以看出,科学方法教育的内涵是符合三维目标的基本要求的(表1)。

表1 课程标准的三维目标与物理科学方法教育的内涵的比较

课程标准的三维目标	物理科学方法教育的内涵
知识与技能	知识是载体
过程与方法	掌握科学方法
情感·态度·价值观	弘扬科学思想 树立科学态度

(一)弘扬科学思想

所谓弘扬科学思想,就是结合以知识为载体的教学,让学生学习、体验、认可以下几种思想:科学的怀疑思想,科学的求真思想,科学的创新思想,科学的人文思想,科学的实践思想；而其中最重要的是关注科学的创新思想。

创新是一个民族进步的灵魂，是一个国家兴旺发达的不竭动力。创新也是科学的生命。没有创新，就没有科学；没有创新，科学将停滞不前！学校是知识创新、传播和应用的主要基地，也是培育富有创新精神的创新人才的摇篮。在中小学，我们所说的创新，不是指"前无古人的"、只有极少数人可以达到的特殊才能的创新，也不是特定的群体对社会做出的新颖的、独特的、有突破性的创新，而是指对学生个人来讲，相对于他自己的过去是新颖的、有突破性的创新；或者说，这种创新是指通过对中学生施加科学方法的教育和影响，使他们作为一个独立的个体，能够善于发现和认识有意义的新知识、新事物、新方法，掌握其中蕴含的基本规律，并且具备相应的能力，为将来成为创新型人才奠定全面的素质基础。中学生的创新，重在体现发展的价值。

（二）掌握科学方法

通过科学方法教育，应该让学生掌握关于科学方法的基本知识，包括方法的基本概念、方法的存在形式及判定原理、常用的物理科学方法及物理科学方法体系等。

（三）树立科学态度

通过科学方法教育，应该让学生树立严谨求实的科学态度。

所谓严谨，就是要"严肃认真，一丝不苟，讲究卫生"（科学家卢嘉锡、白春礼提出）。所谓求实，就是要"实事求是，客观公正，尊重证据，坚持真理，修正错误"。

树立科学态度不是一句空话，必须落实在实际行动之中。例如，教材在介绍安全用电时指出，如果人站在绝缘的木凳之上，触摸一根火线，是不会发生触电事故的。不过，据我调查了解，虽然教师都讲给学生听了，但几乎95%以上的教师，自己没有也不敢真的去做这个实验，怕的是发生触电事故。这恐怕就不是一种科学的态度。我认为，教师应该亲自实践才具有说服力。图3所示是我亲自站在干燥木凳之上，触摸一根火线的录像截图。

图3　站在干燥木凳上
触摸火线的实验

三、全面落实

全面落实物理科学方法教育，是培养学生创新意识、推进创新人才早期培养的最得力的手段。

全面落实科学方法教育有以下两个含义：一是在物理教学的全过程中——从备课、上课、辅导到课外科技活动等，都要注意实施科学方法教育；二是在各种类型的教学活动如物理实验教学、概念教学、规律教学、习题应用教学中，都要实施科学方法教育，从而让学生体验物理概念的形成、参与物理实验的设计、总结物理规律、亲历物理问题的解决过程。

具体实施时，首先要深入挖掘各个教学环节的科学方法教育因素，为在教学中显性化、准确、自然、流畅地进行科学方法教育奠定基础。

四、物理实验教学中的科学方法教育因素

(一)物理实验操作是一种基本技能,而物理实验是一种基本的物理科学方法

伽利略奠定的经典物理研究的基本方法,是一种以实验为基础、自始至终进行科学的思维、最后运用数学方法定量总结规律的研究方法。这至今仍然是物理科学研究的基本方法。我们可以用一棵"方法树"来形容它(图 4)。这里要特别注意,物理实验是基础,但是只靠物理实验是不能总结出规律的,还必须有科学思维、依靠数学方法,才能最终总结得出物理规律。

图 4 "方法树"

(二)物理实验有三个基本组成部分

1984 年,我把人教社编写的初中和高中教材中的几百个演示实验、学生实验、课外小实验、习题中的验证性实验等,全部认真做了一遍,然后利用科学归纳法总结出一个规律,即任何一个完整的、成功的物理实验都是由以下三个基本部分组成的,无一例外。

一是实验对象。实验对象是我们在实验中要进行研究的主体,它可以是一个物体、一件事或一个现象,如凸透镜成像实验中的凸透镜(图 5)。

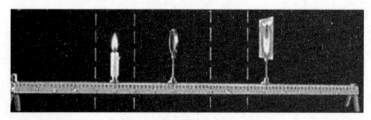

图 5 凸透镜成像实验装置图

二是实验源。实验源是能对实验对象施加作用,或者对实验对象发出信号的信号发生源,如凸透镜成像实验中可以发出光信号的烛焰。在做力学、热学、电学、光学实验时,我们要分别选取力源、热源、电源、光源等实验源。

三是实验效果显示器。实验效果显示器是用来呈现实验对象接受实验源的作用或信号后所产生的效应的装置,通过它可以直接或间接地进行效果观察,如凸透镜成像实验中的光屏。

当然,上述分类不是绝对的。在一些简单的实验中,实验源和实验对象是同一个物体;在有的实验中,实验效果就显示在实验对象上。

表 2 列举了几个力学、热学、电学、光学、原子物理学实验,并分别说明了它们的三个基本组成部分。

表 2　几个力学、热学、电学、光学、原子物理学实验的三个基本组成部分

实例	实验对象	实验源	实验效果显示器
① 物体形变	玻璃瓶	手的压力	细管中的红色水
② 帕斯卡球	液体	活塞	橡皮膜
③ 空气压缩引火仪	气室中的气体	活塞	硝化棉
④ 气体的热膨胀	气体	手捂	细管中的红色水
⑤ 奥斯特实验	导线中的电流	电源	磁针
⑥ 光电效应	锌板	紫外线光源	验电器
⑦ 凸透镜成像	凸透镜	烛焰	光屏
⑧ α粒子散射实验	金箔	放射源	荧光屏、显微镜

　　大量研究已经证明,物理实验的三个基本组成部分是必备的,无一例外。掌握了这一规律,我们就可以指导学生设计实验,克服盲目性,开展有目的的实验探究活动。图 6 所示为初中物理常见的几个实验,读者可以自行分析每个实验的三个基本组成部分。

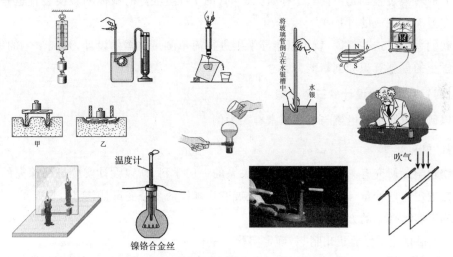

图 6　几个常见的初中物理实验示意图

(三) 简单测量仪器有三个基本组成部分

综观中学物理实验中常用的物理测量仪器,发现它们是由三个基本部分组成的:

(1) 被测信号(被测物理量)的载体;

(2) 被测信号的转换装置;

(3) 被测信号的显示装置。

　　例如,图 7～图 10 所示的分别是弹簧测力计、温度计、微小压强计和灵敏电流表,表 3 分别列出了这四种测量仪器的三个基本组成部分。

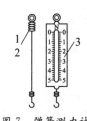
图 7　弹簧测力计

图 8　温度计

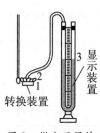
图 9　微小压强计

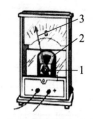
图 10　灵敏电流表

表 3　四种常用测量仪器的三个基本组成部分

组成部分	弹簧测力计	温度计	微小压强计	灵敏电流表
被测信号的载体	弹簧	测温液体	被测液体	线圈
被测信号的转换装置	弹簧	测温液体	蒙有橡皮膜的小盒	线圈和磁铁
被测信号的显示装置	刻度	刻度	U 形玻璃管中的红色水	指针、刻度盘

弹簧测力计和温度计比较简单。弹簧测力计的被测信号是力,被测信号的载体和被测信号的转换装置都是由同一个弹簧完成的(图 7);温度计的载体和转换装置也是由同一种测温液体完成的(图 8)。

我们掌握了这些规律,就可以指导学生进行简单测量仪器的设计,开阔学生的思路,培养学生的创新意识和创新能力。

(四) 物理实验设计的三个步骤

以研究电路中的电流与哪些因素有关为例。

1. 确定变量

物理学是研究有关物理量之间变化关系的一门学科,所以设计实验进行探究的第一步就是确定实验变量,即确定决定事物发展变化规律的多个变量(因变量,自变量……)。

确定实验变量的方法有:

(1) 根据生活经验提出猜想,确定实验变量;

(2) 根据实验感受提出猜想,确定实验变量;

(3) 根据物理事物的因果关系提出猜想,确定实验变量;

(4) 根据物理事物所处环境提出猜想,确定实验变量;

(5) 根据物理现象产生条件提出猜想,确定实验变量。

例如,教师引导学生在进行猜想的基础上,观察实验,确定引起电路中电流变化的原因是电压和电阻,从而确定三个变量:一个因变量——电流 I,两个自变量——电压 U 和电阻 R。

2. 确定如何控制变量

所谓控制变量就是在决定事物发展变化规律的多个因素中,先保持一些因素不变,只改变一个因素进行观察,如此对每个因素进行控制研究,然后再综合得出多个因素之间的关系。控制变量实验方法也叫作单因子实验方法。

具体做法：可以将因变量与自变量分别组合，形成控制变量实验组，如分别研究因变量 I 与自变量 U 的关系、因变量 I 与自变量 R 的关系。

3. 设计实验

根据实验的三个基本组成部分确定以下内容。

实验对象：两次实验的研究对象都是电阻 R 上的电流 I。一次是改变加在电阻上的电压 U 的大小，研究 I 与 U 的关系；另一次是改变电阻 R 的大小，研究 I 与 R 的关系。

实验源：电源。

实验效果显示器：电流表。

设计实验效果显示器是最能体现人们创新能力的部分，常用的显示方法有转换法、放大法、对比法、平衡法、记忆法等。

（五）通过实验培养学生的创新意识

设计富有新意的实验是一个教师的创新精神、创新意识和创新能力的最好体现，可以起到反思设疑、改进创新、随时捕捉生成的资源、点燃创新的思维火花的作用，以内容、方法、仪器的创新等促进创新人才的培养。

1. 任何一个成功的实验都是综合利用多种科学方法设计而成的

例如，图 11 所示的微小形变实验，玻璃瓶的底面是椭圆形状的，是为了探究物体受力是否发生形变。这个实验看上去很简单，但是却可以给我们许多启示。

（1）如何探究玻璃瓶是否发生了形变？显然，利用实验方法是最简单可行的。

（2）图 11 所示的实验是由三部分组成的：实验对象——玻璃瓶；实验源——人手；实验效果显示器——细玻璃管中的红色水。

（3）在此实验中，人手是力源还是热源？这个问题可以作为悖论提出来研究。如果是热源，那么先后从两个方向用手捂来加热的话，细玻璃管中的红色水应该都是上升的。这与实验结果矛盾，从而否定了人手是热源而肯定了人手是力源。

图 11　挤压玻璃瓶实验

（4）为什么如图 11 所示，沿着椭圆截面短半轴方向挤压玻璃瓶时细玻璃管中的水是上升的，而如图 12 所示，沿着底面长半轴方向挤压玻璃瓶时细玻璃管中的水却是下降的？我们可以利用数学知识解释这一现象。原来沿着椭圆截面短半轴方向挤压时，椭圆面积变小了，挤压时水沿着细玻璃管上升；当沿着椭圆截面长半轴方向挤压玻璃瓶时，底面是向着圆的方向变化，同样周长的椭圆和圆，圆的面积最大，挤压时水就沿着细玻璃管下降了。

图 12　从不同方向挤压玻璃瓶实验

同样,对于图 13 所示的真空铃实验,也可以提出类似的一些问题。

(1) 如何探究真空中能否传播声音?(实验)

(2) 实验的三个基本组成部分各是什么?(实验对象——封有空气的钟罩及发声闹钟;实验源——抽气机;实验效果显示器——人的耳朵)

(3) 如何分析得出结论?

因果关系分析:分析电铃声音变小了的原因——抽出了气体。

共变分析法:声音变小是与气体逐渐减少同时发生的,因此根据因果共变的规律,气体逐渐减少是声音变小的原因。

理想实验:在中学物理实验室里,高真空是难以实现的,当钟罩内抽气到一定程度即可做理想实验并进行推理;如果继续抽成真空的话,声音就会消失了,说明真空不能传声。

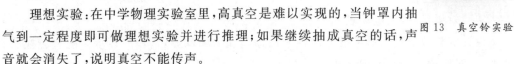

图 13　真空铃实验

反向对比:逐渐向钟罩里充气声音又逐渐变大,可以反向说明声音传播与空气的关系。

2. 实验对象的拓展

有些实验是将实验对象从一个(种)拓展成多个(种)。例如,学习了通电导体在磁场中受力(图 14)的知识之后,有的学生问:通电的液体在磁场中是否受力,实验中受力之后的液体呈现什么样子? 这是许多教师包括我从来没有考虑过的问题。于是,我让学生自己进行实验探究。学生到化学实验室,研究通电食盐水在磁场中受力的情况,发现通电食盐水转动起来。

在实验过程中,学生改进了电源连接的方式,并在食盐水中撒一些纸屑,用来辅助观察食盐水的转动情况(图 15),同时研究了此过程中的化学反应。这样,学生不仅学到了知识,也体验到探究的乐趣。

图 14　通电导体在磁场中受力实验

图 15　通电食盐水在磁场中转动实验

3. 实验方法的创新

例如,在探究光的反射规律的实验中,有的教师应用细棉线显示光线的路径,效果十分明显。

又如,在研究平面镜成像规律的实验中,现在的初中物理教科书基本上都借助于转换的方法,用透明玻璃板代替平面镜(图 16)。人们不禁要问,难道不能直接用平面镜进行实验研究吗？有的教师这样设计：用平面镜和两个完全相同的墨水瓶 A, B 研究平面镜成像的特点。实验时，将平面镜竖立在桌面上，把 A 放置在镜前的边缘处（图 17），调整观察角度，可在镜中看到它的部分像；再将 B 放到镜后并来回移动，直至其未被平面镜遮挡部分与 A 在镜中的不完整像拼接成一个相互吻合的完整的"墨水瓶"，那么墨水瓶 B 所在的位置即为 A 在镜中成像的位置，而且像与物的大小相等。

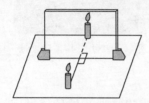

图 16　探究平面镜成像特点实验(1)

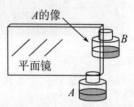

图 17　探究平面镜成像特点实验(2)

再如，有的教师用图 18 所示的"斜面塔"代替原来的单个斜面，这样就可以同时观察三种不同平面上物体移动的距离，既直观又方便。

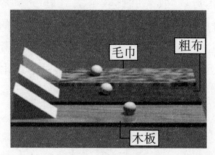

图 18　"斜面塔"实验

4. 实验仪器的改进

进行实验仪器的改进，最常用的方法是"列举不足"。例如研究楞次定律时，传统的实验是向一个线圈中插拔磁铁，观察与线圈相连的电流计指针是否偏转以及偏转的方向如何，进而总结出楞次定律（图 19）。由于电流表的指针具有惯性，那么，磁针偏转越过中心零点是电流方向不同引起的还是由惯性引起的呢，容易引起歧义。江西的郭训盛老师研制了一件实验仪器：在一个自己绕制的线圈的两端，并联两个正反向连接的发光二极管（图 20）。当用强磁铁靠近线圈时，假设是左面的二极管发光，那么远离线圈时则是右边的那个二极管发光，据此分析研究便可总结出楞次定律。这一改进解决了传统实验几十年来一直存在的不足之处。郭老师凭着这一仪器创新，在全国中学物理教学名师赛中获得了特等奖。

图 19　楞次定律实验

图 20　楞次定律实验改进

5. 开拓研究思路,形成系列实验

在教学过程中,我们要不断地对实验进行反思,提出一些相悖的问题,进而设计实验,形成系列化实验。

如图 21 所示,用小塑料杯做覆杯实验,效果不够显著,用大的杯子可以做吗? 如图 22 所示,用大塑料筒做覆杯实验,效果就比较显著。进一步提出质疑:纸片覆在塑料杯上,真的是因为大气压的缘故吗? 然后再设计实验:将实验用的覆杯放到真空罩中,如图 23 所示,将空气抽出到一定程度时,纸片脱落下来,说明纸片覆在塑料杯上不掉落,真的是大气压造成的。以上系列实验层层追问、步步递进,对于深化学生的理解很有帮助。

图 21　用小塑料杯做覆杯实验

图 22　用大塑料筒做覆杯实验

图 23　真空罩中的覆杯实验

(六) 运用实验归纳法总结规律

实验归纳法是总结物理规律最基本的方法,但是仅仅应用实验是不足以总结出规律的,必须同时进行科学思维并结合运用数学方法,方可达到目的。

1. 物理实验结合科学思维

下面以"探究通电螺线管外部的磁场分布"为例,看看在实验探究的基础上如何运用求同法、求异法进行因果关系分析来总结规律。

(1) 进行实验:在两种(只有两种)不同绕向的螺线管中,通入不同方向的电流,利用小磁针可以判断出它们的极性,分别如图 24 中的①～④所示。通电螺旋管中的电流方向与极性只有如下四种不同的情况。

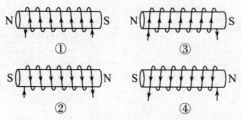

图 24　通电螺线管中的电流方向与极性

（2）求同比较：分别比较通电螺线管中极性相同的两种情况（表 4 中图①③或图②④）。如果两种情况中，有相同的条件（线圈的绕向或电流的方向），那么这个相同的条件就是决定通电螺线管极性相同的条件。据此，我们比较表 4 中图①③或图②④可得出结论：电流的方向相同是极性相同的原因。

表 4　通电螺线管中的电流方向与极性的求同比较

求同比较		极性	线圈绕向	电流方向	求同比较的结论
①	③	相同	不同	相同	电流的方向相同是极性相同的原因
②	④	相同	不同	相同	

（3）求异比较：分别比较通电螺线管极性不相同的两种情况（表 5 中图①②或图③④）。如果两种情况中，有一个是不相同的条件（线圈的绕向或电流的方向），那么这个不相同的条件就是决定通电螺线管极性不同的条件。据此，我们比较表 5 中图①②或图③④可得出结论：电流的方向不同是极性不同的原因。

表 5　通电螺线管中的电流方向与极性的求异比较

求异比较		极性	线圈绕向	电流方向	求异比较的结论
①	②	不同	相同	不同	电流的方向不同是极性不同的原因
③	④	不同	相同	不同	

（4）多因素比较：如果我们比较表 6 中图①④或图③②，则有两个不相同的条件，所以难以确定通电螺线管的极性不同是由哪个因素引起的。

表6　通电螺线管中的电流方向与极性的两个因素比较

两个因素比较		极性	线圈绕向	电流方向	比较的结论
N ⟋⟋⟋⟋ S ①	S ⟋⟋⟋⟋ N ④	不同	不同	不同	有两个不同的条件,难以确定极性不同的原因
N ⟋⟋⟋⟋ S ③	S ⟋⟋⟋⟋ N ②	不同	不同	不同	

以上过程,也可以综合成一个表格,见表7。

表7　通电螺线管中的电流方向与极性的综合比较

比较的对象		极性	线圈绕向	电流方向	比较的结论
求同	图①③	相同	不同	相同	电流的方向相同是极性相同的原因
	图②④	相同	不同	相同	
求异	图①②	不同	相同	不同	电流的方向不同是极性不同的原因
	图③④	不同	相同	不同	
	图①④	不同	不同	不同	无法判断因果关系
	图③②	不同	不同	不同	

　　综上所述,通过对以上6种涵盖了通电螺线管外部磁场的所有比较可知,通电螺线管外部的磁场,只与电流的方向有关,也就是说,知道了电流的方向就可以判断通电螺线管的极性。这是客观事实。至于下一步用什么方法表示磁场方向与电流方向之间的关系,则可能因人而异,如可以用右手螺旋法则表示,也可以用其他方法表示。

　　用这么多的笔墨说明右手螺旋法则建立的过程和方法,是为了说明只要我们掌握了这种思路,学会了研究问题的方法,就可以举一反三。

　　我们要鼓励求异思维。例如,2012年12月12日听课时,我发现有一个学生用这样的方法判断通电螺线管的极性,如图25所示。

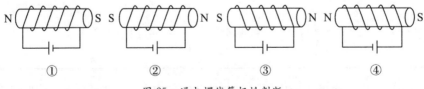

图25　通电螺线管极性判断

　　如果线圈用的是图25①②所示的绕法,N极就在电池的正极那一端(正确);如果线圈用的是图25③④所示绕法,N极就在电池的负极那一端(正确)。学生把判断法则总结成两种情况,涵盖了所有可能性,只要再进一步合二为一,即可总结出右手螺旋法则。这和历史上关于热辐射规律的研究多么相似啊！维恩公式只适合于短波,瑞利-金斯公式只适合于长波,普朗克提出能量量子理论,综合提出普朗克公式,整合了两种不同情况,由此拨开了笼罩在物理学大厦上的乌云,推动了物理学的发展。

2. 物理实验结合数学方法

我们以运用实验归纳法总结部分电路欧姆定律的数学表达式为例加以说明。

(1) 进行单因子实验。

① 先固定导体的电阻 R 不变,改变导体两端的电压 U,观察电流 I 与 U 的关系,可得

$$I \propto U; \cdots\cdots(1)$$

② 固定电压 U 不变,改变电阻 R,观察 I 与 R 的关系,可得

$$I \propto \frac{1}{R}; \cdots\cdots(2)$$

③ 综合(1)与(2)两式可得

$$I \propto \frac{U}{R}。 \cdots\cdots(3)$$

为何可以得出上述式子？不等式的右边相乘而不等式的左侧没变,为何可以这样做？不说出理由,这是很难让人信服的。但是,要想说明这一问题,需要进行复杂的数学计算(可以参考咸世强和秦晓文撰写的论文《牛顿第二定律实验的数学基础》,《教学仪器与实验》2000 年第 4 期)。下面我们用简单的方法解决以上问题。

(2) 写成数学关系式[将(1)(2)两个比例式写成一个等式]。

规定单位:如果导体两端的电压为 1 V、通过的电流为 1 A,此时导体的电阻称为 1 Ω。根据(1)式及上述规定,则可得表 8。

表 8　电流与电压和电阻的关系(1)

导体两端的电压 U	导体电阻 R	产生的电流 I
1 V	1 Ω	1 A
2 V	1 Ω	2 A
3 V	1 Ω	3 A
……	……	……
U V	1 Ω	U A

在表 8 的基础上再根据(2)式,则可得表 9。

表 9　电流与电压和电阻的关系(2)

导体两端的电压 U	导体电阻 R	产生的电流 I
U V	1 Ω	U A
U V	2 Ω	$U/2$ A

导体两端的电压 U	导体电阻 R	产生的电流 I
U V	3 Ω	$U/3$ A
……	……	……
U V	R Ω	U/R A

由上可得 $I=\dfrac{U}{R}$，此式即为部分电路欧姆定律的表达式。

将 $I\infty\dfrac{U}{R}$ 写成等式理应为 $I=k\cdot\dfrac{U}{R}$。上述规定单位的方法使得 $k=1$，这样得到的公式最简单。凡是遵循正比例或反比例关系的物理规律，如阿基米德原理、焦耳定律、牛顿第二定律等，都可以经过类似步骤总结出数学表达式。

3. 物理实验结合视频分析方法

只做实验，有些规律仍然难以总结出来。例如，一个物体由上向下落入一盆水中，我们会看到水花四溅，但水花四溅的规律与物体的体积、形状、密度、高度等因素有何关系，只根据实验是难以总结出来的。我们可以用高速摄像机连续高速拍摄，将其图像、数据通过传感器输入计算机中，利用适当的软件便可找出其规律来。这种总结规律的方法称为视频分析方法。

限于篇幅，关于物理概念、物理规律、习题应用教学中的科学方法教育策略，读者可参考有关文献自行研究，这里不再赘述。

（原文刊发于《物理教学探讨》2014 年第 1,2 期）

物理科学方法教育的知法并行教学模式

一、问题的提出

自 1984 年起,我开始给我校物理系的学生开设物理学方法论选修课,并结合我在高师院校的教学进行物理科学方法教育的研究。1989 年 11 月,我关于物理科学方法教育的研究荣获山东省高等学校教学成果一等奖,但我总感不足,应该深入到中学物理教学第一线继续进行研究。幸运的是,1995 年我申请到了"物理科学方法教育的理论与实践研究"课题,并得到世界银行的经费资助。我非常珍惜这来之不易的机遇,开始在省内外组织有 70 个中学、116 位老师、近万名中学生参加的实验,并自 1996 年 3 月 8 日开始进行了第一次课题组全员培训。期间,我们商定先以初中物理教学中的重点知识课为突破口,分别由各组教师进行体现科学方法教育的教学设计,然后进行试讲,开展课堂教学,进行课后讲评。但是,因为这是从原来熟悉的课堂教学模式转换成体现科学方法教育的课堂教学模式,教师普遍感到无从下手,迫切希望能给出一个新的案例模式。看来,深入研究新的教学模式是实践的需要,也是必须面对的一个研究课题。

二、对模式的基本认识

1. 模式

模式是在一定的理论指导下,经过高度抽象概括后,以简单明了、形象直观的形式描述完成某一任务的内容、结构与程序。模式是对现实的抽象概括,它源于现实又可指导实践。

2. 课堂教学模式

课堂教学模式是在一定的教学思想或教学理论指导下建立起来的、较为稳定的教学活动的结构框架和活动程序。结构框架突出了教学模式从宏观上把握教学活动及其各要素之间的内部关系的功能,活动程序则突出了教学模式的有序性和可操作性。

不同的教育思想、教学内容和教学手段都会对教学模式产生影响。

3. 物理科学方法教育课堂教学模式

由于要渗透物理科学方法教育,原有的课堂教学的内容、形式、手段都要随之而发生变化。物理科学方法教育课堂教学模式,就是在总结各种渗透了物理科学方法教育的课堂教学过程的基础上,经过抽象概括提出的,便于大家操作的,简化了的课堂教学的基本结构与程序。

我们研究物理科学方法教育课堂教学模式的目的,是为了便于初期接触科学方法教育的教师有个模式可循,既有利于具体实施,又便于相互交流。研究模式的目的绝不是为了束缚教师的思想,其最终目的是为了不要模式。反思人一生的生活、学习和工作,都是在一定模式中,经过"一学习、二模仿、三创新"的过程完成的,只不过有人学习、模仿的时间可能长一些,甚至停留在模仿阶段而没有创新。我们希望教师尽快完成学习、模仿的过程,进入创新的阶段。

三、物理科学方法教育知法并行教学模式概述

1. 知法并行教学模式的基本含义

知法并行教学模式是指在物理课堂教学过程中,以教材中的知识发展过程及其所蕴含的科学方法为基础,理出知识的发展过程及其所运用的科学方法的线索,使"知识线"和"方法线"在教学过程中同时展开、并行前进的一种科学方法教育教学模式。因为科学本来就应该包括科学知识、科学思想、科学方法和科学态度,因此知法并行体现了科学的自然回归。

2. 建立知法并行教学模式的三个阶段

第 1 阶段:实践总结阶段——"微观模式"

1996—1998 年我们在中学进行较大规模的物理科学方法教育实验时,总结了进行科学方法教育的两种模式:整体上的"一学(习)二模(仿)三创(新)"宏观模式,课堂教学中的微观模式。

第 2 阶段:理论研究阶段——"双线并行模式"

2002 年 6 月,浙江慈溪中学特级教师徐志长在他的论文《高中物理科学方法教育的研究》中,提出了"双线并行"的教学模式;2004 年 4 月湖南师范大学研究生肖文志,2004年 9 月江西师范大学研究生王永英,分别在他们的研究生毕业论文中,运用教育学与心理学理论对"双线并行"教学模式进行了深入的探讨并给予肯定。

第 3 阶段:重新命名阶段——"知法并行模式"

"双线并行模式"的提法比"微观模式"提法好,但是尚有不足之处,即"双线"的内涵体现得不明确。为此,2011 年 6 月 26 日我在北京举办的"物理科学方法教育视频教程"辅导讲座中,正式提出"知法并行模式"。这样,从名称上就直接体现出"双线"的含义,即"知识线"与"方法线"并行。

3. 知法并行模式的理论基础

(1) 美国物理教育家和科学史家霍尔顿(G. Holton)的物理学科三维结构模型。

霍尔顿是美国哈佛物理教材改革计划(HPP)的主要执笔人。美国哈佛物理教材中译本《中学物理教程》(课本及手册各六册)已由文化教育出版社出版。霍尔顿提出了物理学的三维结构模型,即物理学的基本概念、基本原理(包括基本定律和基本理论)和基本方法以及它们之间的相互联系构成的物理学三维结构模型。他认为,物理学的任何一部分基本内容(包括物理量、定律、理论等)的结构及其发展都可以分解为三种因素或三个坐标:x——实验(事实),y——物理思想(逻辑、方法论等,霍尔顿在书中称为"主题"或"课题"),z——数学(表述形式或计量公式)。这可以说是抓住了物理学知识结构的核心。这一普适性的物理学科结构模式,也为探讨物理学各分支学科、各章节单元课题的结构及其教学规律指明了方向。图 1 所示为依据物理学科三维结构模型绘制的经典力学的学科体系结构示意图。

苏联费多琴柯所提出的学科结构(图 2),实际上是把霍尔顿三维结构投影到平面上,形成上(实验)、中(核心理论)、左(科学方法论)、右(数学)、下(运用与延伸)五个区间,进一步全面地反映了物理学科的特点和物理学知识的三个主要部分及其相互关系,特别是反映了知识和方法之间的关系。

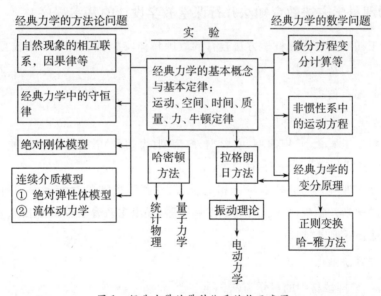

图 1　经典力学的学科体系结构示意图

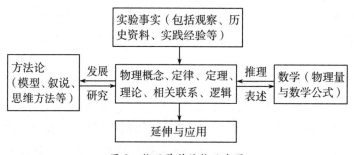

图2 物理学科结构示意图

（2）认知理论和刺激—反应心理学研究结论。

湖南师范大学研究生肖文志,在其毕业论文《中学物理科学方法教育研究》(2004年4月)中,根据认知理论和刺激—反应心理学理论进行研究得出如下结论:

物理知识学习跟科学方法指导密切相关。在感知物理现象、形成物理概念、建立物理规律、解决物理问题的过程中,可以体验和认识科学方法;反之,应用科学方法可以有效地感知物理现象、形成物理概念、建立物理规律、解决物理问题。因此,物理知识教育与方法教育一明一暗、互相渗透、互相辅佐、互为前提、同时进行,双线并行教育模式的提出符合学生的认知过程和认知规律。

四、物理科学方法教育知法并行课堂教学设计的基本程序

为了便于初期接触物理科学方法教育的教师具体实施物理科学方法教育,现提出以下课堂教学设计的基本程序。

1. 理出"知识线"

（1）首先确定教材的类型。

判断教材属于概念型、规律型、实验型、应用型(含习题)教材中的哪一种。

（2）确定具体的课堂教学程序。

要与体现新课程理念的教学设计相结合,做到科学方法教育与教学设计有机融合,并按照确定的课堂教学程序或教材知识发展顺序,提出主教育事件及子教育事件。

（3）通过分析理出"知识线"。

2. 理出"方法线"

（1）分析、挖掘教材中的科学方法因素。

分析的基本依据是科学方法的基本概念、科学方法存在的三种基本形式、物理科学方法因素的判定原理、教材的具体内容、物理学发展史资料等。

按照对应关系,分析不同的实验、概念、规律、习题等,找出其中所蕴含的科学方法。

（2）理出"方法线"。

需要特别注意的是,具体方法数量可能有很多,这为实现知法并行奠定了良好的基础;但是,具体如何渗透,则要根据教师开展科学方法教育的目标及计划来确定,一般一

节课重点显性地渗透 2～3 种科学方法即可,不必显性地讲述所有的方法。

3. 理出知法并行表

(1) 确定科学方法教育的教学目标。

任何教学模式都要指向和完成一定的教学目标。在教学模式的结构中,教学目标处于核心地位,并对构成教学模式的其他因素起着统领和制约作用。它决定着教学模式的操作程序和师生在教学活动中的组合关系,并且是教学评价的标准和尺度。正是由于教学模式与教学目标的这种极强的内在统一性,决定了不同教学模式的个性。如何制定体现新课程理念下渗透科学方法教育的教学目标,请参考张喜荣老师的论文《物理科学方法教育教学目标的研究》。

(2) 确定重点显性渗透的科学方法教育内容。

此部分见表 1 中的第 4 列。

(3) 理出完整的"知法并行表"。

2012 年我们编制了一套《物理科学方法教育视频教程》。这套视频教程以人民教育出版社 8～9 年级物理教科书及高中必修 1、2 教科书为蓝本,对其中每一节教材都进行了教学设计,并制作了"知法并行表",供教师在进行教学设计时参考。

五、课堂教学中如何体现"知法并行"

1. 树立念念不忘科学方法教育的理念

在从备课、上课到课外辅导及课外活动等教学的全过程中,或者在实施实验、建立概念、总结规律、解答习题以及开展科技活动等各种类型的教学活动中,始终不忘科学方法教育,使知识教学和科学方法教育就像火车头的两个前导轮并行引导火车前进一样,并行引导课堂教学的深入开展。

2. 课堂教学中,提倡显性、准确、自然、流畅地提出科学方法

我们难以用文字形象、确切地阐明上述观点。建议读者参考两节课堂教学录像,一是山东烟台第九中学张新英老师执教的"液体压强",二是北京海淀外国语学校朱翠华老师执教的"自制弹簧测力计"。这两节课可以说是当前落实科学方法教育的优质典型案例。这两节示范课在 2012 年 8 月全国第四届物理科学方法教育学术研讨会上展示时,受到与会教师的一致好评。

表 1 为"液体的压强"一节课的知法并行表,供各位读者参考。

表 1 "液体的压强"知法并行表(张新英 烟台第九中学)

1 列	2 列	3 列	4 列
知识线		方法线	
主教育事件	子教育事件	对应的主要 科学方法	重点显性渗透的 科学方法

续表

1 列	2 列	3 列	4 列
一、创设情境 引入新课	我国自主研发的载人深潜器"蛟龙"号	设疑提问	
二、初步认识液体压强	演示实验:液体对容器底部有压强,液体对容器侧壁有压强	实验的基本组成	实验的基本组成
	学生实验:液体内部向各个方向有压强	实验的基本组成	转换放大法
	液体压强与固体压强的比较	比较法(同中求异,异中求同)	
三、探究影响液体内部压强的因素	实验探究:影响液体内部压强大小的因素	设疑提问 猜想假设法 控制变量法 实验的基本组成 转换放大法	
	介绍帕斯卡裂桶实验	实验的基本组成 转换法 物理学史教育	
四、推导液体压强的计算公式	如何计算液面下某深度处的液体压强大小	设疑提问 "理想液柱"模型法 逻辑推理法	"理想液柱"模型法
五、介绍连通器及其应用	观察茶壶、水位计和乳牛自动喂水器在结构上的相同点	比较法(异中求同)	
	演示实验:连通器中装同种液体,在液体静止时,各容器中液面相平	实验的基本组成	
	探究连通器的原理	"假想液片"模型法 平衡法	
六、课堂小结	学生回顾反思本节课学到的知识和科学方法	总结本节课运用的各种主要科学方法	
七、习题巩固	学生做练习题巩固本节课学习的内容	用科学方法指导解题	

3. 具体做法

（1）一事一议，体现方法。

每做一个实验、建立一个概念、总结一个规律、解决一个实际问题时，一定要认识到应用的科学方法（至于是否显性地讲述该方法，则应按照科学方法教育计划确定）。例如，取一张 A3 纸和一个 5 分硬币，让其从同一高度下落，看到硬币先落到地面；然后把 A3 纸揉成团，再让它们从同一高度下落，看到它们几乎同时落到地面，要认识到实验中都应用了哪些科学方法。又如，要认识到"证明部分电路中通过电阻 R 的电流与电阻两端电压 U 成正比、与电阻 R 成反比，即 $I \propto U$、$I \propto \dfrac{1}{R}$，由此得到 $I = \dfrac{U}{R}$"的实验中都应用了哪些科学方法。

（2）综合分析典型事例，体现方法。

例如，利用一个椭圆形玻璃瓶（图 3）做微小形变的实验，至少可以分析出其中应用的 5 个方法论因素。① 如何探究玻璃瓶能否发生形变？（通过实验）② 任何一个实验都有三个基本组成部分。在此实验中，实验对象是玻璃瓶，实验源是人手，实验效果显示器是细玻璃管中的红色水。③ 实验验证玻璃瓶形变的过程：前后挤压——液面上升；左右两侧向内挤压——液面下降，说明玻璃瓶发生形变。④ 问题：为什么细管中的水可以上升也可以下降？（利用数学知识及圆变形的特点加以解释）⑤ 可以形成一个悖论，即把手挤压看成"手捂加热"，然后解释排除这个悖论。

图 3 微小形变实验

又如，对于"真空铃实验"，至少也可以从中分析出应用的 5 个方法论因素（此处从略，读者可自行分析）。

（3）重点方法，反复应用。

例如，在总结右手螺旋法则、电磁感应定律、楞次定律等规律时，都应用了因果分析求同求异法；在定义速度、压强、密度、比热容、功率、电场强度、电容等概念时，都应用了比值定义法。

（4）课堂教学中凸显科学精神。

① 弘扬科学家的科学精神。物理学史集中体现了人类探索和逐步认识世界的历程。诸多的物理知识和理论体系往往都是汇集了许多科学家的研究成果而建立起来的，这其中科学家们常常要经过几十年甚至上百年的努力才能取得实质性的进步。这种进步既包含着认识论和方法论的创新，又包含着探索者的无私奉献精神。

② 鼓励学生对所学概念和规律提出质疑。例如，既然牛顿第一定律不能用真实的实验来验证，那么为什么还说它是正确的呢？

③ 对实验反思设疑、改进创新，随时捕捉生成的资源，点燃学生创新的思维火花。例如，引导学生对实验现象、规律进行反思，激发学生的求异思维；对类似实验的异同点进行反思；对实验方法进行反思，从而提出新的实验方法；对实验器材进行反思，改进创新；拓展外延，让物理实验走进生活——"玩"进物理世界，"玩"出学习方法，"玩"出能力。

六、教学检测与评价

实施科学方法教育的知法并行教学模式,对于提高学生的各种能力、进一步发展学生的素质是十分有益的。当然,这必须经过检测评价,用事实说话。

由于不同教学模式所要完成的教学任务和所要达到的教学目标不同,因此所用的评价方法和标准也有所不同。目前,除了一些比较成熟的教学模式已经形成了相应的评价方法和标准外,不少教学模式还没有形成严格的评价方法和标准。我们已经组织教师立项进行专题研究,这里先提出几个想法,供有志参与实验研究的教师参考。

1. 研究方式

(1) 考试:参加学校的统一考试以及中考或高考,预计参与实验班级的学生的各项成绩要有提高,并且高于非试验班。当然,这要通过统计检验来证明。

(2) 座谈会:教师可以根据实验情况编制座谈提纲及问卷调查表。

(3) 编制检测题:根据制定的教学目标,研究科学方法检测题的编制技术,尝试应用先进的测量理论,检测评估学生经过物理科学方法教育后能力发展的状况。这是我们研究的重要课题。

实践证明,通过编制物理科学方法教育的测验试题并进行测试来进行评价,仍是评价的一种重要方法。例如:

① 关于速度、密度、压强、功率等概念的引入方法与定义方法有何共同点? 速度是表示物体运动快慢的物理量,其公式是 $v=\dfrac{s}{t}$,那么,能否用 $v=\dfrac{t}{s}$ 表示物体运动的快慢?

② 每一个典型的物理实验都是由实验对象(实验研究的客体)、实验源(实验的信号发生器)和实验效果显示器三部分组成的。有人只用两张纸做实验(图4)就可以说明流体压强与流速的关系。请你说明他是如何做的,并指出实验的三个基本组成部分各是什么。

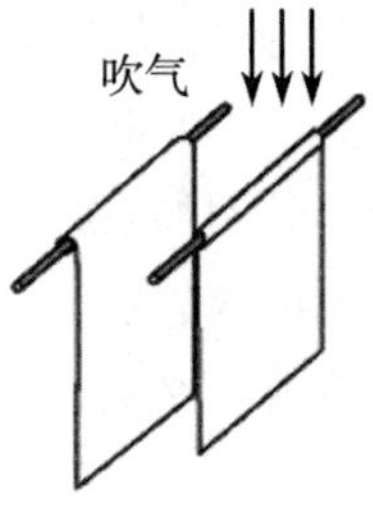

③ 敲击音叉发声,你能用哪些实验证明音叉在振动?

④ 如图5所示,在覆杯实验中,塑料片不掉下来的原因是有大气压存在。请你设计一个实验,证明塑料片不掉下来确实是大气压造成的而不是由于有水被粘住的。

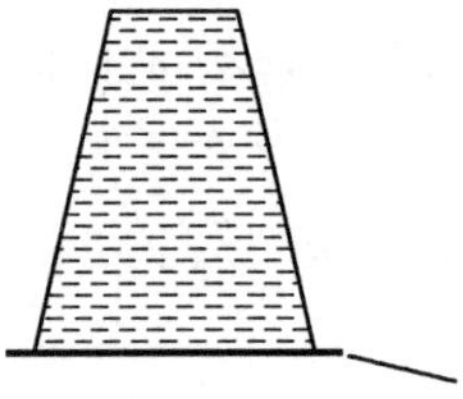

图 4　流体压强与流速的关系实验

图 5　覆杯实验

塑料片

⑤ 在判断如图6所示的通电导体在磁场中的受力方向时,同学们几乎都伸出了左手,用左手定则做出了正确的判断;唯独有个"调皮的"同学伸出了右手,用右手也做出了正确的判断。你知道他是

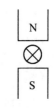

图 6　判断通电导体在磁场中受力方向示意图

如何用右手判断的吗？你认为这样做可以吗？那么，定则能任意更改吗？对此，你有何看法？

⑥ 怎样根据实验数据总结部分电路欧姆定律的数学表达式？在初中物理学习中，运用实验数据总结欧姆定律、焦耳定律等所用的科学方法有何共同点？

⑦ 现在几乎都是用透明玻璃板做平面镜成像的实验，你能否用平面镜来做平面镜成像的实验？说说如何做。

⑧ 传统的教学一般都是用图 7 所示的实验装置研究楞次定律的，你能说说这个实验的不足之处吗？

⑨ 教材中以形象的图示说明：人站在绝缘的木制板凳上，用手去触摸一根火线，不会发生触电事故。你相信吗？你敢在老师的指导下试试吗？（实验一定要在教师指导下进行，切勿单独尝试）

图 7　楞次定律实验装置

2. 积累资料

做好资料积累，是从事教学和研究、搞好教学评价、总结经验的重要的基础性工作之一。实施物理科学方法教育的"知法并行教学模式"实验，要注意积累以下资料。

（1）教师的教学设计（包括教材的知法并行分析表）。

（2）教师的教学反思（建议每一节课都写教学反思札记）。

（3）学生的历次成绩。

（4）学生的变化（以下的变化要依靠教师平日有意的引导与启发）：

① 学生发现问题、提出问题能力的变化（是否善于发现问题、提出问题，并从难度、范围、质量等方面分析比较，做出记录）。

② 学习一个概念之后，学生能否借鉴这一概念的建立方法去建立后续的概念？

③ 学习一个规律后，学生是否想亲自动手做实验验证它，是否提出过采用与教材不同的其他方法来验证？

④ 做完一个实验后，学生能否提出实验方案的改进、实验仪器的改进以及替代建议？

⑤ 学生能否用所学的物理科学方法解决实际生活中的其他问题？

⑥ 要特别注意，女生学习物理的兴趣及动手做实验的积极性是否有所提高以及思维的灵活性、敏捷性、创新性是否有所提高？

知法并行教学模式是物理科学的自然回归，它与任何教学研究课题或模式不仅不矛盾，反而相辅相成。因此，笔者真诚地希望，有更多的教师参与"知法并行教学模式"实验，并以丰富真实的实验资料说明它的利弊，为我国物理科学方法教育做出新的贡献。

（原文刊发于《物理教师》2013 年第 6 期，有修改）

再谈物理科学方法教育的显性化问题

在物理教育教学实践中开展科学方法教育,现在已经成为共识,广大教育工作者已经认识到进行物理科学方法教育的必要性与可行性,但是,对于如何实施科学方法教育,是显性地进行还是隐性地进行这一问题,尚有较大的分歧。为此,李正福、李春密、邢红军等专门撰文从理论上对显性化问题进行了论述。下面我们就为何要实现科学方法教育的显性化,再谈一点看法。

一、为什么要显性地进行科学方法教育

1. 显性地进行科学方法教育是物理学科教学的必然回归,是由科学方法的自身特点所决定的

物理学不仅是人类探索大自然的知识成果,而且是探索者的科学思想、科学方法、科学态度等的生动写照。因此,物理教学应当全面体现这两个方面。又因为物理规律是客观存在的,是客观范畴的概念,而物理方法则是主观范畴的概念,所以,如何应用伽利略的经典研究方法(以实验为基础,自始至终应用科学的思维,最后利用数学方法进行定量总结)探究并总结物理规律,又是因人而异的。除了显性的实验方法可让人们直接感觉到之外,所应用的其他科学思维方法和数学方法是难以仅凭直观感受就可知晓的,更是难以仅仅依靠"悟"所能悟出来的。

例如,对于理想气体状态方程,我们可以通过多种方法建立。历史上,1662年玻-马定律通过实验创立,1785年(有的说是1787年)查理定律通过实验创立,1802年盖-吕萨克定律通过实验创立。之后,在这三个定律的基础上,通过推导得出了理想气体状态方程。

我们再看,1987年人教版高中物理课本关于理想气态方程建立的内容是这样编排的:首先通过实验总结出玻-马定律和查理定律;然后通过理想实验,推出理想气体状态

方程;而盖-吕萨克定律则是以压强一定时理想气体状态方程的特例呈现的。

北京大学李椿教授所编写的《热学》教材则另辟渠道,运用玻-马定律,结合理想气体绝对温标的定义以及阿伏加德罗定律,推导出理想气体状态方程。

由上例可以看出,研究者可以应用不同的方法得出相同的理想气体状态方程;如果研究者不说,我们是难以悟出他们运用的是何种方法的。因此,我认为显性地进行科学方法教育,是由科学方法自身的特点决定的,是物理学科教学的必然回归。

2. 显性地进行科学方法教育是物理课程标准的基本要求

2011 年新修订的《义务教育物理课程标准》对科学方法的阐述更加全面明确。该课程标准在"课程性质"中指出,"物理学不仅含有人类探索大自然的知识成果,而且含有探索者的科学思想、科学方法、科学态度和科学精神等";在"课程基本理念"中指出,"注重采用探究式的教学方法,让学生经历探究过程,学习科学方法,培养其创新精神和实践能力";在"课程目标"中指出,"通过学习物理知识,提高分析问题与解决问题的能力,养成自学能力,学习物理学家在科学探索中的研究方法,并能在解决问题中尝试应用科学研究方法";在"课程内容"中指出,"义务教育物理课程应让学生通过观察、操作、体验等方式,经历科学探究过程,认识物理概念和规律,学习科学方法,树立正确的世界观";在"实施建议"中指出,"在科学内容教学中注重落实三维课程目标,在这些过程中,学生不仅应学到物理知识,而且应学到科学方法,发展探究能力,逐步形成科学态度与科学精神等,要让学生学习基本的科学方法,并能将这些方法迁移到自己的生活之中";在"评价建议"中指出,"应重视评价学生'过程与方法'课程目标的达成,注重评价学生在学习概念、规律过程中的表现,以及运用物理知识和科学方法解决实际问题的表现……是否了解物理学的基本思想和方法,能否从不同的角度去独立思考问题,能否尝试利用科学方法来解决实际问题,是否有初步的分析、概括、解决问题的能力"。

课程标准使我们认识到,既要让学生学习科学方法,又要让学生把科学方法迁移应用到实践中去,如果不显性地进行科学方法教育能实现这一要求吗?

3. 显性地进行科学方法教育是对多年教学实践的经验体会的总结

我们从事教学几十年,扪心自问,有哪一种科学方法是自己悟出来的?

张宪魁在《物理科学方法教育》(青岛海洋大学出版社 2000 年出版)一书中,介绍了十几种常用的科学方法,并总结出物理科学方法的体系。实际上,这只是张宪魁学习各种书籍、杂志之后,以积累的几千张卡片为基础逐渐总结出来的。如果没有查阅大量资料以学习前人总结的知识与方法作为基础,这些方法是我们难以甚至是不可能"悟"出来的。多年的科学方法教育实践使我们深深地体会到,学习科学方法之路应该是"一学习、二模仿、三创新",几乎没有哪一种科学方法不通过学习就可以自己悟出来。模仿之后,有悟性的进步快,可以进一步创新;有的不会悟或者不善于悟,就不会有创新。可以说,"悟"是能否创新的分水岭。鉴于此,落实科学方法教育不能仅仅囿于"隐性教育",而应大力提倡"显性教育"。中学生是最富有创造力的群体之一,我们应该让他们早日接受显性的科学方法教育,尽快步入科学方法的殿堂,不要让他们把时间花费在自己的悟上,要尽量避免让他们漫无边际地去摸索。我们自己的教训不要在学生那里重演了!

北京师范大学项华老师认为,当前随着科学研究方法和物理技术水平的不断进步,科学方法也在不断发展和进步,对物理方法的追求已经不仅仅局限于传统的科学方法,新型人才应该掌握基于"数据探究"能力的科学方法。我们在大型物理实验室中看到的不仅仅是物理实验仪器,计算机在物理建模、运算过程中也起到了重要的作用。为此,他提出了"数字科学家计划",并专门把"数据探究"环境下的科学方法教育开发为中学的一门选修课。这是目前国内唯一在中学把科学方法教育与数据探究能力培养结合起来,并专门开设选修课的一项研究。他把科学方法教育显性化,我们认为这是非常有必要的。

例如,频闪截屏是一种重要的科学方法,借助该方法学生可以研究物体运动状态的变化规律,可以研究物态变化的规律,也可以研究生物进程或化学变化过程。这种科学方法是随着科技进步而产生的。这种方法的使用需要计算机软硬件的配合,需要学生具有一定的数据探究能力。在这种情况下,对学生进行显性物理科学方法教育更显得非常必要。

4. 显性化地进行科学方法教育的必要性与可行性已经初步经过了教学改革实验的验证

1996年至1998年,我们得到世界银行的贷款资助,与58所中学的116位老师一起,开展了显性化地进行科学方法教育的实验,近万名学生参与了这项研究。实践证明,显性地进行科学方法教育是必要的,也是可行的,参与的师生得到了全面的提高。最后,教育部组织了以首都师范大学乔际平教授为组长的专家组对这项研究进行了全面、认真、严格、细致的审查,给予了充分的肯定,使这项研究顺利通过了鉴定。教育部世界银行贷款专家组组长、南京师范大学屠国华副校长,亲临现场进行监督,并建议我们向国内外介绍推广这项研究的成果。专家在学生座谈会上问及学生:显性化地提出科学方法,是否增加了你们的负担?学生的回答是很坦然的,说"除了演绎法稍微难理解之外,其他科学方法的名称,诸如观察、实验、比较、分类、分析、综合、类比、科学猜想、理想化等,就像汉字的象形字一样,很好理解记忆"。一个女生还说:"演绎法有何难啊! 功的原理适合于所有简单机械,斜面是简单机械,因此,斜面就可以应用功的原理。这样,力 F 沿斜面拉物体所做的功,就等于沿竖直方向提升重物所做的功,$FL=Gh$,$F=\dfrac{Gh}{L}$。显而易见,应用斜面可以省力,但不能省功。"她用一个实例道出了难以理解记忆的演绎法的三段论:大前提、小前提、结论。

之后,我们又应山东教育电视台(当时称中国教育电视山东台)之约,编辑摄录了28节显性化地进行科学方法教育的录像课。这些系列录像课在电视台连续播放了两遍,受到观看教师的好评。2011年在东北师范大学国培班上,曾观看过该录像的教师,还记忆犹新地提起这些课。

现在我们又在进行"适合我国国情的科学方法教育的理论研究与实验",全国25个省、市、区近900位教师参与了实验。我们相信,显性化地进行科学方法教育会更加深入人心。

二、如何显性化地进行科学方法教育

如何才能让科学方法教育显性化呢?我们认为必须做到以下四点。

1. 教师首先要学会分析与挖掘教材中的科学方法

鉴于很多教材并没有显性化地提出科学方法,因此,教师首先应该学会分析教材中的科学方法,有些科学方法甚至需要我们去挖掘!只有教师先找到了科学方法,才有可能引导学生显性化地总结和传授科学方法。为此,张宪魁在总结科学方法存在的三种形式基础上,提出物理科学方法因素判定原理,即"在物理学知识点的建立、引申和扩展中,知识点以及知识点与知识点之间的连接处(我们把它叫作'键'),一定存在物理科学方法因素",这为找方法奠定了基础。基于此,张宪魁总结出分析科学方法因素的三种方法,即知识结构分析法、教学逻辑程序分析法、知识类型归类分析法。

2. 教师应该制订落实科学方法教育的计划和目标

随着时间的延续、空间的变化,必有方法伴随出现,可以说,方法是时时、事事、处处皆在。因此,我们按照知法并行教学模式和科学方法因素判定原理,可以分析出教材中的很多方法。但是,我们提倡的科学方法教育是以知识教学为载体的渗透教育,并不要求把教材中所涉及的所有方法均显现出来。这就要求教师根据自己使用的教材,因材制宜地制订落实科学方法教育的计划和目标,做到计划性、可操作性、针对性同时并举。

物理科学方法教育的计划与目标对实施物理科学方法教育起着导向、反馈和调节作用。在教学实践中,我们总结出两种制订物理科学方法教育教学计划与目标的思路。

(1)由科学方法找落实目标的知识点。

首先,明确希望显性化处理的某一种科学方法;其次,挖掘教材中体现该种方法的知识点;最后,依据阶段性原则制订物理科学方法教育教学目标。例如,列表法在初中物理教学的不同阶段就有不同的目标要求。在学习平均速度的测量时,目标要求是了解什么是列表法;在研究光的反射定律、探究平面镜成像特点、探究光折射的特点时,目标要求是明确什么情况下使用列表法;在探究凸透镜成像的规律、探究固体熔化时温度的变化规律、探究同种物质的质量与体积的关系时,目标要求是进一步领会列表法在总结规律时的作用;在探究浮力的大小跟什么因素有关、探究杠杆的平衡条件、测滑轮组的机械效率时,目标要求是让学生自己设计实验表格,根据实验数据总结规律。

(2)由知识点找落实目标的科学方法。

首先,找出该单元教材的知识点;其次,挖掘各知识点所隐含的科学方法因素;最后,制订物理科学方法教育的教学目标。

3. 要在解决问题的过程中自然、流畅地进行科学方法的显性化教育,切忌贴标签

课程标准提倡"过程与方法"是非常恰当的。方法是随着解决问题的过程而产生的。

每一个实验的设计、概念的建立、规律的总结、习题的求解,都需要应用或创新科学方法。这需要教师的引导和讲授,问题解决了,水到渠成,方法自然显现。比如,有的教师在讲"液体压强"时这样处理。首先提出问题:固体对桌面有压强,而且可以通过一定实验显示出来,那么矿泉水瓶中的液体对瓶底有压强吗?(学生回答"有")但是,能显示出来吗?显然,我们无法直接观察到液体对瓶底的压强。那么,应当怎样设计实验直观显示液体对瓶底的压强呢?教师提出问题并引导学生认识到之所以观察不到这个现象,是因为瓶底比较坚硬,压力引起的形变不易被我们直接观察到。怎么办?如果把瓶底剪掉换成柔软的橡皮膜,就可以"观察"到液体对瓶底的压强了。就这样,在解决问题的过程中自然、流畅地使科学方法显性化。这里我们把瓶底换为橡皮膜,使不易观察的现象转换为其他方式来显示,达到能够观察而且实验效果明显的目的,这就是转换法。教师在这节课上,不仅教给了学生液体压强的知识,而且在解决问题的过程中很自然地让学生学到了科学研究常用的转换方法。

4. 通过测试与评价,促进科学方法教育显性化的落实

课程标准在"评价建议"中提出要评价学生"是否了解物理学的基本思想和方法,能否从不同的角度去独立思考问题,能否尝试利用科学方法来解决实际问题"。实施显性化的科学方法教育,能否达到这些目标,需要通过检测来证明。

我们现在的各种测试都或多或少地考虑到科学方法的因素,但是纯粹对科学方法显性化教育的测试题目并不多见。我们希望广大教师创编一些典型的对科学方法进行测试的题目,以探索科学方法教育的评价途径。当然,应用科学方法解决实际问题本身也是对科学方法教育的测试和评价。建议教师在平时组织测验的时候,要有意识地对各种不同的科学方法的应用进行测试。这样,我们出的题目才能脱离纯粹考查"机械记忆"的窠臼,才能逐步提高测试题目的水平。我们平时所说的"考查学生的能力",其实就是考查学生对科学方法的掌握程度和应用水平。

总之,科学方法教育的显性化已经是一个不可回避的问题,我们应该勇敢地面对这一实际问题,认真钻研,积极实践,推动物理教学改革稳步前行。

(原文刊发于《中学物理》2015 年第 8 期,与张喜荣共同撰写,有修改)

中学物理教师的3351专业素质结构

1981 年 11 月 26 日,我荣幸地参加了在广州召开的中国教育学会物理教学研究会(后更名为现在的中国教育学会物理教学专业委员会)成立大会。之后,我几乎参加了研究会所有的重要学术活动,与学会结下了不解之缘,见证了研究会近 30 年的历史。更使我感到欣慰的是,在许多老前辈的引领下,我开始了更为自觉的、深入的教学与研究活动,其中一个课题就是关于中学物理教师专业发展的研究。

1966 年,联合国教科文组织和国际劳工组织发布《关于教师地位的建议》,首次以官方文件形式对教师专业化做出了明确说明,提出"应把教育工作视为专门的职业,这种职业要求教师经过严格的、持续的学习,获得并保持专门的知识和特别的技术"。特别是自 20 世纪 80 年代以来,教师的专业发展成为教师专业化的方向和主题,成为国际教师教育改革的趋势,受到许多国家的重视,也是目前我国教育改革的一个具有重大理论意义的课题。

教师的专业化主要体现在教师发展的专业素质结构上,那么,中学物理教师应该具备怎样的专业素质结构呢?

一、中学物理教师的 3351 专业素质结构

在学习教育理论的基础上,结合自己的教育实践,我建构了一个可以作为较长时期指导自己发展且经过实践不断完善并有一定认可度的"中学物理教师的 3351 专业素质结构"(图 1)。

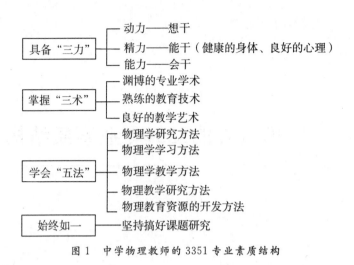

图 1　中学物理教师的 3351 专业素质结构

二、简要解读中学物理教师的 3351 专业素质结构

（一）具备"三力"——动力、精力、能力

第一是动力——解决想干与不想干的问题。如同做任何工作一样,首先要解决动力问题,即你是否愿意当教师且一辈子当教师的问题。

动力来自对教育事业的热爱,并以高尚的师德来正身。学高为师,身正为范。优秀教师应该是思想品德高尚、言行堪为学生表率的教育工作者。

动力来自对学生的热爱。教育是传递爱心的事业,而爱心的投入是一个长期而艰难的奉献过程。教师必须以博大的胸怀关注每一个学生,尊重他们的个性,容纳他们的过失,激励和引导他们不断超越自我走向成功。

动力来自对自己工作岗位的热爱。教师要爱岗敬业,有志献身于教育事业。

第二是精力——解决能干与不能干的问题。这个问题涉及两个方面:一是要有健康的身体,二是要有良好的心理素质。

首先,教师要有健康的身体、充沛的精力,这是教师能够胜任本职工作、适应现代社会快节奏工作的前提和保证。我一直提倡 8-1>8,意思是教师每天在预设的 8 小时工作中拿出 1 个小时锻炼身体,7 小时工作收到的效果要远大于 8 个小时工作的效果。我们要鼓励以健康的身体为祖国多做工作的教师。

其次,良好的心理也是教师必备的素质之一。在学校环境中学生受到的最重要的影响来自教师。教师的心理素质的提升对于提高教学质量、教育水平,使学生在教师言行潜移默化的影响下向所期望的目标迈进具有重要的意义。

第三是能力——解决会干不会干的问题。这种能力包括从事教学工作和教育研究工作的能力,在生产和生活中应用物理技术的能力,以及体育与艺术技能等。

以上"三力"缺一不可。

（二）掌握"三术"——渊博的专业学术，熟练的教育技术，良好的教学艺术

1. 渊博的专业学术

（1）掌握物理学科知识体系——这是物理教学居高临下、深入浅出的需要。

牢固地掌握本专业基础知识是物理教师的基本素养。只有具备了宽厚的专业基础知识，才能正确处理教材、合理组织教材，教学时才能居高临下，讲起课来才能深入浅出、得心应手；在教学过程中才能游刃有余，满足学生的求知欲，达到良好的教学效果。

作为高中物理教师，要了解近代物理、熟悉理论物理、理解普通物理、精通中学物理。作为初中物理教师，要了解理论物理、熟悉普通物理、理解高中物理、精通初中物理。

（2）掌握必要的数学知识——这是深刻理解物理概念、总结物理规律的需要，是解决物理教学难点的需要，又是开展物理教育研究的必备工具。

现代研究认为，自然界中有四类现象，分别对应四种数学模型：必然现象——经典数学（常量数学、变量数学……）；或然现象——概率论、数理统计；突变现象——突变数学（20世纪70年代，法国——雷内托姆）；模糊现象——模糊数学（1965年，美国——查德）。

物理学主要研究的是必然和或然现象，因此经典数学和概率论、数理统计等是我们必须掌握的基本数学知识。可以说，物理学和数学是分不开的，二者有着极其紧密的联系；物理的发展要依赖数学工具，物理离开了数学是走不远的。例如，麦克斯韦之所以能够实现电、磁、光的大综合，建立电磁场理论，预见电磁波的存在，用他自己的话来说，只是把前人的工作用数学归纳总结了一下。事实确是如此，如果他不具有雄厚坚实的数学功底是难以集大成的。在应用方面，我们再举一个看上去很简单的小实例。在图2所示的简单直流电路中，电阻 R 两端的电压 U_R 和这个电阻的大小有什么关系呢？依据物理学知识，$U_R = IR$，那么当 R 增大时，U_R 应该增大；但是，$I = \dfrac{E}{R+r}$，当 R 增大时 I 是减小的。那么，$U_R = IR$ 究竟是增大还是减小呢？对这一问题，依靠物理学知识就难以判断，或者说没法解决了。但是，根据数学知识，进行公式变换，可知 $U_R = IR = \dfrac{ER}{R+r} = \dfrac{E}{1+r/R}$。显然，当 R 增大时 U_R 是增大的。这是很典型的物理与数学相结合解决问题的实例。在物理学习的过程中，这种实例不胜枚举。所以，物理教师必须打好坚实的数学功底。

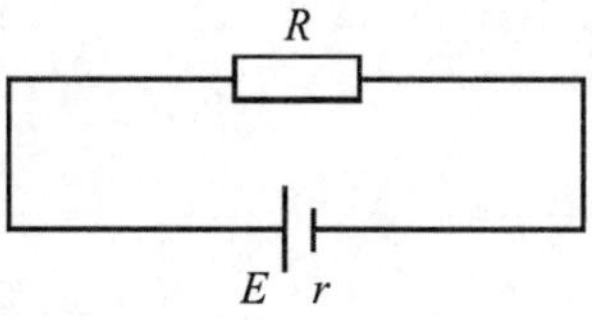

图 2　简单的直流电路

再者，开展物理教育研究同样需要数学。例如，我们进行教学改革实验，最后通过考试，实验班的成绩比对比班平均成绩高了5分，如果以此来说明我们的教学改革实验是成功的，这是不科学的。我们必须应用教育统计检验的方法来验证实验结果，如果证明两者具有显著性差异，才能有说服力地说明实验是成功的。开展教学研究需要的数学方法是很多的，如可以用模糊数学方法等来评价物理课堂教学。为此，我们编写了一本《物理教育量化方法》，介绍了调查、统计、应答分析、层次分析、信号检测、模糊数学等14种

量化方法。此书于 1992 年由湖南教育出版社出版。

（3）具备教育学与心理学的必要知识。

教师的工作是一种培养人的专业工作。一个人即使通晓渊博的物理知识，也不一定能成为一个好教师，只能被称为学者。中学物理教师不仅要懂得教什么，而且要懂得怎样教，还应明白为什么这样教，知道如何把自己所掌握的知识转化为学生易于理解的知识。因此，教师还必须具备教育学与心理学方面的知识，运用这些知识来指导教学实践，完成对学生的合理教育，促进学生的发展。

中学物理教师应具备的教育学与心理学知识主要包括教育学、心理学、教育心理学知识，物理学科教学论知识，教育测量、评价、统计的基本理论与方法。在这一知识体系中，物理学科教学论是物理学科内容与教育理论知识有机结合的产物，主要探讨中学物理教学与研究的理论和方法，这些知识对物理教师是特别重要的；而教育测量、评价、统计的基本理论与方法，可以帮助教师了解学生的学习状况，帮助教师认识自身教学的不足和困难，帮助教师制订合理的教学计划，促进教师教学能力的不断提高。

很多教师不太重视心理学知识，认为心理学知识用处不大，其关键在于他们没有悟出它的应用价值。例如，江西特级教师黄恕伯在讲解加速度时，起初采取各种措施都难以让学生观察到物体运动速度的变化。怎么办？他从心理学的韦伯定律得知，听觉道的韦伯系数是 1/333，远小于视觉道的韦伯系数 1/60，说明人的听觉比视觉灵敏得多。于是，他就让学生"听"速度的变化。如图 3 所示，在小车后面挂一条已经录有固定频率乐音的录音带，然后把放音磁头拿出来，放在录音带下面。当小车下滑的时候，录音带就摩擦放音磁头，放出已经录制的乐音。当小车运动得越来越快，录音带也就运动得越来越快，放出的声音频率就逐渐变高了，声音就逐渐变尖了，从声音的变化即可明显感知速度的变化。黄老师把心理学知识和物理教学联系起来，并借助于娴熟的实验技术解决了教学中的难点。

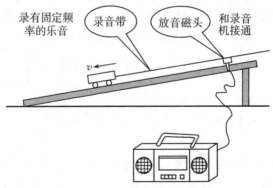

图 3 "听"加速度实验装置图

（4）学习应用哲学知识——用哲学思想观点去理解物理知识，指导物理教学。

哲学是关于世界观和方法论的学问，是对自然科学和社会科学的概括和总结，同时也是观察、分析、解决各种问题的理论指导。很多哲学思想观点的形成和发展，就是来源于物理学科内容、起始于物理规律的发现。就思想方法而论，哲学也常常是与物理知识交织在一起、难以区分的,有时二者甚至没有明显的界线。爱因斯坦的相对论就是从哲学的角度来揭示物理规律的。

哲学的基本思想观点,诸如"实践是检验真理的唯一标准""真理的绝对性与相对性""量变质变规律""对立统一规律""矛盾的普遍性和特殊性"等,都可以渗透、融合到物理教学中。

笔者学习、利用哲学的悖论思想观点指导教学,提出了导致悖论教学法。

传统教学的一般思路是根据 1(通过实验或建立在感性知识的基础上)—总结得出结论 2;而导致悖论教学法的基本思路是根据 1(通过实验或建立在感性知识的基础上)—得到悖论 2—否定悖论 2—总结得出结论 2。也就是说,导致悖论教学法是在传统教学的基础上,中间增加了"得到悖论 2—否定悖论 2"这一过程,实际上就是让学生在思想上上一次当,经受一次失败的考验,体验到物理科学研究的过程是研究的失败—失败的研究—研究的成功的过程。这样,学生从思想和方法上都会得到一次锻炼,有利于体验更加真实的探究学习,这正好和当前课程标准提出的理念是一致的。几十年来,我在教学中一直坚持使用和宣讲这一教学方法,并且作为一个专题,列入我主编的《物理学方法论》一书(陕西人民教育出版社 1992 年出版,浙江教育出版社 2007 年出版)中。

例如,两车同地、同时、同向出发,甲车匀速运动,乙车匀加速运动(图 4),试问两车在何处相遇。

按照悖论教学法:

① 故意造成悖论,即利用学生的习惯看法或错觉有意引向错误的推论,形成悖论,得到"两车速度图线的相交点 J 就是相遇点"的结论。

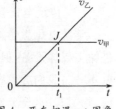

图 4　两车相遇 v-t 图象

② 分析形成悖论的原因:把速度图线的交点(乙车与甲车速度相等的时刻)与两车实际运动时的相遇点(通过的路程相等的时刻)混淆了。实际上,速度相等的时刻并不是通过相等路程的时刻。

③ 确定正确解法,根据 $s_甲 = s_乙$ 即 $v_甲\, t = \dfrac{1}{2} a_乙\, t^2$ 求出 t。

(5)学习、应用人文知识。

为了加强文理渗透实施素质教育,物理教师应该学习人文方面的知识,以满足每个学生多方面的探究兴趣和多方面发展的需要,帮助学生了解丰富多彩的客观世界,也使自己更好地理解所教的学科知识;反之,物理教师人文知识的匮乏必将会成为教师专业发展的障碍。20 世纪 80 年代,江苏教育出版社曾经出版过一本《诗歌中的科学》,介绍了诗歌中隐含的丰富的科学知识。如果我们在教学中结合物理学知识,适当地引用一些诗歌,如"月落乌啼霜满天,江枫渔火对愁眠。姑苏城外寒山寺,夜半钟声到客船"(唐·张继《枫桥夜泊》)"江南好,风景旧曾谙。日出江花红胜火,春来江水绿如蓝,能不忆江南?"(唐·白居易,《忆江南》之一),并根据物理学的声学知识揭示为什么"姑苏城外寒山寺"的"夜半钟声"在近处听不到反而能够传到远处的"客船",根据光学知识揭示为什么"日出江花"能"红胜火"以及"春来江水"能够"绿如蓝",这样就会使学生感到学习物理真的是一种艺术享受,自然会"亲其师,效其行,听其言,信其道"。如此一来,学生能不热爱物理学科吗?

(6)掌握学科发展史和学科方法论知识。

(7)掌握信息技术知识。

2. 熟练的教育技术

教育技术是指应用现代信息技术,对学习资源和学习过程进行设计、开发、利用、管理和评价的技术。教育技术的内涵很丰富,在这里我主要强调物理实验技术、传统电化教学媒体实用技术和现代信息技术。

(1)物理实验技术。

物理学是一门以实验为基础的学科,物理教师必须掌握物理实验技术,包括实验操作技能、实验设计与数据处理技术、自制简单教具的技术等;除此之外,还应注重现代技术与物理实验的整合,如传感器与物理实验的整合、数码相机和物理实验的整合等。在数据处理方面,物理教师主要应掌握利用经典数学方法、统计方法以及利用计算机实时进行数据处理,力求计算精确、减小误差。

(2)传统电化教学媒体实用技术。

传统电化教学媒体包括幻灯、投影、电影、电视、录音、录像等。虽然有些学校已有先进的多媒体设备,但我们还应考虑到我国不同区域经济发展的不均衡性,学习资源也参差不齐。我们提倡有条件的学校应力求购置现代化设备,但无条件的学校还要因陋就简、物尽其用,充分发挥传统设备的作用,想方设法最大限度地为学生创造良好的学习环境。

(3)现代信息技术。

现代信息技术主要是指以计算机为核心,以信息数字技术为基础,融合通信技术和传播技术,能处理、编辑、存储和呈现多种媒体信息的集成技术。其中,媒体信息通常包括文本、图形、图像、视频、动画和声音等。经过数字化处理的媒体信息具有多样性、集成性、交互性等特征,其表现形式具有新颖性、艺术性、趣味性等特征。现在,许多教师在这方面做得很出色,将数字化设备合理地应用于物理教学之中,很好地实现了现代信息技术与物理教学的整合。

3. 精湛的教学艺术

教学是一门综合艺术。要成为一名优秀的物理教师,就要掌握以下的教学艺术:开展探究式教学的艺术,创设物理情境、设疑提问、进行科学猜想的艺术,演示实验的艺术,设计物理实验、建立物理概念、总结物理规律的艺术,信息表达与传递(包括语言表达、进行启发、导入与结尾等)的艺术,课堂教学评价的艺术,开发与应用课堂教学资源的艺术,应用信息技术与物理教学整合的艺术等。这是一个相当宽泛的领域。应该注意的是,我们讲的教学艺术,不是为艺术而艺术,仍然要强调教学的教育性、科学性与示范性。

三、学会"五法"

众所周知,从事任何一项工作都需要讲究方法。爱因斯坦在介绍自己取得成功的秘诀时总结了一个公式:A(成功)$=X$(艰苦的劳动)$+Y$(正确的方法)$+Z$(少说废话)。他还曾指出,在衡量人才的贡献时,主要看他们在自己一生中"想的是什么和怎样想的",也就是说,既要关注人才向社会提供的物质成果,又要注意从他们那里吸取科学的思想方法。

学习科学方法可以使人们掌握正确的思想方法和工作方法,提高科学素养和科学鉴赏力。因此,对学生来说,在学校学习阶段较早地接受科学方法的指导,可为将来成为创造型人才奠定全面的素质基础,缩短他们参加工作后漫无边际地摸索的时间,有利于他们充分利用富有创造力的青少年时期进行学习。

物理科学方法是研究物理现象、描述物理现象、实施物理实验、总结物理规律、检验物理规律时所应用的各种手段与方式。中学物理教师应掌握的物理科学方法主要是物理学的研究方法、物理学的学习方法、物理学的教学方法、物理教学研究方法、物理课程资源的开发方法。

1. 物理学的研究方法

物理学的研究方法是我们提倡的"学会五法"中的核心。物理学的研究方法分为两类:一类是具有一定规律和模式的常规方法,如观察实验方法、数学方法、逻辑思维方法等,而每一种方法中又包含一些具体方法;另一类是非常规方法,这类方法的产生带有或然性,运用起来有些变幻莫测,其特征与艺术表现方法的特征有些相似,有时还带有一些戏剧性,诸如直觉、灵感、想象、猜测、悖论、美学、失败反思等。我们编写的《物理科学方法教育》(青岛海洋大学出版社 2000 年出版)一书,对物理学的研究方法从理论到实践进行了较详细的阐述,大家可以阅读借鉴。对物理研究方法的学习可以与对物理学史的学习结合起来,以史带法,以法现史。

2. 物理学的学习方法

学习物理,同样有一个方法问题。法国生理学家贝尔纳曾说,良好的方法能使我们更好地发挥运用天赋的才能,而拙劣的方法可能阻碍才能的发挥。只有掌握了科学的学习方法,才能提高学习效率做学习的主人;也只有知道了学生是如何学习物理的,我们才能更有针对性地进行物理教学。

关于学习方法,从不同的角度去研究会有不同的分类。西方国家的学者从心理学的角度出发,提出探究法、顿悟法、模仿法等,我国近代学者按照学生学习的程序还提出了预习方法、复习方法、练习方法、总结方法等。

3. 物理学的教学方法

我们要搞好物理教学,必须讲究教学方法。教学方法是指具体的教学组织方式,它的选择涉及教学内容、学生、教学设备以及教师自身等诸多因素,而选择的标准就是在保证教学效率的前提下充分发挥学生的主体作用。因此,以学生活动为中心,综合使用物理教学方法,由替代型向指导型、由封闭型向开放型转化,使教学最优化是教学组织的必行之路。教学方法内含教育思想及教育观念,而表现形式是以灌输讲授式和独立发现式为两个极端,中间有启发讲授式和引导探究式。灌输讲授式必遭淘汰,独立发现式不适于大量使用,相比之下,引导探究式被认为是最佳选择。

4. 物理教学研究的方法

物理教师不仅要搞好教学,还要搞好教学研究,只有这样才能提高教学质量,成为研究型的教师,成为名师。教学研究与其他科学研究一样,是复杂的、创造性的劳动,需要丰富的学识并付出大量的精力。教师要投身于教学研究,必须掌握必要的研究方法,如常用的文献法、调查法、对比实验法、个案法等。

5. 物理课程资源的开发方法

课程资源是新一轮国家基础教育课程改革所强调的一个重要内容,课程资源开发利用对于物理教师来说也是一个全新的概念。没有课程资源的广泛支持,课程标准的新理念和目标就很难实现。所以,物理教师要强化课程资源意识,因地制宜地开发和利用课程资源,更好地实现课程改革目标。同时,课程资源开发利用也是积累资料开展教学研究的需要。

目前,围绕国家课程开发的课程资源可以分为学科深化类、学科拓展类、学科综合类的课程资源,综合实践活动资源,乡土研究课程资源,科学·技术·社会课程资源,科技实验与活动课程资源,学科与信息技术整合的课程资源等。

关注生活资源、充分利用实验室资源、探索地域环境和社会资源、坚持开发网络资源、注重课堂动态资源等,是我们开发课程资源的重要渠道。

四、始终如一地坚持开展课题研究

1. 开展课题研究的重要性

开展课题研究是教师应该具备的专业素质,是提高和促进教师专业发展的有效途径,是提高教育教学质量的保证,是推进教育改革的动力。通过课题研究提高能力、广交朋友、培养团队精神、取得社会承认、体现自身价值,是一名教师成为名师的必由之路。

2. 课题研究要解决三个基本问题

课题研究要解决的三个基本问题是:为什么研究? 研究什么? 怎么研究? 其中,最关键的问题是选好课题。研究的课题要紧密结合教学工作实际,坚持教学即研究、问题即课题的指导原则。课题的选择要符合"三性"原则,即量力量境的可行性、研究成果的实践推广性、研究理念和成果的创新性。

3. 始终如一坚持研究的含义

从时间上说,就是自始至终,从不间断;从空间上说,就是不论做什么工作(搞教学、做科研、干管理），都要干一行、爱一行、研究一行；从环境上说，就是不管自己有利之时还是遇到挫折之时，从不动摇，坚持围绕一个中心大课题开展研究。我们要把课题研究上升成为一种信念，看成是一种终生乐事。

我相信，只要以 3351 为目标，努力提高自身素养，不间断地开展研究，把研究的成果再应用到教学实践中去检验，反思总结，进一步提高自身素养，形成一个良性的逐渐上升的循环（图 5），广大教师都可以尽快地成长为一个研究型的名师与专家。

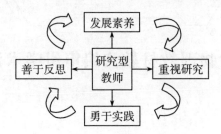

图 5　研究型教师的良性循环

真正的教育是发自内心的、充满激情的。我们教师如同朝霞祥云，在映红天空、照亮人间的同时，也展示了自身的绚丽多彩，享受着教育的快乐和幸福。请大家牢记：把教育融入生命，生命因教育而灿烂，教育因生命而生辉。

（原文刊发于《中学物理教学参考》2011 年第 5 期，有修改）

难以忘怀的记忆

——中学物理教材教法编审组学术活动回顾

　　我连续11年参加了阎金铎先生领导的国家教委高等学校理科物理教材编审委员会中学物理教材教法编审组开展的学术活动,这无论是对于我的学术生涯,还是对于我的人生道路,都产生了非常重要的影响,给我留下了弥足珍贵的记忆,令我至今难以忘怀。11年来,通过参加编审组的学术活动,通过向专家、长辈虚心求教,通过与诸位学者、教师相互切磋,我产生了许多教学和研究的灵感,我的视野开阔了、阅历丰富了,可以说,我在学术上的点滴进步都离不开教研会、离不开编审组。参加编审组活动的都是来自全国各高师院校从事物理教学法教学与研究的教师,按年纪来说,他们有的是我的长辈,有的是我的兄长;在共同热爱的事业中,我们结下了深厚的友谊,他们成了我的良师益友。他们严谨的治学态度、丰富的智慧学识、独特的人格魅力,使我终身受益。他们对我耳提面命,引领我步入物理教学研究这一极具发展前途的新领域,坚定了我致力于物理教学法学科建设的信念,并使我为之做了一些务实和有益的工作。

　　回顾11年的历程,我感到有很多经验教训值得借鉴。时至今日,经常参加编审组活动的教师,有的已经驾鹤西去,有的已经退休难以经常联系。值此机会,简单介绍一下这段历史以及我认为可以借鉴的经验教训。

一、编审组成员

组　　长:阎金铎(北京师大物理系,时任全国教研会副理事长兼秘书长)

成　　员:战永杰(东北师大物理系)
　　　　　刘昌年(江苏镇江师专物理系)

秘　　书:胡　静(北京师大物理系,前期)

图1　编审组日历记录(部分)

段金梅(北京师大物理系,后期)

联络员:邹延肃(高教出版社,前期,已故)

王致亮(高教出版社,后期,已故)

活动时间是从 1985 年到 1995 年,制订了两个 5 年计划。1995 年编审组合并到普通物理编审组,这样,中学物理教材教法编审组独立的活动就此停止。

二、编审组的活动历程

编审组每年召开一次研讨会,共 11 次。

1985 年 11 月 15—22 日	浙江普陀沈家门
1986 年 11 月 1—6 日	江西庐山芦林宾馆
1987 年 10 月 8—14 日	天津师范大学
1988 年 10 月 11—15 日	南京师范大学(召开了物理教育半量化学术研讨会)
1989 年 11 月 7—11 日	武汉　华中师范大学
1990 年 8 月 9—12 日	长春　东北师范大学
1991 年 10 月 4—9 日	山东威海(研讨 85 规划)
1992 年 9 月 7—11 日	天津师范大学
1993 年 9 月 26—28 日	山东　济南联合大学
1994 年 10 月 13—15 日	苏州大学
1995 年 9 月 25—28 日	辽宁沈阳师范学院(在此之后编审组独立的活动结束了)

三、活动的一般议程

(1) 每次会议与会教师首先汇报各校的教学法课程教学计划、各自选用的教材和开设的选修课、教学法实验开设的内容,以及如何处理与普通物理实验的关系、怎样组织教育实习、教学法课程如何进行考核评价等。

(2) 每个人汇报自己开展的研究课题,特别是有特色的课题。

编审组的这种活动,实际上就是一个教学研究沙龙。交谈中,与会教师自由谈论、畅所欲言、各抒己见、互相启发,激起与会者的兴趣,好的经验很快得到推广,很多新的灵感也应运而生。

(3) 编审组主持人阎金铎教授和高教社总结并提出每个 5 年研究的课题规划。

(4) 会后,与会老师返校,回去继续进行研究。第二年汇报研究的进展情况,这个汇报是很严格的,凡是没有取得进展、没有取得阶段性成果的,如果没有正当的理由,那是要受到批评的。这无形中对与会教师形成了一种压力,同时也使与会教师养成了一种严肃认真、一丝不苟的科学态度。编审组根据进展情况,确定由高等教育出版社出版发行的教材或教参的具体计划。这样,与会教师无须分散精力去考虑出版发行问题,非常有利于他们集中精力搞研究、出成果。

(5) 编审组与高师(师专、教院)工作委员会一起开展学术活动,召开多次专题研讨会。会议基本上一年一次，截至 1995 年共组织了 13 次活动（为节约篇幅，不再——列出），包括教材培训、专题（物理实验、科学方法）研讨、经验交流等，活动的内容充分体现了教研会的特色。

四、主要成果

该学术活动成果丰硕，有力地促进了中学物理教学的发展。

（一）编写了教材和教学参考书

1. 编写了规划教材

例如：

《中学物理教学概论》（阎金铎、田世昆主编，高等教育出版社 1991 年出版）

《初中物理教学通论》（阎金铎、田世昆主编，高等教育出版社 1989 年出版）

《初中物理教材的选择与分析》（乔际平、张宪魁主编，高等教育出版社 1993 年出版）

以上教材，用我们自己的语言总结了我国中学物理教学的宝贵经验，回答了我国中学物理教学中的各种问题，为大学生走向工作岗位奠定了一定的理论基础和实践基础。这些教材至今仍在使用（有的修订再版发行），足见其旺盛的生命力。

2. 开展课题研究，编写了教学参考书

编审组先后制订了课题研究与编写教学参考书的"75"和"85"两个规划，确定了两个 5 年内课题研究与参考书编写出版计划，内容涉及中学物理教学的理论与实践，包括国内和国外、课堂内与课堂外、校内与校外、实验与实习、教师教学与学生学习、教育与心理等各个方面，有许多课题的研究成果在当时都是处于国内领先水平、具有创新意义的。

在研究的基础上，编写了规划参考书，例如：

《中学物理教育简史》（骆炳贤、何汝鑫主编，湖南教育出版社出版，此书被选入中国科学院的重点课题"中国物理学史大系"并获奖）

《中学物理教学的理论探索与改革实践》（汤肇基、倪汉彬、乔际平、田世昆主编，高等教育出版社出版）

《物理学习心理学》（乔际平主编，高等教育出版社出版）

《中学物理教学中的德育》（马子振主编，高等教育出版社出版）

《物理与生活教学指南》（段金梅、唐伟国、马子振主编，高等教育出版社出版）

《物理课堂教学评价》（张宪魁、王其超、李新乡主编，高等教育出版社出版）

《物理教育量化方法》（张宪魁、王欣、李来政主编，湖南教育出版社出版）

《中学物理教学法电视系列教材》（8 所高师院校联合编辑摄录，高等教育出版社出版，该教材已经开始注意应用现代教育技术及视频音像资料作为物理教学法教学的辅助手段，促进教学内容呈现方式、学生学习方式、教师教学方式和师生互动方式的变革，为学生的多样化学习创造环境；原来使用录像带，后来改成光盘出版发行，被许多学校继续使用）

《中学物理习题教学研究》

《中学物理实验教学论》

《中学物理实验技术及教学技能训练》

《中学物理教学研究丛书》

《中学物理教育实习指南》

《物理教学研究方法》

《比较物理教学论》

《中学理科实践教学》

······

这些参考书的编写与出版为各高校开设选修课创造了良好的条件。

另外，编审组还成立专题小组，开展教育理论研究，为进一步集大成，编写《物理教育学》奠定基础，即实现由物理教学法到物理教学论再到物理教育学的逐步提升。

编审组还专门为福建省白炳汉等老师坚持进行的"教学改革跟踪实验研究（5年）"课题组织了鉴定。

（二）培养造就了一支高水平教研队伍

1. 自然形成了物理教学法课程的领军人物

凡是能出人才、出成果的沙龙，几乎都有出色的主持人。实践证明，专家的威望不是硬树的。编审组在连续的活动中自然形成了物理教学法课程的领军人物，他们带领编审组继续发挥在物理教学法教学研究方面的引导和凝聚作用。

2. 培养了一批热爱物理教学法教学的教师队伍

因为受传统观念、习惯势力的影响，一开始参加活动的教师并不都是很喜爱"物理教学法"这一学科的，但是，由于专家的引领、良师益友的互相鼓励以及自己参与活动的积淀，与会教师逐渐达成了共识：只要我们自己热爱自己选定的专业，持之以恒地搞好教学，始终如一地坚持研究，拿出成果，很快就会得到系科、学校乃至社会的承认与支持，让人信服教学法学科独有的魅力。编审组始终坚持开展课题研究，树立"在教学中研究，在研究中教学"的课题研究指导思想，将课题研究与课堂教学紧密结合起来，促进与会教师教学和教研水平的提高。这样，逐渐形成了一批热爱物理教学法学科、具有高级职称的教学、科研教师队伍。很多教师比较早地晋升为教授，成为各校、各省乃至全国物理教学法学科的骨干教师。这与参与编审组活动、不断拿出令人信服的研究成果有很大的关系。编审组的工作及所取得的成果也得到了其他学科教师的赞许和羡慕。这其中，主持人的专家引领作用是不言而喻的。特别是在学科研究的初创阶段，专家的引领作用更是至关重要。专家的引领不但避免了工作的盲目性、随意性，而且大大提高了工作效率。

3. 建立了全国物理教学法学科教师通信联络网

随着物理教学法学科教师队伍的逐渐壮大，我们编辑了全国物理教学法学科教师通信录（近1000人），形成了一批召之即来、来之即战的高级职称教师队伍，而且不断推出新成果、培养新人才。很多学校开始了学科教学论研究生的培养,为物理教学法的学科研究增加了新生力量、注入了活力,为进一步提高学科教学研究水平提供了有力的学术支撑和队伍保障。

(原文刊发于《物理教师》2011 年第 7 期,有修改)

以计算机辅助教学为突破口推进教学改革的深入发展

以多媒体计算机技术和网络通信技术为主要标志的信息技术，作为现代科技革命的基础和核心，已经渗透到社会的各个领域，对当代社会产生着重大的影响，最终将可能影响和改变我们的工作方式、学习方式、生活方式乃至思维方式，从而大大促进人类社会的发展和进步。面对滚滚而来的信息化浪潮的挑战，采取怎样的对策应战，以跟上时代前进的步伐，是我们每一个教育工作者必须认真对待的问题。

面对21世纪的挑战，我们应该加快实现教育的现代化，也就是实现教育思想观念的现代化、课程体系与教学内容的现代化和教学方法与教学手段的现代化，这应该成为大家的共识。实现教育的现代化，作为教师，可以选取以计算机辅助教学为突破口。这是因为，国内外大量的实践证明，以计算机辅助教学（信息技术与学科教育的整合）为主体的现代化教学手段，是最有利于学生学习的手段，是学生学习应用现代化的技术获取信息、处理信息、探索研究、解决问题进而培养创造能力的最有力的手段；是有利于转变教师的教育思想和观念，提高师资队伍的素质，促进教学模式、教学体系、教学内容和教学方法的改革，提高教学效益的有效手段；是教师自身进修学习，开展教育教学研究的得力手段。因此，以计算机辅助教学为突破口的教学手段的现代化，可以说是教育的一场革命，必将产生一举多得的效果，进而推进教学改革的深入发展。

对于怎样开展计算机辅助教学并提高计算机辅助教学的水平，教育界现在有不同的看法与意见。当然，对于一个新生事物进行必要的讨论是应该的。但是，时间是非常宝贵的，我们不能仅仅停留在争论上。现在问题的关键是要学习、要实践，在实践的过程中学习、改进、提高。

一、学习计算机技术，提高应用水平

学习计算机，提高使用计算机的水平，这是开展计算机辅助教学的基础。

（1）首先要克服对于计算机的神秘、恐惧感。实践证明，作为非计算机专业的教师，为了应用，可以把计算机作为一种工具、手段来学习，不必作为一种理论来学习，只要粗通计算机知识、掌握计算机的基本操作技能和汉字的输入技能，学会使用一些常见的应用软件，就可以在课堂上使用计算机辅助教学软件进行教学了。

（2）克服年龄、职务职称、学科界限等各种障碍。要放下架子虚心向年轻的计算机专业的专家、教师及所有懂得计算机的内行学习，并且尽快"下水"，在计算机上亲自操作学习，提高自身的计算机应用水平，早日参加到开展计算机辅助教学的队伍中来。"开天辟地""万事无忧""畅通无阻"等三个洪恩软件，以其内容齐全、形象生动、深入浅出的教学特点，深受初学者的喜爱。

（3）学习用于制作计算机辅助教学软件的常用工具。

① "PowerPoint 97"：PowerPoint 97（中文版）是 Microsoft Office 97（现在 Office 2000 已问世）软件包中的一种专门用于制作演示用多媒体投影片、幻灯片的工具。虽然它不是专为学校教育部门开发的，但它那全中文化的操作环境、易学易用的卓越特性以及工具与素材的紧密结合，实在让我们普通教师兴奋不已。它以页为单位制作演示文稿，然后把做好的页集成起来，形成一个完整的课件。利用它可以非常方便地录入各种文字，绘制图形，加入图像、声音、动画、视频影像等媒体信息，并根据需要设计各种演示效果。上课时，教师只要轻点鼠标，就可以播放制作好的一幅幅精美的文字与画面。新版的 PowerPoint 97 已经完全中文化，学习、使用都非常方便。利用 PowerPoint 97 的光盘，只要一天的时间就可以完全掌握其操作技能，而且 PowerPoint 97 中的网络化功能为利用网上信息资源以及教师之间交流电子教案提供了便利。

② 北大"方正奥思多媒体创作工具"：它是当前最著名的全中文界面的多媒体创作工具，具有直观、简便、友好、丰富的全中文界面和很强的文字、图形编辑功能，支持丰富的媒体播放方式和动态效果，能实现灵活的交互操作和多媒体同步。它的最大特点是面向普通用户，无须编程就可以按自己的创意制作出高质量的多媒体课件，而且还可以脱离奥思环境安装、运行。济宁师范专科学校是北大"方正奥思多媒体创作工具"的培训中心之一。实践证明，非计算机专业人员只要 2~3 天就可以学会，能够独立制作多媒体课件。

其他还有"TOOLBOOK""AUTHORWARE""宏图多媒体编著系统""易思多媒体创作工具"等，大家可以根据开发课件的要求、个人的喜好以及现有的条件选择使用。

二、学习先进的教育理论

开展计算机辅助教学、设计计算机辅助教学软件要以先进的教育理论作指导，这样可以少走弯路，有利于尽快地出成果。

自从 1959 年美国 IBM 公司研制成功第一个 CAI 系统从而宣告人类开始进入计算机教育应用时代以来，计算机教育应用的理论基础曾有过三次大的演变。第一次以行为主义学习理论作为理论基础，时间是 20 世纪 60 年代初至 70 年代末，这是计算机辅助教学的初级阶段。第二次以认知主义学习理论为理论基础，时间是从 20 世纪 70 年代末至

80年代末,这是计算机教育应用的发展阶段。第三次以建构主义为理论基础,时间是从20世纪90年代初至今,这是计算机教育应用的成熟阶段。

建构主义学习理论的最早提出者可追溯至瑞士的皮亚杰,他是认知发展领域最有影响的一位心理学家。建构主义学习理论的基本观点是,学习者的知识不是通过教师传授得到的,而是学习者在一定的情境即社会文化背景下,借助其他人(包括教师和学习伙伴)的帮助,利用必要的学习资料,通过建构意义的方式而获得的。

建构主义学习理论强调以学生为中心。它不仅要求学生由外部刺激的被动接受者和知识的灌输对象转变为信息加工的主体、知识意义的主动建构者,而且要求教师要由知识的传授者、灌输者转变为学生主动建构意义的帮助者、促进者。这就意味着教师应当在教学过程中采用全新的教学模式(彻底摒弃以教师为中心、强调知识传授、把学生当作知识灌输对象的传统教学模式)、全新的教学方法和全新的教学设计思想。

建构主义学习理论对设计计算机辅助教学软件的指导意义在于不要把计算机作为帮助教师灌输知识的手段或方法,而是作为帮助学生主动进行意义建构的认知工具。具体地说,在建构主义学习理论指导下,计算机辅助教学软件就是要创设符合各类学习主题的学习情境,创设为理解主题所需要的而学生现在又欠缺的接近真实经验的情境,创设有利于发展联想思维和建立新旧概念之间联系的情境,创设概念情境、问题情境、过程情境、规律情境等。

因此,我们强调为了更好地开展计算机辅助教学,必须认真学习建构主义学习理论,并且以它作为计算机辅助教学的理论基础。

三、计算机辅助教学的内容

计算机作为一种学习工具与教学的辅助工具,其价值和作用主要体现在以下几个方面。作为学习工具,计算机可用于存储信息、获取信息、处理信息、表达思想、交流信息、解决问题或者用作工具书及参考资料库。例如,我们随时可以把有用的参考资料储存到计算机中(就像过去积累资料卡片一样),也可以通过Internet网查询或者下载有关的资料(网址为www.k12.com.cn的中国中小学教育教学网已经运行,内容非常丰富实用)。作为教学工具,计算机可用于辅助教学、管理教学、辅助测验、帮助备课。例如,可以利用Word或WPS编写电子教案,利用PowerPoint编写教学用的多媒体幻灯片;可以进行难点实验的模拟演示、瞬时现象的观察、受时空限制的资料的插播、复杂仪器构造的介绍、篇幅较大和内容较多的辅助板书、检测题的演示、题库(文字、实验)、复习课的展示等。只要我们主动思考,利用计算机可以辅助教学的工作会非常多。如果有适当的软件,让学生自己在计算机上或网上学习,效果会更好。

由于计算机具有海量的存储能力、高速的处理能力、便捷的查询能力以及处理对象的多样性、网络信息的丰富多彩和交换速度快、交互功能强等优点,我们应该充分发挥它的作用。

四、学习使用或编写计算机辅助教学软件

1. 使用计算机辅助教学软件

我国的计算机辅助教学经历了两次重要转折。第一次是从程序设计教学到计算机辅助教学,发生在20世纪80年代中期。现在正在进行的是从课件思想到积件思想的转变。

课件是在一定的学习理论指导下,由设计者根据教学目标设计的、反映课件设计者教学想法,包括教学目的、内容、实现教学活动的教学策略、教学的顺序、控制方法等,用计算机程序进行描述并输入计算机的软件。这种课件是设计者教学思想与方法的体现;一般只是适应于一定的教学情境,不便修改和重组改造,因此无法适应千变万化的教学情况,所以较难推广。

第二代教学软件叫作积件。积件是由教师和学生根据教学需要,可以自己组合运用的教学信息和教学处理策略库与工作平台。它是面向一般学科教师的资料型软件和具有开放性、灵活性的工具平台软件,使教师能根据不同的教学特点组织教学。这预示着我国学校课堂计算机辅助教学即将发生一场新的革命。

积件思想是在计算机技术的高速度发展、我国教育现代化的紧迫需求与人们十几年来积累的经验教训等多种因素的催化下逐步诞生的,它是我国学校课堂计算机辅助教学的新思维,将会对计算机辅助教学产生深远的影响,促进计算机辅助教学从现在的小范围试验探索阶段走向大规模的推广和实施阶段,进一步提高我国计算机辅助教学的实践和应用水平。

2. 积累素材建立软件资料库

可以通过以下方式搜集素材建立资料库,这是进行计算机辅助教学的基础工作。① 利用Windows系统中的画笔和写字板自己创作教学的素材;② 购买电子图书或用于教学设计的素材光盘,然后根据教学的需要加以整理,形成自己需要的课件资料,用于制作课件;③ 利用视频捕获卡、扫描仪等获取图像资料。

3. 学习编写计算机辅助教学软件

有条件的话,可以自己练习编写计算机辅助教学软件。由于计算机多媒体创作工具的出现,现在对于一个非计算机专业的教师来说,应用计算机编写融图、文、声、动画为一体的多媒体软件已经不是很困难的事情了。当然要做出高质量的软件,应该组织一个由一线有经验的专业教师、计算机专业教师以及教育学和心理学教师、艺术教师组成的计算机辅助教学软件编写组,共同研制开发计算机辅助教学软件。

以建构主义学习理论为理论基础编写计算机辅助教学软件时,要处理好以下四个课堂要素之间的关系:

学生——是知识意义的主动建构者,而不是外界刺激的被动接受者和知识灌输的对象。

教师——是教学过程的组织者、指导者以及知识意义建构的帮助者、促进者,而不是主动施教的知识灌输者。

教材——所提供的知识是学生主动建构意义的对象,而不是教师向学生灌输的内容。

媒体——是创设学习情境,使学生主动学习、协作、探索、完成知识意义建构的认知工具,而不是教师向学生灌输所使用的手段、方法。

五、开展计算机辅助教学应该注意的几个问题

(1)要积极开发、研制适应素质教育需要的,能够符合教育教学特点的,能够发挥学生主动性和探索性学习的,能够培养学生创造能力、创新意识和分析问题解决问题能力的,能够允许发挥学科教师教学特色和教学个性的,具有开放性和灵活性的多媒体工具型、资料型、百科全书型的软件。其中,工具型软件不是以前所说的教学软件开发工具,而是直接面向学科教师以使教师能够根据不同教学特点组织教学的平台。另外,也要研发适合于网上教育和远程教育的多种类型的教育教学信息资源库。

(2)要注意防止只是简单地重复教材、脱离教学大纲制造超纲的电子习题、违背教学规律的做法,要注意教学方法,注意培养学生的创新精神。

(3)要改变教学软件的类型。面向课堂的教学软件不能只局限于为教师讲课服务,要避免固定式的讲解和演示、满堂灌类型的课件。

(4)计算机辅助教学是一种辅助教学手段,为了更好地发挥其作用,还应该与其他电化教学手段密切配合,物理教学还必须坚持以实验为基础。

(5)计算机辅助教学软件不要求全、求系列化,可以针对某一个专题,深入研究其内部的相互联系,做出精品,做出适合教学或学习的平台式软件。只有这样的软件,才符合教师和学生的需要,才有生命力。对于计算机辅助教学软件的设计,我们不能责备求全,要积极鼓励。

山东省物理教学研究会已经成立了现代教育技术研究工作委员会。只要大家都来关心并积极参与这一工作,我们相信,不久的将来,适合我们国情的优秀的计算机辅助教学软件一定会不断涌现,并将促进教学改革的深入发展,为提高教学质量做出更大的贡献。

(原文刊发于《山东教育》1999 年第 5、6 期,有修改)

物理科学方法教育30年研究综述

2010年8月,中国教育学会物理教学专业委员会理事长郭玉英教授在北京物理教育国际论坛上作的题为"中国大陆物理教育研究概况"的报告指出,在我国"物理科学方法教育几乎是与能力培养同时开始进行的","是我们国家物理教育研究的特色之一"。

从能力培养的研究到物理科学方法教育研究的悄然兴起,从人们自发进行的课题研究直至今天成为课程标准的基本目标之一,物理科学方法教育的研究已经走过了30年的历程。回顾这一研究过程,总结研究成果,提出需要进一步反思研究的课题,对提高教师自身研究的能力、落实课程目标、深化物理教学改革都具有极其重要的现实意义和长远的历史意义。

撰写本综述掌握的原则是:

(1) 展示研究成果以文献(论文、论著等)、录音、录像等资料为依据,以时间先后为序;

(2) 对展示的研究成果、观点,原则上不加评论;

(3) 相同或相似的观点,则以时间在先的为主,尽量不重复;

(4) 由于本人占有的资料有限,一定会有挂一漏万之处,敬请读者批评指正,来函说明,力争弥补;

(5) 转引的主要观点均注明参考文献,若有异议(含涉及版权之处),仍尊重原作者之意。

1. 物理科学方法教育研究的背景

1.1　1980年许国梁先生(中国教育学会物理教学专业委员会第一届理事长)在南京师范大学全国物理教学法研讨班上作了题为"关于能力培养问题"的学术报告。在那个年代,这一报告具有非常重要的意义和影响,于是国内开始了如何"在中学物理教学中落实能力培养"问题的研究。

1.2 对于在物理教学中如何培养学生能力的问题引起了许多人的重视,并进行了广泛的探索和讨论,也提出了许多有益的建议。例如:

1.2.1 有人认为,一般来说,所谓能力主要就是指发现问题、分析问题和解决问题的能力。因此,培养能力的问题,从根本上说,就是要解决如何才能获得正确的认识,以及通过什么道路、采用怎样的方法才能获得正确认识的问题。能力需要经过长期不懈的努力才能培养起来。在物理教学过程中,有意识地、经常地对学生进行物理学科学方法的教育是培养学生能力的基本途径之一。

1.2.2 研究表明,能力来源于知识和方法,而方法又离不开知识。在物理教学中,实验、思维和数学构成知识、方法、能力三者的共同舞台。物理学知识的三种基本组成(知识的逻辑结构、思维结构、智能结构)反映在基本方法上,形成了方法的三种基本组成,即实验方法、逻辑思维方法、数学方法;反映在基本能力上,则形成了能力的三种基本组成,即实验观察能力、思维能力和数学运算能力。这说明了物理学的研究与教学活动任何时候都脱离不了知识、方法与能力这三个领域的结合。

1.2.3 以下是三种关于知识、方法和能力的关系式:

① 知识(技能)+科学方法(论) $\xrightarrow{转化}$ 能力;

② 知识(技能)+智力(素质) $\xrightarrow[\text{运用于实践}]{\text{教学实践+科学方法}}$ 能力;

③ 科学方法+科学知识+科学精神 $\xrightarrow[\text{转化}]{\text{实践}}$ 能力。

其中,①是东北师范大学陈耀庭的观点;②是华东师范大学李嘉荫的观点;③是首都师范大学邢红军的观点。

1.2.4 方法是通向能力的桥梁,能力既依赖于知识,更依赖于方法。在某种意义上,方法本身是能力的一部分。科学过程和知识的结合是中学物理教学的核心,而过程是与方法对应的。这使不少教师更强烈地意识到,能力培养可以从强化方法教育入手。从方法教育的角度去审视和发掘近年来的教改经验可以看出,方法教育并不神秘,方法教育的潜力蕴藏在广大物理教师之中。

例如,对于高中"自由落体运动"的教学:

有的教师认为,关于"自由落体运动"的教学主要是讲清自由落体运动的概念、特点和规律,因而对教材的处理和教学方法的运用都是为讲清以下三个问题服务的:① 什么叫作自由落体运动? ② 自由落体运动的特点及其规律是什么? ③ 自由落体的加速度是多少?

有的教师则认为,通过教学,不仅要使学生理解和掌握自由落体运动的概念、特点及其规律,而且要使学生受到物理学研究方法的教育,了解物理学研究方法的意义并受到初步的训练,因而对教材的处理和教学方法的运用是围绕以下三个问题展开的:① 人们怎样想到要研究物体的自由落体运动的？② 用怎样的手段和方法来研究物体的自由落体运动？③ 通过研究得到怎样的结论？

我们认为，前者是"教学过程就是传授知识"这一观点在物理教学中的反映，后者则是"教学过程既要使学生掌握知识又要培养能力"这一观点在物理教学中的反映。显然，后面这种教法更应该提倡。在实际教学中，这两种教学观点的分歧给教师带来有益的启示，使教师认识到物理科学方法教育的重要性、必要性与可行性。

总之，从科学方法教育的重要性、必要性及可行性诸方面都引出同一个命题，即要加强中学物理科学方法教育，而且要使之更具体化、系统化、可操作化。于是，物理科学方法教育得到进一步发展，国内悄然掀起了一个研究该课题的热潮。

2. 物理科学方法教育研究的理论基础

2.1　进行物理科学方法教育，还是应该从物理学科自身的结构和特点出发。

物理学科的基本结构指的是物理学的基本概念、基本原理（包括基本定律和基本理论）和基本方法以及它们之间的相互联系。

2.1.1　物理学三维结构模型：美国物理教育家和科学史家霍尔顿（G. Holton）提出了物理学三维结构模型。霍尔顿是美国哈佛物理教材改革计划（HPP）的主要执笔人［哈佛物理教材中译本《中学物理教程》（课本及手册各六册），文化教育出版社出版］。他认为，物理学的任何一部分基本内容（包括物理量、定律、理论等）的结构及其发展都可以分解为三种因素或三个坐标：x——实验（事实），y——物理思想（逻辑、方法论等，霍尔顿本人在书中称为"主题"或"课题"），z——数学（表述形式或计量公式）。这可以说是抓住了物理学知识结构的核心。这一普适性的物理学科结构模式，也为探讨物理学各分支学科、各章节单元课题的结构及其教学规律指明了方向。图 1 所示为依据物理学三维结构模型绘制的经典力学的学科体系结构示意图。

2.1.2　苏联费多琴柯的物理学科结构图：该图如图 2 所示，实际上是把上述三维结构投影到平面上，形成上（实验）、中（核心理论）、左（科学方法论）、右（数学）、下（运用与延伸）五个区间，进一步全面地反映了物理学科的特点和物理学知识的三个基本组成部分及其相互关系，特别是反映了知识和方法的关系。

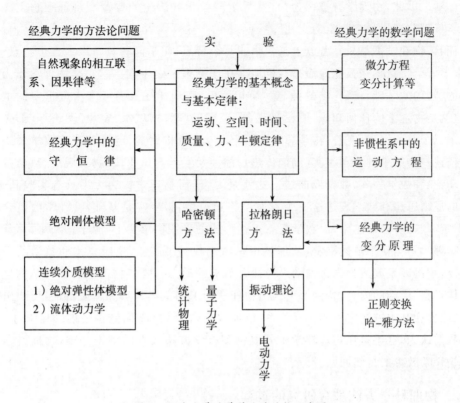

图 1　经典力学的学科体系结构示意图

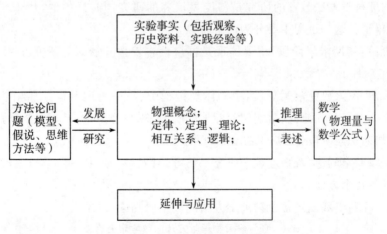

图 2　物理学科结构示意图

2.1.3　物理学的学科特点。

物理学的主要特点包括：① 物理学是一门实验科学；② 物理学是一门严密的理论科学；③ 物理学是一门定量的精密科学；④ 物理学是一门应用广泛的基础科学；⑤ 物理学是一门带有方法论性质的科学。物理学从它的早期萌芽到近现代发展，都以丰富的方法论和世界观等充满哲理的物理思想，影响着人们的思想、观点和方法，影响着社会思潮和社会生活。因此,物理学曾被称为"自然哲学""科学方法论的典范""辩证唯物主义哲学的科学基础""现代科学哲学的支柱"等。

而且,物理学不是只具备以上某一个或几个特点,而是同时具备以上五个特点;或者说,以上五个特点不是孤立地而是有机地存在于物理学之中的。这正是物理学作为一门成熟的、精确的基础自然科学的标志。换句话说,物理学还具有一个十分重要的本质特征,这就是物理学的任何知识,不论是现象、事实、概念、物理量、定律、理论等,都必然涉及以下三个基本因素:实验、物理思想(或逻辑、方法)和数学(定量表述或数学公式);即使是描述一个简单的物理事实(例如传热),都涉及实验测试手段、物理观点(热质说还是热运动论)和数学公式、数据或曲线。这就是说,任何物理学内容无不具有实验基础、物理学的逻辑思想和数学表述这三个方面。这其中,实验事实是基础,物理学的概念系统(基本定律与原理)是主干,而数学起着表述形式的作用。事实上,源于伽利略,奠基于牛顿的物理学乃至整个自然科学,物理学正是由于找到了实验、逻辑思维和数学的正确结合途径,才得以发展成为今天推动人类社会前进的动力。要使物理学的学科结构包含上述这样丰富、广阔的内容,特别要反映出物理学知识的上述特点和本质特征,反映出基本概念、原理和基本方法之间的相互关系,单纯的理论知识的逻辑结构是难以胜任的。

我们认为,这正是在物理教学中开展物理科学方法教育的理论基础,物理科学方法教育是科学教育的自然回归。

3. 物理科学方法教育研究的过程

我国物理科学方法教育的研究是与能力培养的研究同时开始的,从1980年算起至今已有30年了。这一过程主要分为两个阶段。

第一阶段:初期求索阶段,主要体现是群众性自发地开展课题研究,时间是1980年初—2001年7月。

第二阶段:深入研究落实阶段,主要体现是初中、高中物理课程标准相继颁布,物理科学方法教育进入深入研究、落实课程标准的阶段,时间是2001年7月至今。

3.1 初期求索阶段(1980年初—2001年)。

在此阶段,物理教师及物理教学研究工作者,自发地开展物理科学方法教育研究,主要体现在以下几个方面。

3.1.1 开始出现倡导学习物理学方法的教学研究论文,见表1。

表1 倡导学习物理学方法的教学研究论文

序号	作 者	题 目	来 源	发表时间
1	束炳如 童寿康	在中学物理教学中要重视和加强物理学方法的教学	《物理教师》	1982年第1期
2	董振邦	使中学生从物理课学到一些研究方法	《物理教学》	1982年第2期

序号	作 者	题 目	来 源	发表时间
3	张汉臣	物理教学中的思想方法	《物理通报》	1983 年第 6 期
4	张宪魁	《物理学方法论》学习要点(初稿)	全国高师院校中学物理教学法学术研讨会论文集	1983 年 7 月

(1) 束炳如、童寿康的论文。

① 明确指出"关于物理学方法教学的重要性","物理学的知识同它的研究方法是紧密地联系着的。在中学物理教学中,重视物理学方法的教学,对于学生理解和掌握物理基础知识,了解物理基础知识的应用,发展学生的能力都具有重要的意义。在进行有关物理知识的教学过程中,要使学生参与教学过程,受到物理学方法的初步训练,以使他们逐步懂得物理学的方法。在物理教学中,使学生初步懂得掌握物理学的基本研究方法比掌握某些物理知识更加重要。这就是为什么在中学物理教学中要重视和加强物理学方法教学的主要理由","如果我们在从初中到高中的整个物理教学过程中,坚持不懈地对学生进行这种科学方法的实际训练,学生就能学到一些物理学的基本研究方法,从而提高他们分析问题、解决问题的能力"。

② 认为"从中学物理教学的实际情况出发,实验方法、科学抽象和数学方法是三种用得最多的基本方法",并对这三种方法进行了较详细的阐述。

(2) 董振邦的论文。

① 指出"自然科学各门学科的教学,应该把科学知识的传授和自然科学一般研究方法的训练很好地结合起来","中学物理教学重视使学生了解、掌握一些自然科学研究方法,不只对学生毕业后的学习和工作有益,而且对学生学好当下的中学物理知识也有好处。因为学生的学习方法,实际就是在教师指导下探索、研究客观事物的方法。方法对,就学得好而快;方法不对,就要走弯路"。

② 认为"在中学物理教学中涉及的自然科学的一般研究方法,主要有观察、实验、抽象、理想化、比较、类比、假说、模型、数学方法等",并就其中一些方法,从教材和教学的角度谈了自己的看法。

(3) 张汉臣的论文。

认为"中学物理教学的主要任务是使学生掌握一定的基础知识和培养必要的能力,其中最主要的是思维能力,而思维能力的培养又和科学的思想方法密切相关",并就如何通过物理基础知识的传授来培养科学的思想方法谈了自己的体会。

(4) 张宪魁的论文。

① 在"概述"中阐述了物理学方法论的内涵、研究的内容,学习物理学方法论的意义,研究物理学方法论的指导思想与方法,物理学研究方法的分类。

② 提出了一个基本观点:物理学研究是以观察实验为基础的,运用数学工具进行定

量探讨是物理学研究的核心,科学的理论思维贯穿于物理学研究的始终。

③ 对物理学的主要研究方法进行了较为详细的阐述,并提出了为大学生开设的"物理学方法论"选修课纲要。

(5) 其他论文。

自 1984 年开始,各种杂志发表的物理科学方法教育论文逐渐增多。表 2 是 1984 年初至 1998 年上半年,10 种杂志刊登的物理科学方法教育论文统计表。图 3 所示为 1985 年至 2009 年各种杂志刊登的物理科学方法教育论文统计情况。

表 2 1984 年至 1998 年上半年 10 种杂志刊登物理科学方法教育论文统计

刊物名称	篇数	刊物名称	篇数
物理教学	37 篇	中学物理教学参考	30 篇
物理教师	44 篇	大学物理	3 篇
物理通报	19 篇	近代物理知识	5 篇
物理教学探讨	36 篇	教学月刊	84 篇
中学物理	66 篇	学科教育	9 篇

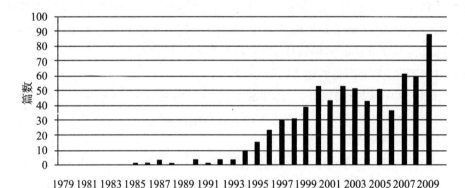

图 3 1985 年至 2009 年各种杂志刊登的物理科学方法教育论文统计图

(北京师范大学李正福博士提供)

3.1.2 高师院校的中学物理教学法教材开始编入"物理学方法论"专题。

1982—1996 年物理教学方法论专著出版情况见表 3。

表 3 物理教学方法论专著出版情况统计(1982—1996 年)

序号	主编	教材名称	出版社	出版时间
1	汪思谦编	中学物理教学法通论	科学教育出版社	1982 年
2	张宪魁、王河等编	中学物理教学法	山东教育出版社	1987 年
3	刘化君等著	物理教育概论	北京师范大学出版社	1991 年
4	乔际平、张宪魁主编	初中物理教材的选择与分析	高等教育出版社	1993 年
5	王至正、张宪魁、王河主编	物理教育学	青岛海洋大学出版社	1994 年
6	查有梁、谢仁根等著	物理教学论	广西教育出版社	1996 年

（1）汪思谦编写的《中学物理教学法通论》单列一节阐述了物理学研究方法的意义，并对观察和实验、科学抽象、假说和理论等方法以及比较和类比、分析和综合、归纳和演绎、初等数学（比例法、代数法、图象法）等方法做了较为详细的介绍。

（2）张宪魁、王河等主编的《中学物理教学法》专设一章介绍物理学的研究方法，并对经典物理学的基本研究方法即观察、实验、类比、等效、物理模型、理想实验、数学方法、假说的作用及其特点做了简要说明，同时对初中物理教材中建立概念、设计实验、总结规律时体现的主要科学方法进行了比较详细的分析。

（3）刘化君等著的《物理教育概论》在预测中学物理教材内容趋向现代化时，认为应该"贯彻物理学的科学研究方法教育，让学生了解物理学发展史中的一些观点和物理学的形成过程"，"增加实验教学的内容，改进实验教学条件和研究方法，提高学生物理测量、实验设计和实验数据分析的能力"。

（4）乔际平、张宪魁主编的《初中物理教材的选择与分析》指出，物理教材的方法论分析法就是以物理教材内容为基础，以物理学的发展史料为线索，运用物理学发展中的基本研究方法对比、剖析、挖掘、总结教材中的方法论因素；介绍了两种分析教材方法论因素的具体方法，即知识结构分析法、教学逻辑程序分析法；对中学物理教材中的物理实验、物理概念、物理规律、物理应用等四种典型教材内容的方法论因素进行了详细的分析。

（5）王至正、张宪魁、王河等主编的《物理教育学》在国内较早地提出了"物理科学方法教育是中学物理教育的基本任务之一"的观点，并对"物理学知识的方法论价值""物理学方法论的普遍意义""物理科学方法教育的内容与途径"等专题做了较详细的论述。

（6）查有梁、谢仁根、沈仁和、李久和、梁钧等编著的《物理教学论》比较完整地分析了"新的哲学范畴对应的新科学方法，哲学范畴的普遍适用性决定了它所对应的科学方法的普遍适用性"的观点，讨论了中学物理教学中主要科学方法的应用，如模拟方法、数学方法、理想方法、类比方法等。

3.1.3　开始出现开展物理科学方法教育的各种教学改革实验。

物理科学方法教育教学改革实验统计见表4。

表4　物理科学方法教育教学改革实验统计

序号	主持人	单位	课题名称	时间	主要成果	获奖
1	张宪魁	济宁师范专科学校	物理方法综合教育	1984—1989 年	主编《物理学方法论》	1990 获山东省高校教学成果一等奖
2	李国倩	浙江省教学研究室	高中物理方法教育研究	1989—1993 年	主编《高中物理方法教育研究》	首届全国物理科学方法教育研讨会优秀成果奖

序号	主持人	单位	课题名称	时间	主要成果	获奖
3	张主方	上海卢湾区教育学院	中学物理科学素质教育的目标、模式和评价	1992—1995年	主编《中学物理科学方法教育的探索和实践》	首届全国物理科学方法教育研讨会优秀成果奖
4	张遥	衢州二中	高中生物理科学方法选修课试验	1995—2001年	编著《中学物理方法》	
5	张宪魁	济宁师范专科学校	物理科学方法教育的理论探讨与实践（世行贷款项目）	1996年3月—1998年8月	编著《物理科学方法教育》	1999年获教育部"全国师范院校基础教育改革实验研究项目优秀成果"三等奖
6	张以明	济宁市教学研究室	中学物理教学中的物理科学方法教育	1996年8月—1999年9月	编辑论文集、教案集、检测集，组织22节示范课等	2003年获山东省省级教学成果三等奖
7	张宪魁 李新乡	济宁师范专科学校 曲阜师范大学	物理科学方法教育示范课研究	1998年6月—1999年6月	摄录28节、1264分钟的示范课	在中国教育电视山东台连续播放两遍

3.1.4 开始出现有关物理学方法论和物理科学方法教育的论著。

物理学方法论和物理科学方法教育论著见表5。

表5 物理学方法论和物理科学方法教育论著一览表

序号	作者	书名	出版单位	出版时间
1	张涛光著	物理学方法论	山东科学技术出版社	1983年7月
2	杨建邺、止戈编著	杰出物理学家的失误	华中师范大学出版社	1986年5月
3	杨建邺编著	惊讶·思考·突破——物理学史中的佯谬	湖北教育出版社	1989年1月
4	陈武秀编著	物理学的反思	湖北教育出版社	1989年7月
5	王继春、唐述曾编著	物理学中的常用方法	科学技术文献出版社重庆分社	1990年1月

续表

序号	作者	书名	出版单位	出版时间
6	张宪魁、王欣主编	物理学方法论	陕西人民教育出版社	1992 年 3 月
7	王溢然、束炳如主编	中学物理思维方法丛书（共 13 分册）	河南教育出版社	1993 年
8	李国倩等编	高中物理方法教育研究	浙江教育出版社	1995 年 4 月
9	项红专、江大华主编	初中物理方法教育的理论探索与实践	杭州市新闻出版局	1996 年 6 月
10	王欣、李晓林主编	物理科学方法教育的理论与实践	陕西人民教育出版社	1997 年 4 月
11	张主方主编	中学物理科学方法教育的探索与实践	上海市卢湾区教育学院院刊	1998 年 2 月
12	张遥编著	中学物理科学思维方法	黑龙江科技出版社	1998 年 7 月
13	张宪魁著	物理科学方法教育	青岛海洋大学出版社	2000 年 3 月
14	张遥著	中学物理方法	黑龙江科技出版社	2002 年 8 月
15	程九标、张宪魁、陈为友主编	物理发现的艺术	中国海洋大学出版社	2003 年 1 月
16	项红专著	物理学思想方法研究	浙江大学出版社	2004 年 6 月
17	吴宗汉、周雨清编著	物理学史与物理学思想方法论	清华大学出版社	2007 年 10 月
18	张宪魁、李晓林、阴瑞华主编	物理学方法论	浙江教育出版社	2007 年 11 月
19	朱鋐雄著	物理学方法概论	清华大学出版社	2008 年 5 月
20	朱鋐雄著	物理学思想概论	清华大学出版社	2009 年 5 月
21	叶建柱、蔡志凌著	物理教学中的逻辑	科学出版社	2013 年 10 月

（1）张涛光的《物理学方法论》是国内第一本专门介绍物理学方法的著作。该著作主要介绍了观察、实验、数学模型、理想化、比较和分类、类比、归纳和演绎、分析和综合、假说等物理学常用科学方法。

（2）杨建邺、止戈编著的《杰出物理学家的失误》以 30 多位杰出的物理学家（其中不少是诺贝尔奖获得者）在科学探索中所犯的错误为主题，向读者说明即使是杰出的科学家也是会犯种种错误的，这是一个非常重要而又经常被人们忽视的问题。本书作者引用了丰富的史料，对不同人物、不同内容的错误产生的原因进行了述评。本书不仅内容丰富多彩、引人入胜,而且寓意深刻、哲理性强,使读者从中受到启迪。

(3)杨建邺编著的《惊讶·思考·突破——物理学史中的佯谬》是我国第一部论述物理佯谬的著作。在物理学的发展史中,最吸引人而又令人绞尽脑汁的大约首推五花八门的物理佯谬了。本书以确凿的资料、生动的语言引人入胜地描述了近 20 个物理佯谬产生的原因、引起的震动以及由于它们的解决而引起的物理学变革。这一探索过程对读者了解科学与哲学、科学的思想方法,认识人类的精美智慧之花是很有益的。

(4)陈武秀编著的《物理学的反思》以物理学史为线索,对杰出物理学家科学探索的生动事例,从哲学思想、科学方法以及发现模式等方面进行了分析和反思。通过本书的阅读,读者不仅能欣赏到物理学发展的壮丽景观,而且能在物理海洋的遨游中获得深刻的启迪。

(5)王继春、唐述曾编著的《物理学中的常用方法》通过讲故事、列举典型实例介绍了中学物理中常用的观察、实验、思维实验、类比、模型、数学方法、假说、分析与综合、归纳与演绎等科学方法。

(6)张宪魁、王欣主编的《物理学方法论》是国内第一部全面介绍常规和非常规物理科学方法的著作。作者第一次提出了物理科学方法的常规和非常规分类方法,比较全面地介绍了观察、实验、数学方法、比较与分类、分析与综合、归纳与演绎、理想化方法、类比、假说、系统科学等常规方法,并介绍了科学想象、直觉、灵感、机遇、物理美学、失败反思、物理学悖论等非常规方法。

(7)王溢然、束炳如主编的《中学物理思维方法丛书》,分册详细阐述了模型、类比、对称、等效、求异、守恒、猜想与假设、归纳与演绎、分析与综合、分割与逼近、图示与图象、数学物理法、形象、抽象、直觉等科学方法。

(8)李国倩等编写的《高中物理方法教育研究》在国内比较早地全面分析了高中物理教材中方法教育的因素,列举了 36 个物理方法教育的案例,介绍了高中物理方法教育测试题的编制方法及试题例选。

(9)项红专、江大华主编的《初中物理方法教育的理论探索与实践》是杭州教育学院开展物理科学方法教育培训之后教师撰写的论文集,包括初中物理方法教育理论研究论文 38 篇、初中物理教材内容方法教育因素分析和教学实例 19 篇、物理科学方法教育研究课教案 4 个。

(10)王欣、李晓林主编的《物理科学方法教育的理论与实践》是全国首届物理科学方法教育研讨会优秀论文汇编。该汇编包括物理科学方法教育的地位和作用、物理科学方法教育的实施原则和策略、物理科学方法教育的实施途径、物理科学方法教育的实践探索、物理科学方法与素质教育、物理科学方法研究等专题,共计 55 篇论文。

(11)张主方主编的《中学物理科学方法教育的探索与实践》介绍了中学物理科学素质教育的目标、模式和评价方法,列举了 32 个初中物理科学方法教育的实践案例,介绍了初中物理科学方法和能力测试及评价的前期测试卷和后期测试卷。

(12)张遥编著的《中学物理科学思维方法》是向广大的青少年读者介绍物理科学世

界观和方法论知识的读物,向人们展示了物理科学思想的主要观点和最基本的科学思维方法,内容包括物理学自然观、物理学逻辑思维方法、物理学非逻辑思维方法、物理学世界观与方法论教育等。

(13)张宪魁著的《物理科学方法教育》是国内第一部比较全面地介绍如何在中学开展物理科学方法教育实验的专著,是作者在中学亲自进行物理科学方法教育实验的总结,主要内容包括物理科学方法教育的内涵(弘扬科学精神、掌握科学方法、树立科学态度),常规和非常规两大类的科学方法结构体系。本书首次提出物理科学方法因素判定原理,总结了分析教学资源中方法因素的三种方法,介绍了科学方法教育教学目标的制定、科学方法教育的教学模式及案例、开展教育实验的具体过程与方法以及教育实验的检测与评价等。

(14)张遥著的《中学物理方法》包括物理学经验认识层次——科学实验方法,物理学理论认识层次——理论思维方法、数学物理方法,物理学美学观——科学臻美方法等内容。

(15)程九标、张宪魁、陈为友主编的《物理发现的艺术》选取一些典型的事例,以科学思想方法介绍为主线,系统地阐述了观察、实验、假设、数学模型、理想化、类比、综合、悖论和科学想象等物理研究的基本方法,充分展现了物理发现的艺术魅力和风采。

(16)项红专著的《物理学思想方法研究》包括物理学家的思维特征,物理学家的思维误区,物理学发现的艺术等 23 个专题。

(17)吴宗汉、周雨清编著的《物理学史与物理学思想方法论》对物理学史与物理学思想方法论同时进行阐述,强调物理学是科学也是文化、物理学史的教学不仅要以史为鉴更要以史为器。本书分别介绍了牛顿力学、热学、电磁学的相关知识,相对论与量子论的产生,人类对微观物质世界认识的发展史,物理学研究中常用的思想方法等内容。

(18)张宪魁、李晓林、阴瑞华主编的《物理学方法论》是浙江教育出版社出版的物理、化学、生物、数学等领域科学方法丛书之一,全面介绍了物理科学方法论的基本理论、常规的 10 种科学方法、非常规的 5 种科学方法以及如何建立物理科学方法理论体系。

(19)朱鋐雄著的《物理学思想概论》论述了力学中的物理学思想、热学中的物理学思想、电磁学中的物理学思想、波动和光学中的物理学思想、相对论中的物理学思想、量子物理中的物理学思想等。

(20)朱鋐雄著的《物理学方法概论》论述了思辨的逻辑方法、实验的实验—归纳—演绎方法、实验哲学的分析—综合方法、以概念为工具的科学概念方法、以“整体性”为特征的现代系统科学方法、复杂层次上的非线性科学方法等。

(21)叶建柱、蔡志凌著的《物理教学中的逻辑》内容包括从逻辑的角度论述物理概念的教学、从逻辑的角度论述物理规律的教学、物理教学中的逻辑推理与论证、逻辑方法在物理教学中的应用、逻辑的基本规律与物理教学、物理解题中的逻辑问题等。

3.1.5 召开全国物理科学方法教育专题学术研讨会。

中国教育学会物理教学专业委员会非常重视物理科学方法教育的研究,将物理科学方法教育研究作为物理教学专业委员会唯一的一个专题项目,先后组织召开了两次全国性的学术研讨会。

(1)1995年8月3—6日,首届全国物理科学方法教育研讨会在陕西师范大学召开。这在当时极大地鼓舞了课题研究人员。报送大会的论文多达536篇;终审通过了获奖论文共305篇,其中一等奖18篇、二等奖105篇、三等奖182篇;获奖的优秀成果共四项:张宪魁、王欣主持的高师院校物理学方法论课题,浙江省教育学会中学物理分会高中物理方法教育研究课题,浙江省慈溪市教委教研室姚国辉主持的普通高中物理科学方法教育研究与实验课题,上海卢湾区教育学院张主方主持的中学物理方法教育课题。此次会议结束后,王欣、李晓林编辑了论文集《物理科学方法教育的理论与实践》,并由陕西师范大学出版社出版。

(2)1999年8月9—13日,第二届全国物理科学方法教育研讨会在苏州大学召开。乔际平、扈剑华、张宪魁、刘国钧分别做了题为"中学物理教学中的科学素质教育""面向21世纪高中物理课程、教材、教学的改革与研究""物理科学方法教育的理论与实践""现代教育技术在物理教学中的应用"的学术报告。参加大会的代表有150余人,有300多篇论文参与交流与评奖。

3.2 深入研究落实阶段(2001年7月至今)。

2001年6月8日,教育部颁布了《基础教育课程改革纲要(试行)》,之后又颁布了《义务教育物理课程标准》和《高中物理课程标准》。至此,物理科学方法教育的研究,从群众自发性的课题研究变成了关于落实国家课程标准的三维课程目标的研究,这极大地鼓舞了从事这一课题研究的老师,增强了他们研究的积极性,使他们更加理直气壮地去深入研究这一课题。

3.2.1 课程改革纲要对科学方法的定位具有重要的指导作用。

《基础教育课程改革纲要(试行)》(以下简称《纲要》)是我国新一轮基础教育课程改革的统领性文件。本课程改革纲要中关于科学方法的阐释对于物理科学方法教育研究具有重要的指导作用。

《纲要》第一部分"课程改革的目标"的第1条指出,"基础教育课程改革……要使学生具有适应终身学习的基础知识、基本技能和方法"。可见,《纲要》将"方法"看作与基础知识、基本技能同样重要的学习内容,并从总目标的高度对学生提出了要求。

《纲要》第二部分"课程结构"的第5条指出,"从小学至高中设置综合实践活动并作为必修课程……强调学生通过实践,增强探究和创新意识,学习科学研究的方法,发展综合运用知识的能力"。可以看出,《纲要》在此处提出要在综合实践课程中让学生"学习科学研究的方法",这可以说是对课程目标中关于基本方法要求的进一步明确化。

《纲要》第三部分"课程标准"的第7条指出,"国家课程标准……应体现国家对不同阶段的学生在知识与技能、过程与方法、情感态度与价值观等方面的基本要求"。在本次课程改革中,各科课程标准成为教材编写、教学、评估和考试命题的依据,《纲要》做出上述要求,提出课程标准要体现"过程和方法"的基本要求。"体现"一词,表明了课程标准需要显性化地表述"过程和方法"的基本要求,强调"方法"的重要性。

为了进一步指导课程标准显化"过程和方法",《纲要》在"课程标准"部分第 8 条中继续指出,"制定国家课程标准要依据各门课程的特点,结合具体内容……要倡导科学精神、科学态度和科学方法"。上述要求说明,倡导科学方法应当根据各门课程的特点结合具体内容进行,这为显性化方法教育指明了方向。

3.2.2 物理课程标准对科学方法的要求坚定了教师开展科学方法教育的信心。

2001 年 7 月教育部颁布了《全日制义务教育物理课程标准(实验稿)》,2003 年 4 月教育部又颁布了《普通高中物理课程标准(实验)》。这些课程标准(以下简称《课标》)是指导物理课程改革的重要文件。下面仅以高中《课标》的前言与课程目标来解读课程标准对科学方法教育的定位与要求。

《课标》在开篇的"前言"中指出:"物理学是一门基础自然科学,它所研究的是物质的基本结构、最普遍的相互作用、最一般的运动规律以及所使用的实验手段和思维方法。"从《课标》对物理学性质的表述可以看出,实验手段和思维方法是物理学研究的重要对象,这在一定程度上体现了开展科学方法教育的必要性。

《课标》在第一部分"课程性质"中指出:"高中物理课程有助于学生继续学习基本的物理知识与技能;体验科学探究过程,了解科学研究方法……"此处从课程总目标的高度对科学研究方法教育提出了要求,并将该要求定位于"了解"层面;尽管该要求并不高,但"了解科学研究方法"的要求已经指明需要开展相应的科学方法教育,以达到课程目标提出的这一要求。

《课标》在第二部分"课程基本理念"中指出:"高中物理课程旨在进一步提高学生的科学素养,从知识与技能、过程与方法、情感态度与价值观三个方面培养学生。"在具体课程目标部分,《课标》针对"过程与方法"目标,提出了以下要求:

1. 经历科学探究过程,认识科学探究的意义,尝试应用科学探究的方法研究物理问题,验证物理规律。

2. 通过物理概念和规律的学习过程,了解物理学的研究方法,认识物理实验、物理模型和数学工具在物理学发展过程中的作用。

3. 能计划并调控自己的学习过程,通过自己的努力能解决学习中遇到的一些物理问题,有一定的自主学习能力。

4. 参加一些科学实践活动,尝试经过思考发表自己的见解,尝试运用物理原理和研究方法解决一些与生产和生活相关的实际问题。

5. 具有一定的质疑能力,信息收集和处理能力,分析、解决问题能力和交流、合作能力。

从上述关于"过程与方法"的具体课程要求可以看出以下几点。

第一,提出"了解物理学的研究方法"的要求,并指出了达成这一要求的途径是"通过物理概念和规律的学习过程"。这一点是与《纲要》提出的结合学科特色与具体内容使学生具备基本方法的精神是一致的。

第二,提出"尝试运用物理原理和研究方法解决一些与生产和生活相关的实际问题"的要求。第一条的要求只是"了解"水平,而这一条要求已经上升到"运用"水平,并且指向"一些与生产和生活相关的实际问题"。这一要求实际上隐含了一个重要的前提,即学生需要获知物理研究方法,否则无法加以"运用"。

从具体目标的表述可以看出,关于物理学研究方法教育,实际上要求并不低,包括"了解"和"尝试运用"两个水平,由此也可以看出《课标》对科学方法的重视。

综合前言与课程目标部分对科学方法的相关阐述可以看出,《课标》将"过程与方法"作为三维目标之一予以呈现,这是较过去教学大纲的目标变化较大之处,体现了《课标》对科学方法的重视。

3.2.3 各种版本的课程标准实验教科书显化物理科学方法,起到引领作用。

各种版本的基础教育中学物理教材,重视科学方法教育,不同程度、不同方式、显性地凸显了物理科学方法。这是一个重要的、前所未有的变化,对于深入开展物理科学方法教育课题研究有着不可估量的引领作用。

(1)首都师范大学物理系何静、邢红军、郑鹂等老师对"高中物理教材中科学方法的显化"进行了研究。

① 统计了高中物理中常用的10种物理科学方法在5个版本高中物理教材中出现的频次(表6)。这十种常用的物理科学方法分别是理想模型法、控制变量法、隔离法、等效变换法、对称法、合成与分解法、估算法、比值定义法、类比法、实验法。统计的依据是在教材中明确提出该方法的名称或有关该方法的知识、形式、操作过程等。

表6 5个版本高中物理教材中"科学方法"出现频次统计

教材版本		人教版	教科版	沪科教版	粤教版	鲁科版
科学方法	理想模型法	3	5	5	6	2
	控制变量法	1	1	2	3	3
	隔离法			1	1	
	等效变换法	1		2		1
	对称法		1	1		
	合成与分解法			1		
	实验法	1	4	2		
	比值定义法	3	1	2	2	1
	类比法		2	3	1	4
	估算法		1			

② 教材中科学方法的显性化方式。

综观5个版本高中物理教材,科学方法的确得到了一定程度的显性化,并主要是通过以下三种方式实现的:在正文中直接介绍科学方法,设置小栏目和在旁批处介绍科学方法,利用物理学史显性化科学方法。

一些教师还建议再增加更多的显性化形式:在教材中开设专题介绍科学方法,以科学方法为主线组织教材,介绍运用科学方法解决实际问题的案例。

(2)山东师范大学袁博和张磊老师通过比较中美物理教材在科学方法教育方面的差异,指出我国物理教材中科学方法教育的不足,并有针对性地提出优化我国教材科学方法教育的三点建议:教材中进一步显化科学方法,重视数学方法在科学探究与知识学习中的作用,融入原始物理实验思想。

3.2.4　适应课程改革的需要,高师院校开设物理科学方法教育选修课。

《纲要》指出:"师范院校和其他承担基础教育师资培养和培训任务的高等学校和培训机构应根据基础教育课程改革的目标与内容,调整培养目标、专业设置、课程结构,改革教学方法。"为了适应课程改革的需要,据不完全统计,已有十几所师范教育院校及中学开设了物理科学方法教育选修课或专题讲座,如北京师范大学、首都师范大学、东北师范大学、南京师范大学、延安大学、山东师范大学、曲阜师范大学、山东理工大学、绥化师范学院、荆州学院、河池学院等。其中,北京师范大学把物理科学方法教育列入教学计划并制订了教学大纲;山东青岛二中、浙江衢州二中等学校为中学生开设了物理科学方法教育选修课。

3.2.5　更加深入地开展物理科学方法教育改革实验。

物理科学方法教育改革实验见表7。

表7　物理科学方法教育改革实验一览表

序号	主持人	单位	课题名称	时间	成果
1	崔秀梅 于宏	山东省潍坊市教学研究室	初中理科科学方法教育实验研究(包括物理、化学、生物、数学等学科)	2000 年 9 月— 2005 年 5 月	2007 年山东省教育厅优秀教育科研成果二等奖
2	徐志长	浙江省慈溪中学	中学物理科学方法教育研究	2002—2006 年	2007 年浙江省第二届教研课题成果二等奖
3	邢红军	首都师范大学	中学物理教学中科学方法教育的研究	物理教学专业委员会 2003— 2006 年全国物理教育科研课题	物理教学专业委员会优秀成果
4	杨宝山	中央教育科学研究所	科学教育和科学课程的创新性研究与实践		
5	隋丰俊 梁吉峰	山东省烟台第一中学	物理教学过程中运用科学方法培养学生物理思维方式的探索与研究		

续表

序号	主持人	单位	课题名称	时间	成果
6	赵伟新	上海市长宁区教育学院	初中物理教学落实三维课程目标的实践研究	物理教学专业委员会 2008—2010 年全国物理教育科研课题	物理教学专业委员会优秀成果一等奖
7	周洪池	江苏省上冈高级中学	中学物理实验中的方法研究		
8	胡尊华	山东省鄄城县第二中学驻城校区	实施物理学史教育的意义和方法		
9	原东生	河南省开封市基础教育教学研究室	科学方法教育在沪科版物理教材中的体现与实施研究	2008 年 9 月—2011 年 10 月	
10	彭中乔	江苏省兴化市林湖中心校	在科学探究中培养学生物理学方法的研究	2009 年 10 月—2011 年 12 月	

3.2.6 研究生以科学方法教育为研究课题,提高了研究的水平。

(1) 中国期刊网——优秀硕士学位论文全文库(2000—2009 年)(表 8,陶洪提供)。

表 8 优秀硕士学位论文全文库检索结果(2000—2009 年)一览表

检索条件	检索词	是否精确搜索	检索结果数量
主题	物理科学方法教育	是	22 篇(2001 年 1 篇、2002 年 1 篇、2003 年 1 篇、2004 年 2 篇、2005 年 4 篇、2006 年 2 篇、2007 年 4 篇、2008 年 3 篇、2009 年 4 篇)
主题	物理科学方法教育	否	549 篇
题名	物理科学方法教育	是	10 篇
题名	物理科学方法教育	否	21 篇(其中 2004—2009 年间共 20 篇)
主题	科学方法教育	是	64 篇(其中 2001 年 3 篇、2002 年 3 篇、2003 年 4 篇、2004 年 4 篇、2005 年 11 篇、2006 年 5 篇、2007 年 11 篇、2008 年 16 篇、2009 年 7 篇;与物理相关的共 33 篇)
题名	科学方法教育	是	33 篇(其中与物理相关的共 21 篇)

北京师范大学许桂清博士的毕业论文《基于教学导向的高中生力学迷思概念与科学概念信息比对图研究》,对 40 个具体的学生迷思概念与科学概念信息比对图的归并研究,由基于教学一线的真实资料得出结论,对开展物理科学方法教育很有现实指导意义。

（2）部分研究生物理科学方法教育研究课题简介（表9）。

表 9　部分研究生物理科学方法教育研究课题一览表

姓名	论文题目	学校	年份
程　喆	提高中学生科学素养的思考与实践探略	广西师范大学	2001
王丽杨	在中学物理教学中开展科学方法教育	福建师范大学	2001
尹继武	物理学方法教育的研究和教学实践	四川师范大学	2002
苏　诚	物理科学方法教育探索	江西师范大学	2004
费金有	新课程理念下的物理科学方法教育	东北师范大学	2004
王文英	在中学物理教学中开展科学方法教育之实践和探索	江西师范大学	2004
肖文志	中学物理科学方法教育研究	湖南师范大学	2004
王　婧	八年级几种物理教材科学方法分析	云南师范大学	2005
王继云	物理教学中进行科学精神与人文精神融合的途径与方法	首都师范大学	2005
禹双青	物理模型方法学习策略探讨	湖南师范大学	2005
王学文	高中阶段进行物理科学方法教育的实验研究	河北师范大学	2005
李鄂春	科学方法应用于高中物理重点概念和规律的教学研究	首都师范大学	2005
吴慧英	高中物理提高学生科学素养的思考与实践	东北师范大学	2005
蒲天旺	中职物理教学渗透科学方法教育的探索与实践	西北师范大学	2005
朱　琴	基于物理学方法培养高中生创新能力研究	首都师范大学	2006
曹蓓华	高中物理科学方法教育研究	河北师范大学	2006
慕晓霞	高中物理教学中科学方法教育的初探	华中师范大学	2006
邹爱玲	初中物理教材体现科学素养教育的评价研究	辽宁师范大学	2007
张志坚	初中物理教学中渗透物理学史开展科学方法教育初探	南京师范大学	2007
霍浩凌	高中物理教学中渗透科学思想和方法的研究	西北师范大学	2007
周　华	高中物理课堂教学中科学方法教育的现状及对策分析	福建师范大学	2007
李　莉	高中物理课堂中渗透科学方法教学的研究与实践	西北师范大学	2007
陈万锋	高中物理教学中实施科学方法教育的途径研究	东北师范大学	2007
张　博	新课标下中学物理科学方法教育的探究	华东师范大学	2007
姚　勇	运用原始问题促进中学物理科学方法教育的研究	首都师范大学	2007
巫亚珍	初步探讨初中物理探究教学中渗透科学方法的教育	苏州大学	2008
伍功荣	高中物理教学中渗透科学方法教育的实践研究	福建师范大学	2008
廖　林	高中物理科学方法教育实践研究	四川师范大学	2008
张云丽	在物理教学中加强科学方法教育的研究	合肥师范大学	2008
李焕珍	中学物理实验教学中进行科学方法教育的探索	山东师范大学	2008

续表

姓名	论文题目	学校	年份
付红艳	初中物理科学方法教育内容的研究	首都师范大学	2009
富鹤年	对赵凯华大学物理教育理论与实践的研究	四川师范大学	2009
宋淑飞	新课程下高中物理科学方法教育实施策略研究	东北师范大学	2009

3.2.7　召开全国第三次学术研讨会,推动物理科学方法教育工作的开展。

全国第三次物理科学方法教育学术研讨会,于 2010 年 8 月 1—2 日在南京师范大学召开。这次学术研讨会既继承了前两次会议的优良传统,又发展了新的内容和形式、提升了学术研讨的水平。

大会组委会征集到 110 余篇高水平的论文与视频资料,它们是作者多年辛勤研究的结晶。大会共评选出了一等奖 38 篇、二等奖 36 篇,推荐 35 篇论文进行小组交流、9 篇论文进行大会交流。

陶洪和张宪魁作了题为"物理科学方法教育研究的现状与思考"的学术报告,全面分析了物理科学方法教育研究的发展历程与现状,概述了研究的成果,对当前物理科学方法教育存在的问题进行了反思,提出了需要进一步探究的问题。

人民教育出版社的谷雅慧老师做了题为"新课标高中物理教材中的科学方法教育"的报告。

张遥等 9 位老师做了大会交流发言,35 位老师做了分组交流发言,展示了他们在各自的物理教学实践中进行物理科学方法教育研究的成果。

这次大会是在基础教育课程改革深入发展、物理科学方法教育研究遇到很多困惑与问题的关键时期,及时召开的一次重要的学术研讨会,对我国物理科学方法教育的研究起到了重要的推动作用。

3.2.8　编写、出版了突出科学方法教育特色的两套教材。

邵长泰主编的中专《物理学》指导书由高等教育出版社出版,赵志芳主编的高职院校教材《应用物理基础(信息类)》由南京大学出版社出版。这两套教材突出了科学方法教育特色。这两套教材在前言中都明确指出教材的第一个特点就是注重科学文化素养、突出思维和方法;在每一章中都专列一节"知识拓展",系列地介绍科学思维方法。这一做法在国内是罕见的,也是前所未有的,很有借鉴意义。

4. 物理科学方法教育研究的主要成果

4.1　明确了物理科学方法教育的几个基本观点。

4.1.1　物理科学方法教育是一个综合性课题,主要包括三个方面:弘扬科学思想、掌握科学方法、树立科学态度,其中科学方法是主体。

4.1.2　物理科学方法教育是一个永恒的、极具生命力的研究课题,只要物理教育存在,物理科学方法教育就必然存在。

4.1.3　物理科学方法教育已经不仅仅是个研究课题,而是新课程标准的三维目标之一,因此,不是要不要搞或者可有可无的问题,而是必须认真落实的课程目标之一。

4.1.4　物理科学本来就应该包括物理科学知识、科学方法、科学思想和科学态度四个方面。在此,我们以科学方法为主体,是因为科学家从事科研工作的方法,与他的科学思想和科学态度是一致的;而且"无论大中小学的什么学科,首先要学生学习这门学科的基本结构"。所谓基本结构,就是指这门学科的基础知识、基本原理和规律以及研究这门学科的基本方法。所以,物理科学方法教育是科学教育的自然回归。教学本来就应该是教授完整的科学知识结构,只讲知识不谈方法的课是不完整的课,是没有完成教学任务的课,起码不是好课。

4.1.5　方法学就是聪明学。有的学者提出"智力＋技能＋认知结构(知识＋科学方法)＝能力"。开展物理科学方法教育是提高学生的科学素质,培养创新意识和创新人才的基础。许多教师的教学实践已经证明,让学生较早地接受科学方法教育,是减轻学生学习负担,使学生走出题海困境的有效途径,也是使学生受益终身的大事。

4.1.6　物理科学知识所体现的规律,是不以人们的意志为转移的客观存在,但是运用什么方法发现、总结这些规律,则是因人、因时、因地而异的。许多规律可以被科学家同时用不同的方法发现,而且后人也可以用不同于科学家的方法对其进行再认识和再探究。因此,方法是属主观范畴的概念。鉴于此,科学方法只靠学生自己去悟是很难有成效的。我们要珍惜青年学生最富有创造力的时期,不要让他们把过多精力放到感悟方法上去,同样也不能再让教师自己去悟。课堂教学应该倡导显性地提出科学方法,学生的感悟必须与教师的讲解相结合。为此,"一学习、二模仿、三创新"是值得借鉴的模式。过去我们提倡过"以隐性教育为主,显性教育为辅",现在我们则提倡"以显性教育为主,隐性教育为辅"。

4.1.7　要正确地处理理论与方法的辩证统一关系。科学理论是过去研究活动的最终成果,是对已知事物的认识。而方法则是进行未来研究活动的手段,它所面对的是未知的事物和领域。但是,理论一经证明是正确的、科学的,那么它在同一知识领域甚至在不同领域里建立其他新理论的过程中,实质上也起着方法的作用。所以,从这个意义上来讲,一切知识都可以通过应用而转化为方法。

近代科学强调科学方法对于科学理论的创立、发展的决定性意义。科学发展史一再确证,没有某种科学方法及其指导下的研究规则、实验设计,科学理论是不会产生的,也难于有效地发挥理论知识的功能与作用。科学家对科学方法的普遍重视是不言而喻的。当然,我们也要注意,绝不能无限地扩大方法论的功能与作用。方法论的决定作用是相对的。方法论会伴随理论知识的发展变化而相应地得到调整。方法论是灵活的、务实的,没有永恒不变的方法论。

4.1.8　兴教应该先兴师。教师只有掌握了方法论知识,居高临下,才能深入浅出地进行教学,使学生受益。因此,我们建议:

(1)高师院校物理教育专业要开设物理科学方法教育选修课;

（2）教师培训要开设物理科学方法教育研讨课；

（3）教材编写要更加系统地体现科学方法，实现教材的引领导向作用；

（4）提倡教师学习研究物理科学方法，进行课堂实践。

4.2　初步解决了开展物理科学方法教育的九个问题。

4.2.1　物理科学方法教育总体上要解决三个基本问题：

（1）物理科学方法教育的基本内涵——教什么；

（2）物理科学方法教育的意义——为什么教；

（3）如何开展物理科学方法教育——怎么教。

4.2.2　物理科学方法教育的内涵。

1996—1998 年，济宁师范专科学校在 70 多所中学进行了"物理科学方法教育的理论与实践"课题研究，并提出物理科学方法教育的内涵是在进行物理教学的过程中，同时进行以科学方法为主的学习与教育，即弘扬科学思想、掌握科学方法、树立科学态度。我们认为，这一内涵体现了物理科学的本质，是物理教学的自然回归。

如果把物理科学方法教育的内涵与课程标准的三维目标加以对比，可以看出科学方法教育的内涵与三维目标的要求基本上是一致的（表 10）。

表 10　课程标准的三维目标与物理科学方法教育的内涵

课程标准的三维目标	物理科学方法教育的内涵
知识与技能	知识是载体
过程与方法	掌握科学方法
情感·态度·价值观	弘扬科学思想，树立科学态度

（1）弘扬科学思想。

弘扬科学思想，就是结合教学让学生学习、体验、认可以下几种思想。

①　科学怀疑思想。

科学首先就是怀疑，它要求人们凡事都要问一个"为什么"，追问它"究竟有什么根据"，要打破砂锅纹（问）到底，而绝不轻易相信。所以，著名的科学方法论学者波普尔说，正是怀疑、问题激发我们去学习，去发展知识，去实践，去观察。从这个意义上说，科学的历史就是通过怀疑提出问题并解答问题的历史。当然，科学的怀疑精神，绝不是否定一切，而是通过否定得到肯定的东西。

②　科学求真思想。

科学研究的目的是追求真理，真理是人们的认识与客观实际相符合的真实的知识。在求真问题上，首先应该承认，我们的认识对象——自然界是在我们之外的客观存在的大世界；其次要承认自然界是可知的。尽管世界上的事物是千变万化的，但是，其运动及变化是有规律的，是可以被人们认识的。而且就整个人类而言认识能力是无限的，世界上只有暂时未被认识的事物，而没有永远不可认识的事物。爱因斯坦有一句名言说，相信世界在本质上是有秩序的和可认识的，这一信念是一切科学工作的基础。

③ 科学创新思想。

创新是一个民族进步的灵魂,是一个国家兴旺发达的不竭动力。创新也是科学的生命。没有创新,就没有科学;没有创新,科学将停滞不前。教育是知识创新、传播和应用的主要基地,也是培育创新精神和创新人才的摇篮。在中小学,我们所说的创新,是指通过对中小学生施以科学方法的教育和影响,使他们作为一个独立的个体,能够善于发现和认识有意义的新知识、新事物、新方法,掌握其中蕴含的基本规律,并且具备相应的能力,为将来成为创新型人才奠定全面的素质基础。中小学生创新,重在发展价值。当然,创新和继承也是分不开的,要在继承中创新,在创新中继承。

④ 科学人文思想。

科学活动是人类在认识世界、改造世界的过程中形成与发展起来的一种系统的、有组织的、特殊的活动。在当代,科学已经成为人类文明的主流,它广泛地渗透于政治、经济、法律、文化领域之中。因为科学归根结底是和人类的切身利益和长远利益息息相关的,所以从培根的"知识就是力量"开始,人文精神就成为近代科学的固有精神。物理学教育是自然科学教育的重要分支,在把自然科学和人文学科融合的新教育理念下,承担着其他学科教育不可替代的重要任务。在物理教学中,要展示物理学的发展与人类文化的相互影响,使学生感受科学文化与人类文化的相互促进作用,向学生提供正确的人文导向,引导学生确立正确的人生观和价值观。

⑤ 科学实践思想。

我们要弘扬科学思想,必须对实践有一个正确的认识,而且还必须亲自参加实践。实践是人们能动地认识世界和改造世界的活动,是人类有目的、有意识的活动。同时,实践是检验认识正确与否的唯一标准,只有通过实践才能证实认识和发展认识。认识来自实践又必须服务于实践。

(2)掌握科学方法。

通过科学方法教育,应该让学生掌握以下基本知识:

① 方法的基本概念;

② 方法的存在形式及判定原理;

③ 常用的物理科学方法及物理科学方法体系。

(3)树立科学态度。

通过科学方法教育,应该让学生树立严谨求实的科学态度。

所谓严谨,就是要严肃认真、一丝不苟。所谓求实,就是要实事求是、客观公正、尊重证据、坚持真理、修正错误。

4.2.3 物理科学方法的基本概念及方法存在的三种基本形式。

广义地讲,物理科学方法应该包括物理学研究方法、物理学理论体系的建立方法以及物理学理论的学习与传播方法。狭义的物理科学方法主要是指研究物理学的方法。关于方法,我们做了一个比较简单、易于理解的界定,并总结出方法存在的三种基本形式,进而提出了物理科学方法判定原理,使科学方法教育有据可依。

（1）方法的基本概念。

方法就是为了解决某一具体问题，从实践或理论上所采用的手段和各种方式的总和。

物理科学方法就是描述和研究物理现象、设计和实施物理实验、建立和定义物理概念、总结和检验物理规律、应用物理知识解决实际问题时所采用的各种手段与操作。

（2）方法存在的基本形式及判定原理。

① 方法存在的几种基本形式。

对于同一事物来说，在纵向或横向发展过程中的转折过渡处一定存在方法；

不同事物之间（包括人与事物之间）建立联系或者发生关系时或者重组排序时，一定存在方法；

理论用于实践解决实际问题时，理论本身就具有了方法的意义。

② 物理科学方法判定原理。

根据方法存在的基本形式，可以提出一个寻找教学资源（含教材）中的科学方法因素的判定原理。这个原理提供了一个寻找方法论因素的方法，利用它可以很方便地确定教学资源（含教材）中的科学方法因素，以便进行科学方法教育。

"在物理学知识点的建立、引申和扩展中，知识点以及知识点与知识点之间的连接处（我们把它叫作'键'），一定存在物理科学方法因素。"这是理论研究与实践经验的总结，当然对其也可以进行简单的论证（详见《中学理科教学》1990年第12期，此处略）。

4.2.4 常用的物理科学方法及物理科学方法体系。

（1）常用的物理科学方法。

常用的物理科学方法分为两大类。

一类是具有一定规律和程式可循的常规方法。常规方法又分为经典方法和现代方法。经典常规方法是指观察实验方法、逻辑思维方法、数学方法，也就是物理学之父伽利略奠定的以物理实验为基础，自始至终进行科学的思维，最终以数学方法为工具建立规律的数学表达式的研究方法。我们把它称为物理学研究方法的"工字形结构"，如图4所示。现代常规方法主要是指"老三论"和"新三论"。

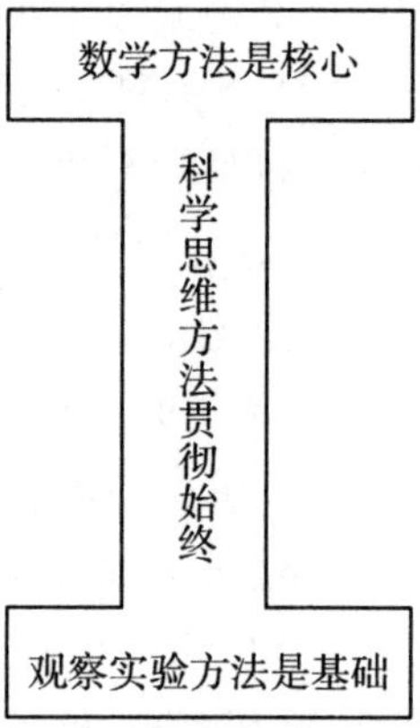

另一类是非常规方法。这类方法的产生常带有或然性，运用起来有些"变幻莫测"，其特征与艺术的表现形式有些相似，有时它还会夹带着一些戏剧性事件，诸如直觉、灵感、想象、猜测等方法。另外，我们认为物理美学、物理学家的失误以及物理学悖论，在物理学的发展中也具有方法论的作用和意义，所以，我们也把它们作为非常规方法加以探讨和研究。这些方法在张宪魁、王欣等主编的《物理学方法论》中各专列一章加以论述。

当然，每一种方法都含有下一层次的方法，不同层次的科学方法是不能相互混淆的。

图4 经典常规方法图示

（图中文字：数学方法是核心；科学思维方法贯彻始终；观察实验方法是基础）

例如，我们设计物理实验探究多变量之间的关系时，受技术条件和人们能力的限制，只能采取控制变量的方法来进行研究，所以控制变量法是实验方法中下一层次的一种方法。类似的，比值定义法是定义物理量时经常使用的一种数学方法，是数学方法中下一层次的一种方法。我们不能因为控制变量法、比值定义法很重要且有广泛应用，而把它们提到不应有的层次上。方法的重要性、应用广泛性和它的层次是两码事。

（2）物理科学方法体系。

实施物理科学方法教育必须有一个完整的物理科学方法体系作为基本参考，体现系统性，克服盲目性。随着物理科学与物理技术的发展，现在已经具备了建立科学方法体系的条件。下面介绍物理科学方法体系（图5）、中学物理科学方法体系（图6），供读者参考。

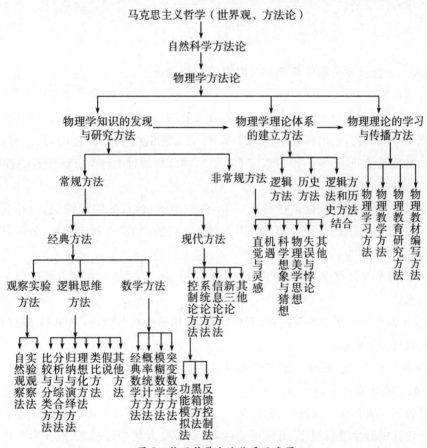

图 5 物理科学方法体系示意图

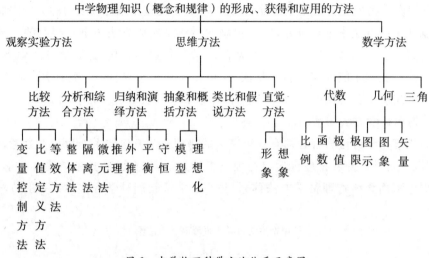

图 6　中学物理科学方法体系示意图

4.2.5　分析教学资源中科学方法因素的三种方法。

进行物理科学方法教育的基础工作之一是首先分析教材中的科学方法因素,也就是以物理学史料为线索,对比物理学发展中的研究方法,分析、挖掘教材中是用什么方法描述和研究物理现象的,是怎样设计物理实验的,是如何建立物理概念的,是怎样探讨、总结并检验物理规律的,等等。我们总结了以下三种分析教材中科学方法因素的方法。

(1) 知识结构分析法。

所谓知识结构分析法,就是在分析一节(或一单元)教材的知识结构、内在联系并绘出知识结构图示的基础上,针对知识的内在联系(体现在知识点的连接处)分析其中的方法论因素,具体步骤为:

① 找出该单元教材中的知识点(概念、规律、实验、习题等),并用方框把每个知识点分别框起来;

② 按知识点的内在联系及扩展、引申的线索,用箭头把各方框(知识点)连接起来,构成该单元教材的知识结构;

③ 分析箭头处(键)所存在的方法论因素。

(2) 教学逻辑程序分析法。

所谓教学逻辑程序分析法,就是将某一节或某一单元教材所提供的知识逻辑程序或教师自己设计的教学逻辑程序,分成明显的若干步骤(也就是许多"子程序")。再根据程序反映知识的纵向联系,即知识逐渐引申的过程,利用物理科学方法因素判定原理,分析对应于各步骤连接处的方法论因素。

(3) 知识类型归类分析法。

所谓知识类型归类分析法,就是从物理学科本身的体系结构出发,把物理教材按其内容的侧重点不同宏观地分为四大类:① 讲授概念为主的概念教材、② 研究物理规律为主的规律教材、③ 实验为主的实验教材、④ 解决实际问题为主的应用(含习题)教材,详

细分析每一种知识类型一般具有的科学方法因素;以此为借鉴,对再遇到的同类型知识进行类比分析。例如:

概念教材中主要的科学方法因素包括:① 概念的引入与建立方法(概念建立、概念同化、概念顺应);② 概念的分类方法;③ 定义概念的基本原则(普遍性、简单性、可测性);④ 定义概念的主要方法(操作定义法、人为定义法、数学推论法、比值定义法)。

规律教材中主要的科学方法因素包括:① 总结规律的基本方法(实验归纳法、逻辑推理法、理想实验法、假说方法、图象法);② 总结规律的数学表达式(做单因子实验、写成数学关系式);③ 简化数学表达式[如外推法——改变坐标原点(查理定律)、改变坐标参量(斯涅尔定律)];④ 介绍物理学家的方法论思想;⑤ 重要物理规律发现中的方法论思想;⑥ 介绍物理学家的失误(失败反思法)。

实验教材中主要的科学方法因素包括:① 物理实验的基本组成部分(实验对象,实验源,实验效果显示器);② 实验效果显示器的设计方法[比较法(共同、差异)、转换法(力、热、电、光、机械等)、放大法、其他方法(叠加平均,平衡思想等)];③ 实验结果的分析方法(定性的因素分析法、定量的数学分析法等)。

4.2.6 制定物理科学方法教育的教学目标。

教师在深入钻研教材、确定知识教学目标的同时,应该同时制定物理科学方法教育的目标要求及达标方法,明确不同阶段物理科学方法教育的重点,制订具体的、与教学内容相配合、适应学生特点的、可操作的目标计划。

(1)制定物理科学方法教育教学目标的依据。

① 依据义务教育或普通高中物理课程标准;

② 依据相应的中学物理教材;

③ 依据物理学发展史料;

④ 依据学生的年龄、心理特征与接受能力。

(2)物理科学方法教育目标的分类层次。

① 物理科学方法的记忆层次;

② 物理科学方法的领会层次;

③ 物理科学方法的简单运用;

④ 物理科学方法的灵活运用。

(3)初中和高中物理科学方法教育的目标要求。

限于篇幅,具体内容不再详述。

4.2.7 探讨物理科学方法教育课堂教学模式。

浙江省慈溪中学教授级特级教师徐志长提出了"双线并行"教育模式,有些教师也做了相关研究。江西师范大学研究生王永英,湖南师大研究生肖文志在毕业论文中对此模式进行了深入的探讨。

"双线并行"教育模式是指在物理教学过程中,以教材中的知识和知识发展过程所蕴含的科学方法为基础,找出知识及其发展过程所蕴含的科学方法的线索,使"知识线"和

"方法线"在教学过程中同时展开、并行前进的一种科学方法教育模式。它的原理是物理知识学习与科学方法指导密切相关,学生在感知物理现象、形成物理概念、总结物理规律、解决物理问题的过程中,可以体验、认识科学方法;反之,学生运用科学方法,可以有效地感知物理现象、形成物理概念、总结物理规律、解决物理问题。因此,物理知识教育与方法教育一明一暗、相互渗透、互为辅佐、互为前提、同时进行、并行不悖,"双线并行"教育模式的提出是合情合理的。

"双线并行"教育模式的操作过程如图 7 所示。

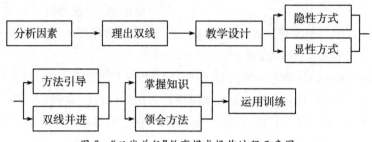

图 7 "双线并行"教育模式操作过程示意图

从图 7 所示的操作过程可以看出,"双线并行"教育模式可以分为准备阶段、教学阶段和运用阶段。在准备阶段,教师要做好分析因素、理出双线和教学设计三项工作。分析因素和理出双线是科学方法教育在课堂教学中教学设计的前提。教学中一个概念的建立或一条规律的得出,总要显现其产生过程。这一过程是由一个一个的知识点构成的,而相邻知识点之间必定有一个衔接过程,这一过程必然蕴含着某一种科学方法。教师的任务就是要找出这一相邻知识点之间的科学方法,按照知识点发展的顺序,将其排列成"知识线";将前后知识点之间的各个衔接中的科学方法一一排列起来,理出"方法线",做到心中有数。理出了"知识线"和"方法线"后,教师就可以根据"方法线"进行教学设计了。

以下是"双线并行"模式的应用实例。

① 概念型教材物理科学方法教育课堂教学双线并行模式,如图 8 所示。

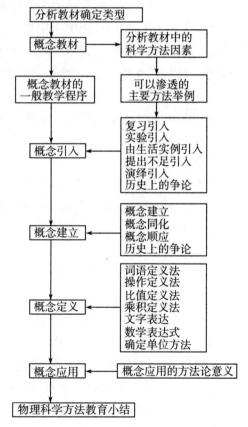

图 8 概念型教材物理科学方法教育"双线并行模式"示意图

② 规律型教材物理科学方法教育课堂教学双线并行模式,如图 9 所示。

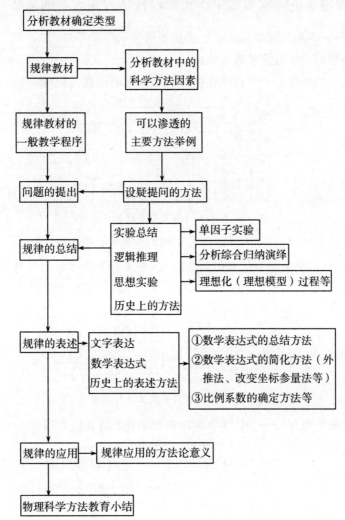

图 9　规律型教材物理科学教育"双线并行"模式示意图

4.2.8　开展物理科学方法教育实验。

(略)

4.2.9　物理科学方法教育的检测评价。

(略)

如何进行物理科学方法教育的检测评价是一个难题,大家还需要继续探索,下面两例可供参考。

(1)青岛市普通教育教研室以文件的形式,对初中物理教学中的 17 种科学方法提出了具体的教学要求和考试要求。

(2)张主方老师通过实验,提出了从 12 个方面对科学方法教育进行前期测试和后期测试的评价方法。

5. 新课程理念下课堂教学中落实物理科学方法教育的策略

浙江省义乌中学吴加澍提出让学生重演物理知识的发生过程。

5.1 重演知识发生过程的教学实施。

5.1.1 充分还原稀释——让学生体验物理概念的形成过程(图 10)。

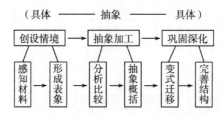

图 10 体验物理概念形成过程示意图

5.1.2 坚持延迟判断——让学生探寻物理规律的发现过程(图 11)。

延迟判断——给学生留有足够的思维时空,使他们对物理结论的判断产生于经历必要的认知过程之后。

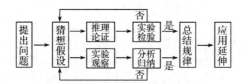

图 11 探寻物理规律发现过程示意图

5.1.3 渗透思想方法——让学生参与物理实验的设计过程(图 12)。

图 12 物理实验设计流程示意图

实验"三问":

这个实验应该怎样做——知其然;

这个实验为什么这样做——知其所以然;

这个实验还可以怎样做——知其所尽然。

5.1.4 注重过程分析——让学生亲历物理问题的解决过程(图 13)。

"三重"原则:过程重于结果,模型重于题型,思路重于套路。

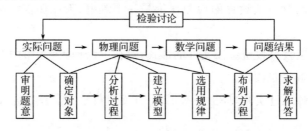

图 13 物理问题解决过程示意图

5.2 重演知识发生过程的教学策略。

5.2.1 "一项原则"——面对原始问题。

要面对最原始的问题,站在问题开始的地方,而不要淹没在文献的海洋里。

两种教学起点:从中间教起——教的是结论,学到的是技巧;从开头教起——教的是思维,收获的是智慧。

5.2.2 "两条铁律"——彰显学科特色。

物——事实证据(以实验为基础);

理——理性思维(以思维为中心)。

这两者是一切科学的基础,也是物理学科的特色所在。发挥学科特色、展现学科魅力是激发学生学习物理积极性的根本之举。

5.2.3 "三序合一"——优化教学结构。

课堂教学中的三条序线为:① 知识序——反映教材知识演化的逻辑顺序;② 思维序——反映学生学习活动的心理顺序;③ 教学序——反映课堂教学流程的时空顺序。

优化教学结构的要求为理清知识序、把握思维序、设计教学序。

5.3 彰显学科特色——"以思维为中心"。

5.3.1 物理教学中的三种思维活动(图14)。

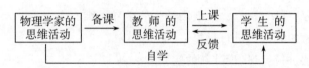

图 14 物理教学中三种思维活动示意图

5.3.2 物理教学要做到以下几点。

(1)揭示物理学家的思维过程。

物理学家的思维活动也是一种宝贵的教学资源,它不仅有助于学生加深对物理知识本质的理解,而且也为培养他们的科学思维方式提供了极好的素材和范例。

(2)还原稚化教师的思维过程。

还原——展现教师的思维过程;

稚化——回归学生的思维起点(教师和学生站在同一起跑线上)。

引导学生思维的最好办法是教师与学生一起思考而不是代替学生思考或比学生更聪明地思考。教师越"聪明",学生就会越笨。

(3)充分暴露学生的思维过程。

这是教学活动中最重要、最本质的过程。思想应该在学生的头脑里产生出来,教师只是学生思想的"助产婆"。

5.4 具体做法建议。

5.4.1 一事一议,体现方法。

每做一个实验、建立一个概念、总结一个规律、解决一个实际问题时,都要说出应用的科学方法。

5.4.2 分析典型事例,总结多种方法 。

例如,一个真空铃实验,至少可以分析出其中应用的 5 个方法论因素。

① 如何探究真空中能否传播声音——实验法。

② 实验的三个基本组成部分:实验对象——封有空气的钟罩及发声闹钟;实验源——抽气机;实验效果显示器——人的耳朵。

③ 实验验证真空不传声的过程分析,主要应用了因果分析法:声音较大—(抽出空气)—声音减小—(理想实验—真空)—声音消失—(反向充气)—声音变大。

④ 如何分析得结论——应用因果共变分析法、理想实验方法、反向对比方法。

5.4.3 重点方法,反复应用。

例如,在总结右手螺旋法则、电磁感应规律、楞次定律等规律时,都运用了因果分析求同求异法;在定义速度、压强、密度、比热容、功率、电场强度、电容等概念时,都运用了比值定义法。

5.4.4 课堂教学中凸显科学精神。

(1)宣扬科学家的科学精神。

(2)鼓励学生对所学概念和规律提出质疑。

(3)对实验反思设疑,改进创新,随时捕捉生成的资源,点燃学生创新的思维火花。

① 对实验现象、规律进行反思,鼓励学生的求异思维。

② 对类似实验的异同点进行反思。

③ 对实验方法进行反思,设计新的实验方法。

④ 对实验仪器器材进行反思,改进创新。

⑤ 拓展外延,让物理实验走进生活——"玩"进物理世界,"玩"出学习方法及能力。

6. 物理科学方法教育反思——几个值得思考和研究的主要问题

6.1 进一步研究国内外科学方法教育的成果,建立一套完整的物理科学方法体系,以供教师参考。

6.2 建立一套全面具体、科学可行的初中及高中物理科学方法教育的教学目标体系。物理课程标准虽提出"过程与方法"为物理教学三个目标之一,但物理科学方法教育内容是什么、教育应达到何种层次的目标等,课程标准没有做出具体的规定和要求,在实践上也远没有像科学知识教学那样,做到教学内容具体、教学目标明确。在教学实践中,教师依赖个人理解去把握科学方法教育的内容和目标,因而科学方法教育一直处于较盲目和随意的状态。

6.3 解决实施物理科学方法教育与中考、高考的"矛盾",总结出让学生、家长、社会、学校信服而可行的经验。

6.4 进行科学方法教育的检测与评价,建立科学、可行的检测评价的标准和方法。

教学活动也是一种"计划—实施—评价"的不断循环的过程。我国长期以来教与学的评价都偏重于科学知识的考查,几乎很少看到评价教师实施科学方法教育和学生掌握科学方法的标准和手段。失去评价一环,教学过程本身就不完善,而事实上又导致了教师和学生双方都不重视科学方法的掌握和运用。

6.5 我们建议,有志于科学方法教育研究的教师,集思广益,编写一套借助于视频手段的《物理科学方法教育视频教程》,以促进科学方法的普及和科学方法教育的落实。

6.6 我国古代科学方法研究、现代物理科学方法研究、信息技术的应用引起的新科学方法研究等,都是值得我们探讨的课题。

（该文选自《中学物理教育 30 年回顾与展望》,

浙江教育出版社 2011 年出版,有修改）

《物理科学方法教育（修订本）》选编

绪　言

开展物理科学方法教育的意义

众所周知，从事任何一项工作，都要讲究方法。有了正确的方法作指导，可以增加自觉性，克服盲目性，促使早出成果、多出成果。科学史学家朱克曼曾走访 41 名诺贝尔奖获得者，发现他们之所以具有"科学鉴赏力"和"高超能力"，最主要的是得益于从名师那里"学到一种发现科学真理的思想方法和工作方法"，而不是"从导师那儿获得实际知识"。一批掌握了"完成实际工作所需要的研究方法"以及"如何找出应调查的重要问题的诀窍"的科学大师，是以其"第一流研究方法"和"工作质量"来引导、训练和教育其弟子成为英才的。如卢瑟福一人就培养出 11 名诺贝尔物理学奖获得者，卡文迪许实验室培养了 17 名诺贝尔奖得主。物理学家玻恩曾说："我荣获 1954 年的诺贝尔奖，与其说是因为我所发表的工作里包括了一个自然现象的发现，倒不如说是因为那里面包括一个关于自然现象的新思想方法基础的发现。"显然，从某种意义上讲，他把方法看得比知识还重要。有趣的是，"方法"这个词在古希腊语中具有"沿着"和"道路"的含义。也就是说，对于教学不应该过分地单纯强调"授业"，教师不仅要传授前人已经认识的客观世界的变化规律，即前人积累的知识成果，更应当重视前人在认识客观世界的过程中总结的研究方法。

现在许多教师已经认识到物理教学中存在着这样一个危机，即机械重复式的教学把学生的主要精力引导到消极地掌握知识上去了，与培养学生能力的教学目标相矛盾。尽快地改变这一状态已经成为广大物理教师的迫切愿望。1995 年，中国教育学会物理教学专业委员会在西安召开了全国首届物理科学方法教育学术研讨会，倡导开展科学方法教育。

实践证明，加强物理科学方法研究并结合物理教学进行物理科学方法教育是一项具有深远意义的工作。

一、从学生在学校学习的基本要求看，学生不仅要学习知识，还要学习科学方法

学生在物理课堂上应该学些什么？新的教育思想认为，"无论大中小学的什么学科，

首先要学生学习这门学科的基本结构"。所谓基本结构,就是指这门学科的基础知识、基本原理和规律以及研究这门学科的基本方法。其中,科学方法的价值并不小于知识的价值。从某种意义上讲,知识是客观存在的,而方法则更富有创造性。据联合国教科文组织的统计,人类近30年来所积累的科学知识占有史以来所积累知识总量的90%,而在此前的几千年所积累的科学知识只占10%。英国技术预测专家詹姆斯·马丁测算,人类知识的倍增周期在19世纪约为50年,在20世纪前半叶约为10年,到20世纪70年代缩短为5年,自20世纪80年代以来几乎每3年就翻一番。可见,知识总量在以爆炸式的速度急剧增长,知识更新越来越快。因此,我们不可能指望在学校短短的几年时间里让学生学完所有的知识,重要的是要让学生学会进一步学习知识的方法。教学中使学生掌握学科基本结构、学习建构知识的方法,是发展学生的终身学习能力的重要途径。

物理学史表明,物理科学方法是物理学家认识物理规律的工具和手段,它担负着发现、建立、检验、运用和发展物理规律的职能。物理学研究者只有掌握了正确的物理科学方法,才能更好地发挥才智和天赋,取得成功。此外,物理学研究者在运用物理科学方法获取物理知识的同时,往往又伴随产生新的方法。这样,物理理论与物理方法、物理方法与物理方法之间的转化可以不断地派生新的物理方法,它们成为进一步获取物理知识的新工具。因此,物理方法成为比物理成果更为可贵的东西。正是在这个意义上,黑格尔指出,手段是一个比有限目的更高的东西。

还应指出的是,我们所学习的科学"结论几乎总是以完成的形式出现在读者面前。读者已体验不到探索和发现的喜悦,感觉不到思想形成的生动过程,也很难达到清楚地理解全部情况"。而且,由于"我们的科学进步得如此之快,以至于大多数原始的论文很快地失去了它们的现实意义而显得过时了。但是另一方面,根据原始论文来追踪理论的形成过程却始终具有一种特殊的魅力";也就是说,对科学探索进行再探索,对科学发现进行再发现,将其进一步升华为一般的哲学观点和方法论思想,这是学习每门学科时更为重要的事情。伽利略去世已经300多年了,他所发现的自由落体运动规律,在物理学知识的长河中所占的比例愈来愈小;但是,他研究问题所创造的一套科学方法,为后人所继承、发扬并创造了比自由落体运动规律价值高出千百倍的知识财富。如果仅仅让学生懂得自由落体运动规律,则学生只能停留在掌握有关知识的水平上;但是,若引导学生掌握了伽利略研究问题的方法,其意义却是难以估量的。

二、从形成正确的世界观的角度看,比起任何特殊的科学理论来,对学生影响最大的还是科学方法论

自然科学方法论是自然科学与哲学的一个结合点,对它的研究对于促进哲学和自然科学的发展都具有重要的意义。正确的方法论是马克思主义的重要组成部分,学习方法论必定有助于物理学研究者和青少年学生更好地学习唯物论和辩证法,促进科学世界观的形成。特别应该指出的是,由于物理学研究的是关于物质的基本性质和能量转换的系统知识,因此它的研究方法在科学方法论中又有着更加特殊的意义。

首先,尽管自然科学的各门学科都有各自的研究对象,但是自然界本身是一个整体,各门学科之间没有也不应该存在鸿沟。所以，只要物理学科对自然界的发展提供了规律性的认识，提出某种理论的说明，那么其哲学观点及方法论思想就往往要超越物理学科本身的范围，对其他学科的发展产生影响。例如，物理科学方法向其他自然科学或技术的转化、移植，形成了一些新的边缘科学：物理学与天文学结合形成天体力学、天体物理学，物理学与化学结合形成物理化学、量子化学，物理学与生物学结合形成生物力学、生物物理学、分子生物学、量子生物学等。著名的理论物理学家薛定锷在《生命是什么》一书中，把热力学和量子力学的理论和方法引入到生物学的研究中去。历史学家运用物理模拟实验的方法，按照古书记载的西汉造纸的蛛丝马迹，经过40多次模拟实验，制成可以书写的模拟西汉麻纸，使我国发明造纸术的时间从东汉蔡伦提前至西汉，引起了国内外历史学家、科技史学者的注目。

其次，物理科学方法也是检验哲学原理，为哲学提供科学证明的一种手段。因为哲学本身是对包括物理学在内的自然科学和社会科学的高度概括，是在物理学等自然科学的基础上发展起来的，因此物理科学方法也就必然能为哲学提供科学基础，并成为检验哲学的一种工具。例如，物理学家由于运用归纳法总结了能量守恒定律，揭示了物质与运动的不可分割性，揭示了世界物质的统一性，从而为辩证唯物主义的自然观提供了有力的证据。此外，研究物理学方法也是丰富马克思主义哲学内容的重要途径。哲学从物理科学方法中不断地汲取新的营养，作出新的概括，才会保持旺盛的生命力，并得到不断的发展。因此，教给学生研究物理学的方法，不论他们将来从事什么工作，都会使他们受益终身。例如，电子的发现是科学史上一次革命性的事件，它打破了原子不可分的传统观念，标志着人类对物质微观结构的认识深入到原子内部的层次。在这场革命面前，有人认为物理学发生了危机，一些科学家在物质结构问题上的认识十分混乱。法国物理学家乌尔维格曾说："原子非物质化了，物质消失了。"马赫主义哲学家利用这种混乱，宣称唯心主义将取代唯物主义。在这种形势面前，列宁科学地总结了物理学的新发现，论述了哲学的物质概念与物理学关于物质结构学说的联系与区别，提出了马克思主义哲学的物质概念，指出物质的唯一属性是客观实在性，"消失"的不是物质，而是旧的原子论。列宁的精辟分析丰富了马克思主义自然观，为物理学的发展指明了方向。

三、人们认识与学习客观规律的过程分为三个阶段：以实践为基础，应用科学的方法进行思考、归纳，进而总结规律

这是人们进行科学研究也是进行教学的三部曲，简单地讲，就是"实践论—方法论—认识论"。但是，我们往往只重视实践和认识而轻视方法论，因此教学就成了实践到认识的简单过程，也就是教师硬性地让学生接受知识的过程，缺乏应用科学方法总结规律这一环节。而寻求和应用科学方法的过程就像福尔摩斯探案一样，恰恰是最富有魅力的过程，对于启迪学生的智慧具有十分重要的作用。

为什么观察同样一个现象可以得出不同的结论呢？例如，对于太阳东升西落，有的人认为是太阳绕着地球转，有的人则认为是地球绕着太阳转。为什么在法拉第之前，已经有科学家几乎就要发现电磁感应现象却又失之交臂呢？其中，最主要的原因就是没有正确地运用科学方法。我们在课堂教学中,常常只是做了一个实验就急于总结结论,而且还说结论是在实验的基础上得出的。实践已经证明,做了实验并不一定就能得出正确的结论;只有在实验的基础上,应用科学的方法进行认真的思考,才可以确保得出的结论是科学的。

四、从科学发展的历史看,不论是自然科学家还是哲学家,他们都非常关注方法论研究

巴甫洛夫认为:"搞科学研究时的头等重要的任务乃是制定研究方法。"

拉普拉斯说:"掌握一种非凡的研究方法,对于科学的进步……并不比发现本身更少用处,科学研究的方法经常是极富兴趣的部分。"

爱因斯坦在介绍自己取得科学成功的秘诀时,总结了一个公式:

$$A(成功)＝X(艰苦的劳动)＋Y(正确的方法)＋Z(少说废话)。$$

许多科学家还留下了具有方法论意义的光辉著作,例如:

弗兰西斯·培根的《新工具论》(1620 年)

笛卡儿的《更好地指导推理和寻求真理的方法论》(1637 年)

伽利略的《关于两门新科学的对话》(1638 年)

牛顿的《自然哲学的数学原理》(1687 年)

莱布尼茨的《人类理智新论》(1765 年)

康德的《纯粹理性批判》(1781 年)

黑格尔的《逻辑学》(1812—1816 年)

拉普拉斯的《宇宙体系论》(1835 年)

贝尔纳的《实验医学研究导论》(1865 年)

爱因斯坦与英费尔德的《物理学的进化》(1938 年)

维纳的《控制论》(1948 年)。

因此,正如爱因斯坦所指出的那样:在衡量人才的贡献时,主要看他们在自己的一生中"想的是什么和他怎样想的";也就是说,既要关注人才向社会提供的物质成果,又要注意从他们那里汲取科学的思想方法以及思维的艺术。

五、从人才培养的角度看,学习和掌握科学方法有利于尽快培养高素质的创新型人才

创新教育是素质教育的核心。所谓的创新教育,就是旨在使受教育者具有创新意识、创新精神和创新能力以及掌握创新方法的教育。只重视培养创新意识和创新精神而不掌握创新方法,那么创新就无法落实,只能停留在高谈阔论上。

学习科学方法可以使人们掌握正确的思想方法、学习方法和工作方法,提高科学素养和科学鉴赏力。实践证明,知识愈丰富,方法论的思想愈新颖,而正确的方法又可以使人们更多、更快地掌握知识。所以有人说,正确的方法是科学之魂。对于学生来说,科学方法的学习与训练,还可以促使其心理素质的高质量发展。因此,对青年学生来说,在学习阶段较早地接受科学方法教育,可为他们将来成为创新型人才奠定全面的素质基础,有利于他们充分利用富有创造力的青少年时期进行学习。

因此，现在世界各国都把科学方法论的研究与教育提到重要的地位。美国麻省理工学院为学生专门开设了科学方法论这一专门课程。1978年，我国在制订1978—1986年8年全国科技规划时，把"自然科学史和科学方法论"列为重点研究项目之一。国内一些大学为学生开设了科学方法论选修课，山东工业大学、上海和田路小学为学生开设了创造技法课，引导学生掌握研究问题的方法，这些都是有很远见的做法，而且已经取得了可喜的成绩。

六、实施物理科学方法教育是课程标准的基本要求之一

时至今日，教育部颁布物理课程标准已经十几年了。课程标准全方位、多角度、准确地、明晰地论述了科学方法，并且明确地提出了物理科学方法教育的基本要求。

在"课程性质"中课程标准指出，"物理学不仅含有人类探索大自然的知识成果，而且含有探索者的科学思想、科学方法、科学态度和科学精神等"。课程标准要求，引导学生通过学习物理知识，提高分析问题与解决问题的能力，养成自学能力，学习物理学家在科学探索中的研究方法，并能在解决问题中尝试应用科学研究方法。

在"教学目标"中课程标准指出，"通过学习物理知识，提高分析问题与解决问题的能力，养成自学能力，学习物理学家在科学探索中的研究方法，并能在解决问题中尝试应用科学研究方法"。

在"教学建议"中课程标准指出，"学生不仅应学到物理知识，而且应学到科学方法，发展探究能力，逐步形成科学态度与科学精神等"，"要让学生学习基本的科学方法，并能将这些方法迁移到自己的生活之中，尝试利用科学方法来解决实际问题"。

在"评价建议"中课程标准指出，要评价学生"是否了解物理学的基本思想和方法，能否从不同的角度去独立思考问题，能否尝试利用科学方法来解决实际问题"。

在"教材编写建议"中课程标准指出，要让学生"学到科学知识和科学方法"。

总之，课程标准为我们进行物理科学方法教育指明了方向，并且提出了很高的要求；也就是说，进行科学方法教育不是进行教学研究的教师个体或群体的要求，而是国家课程标准的基本要求。

第一章　物理科学方法教育的内涵

　　物理科学方法教育的内涵包括三个方面,即弘扬科学精神、掌握科学方法、树立科学态度。

§1-1　弘扬科学精神

　　一个民族要真正屹立于世界民族之林,一要在高新技术的发展中取得主动,二要在全民族中倡导科学精神。只有发展科学技术、弘扬科学精神,人类才能进步,社会才能发展。

　　16 世纪以来,世界上先后发生了深刻改变人们宇宙观、方法论的两次科学革命。从此,科学便成为人类文明进步的一面旗帜,科学精神成为一切社会生活的精神导引。那么,什么是科学和科学精神呢?

　　科学就是人们以严肃的态度、严密的观测和实验、严格的推理所得到的关于客观世界的各种物质的形态、结构、相互作用和它们运动、变化、发展的规律性知识(周光召语);而且,这种规律性知识(理论)是从客观实际抽象出来又在客观实际中得到了证明的。如果知识不是从客观实际(特殊)上升到理论(一般)并从理论再回到客观实际中得到验证,那就不能称为科学知识。

　　科学有四个层面。一是器物技术层面,这是科学的外化部分,或者说是应用部分。二是解释层面,包括基本概念、事实、定律、理论,这是科学中最基本的部分。三是社会层面,包括社会建制和文化环境,这是科学的社会支撑部分。四是精神层面,包括科学思想、科学方法等,这是科学的灵魂。不了解科学的四个层面,就不可能真正理解科学。我们的教学往往重视第二部分,而忽视科学精神的培养。

　　科学精神主要体现在以下几个方面。

一、科学精神是怀疑精神

科学精神首先就是怀疑精神，它要求人们凡事都要问一个"为什么"，追问它"究竟有什么根据"，打破砂锅纹（问）到底，而绝不轻易相信。亚里士多德说，重的物体比轻的物体先落地。真的如此吗？如果是这样，为什么一个硬币和一张揉成一团的纸从同一高度处同时释放会同时落地呢？伽利略正是对类似的问题提出了怀疑，所以才推翻了亚里士多德的一些观点，解决了物理学中诸如力与运动的关系、自由落体运动规律等问题，促进了物理学的发展。所以，著名的科学方法论学者波普尔说，正是怀疑激发我们去学习，去发展知识，去实践，去观察。从这个意义上说，科学的历史就是通过怀疑提出问题并解答问题的历史。

当然，科学的怀疑精神，绝不是否定一切。怀疑的目的在于，一是要从熟悉的现象进入未知的领域；二是去伪存真，把原来不正确的东西逐步纠正过来。

辩证唯物主义认为科学的怀疑精神，绝不能和否定一切的绝对怀疑论等同起来。科学的怀疑精神是辩证的否定，它不是否定一切，而是通过否定得到肯定的东西。因而，科学的怀疑精神虽然也认为一切知识都是相对的、都值得怀疑，但它不是主观的相对主义，而是客观的相对主义，即它不是在否定客观真理的意义上，而是在我们的知识向客观真理接近的界限受历史条件制约的意义上，承认我们一切知识的相对性。

二、科学精神是求真精神

科学研究的目的是求真，是追求真理。什么是真理？真理是人的认识与客观实际相符合的真实的知识。在求真问题上，我们首先应该承认，人类的认识对象——自然界是客观存在的，认识这个客观存在的世界并掌握其发展变化的规律，是科学研究的最高目标。其次，我们要承认我们的认识对象——自然界是可知的。尽管世界上的事物是千变万化的，但是其运动及变化是有规律的，是可以被人类认识的。而且就整个人类来讲，认识能力是无限的，世界上只有暂时未被认识的事物，而没有永远不可认识的事物。爱因斯坦有一句名言，说的是相信世界在本质上是有秩序的和可认识的这一信念是一切科学工作的基础。

三、科学精神是创新精神

创新是一个民族进步的灵魂，是一个国家兴旺发达的不竭动力。对于科学来讲，创新是科学的生命，没有创新就没有科学，没有创新科学将停滞不前。教育是知识创新、传播和应用的主要基地，也是培育创新精神和创新人才的摇篮。知识创新就是指新思想产生、深化、交流并应用到产品（服务）中去，以促进企业获得成功、国家经济活动得到增强、社会取得进步。长期以来，由于对"新"定位过高，有人对中小学生创新持怀疑态度。其实，通常说的"新"大多在两个层面上体现它的意义。一是"前无古人"的层面，亦即首创性的事物谓之"新"；其参照系为人类历史，因而这种"新"只有极少数人可以达到。二是"概率不大"的层面，就是在特定群体中是鲜见的，同样具有"新"意。可见，在前一个层面上，学生特别是中小学生可及者确实不多；但在后一层面上，尤其是当以具体的学生群体为参照物时，情形却不然。在中小学，我们所说的创新是指通过对中小学生施以科学方法的教育和影响，使他们作为一个独立的个体，能够善于发现和认识有意义的新知识、新事物、新方法，掌握其中蕴含的基本规律，并且具备相应的能力，为将来成为创新型人才奠定全面的素质基础。

当然，"新"还涉及价值。毫无价值甚至有害之"新"，社会非但不倡导反而禁止。一般情况下，人们看重创新的社会价值、经济价值以及发展价值，得其一者即可，三者兼及更佳。中小学生创新，重在发展价值。学生能够别出心裁地解决一道题，虽无明显社会效益和经济效益，却锻炼了能力，也是非常宝贵的。

另外，创新和继承也是分不开的。一方面，没有创新，科学便成为亘古不变的教条，成为只是让人逐字逐句背诵的经典。另一方面，如果没有刻苦认真的学习，不去继承前人的工作成果，就不可能有所发现、有所发明、有所创新。相对论、量子力学、现代综合进化论等现代科学的伟大成就，都是在继承前人成果的基础上产生与发展起来的。所以，要在继承中创新、在创新中继承。

四、科学精神是人文精神

科学是人类在认识世界、改造世界的过程中，形成与发展起来的一种系统的、有组织的、特殊的知识体系。在当代，科学已经成为人类文明的主流，它广泛地渗透到政治、经济、法律、文化等领域之中。这是因为，科学归根结底是和人类的切身利益和长远利益息息相关的。因而从培根的"知识就是力量"开始，人文精神就成为近代科学固有的精神。

马克思站在社会发展史的高度指出，科学是一种在历史上起推动作用的、革命性的力量。

爱因斯坦说得更具体。他认为，如果没有科学，人民群众就不会有像样的家庭生活，不会有铁路和无线电，不会有防治传染病的办法，不会有廉价的书籍，不会有文化，不会有艺术的普遍享受，也就不会有把人从生产生活必需品所需要的苦役中解放出来的机器。

五、科学精神是实践精神

我们要弘扬科学精神，必须对实践有一个正确的认识，而且还必须亲自参加实践。

实践是人们能动地认识世界和改造世界的、社会性的、主客观相互作用的活动。它的特点是：实践是客观活动，实践的对象、手段和结果都是客观的；实践是能动的活动，是人类有目的、有意识的、自觉地改造客观世界和主观世界的活动；实践是不断发展的，人民群众是实践的主体；实践是社会历史活动，是具有社会历史性的。

实践活动多种多样，基本形式有三种：第一种是生产斗争实践，这是人类最基本的实践活动，决定着其他一切实践活动；第二种是人们处理社会关系的实践活动；第三种是科学实验，这是一种研究性的系统实践活动。

实践是认识的来源。人们在实践中接触事物，感知事物的现象，进而揭示事物的本质。实践是认识发展的动力，实践推动着认识的发展。实践能够改造人的主观世界，发展和提高人的认识能力和智力。

实践是检验认识正确与否的唯一标准。只有通过实践才能证实认识和发展认识。

认识来自实践，又服务于实践。

通过对科学精神的学习与研究，学生可以树立起正确的自然观，即对自然界有一个总体的看法，知道自然界是一个有机的、辩证统一的大系统；自然界是可以认识的，自然界是简单的、和谐的、美的，认识自然界必须按一定的规律、运用一定的科学方法。同时，学生可以增强善于观察、勇于实践、勤于思考的观念，坚定实践是检验真理的唯一标准的信念。

§1-2　掌握科学方法

科学方法是科学思想的具体体现，方法论与世界观是一致的。

我们要想认识自然界，必须应用科学的方法。只有严格地按照科学的方法（如由特殊到一般与由一般到特殊）来认识客观世界，人类的认识才能不断深化，否则将一事无成。物理学发展的历史中不乏这样的例子。在研究通过磁场是否可以产生电流时，有的科学家曾经把做实验用的磁铁和线圈与电流表远远地隔离开来，放在另一个房间中；当把磁铁插入线圈中或从线圈中拔出后，再跑到另一个房间中去观察电流表的示数有无变化，结果电流表的指针早已偏转而后又恢复到零刻度处。唾手可得的电磁感应规律，由于观察方法的不当而延迟发现近十年。我们进行物理科学方法教育，就是要让学生了解物理学家是如何提出问题的、是怎样思考问题的又是运用什么方法解决问题的，进而让学生了解科学方法的基本概念、方法的存在形式、各种方法的内涵及运用的程序，从而掌握科学方法这一认识自然界的工具。

科学方法、科学知识与科学精神三者是密切联系在一起的。三者之中，科学知识是最基本的，它是科学方法、科学精神的载体；科学方法往往直接渗透在科学知识之中，而科学思想与科学精神则是具体的科学知识与方法的升华。所以，科学精神的获得往往要靠学习者从具体的科学知识与方法中逐渐悟出。一个人对科学知识与方法掌握得很少、理解得不深，是很难掌握科学精神的。科学经得起人们去反复琢磨，也要求人们经常"反刍"。同样，对科学知识，每多学一遍都会有新的收获；积累的知识多了，回头去看初学的知识，对其理解又会加深。对科学方法，也是如此：初学时只是记住了，或者会机械地搬用了，以后便会逐渐地悟出它的妙处，通过比较掌握各种方法之间的区别以及它们之间的相互联系，进而达到深刻领悟和熟练运用的水平。

有关方法的一些具体问题，我们将在以后的有关章节中详细论述。

§1-3　树立科学态度

对于科学态度，我们可以将其归纳为四个字，即严谨求实。这就要求我们通过物理科学方法教育，使学生养成严肃认真、一丝不苟、讲究逻辑的优良作风，以及实事求是、客观公正、尊重证据、坚持真理、修正错误的高尚品德。

一、科学态度就是严谨的态度

物理学最早是包含在自然哲学中的。当时自然哲学考察自然界的基本方式是思辨，对自然界只是提出定性的猜测而缺乏系统、定量的研究。自从伽利略倡导建立实验基础、进行科学思维、进行定量描述并将三种方法巧妙结合起来进行物理学研究之后，物理学才真正成为一门精密的、定量的科学；也只有这样，客观规律才能真正地得到精确、严密的描述。例如，进行光谱测量分析，氢（H_α）光谱的波长为 656.288 nm（1 nm＝10^{-9} m），如果测量马马虎虎，测出它的波长为 656.100 nm，虽然相差仅 0.188 nm，结果已经不是氢光谱而是氢的同位素氘（D_α）的光谱了。

既然物理学是一门严密、定量的科学，当然也就要求我们必须以严谨的态度对其进行研究。在这方面，许多物理学家做出了榜样。

我国老一辈物理学家叶企孙教授在 1921 年测定的普朗克常数的数值 $h＝6.556\pm0.009\times10^{-27}$ erg·s（1 erg＝1×10^{-7} J），被国际物理学界沿用达十几年。开普勒根据第谷留下的大量天体的观测资料，应用定量化方法进行各种繁杂的运算，找出了行星的运行轨道，并总结出著名的行星运动定律。而在此之前，人们认为天体是沿正圆的轨道匀速运行的。开始开普勒也按此运算，结果与第谷的观察值相差 8′（合 0.133°），相当于从 10 m 以外观察一个一角的硬币，就是这样小的误差，开普勒也没有放过。他知道第谷观察的误差不会超过 0.5′。为此，开普勒重新按照椭圆轨道来计算，终于在 1609 年发表了行星运动的第一和第二定律、在 1619 年发表了行星运动的第三定律。

1898 年末，居里夫妇在发现钋之后，又发现了另一种具有更大放射强度的新元素"镭"。他们决定把它分离出来。当时的条件极端困难，没有助手，一切靠自己动手。他们既是物理学家，又是化学家、技师、实验员和"水泥工人"。在极其艰难的条件下辛勤工作了 4 年，他们终于在 1902 年从 8 t 铀矿渣中提炼出 0.12 g 纯氯化镭，并测定出镭的原子量（现称相对原子质量）是 225，其放射强度比铀大 10 万倍以上。如果居里夫妇没有坚忍不拔、不怕牺牲、勇于追求真理的大无畏精神以及严肃认真、一丝不苟、实事求是的工作作风，是不可能取得如此巨大的成就的。所以，他们也一直为人们所称颂，成为世人学习的楷模。

二、科学态度就是实事求是的态度

毛泽东同志在《改造我们的学习》这篇文章中，对实事求是作过精辟、通俗的论述："'实事'就是客观存在着的一切事物，'是'就是客观事物的内部联系，即规律性，'求'就是我们去研究。"这一论述清楚地告诉我们，实事求是就是一切从实际出发，按照客观规律办事，这是对待一切事物应有的基本态度。

从实际出发，就是从客观事物和客观情况出发，而不是从精神出发、从主观愿望出发。客观实际是实事求是的基础，离开了客观实际，也就离开了实事求是。所以，我们无论办任何事情，都必须全面地认识客观事物，历史地考察客观事物，尊重事实，承认客观存在的事实是不以任何人的意志为转移的。

实事求是的科学态度，也是忠诚老实的态度。毛泽东同志在《实践论》中精辟地指出："知识的问题是一个科学问题，来不得半点的虚伪和骄傲，决定地需要的倒是其反面——诚实和谦逊的态度。"也就是说，要尊重事实，如实反映事物的本来面貌，这样才能客观地揭示事物的内在规律。人们从事科学研究，目的是为了揭示自然界的奥秘或探索社会各领域的规律，只有那些经得起实践检验的科学研究成果，才会得到世人的承认。一项艰巨的科学研究工作是具有探索性和创造性的工作，往往需要科学家付出毕生的心血。它要求科学家必须以极其严肃的态度来对待，来不得半点虚伪和骄傲，否则将一事无成，严重的甚至要身败名裂。学生在学校学习，也必须具有老老实实的求知态度，要实事求是，懂就是懂，不懂就是不懂，不能不懂装懂、自欺欺人，或者马马虎虎、敷衍塞责，甚至弄虚作假、抄袭舞弊。

在物理学发展的历史中，实事求是的例子不胜枚举。

爱因斯坦是治学严谨、实事求是的楷模。爱因斯坦在成功面前不停步、缺点面前不护短。在柏林的一次物理讨论会上，一位著名的物理学家兴高采烈地报告自己的研究成果。当报告人走下讲台时，爱因斯坦急忙上前赔礼道歉，对他说："你的某些理论是根据我不久前发表的文章做出的，但是很遗憾，那些思想是错误的。"这反映了他实事求是的高贵品质。

密立根对基本电荷的测量举世闻名。他为了精确测定基本电荷夜以继日地工作达 6 年之久。经过了无数次的测量和改进，他才于 1910 年发表了论文。值得提出的是，他在这篇论文中写了一个注解："我已去掉了在一个带电油滴上明显地看到的一次不肯定的没有重复出现过的观测结果，它给出这个油滴的电荷值比最终得到的 e 值大约要少 30％。"他如实记录所观察到的现象，不缩小也不夸大，而且对这个异常情况做了认真的交代。他这种实事求是的精神十分感人，启迪后人对这个问题开展研究，物理学家狄拉克就非常重视这个有价值的历史资料。

20 世纪初，光电效应的一些实验结果使经典电磁理论陷入困境。为了寻求光电效应的理论解释，1905 年爱因斯坦受普朗克量子假设的启发，大胆地建立了光子模型，并提出著名的爱因斯坦光电效应方程，圆满地解释了光电效应现象。但是，这个结果当时并没有获得公认，许多人都试图从实验上去验证光电效应方程。由于实验设计不理想，结果与理论预期相差甚远，好多人对光电效应方程持怀疑态度，甚至连相信量子概念的一些著名的物理学家，包括普朗克本人也持反对态度。密立根当时就是作为一个光电效应方程的怀疑者去进行实验研究的代表人物之一。他花了 10 年的时间企图从实验得出否定光电效应方程的结果，却于 1915 年宣布，他从实验中证实由光量子理论得到的 h 值与普朗克公式得到的 h 值完全一致，从而证明了爱因斯坦光电效应方程的正确性。正如他自己所说，"经过 10 年之久的实验变换和学习……我把一切努力从一开始就针对光量子发射能量的精密测量，测量它随温度、波长、材料（接触电势差）改变的函数关系。与我自己的预料相反，这项工作终于在 1914 年成了爱因斯坦方程式在很小实验误差范围内精确有效的第一次直接实验证据，并且第一次直接从光电效应测定普朗克常数 h，所得精度大约为0.5％,这是当时所能得到的最佳值"。密立根这种勇于探索、一丝不苟,在事实面前服从真理的精神,非常值得我们学习。

当我们重印这本书时,课程标准已经公布十几年了。我们把物理科学方法教育的内涵与课程标准的三维目标进行了对比,见表1-1-1。通过对比可以看出,科学方法教育的内涵与三维目标基本上是一致的,这就更加坚定了我们搞好科学方法教育的信心。

表1-1-1 物理课程标准三维目标与物理科学方法教育内涵对比表

课标三维目标	物理科学方法教育内涵
知识与技能	知识是载体
过程与方法	掌握科学方法
情感·态度·价值观	弘扬科学思想 树立科学态度

第二章　物理科学方法概述

§2-1　物理科学方法的概念

一部物理学的发展史也就是一部物理科学方法的演化史。物理科学方法总是与物理学的研究相伴而生。知识是在一定方法基础上形成的,而一定的方法又是知识发展的产物,知识和方法是始终紧密地结合在一起的。有鉴于此,我们在学习时,不仅要用物理知识武装自己,而且要学习有关的物理科学方法。掌握科学的方法并以此作指导,学生就可以增强学习的自觉性、克服盲目性,促使自己早一点成为祖国需要的创新型人才。当然,物理科学方法的学习主要应结合我们的物理教学进行。下面先介绍一点有关方法的基本知识。

一、方法

"方法"一词起源于希腊词"$\mu\varepsilon\tau\alpha$"("沿着""顺着"的意思)和"$o\delta o\sigma$"("道路"的意思),它本来的字面意义是"沿着(正确的)道路运动"。对方法这一概念有不完全相同的理解和定义。广义地讲,所谓方法,就是为了解决某一个具体问题,从实践或理论上所采取的各种手段或方式的总和。

例如,"计算 $1,2,3,\cdots,49,50,51,\cdots,97,98,99,100$ 这 100 个自然数之和",可以有以下几种方式,也就是几种计算方法。

$1+2+3+\cdots+98+99+100=5050$,这是常规的算术求和的方法。

$100+50+49\times(1+99)=5050$,这是通过观察 100 个自然数的特点,总结的"先求和、再求积"的方法。

$50\times(1+100)=5050$,这是比第二种方式更为简洁的方法。

方法起源于人类的实践活动。客观存在的事物、过程本身是无方法可言的。例如,宏观的天体、微观的基本粒子、日月运行、昼夜交替、能量的转换与守恒定律等,它们本身无方法可言。但是,当我们要认识它们的规律时,就必然要涉及方法了,而且不同的人去认识或解决同一问题往往会采用不同的方法。

例如,一定质量的理想气体的温度、体积、压强发生变化时,它们之间的关系遵循不以人们的意志为转移的客观规律,即一定质量的理想气体状态方程。历史上,这个方程是在 1662 年、1785 年、1802 年分别发现玻意耳-马略特定律、查理定律、盖-吕萨克定律之后推导出来的,而高中课本则是在总结了玻意耳-马略特定律和查理定律基础上,结合进行一次理想实验后推导出来的。盖-吕萨克定律可看作等压变化状况下理想气体状态方程的特例。当然,我们也可以像李椿教授编写的大学普通物理教材中描述的那样,利用玻意耳-马略特定律结合理想气体温标定义及阿伏加德罗定律推出理想气体状态方程。这说明,方法的确是属于主观范畴的概念。

又如,美国爆炸第一颗原子弹时,物理学家费米想亲自测定原子弹爆炸的威力。于是,他把事先准备好的纸片抛向空中,然后根据自己离开爆炸中心的距离和纸片被冲击波吹过的距离,迅速推算出原子弹爆炸的威力,计算结果竟然和仪器测量的结果相差无几。当然,要是他缺乏有关的专业知识,就难以进行这样的计算。费米在中学时,就善于思考,而且喜欢把老师讲过的物理量亲自测量一遍,这为他以后成为物理学家奠定了坚实的基础。这也说明,目标相同,方法可以不同;只要潜心研究,就能找出简单而合理的新方法。

另外,同一事物重组变序可以获得不同的结果,这也可称为方法。例如,战国时田忌和齐威王赛马,分上、中、下三等一一对应比赛,由于田忌的马力不如齐威王的,因而连负三局。此时孙膑向田忌献策:以下等对其上等,宁负一局,然后以上对其中、以中对其下,可连胜两局。就这样,田忌终于以 2∶1 获胜。此法可谓巧妙之极! 类似的,在物理学研究中,常常遇到研究对象与多个量有关的情况。这时,我们可以采取控制一些量不变而只研究一个量变化时所遵循的规律,最后再综合起来得到结论。这就是物理学研究中常用的控制变量实验法。例如,研究电流与电压、电阻的关系时,我们可以首先固定电压不变,研究电流与电阻的关系,得出电流与电阻成反比的结论;然后再固定电阻不变,研究电流与电压的关系,得出电流与电压成正比的结论;最后把两个结论综合起来,得出欧姆定律。控制变量实验法也可以叫作单因子实验法。

再者,被实践检验过的科学理论知识,当用来在其知识领域内或其他知识领域内建立其他理论时,就实质来说也就起到方法的作用,而且越是抽象程度高的知识对较为具体的知识发挥的方法功能越强。所以,从这个意义上来讲,一切知识都可以通过应用而转化为方法。例如,极限是数学中的基础理论知识,当用它来建立瞬时速度或瞬时加速度等概念时就成为极限方法了。而方法一旦在研究过程中形成,就会成为日后研究的工具。

二、物理科学方法

物理科学方法就是研究物理现象与描述物理现象、建立与定义物理概念、设计与实施物理实验、总结与检验物理规律时所应用的各种手段与方法的总和。在严格的科学条件限制下,通过细致的实验观察(观察与实验方法)、严密的逻辑推理(科学的思维方法与数学方法等),去伪存真,去粗取精,由此及彼,由表及里,我们就能够找到事物内部各部分之间及事物与外部环境之间的相互关系和相互作用,确定由这些相互关系和相互作用产生的结构、运动变化和因果关系，形成规律性知识。在这样的研究过程中，材料要丰富全面，观察要客观求实，实验要重复可比，结论要逻辑明确；其中所涉及的各种具体方法，我们在后面还要详细介绍。

§2-2 物理科学方法存在的基本形式

在总结大量事实的基础上，我们发现在以下三种情况下一定有方法存在，或者说方法的存在有以下三种形式。物理科学方法教育的实践过程证明了这个结论是正确的。

一、对于同一事物来说，在纵向或横向发展过程的转折过渡处一定存在着方法

例如，同样都是为了研究物体运动的快慢程度，在匀速运动中，我们利用速度 $v=\frac{s}{t}$ 来描述，而在变速运动中，速度已经不能准确地描述物体运动的快慢了，此时我们利用的是平均速度 $v=\frac{\Delta s}{\Delta t}$。从速度过渡到平均速度这里利用了近似的方法。到了高中物理，则是利用极限的方法来定义一个即时速度的；学习了微积分后，还可以利用微分方法来定义即时速度。这样，我们就可以比较准确地描述物体在每一时刻运动的快慢了。显然，在这样的发展过程中，我们应用了近似、极限、积分、微分等方法。又如，由物体受一个力的作用时的加速度与力、质量的关系（$F=ma$）扩展到几个力作用时物体的加速度与力、质量的关系时（$F_{合}=ma$），要用等效方法加以过渡和联结。再如，从部分电路欧姆定律出发研究全电路欧姆定律时，要用到实验归纳与理论演绎相结合的方法。

二、不同事物之间（包括人与事物之间）建立联系或发生关系以及重组变序时一定存在方法

例如，使闭合回路的一部分导体在磁场中做切割磁感线运动，或者使闭合回路的磁通量发生变化，运用上述实验的方法都可以使磁与电这两种事物联系起来。

又如，根据牛顿第二定律的数学表达式 $a=\frac{F}{m}$，

$$F=ma。\cdots\cdots\quad(1)$$

根据加速度定义可知

$$a=\frac{v_2-v_1}{\Delta t}。\cdots\cdots\quad(2)$$

将(2)代入(1)，可得

$$F\cdot\Delta t=m(v_2-v_1)，$$

即 $F\cdot\Delta t=mv_2-mv_1$。其中：$F\cdot\Delta t$ 定义为力的冲量，而 mv_2 和 mv_1 代表物体的动量。显然，在以上过程中，运用数学推导的方法将动力学关系式(1)与运动学关系式(2)结合起来，建立了力的冲量与物体的动量之间的关系，即冲量定理。

三、理论用于实践解决实际问题时，理论本身就具有了方法的意义

例如，研究一个物体从光滑斜面的顶端下滑到底部所具有的速度时，我们可以用机

械能守恒定律,或者将牛顿第二定律与运动学公式结合起来求解。此时,机械能守恒定律和牛顿第二定律等理论实际上就成为解决问题的方法了。

了解方法存在的基本形式对于分析教材中的科学方法因素、学习和应用物理科学知识是很有帮助的。

应当强调的是,新的理论建立往往会引起科学思维的变革。例如,量子力学的建立导致以统计律为核心的思维方式取代了以严格决定论为核心的经典思维方式。再者,科学技术的发展也会创造出新的研究方法,如视频分析方法已经广泛地应用到物理规律的总结中了。

§2-3 物理科学方法因素判定原理

物理科学方法教育必须结合教材进行。但是,教材一般是以知识的内在联系为线索展开的,不会或者很少提起所应用的方法。这就需要我们分析、挖掘出教材中的科学方法因素,以便结合教材进行科学方法教育。那么,科学方法的因素在哪里,或者说如何分析、挖掘教材中的科学方法因素?通过研究和实践,我们总结了一个寻找科学方法因素的方法,并把它叫作物理科学方法因素判定原理。在开展物理科学方法教育的实验中,许多老师应用此法顺利地分析出教材中的科学方法因素,从而证明这种方法是可行的、判定原理是正确的。

判定原理命题:在物理学知识点的建立、引申和扩展中,知识点以及知识点与知识点之间的连接处(我们把它叫作"键"),一定存在物理科学方法因素。

这是理论研究与实践经验的总结,当然也可以用作简单的判据。

一、几个概念

方法:如前所述,从实践或理论上研究物理学所采用的一切操作和手段,都可称为方法。而且,方法是属于主观范畴的,是在探索和认识过程中主观所采取的手段,通过这些手段,主观和客观发生联系。

物理科学方法因素:指教材中研究物理学所应用的各种基本方法,如常规方法——观察、实验、逻辑思维(分析、综合、归纳、演绎、类比、理想化方法等)、数学方法等和非常规方法——直觉、猜想、灵感等。

知识点:指中学物理教材中遇到的知识,这里主要是指每个具体的物理概念(包括物理量)、物理规律(包括原理、定律、定理、公式、法则、定则等)、物理实验、物理应用(如习题)等四类。

知识点的建立、引申与扩展:知识点的建立指概念的引入与定义、规律的总结与表述、实验的原理与设计构思以及物理学理论体系的确定等。引申指知识向纵深发展。扩展指知识本身沿横向展开。

知识点的连接处:指在知识点的建立与发展过程中,沿横向或纵向由一个知识点发展到另一个知识点的过渡处,我们把它称作"键"。

二、物理科学方法因素存在的原因

我们知道，物理学的一些知识点，如电流、电阻、电压等概念及欧姆定律等规律，它们是客观存在的，是物理现象或物理过程的本质属性或规律的反映，本身是无方法可言的。但是，当我们引入这些概念并对它们进行定义时，或者在探索规律、总结规律时，必须借助于一定的工具（如实验仪器）、一定的手段（包括人的思维等），通过一定的操作去观察、发现，这就体现为方法了。这就好像画家以他掌握的画法技巧，利用画笔描绘出各式各样题材的画卷；木工师傅利用各种工具，根据一定的数据（图纸），把木材做成桌椅、板凳一样。在物理学中，人们根据需要要建立"力"这一概念，就要通过抽象、概括，把"提、拉、推、压"等现象的本质归结为物体与物体之间的相互作用，即"力"。此时的归纳概括就是方法。通过实验总结规律时实验就是方法。

知识点的引申或扩展也要运用一定的方法。例如，我们利用实验的方法研究电磁感应现象，利用实验方法研究电磁感应现象中感应电流的方向与哪些因素有关，利用比较归纳的方法总结判断感应电流方向的法则——右手定则等。此时，我们又会问：电磁感应的实质是什么？这是对问题研究的进一步引申和扩展。当然，利用能量的转换即可以解释电磁感应现象。而转换是研究问题的一种方法，许多问题的解决都可以应用这种方法。

另外，当我们运用知识解决实际问题时，知识本身也就具有方法意义了。例如，应用密度知识讨论一个金属球是实心的还是空心的，此时密度知识就具有方法的意义。又如，应用右手定则判断感应电流的方向，此时右手定则就是研究问题的方法了。

有了上述判定原理，我们在分析教材时，只要找出教材中所涉及的知识点（概念、规律、实验、应用、习题等），以及从一个知识点沿纵向或横向到另外一个知识点的过渡处，就可以找出科学方法因素；也就是说，物理科学方法判定原理给了我们一把分析教材中方法因素的金钥匙。

在第四章中，我们还要详细介绍如何应用物理科学方法因素判定原理分析、挖掘教材中的科学方法因素。

第三章 常用物理科学方法简介

§3-1 设疑提问方法

掌握研究课题的形成方法,对于我们有意识、有目的地捕捉课题,迅速跨进研究大门进而站在物理科学教育的高地是很有意义的。这里,我们从物理学发展的逻辑与历史的角度,归纳出以下几种通过设疑提问形成物理学研究课题的模式(课题的形成模式指的就是课题的形成方法)。

一、物理学理论假设分析模式

通俗一点讲,假设分析模式就是对已知的物理理论进行结构分析,进而提出怀疑或者找出不足,从而形成研究课题的模式。

恩格斯在《自然辩证法》一书中指出:"只要自然科学运用思维,它的发展形式就是假说。"假说是理论的一种初始形式,它是建立物理学理论的桥梁。假说一般有直观猜测、抽象推论和经验推测三种类型,它们的共同特征是具有推测性。很多物理学理论就是在几种假说的基础上逐步演绎形成的。然而,有些假说往往尚未被实验事实验证就被认为是理论演绎的科学基础。认真分析物理理论的结构可以发现某些物理理论的先天不足,从而形成研究课题。例如,对牛顿力学的结构进行分析,就可以发现绝对空间、绝对时间和绝对质量是牛顿力学的理论基础。牛顿在《自然哲学的数学原理》中首先假设空间、时间和质量的绝对不变性,然后再叙述力学三定律。由于牛顿力学的巨大成就以及牛顿本人的权威,使得由这些假设形成的假说在当时被认为是当然正确的。以上分析可自然地形成以下课题:空间和时间真的是绝对的吗?质量真的是不变的吗?

二、物理学理论原理分析模式

所谓物理学理论原理分析,实质是一种逻辑分析。它主要是从对物理概念、物理定律、物理定理以及物理理论的逻辑分析中发现理论的不可靠性,进而提出问题形成物理学的研究课题。

例如,分析牛顿第一定律可以发现以下问题:物体不受外力作用的情况是否存在呢?

"惯性运动"是以空间的均匀性与平直性为前提的,如果空间是弯曲的,该定律是否仍然成立?"惯性运动"只有在无限空间中才有可能,但空间究竟是不是无限的呢?由于物体在空间做匀速直线运动而不改变空间的平直性,又由于空间也不会影响物体的匀速直线运动,这就要求时空与物质相互独立。从哲学角度看,主张时空与物质相互独立,那么物质与时空不都成为第一性的了吗?分析牛顿第二定律可以提出以下问题:在宇观和微观物质层次中,牛顿第二定律是否成立呢?惯性质量与引力质量有什么关系呢?对牛顿第三定律的分析表明,牛顿提出的"超距作用"意味着万有引力的传播速度无限大,这样,在穿越有限空间时才不需要时间。那么,万有引力的传播速度是否无限大呢?当然,牛顿以后的物理学发展已经成功地解决了以上问题。

又如,我们使用简单机械可以省力,那么是否同时还可以省距离呢?如果既可以省力又可以省距离,那不就可以省功了吗?以这些问题提出研究课题,通过研究可以得出功的原理。

三、物理学理论和谐性原理分析模式

和谐性原理是物理系统运动和发展的基本原理之一。和谐性原理所包括的数学美、对称性和简单性是物理学理论的客观表现。从和谐性原理出发分析物理学理论的不完备性,可以为研究课题的形成提供重要的依据。

物理系统的和谐性原理常常能打动物理学家的心,激起他们的创造热情。爱因斯坦把这种感情称为"宇宙宗教感情"。同时,和谐性原理为物理学家的创造性思维提供了生动直观的物理图景。借助这些丰富的物理图景,物理学家就能进行有效的猜想、类比和假设,从而形成一系列物理学研究课题。

在物理学发展的漫长过程中,追求物理学理论的和谐性,追求物理学理论的简单和美,不仅是一种重要的科学方法论思想,而且是很多物理学家坚定的信念和科学信仰。例如,开普勒在第谷积累的对750个星体观察资料的基础上,基于对行星运行轨道美与和谐性的追求,坚信行星运动轨道不是圆形的就是椭圆形的,后来他的计算结果与第谷的观察资料十分吻合。可以说,这是和谐性思想的充分体现。又如,法拉第根据奥斯特实验,在知道了电流的周围存在磁场即"电可以生磁"的前提下,根据对称性的思想,以反问的方式提出"磁可以生电吗"的问题。后来他进行了十余年艰苦的实验探索,终于发现了电磁感应定律。

四、物理学理论还原分析模式

还原原则是对自然科学理论进行整体分析的指导性原则。这一原则指出,高层次的事件是低层次物质运动的结果,低层次的运动是造成高层次事件的原因。对整体中发生的事件的解释,要从对它的各个部分的解释开始。例如,物理学理论可以还原为对主要物理概念的讨论,像牛顿运动定律可以还原为对时间、空间、质量和力这些基本概念的讨论和陈述。又如,提出问题:固体因为受重力作用,所以对支撑它的物体有压强,液体也受重力作用,所以对支撑它的物体也应该有压强(演绎的思想),但是,液体与固体有不同的性质,那么液体产生的压强与固体所产生的压强有何不同,或者说液体产生的压强有

何特点？这一问题则可形成课题。

五、物理学理论互补分析模式

互补是科学理论的一种发展模式,是根据玻尔的互补原理提出来的。互补分析模式认为,两个互斥的理论往往是互补的,它们可以统一在一个新的理论中。因此,在研究某一物理课题的过程中,如果出现两种互相矛盾的理论,就应该做出判断。这两种理论分别反映了研究对象的不同侧面,表面上是对立的,而实质上应该是统一的。这样,我们就会提出一个新的课题,即如何形成一个新的理论把它们统一起来。

例如,光的本性究竟是什么?科学家就此进行了大约300年的争论;期间有各种不同的学派,但总的来说不外乎微粒说和波动说两种学派。尽管这两种理论在不同时期各自占有统治地位,但随着人类认识的不断发展,当爱因斯坦和德布罗意提出波粒二象性后,这两种互斥的理论终于被统一起来。所以,互补原理的运用也可以形成物理学的研究课题。

六、物理学理论证伪分析模式

科学实验对于物理学理论的发展起着重要的作用。物理实验不断地向前发展,就不断证实或证伪着物理学理论,从而不断地产生新的研究课题。因此,认真设计物理实验,仔细分析实验事实与现有理论的矛盾,就成为形成物理学研究课题的重要方法之一。

例如,根据牛顿第二定律,物体受到力的作用时,将在力的方向上产生加速度。现在我们做一个实验,如图3-1-1所示,向漏斗下的乒乓球吹气,按照牛顿第二定律,乒乓球应该向下运动,结果出乎意料,乒乓球反倒向上运动,这就出现了矛盾。

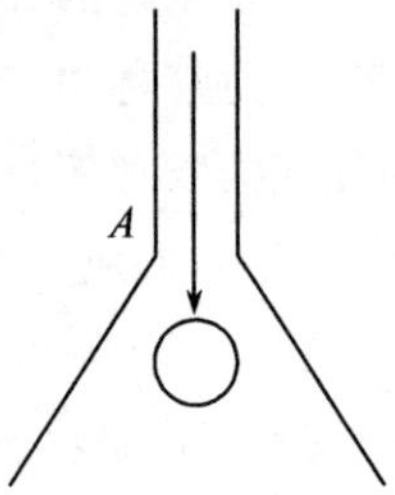

这就是有名的"流体动力学悖论",由此也就提出了一个新的研究课题。这个课题的解决,促进了流体动力学的发展。

图3-1-1 用漏斗吹乒乓球实验

以上,我们从逻辑与历史相结合的角度,提出了六种形成研究课题的模式,它们主要适用于物理学基础理论研究领域。在中学物理教学中,简单地讲,可以采用以下几种方式提出课题:① 对已知的理论提出怀疑或找出不足,形成课题;② 联系生产、生活实际提出课题;③ 观察实验提出课题;④ 利用类比提出课题,等等。

值得注意的是,20世纪以来,随着物理学进入微观和宏观层次,研究工作从简单系统走向复杂系统,从封闭系统走向开放系统,从平衡态走向非平衡态,从线性关系走向非线性关系,理论研究和实验研究的复杂程度都急剧增加。这样,某一项课题研究往往要求组织相当规模的团队,在学术带头人领导下有组织地、一代接一代地持续进行才能完成。这使得在选题方面的追踪和开拓显得特别重要,即以已经取得的研究成果为基础来选择相关课题继续进行开拓性研究。这不仅可以充分利用已取得的成果和工作经验,而且可以充分利用原有的仪器、资料、技术和方法,减少课题研究的工作量和节约时间,比较容易出成果,研究周期也能相应缩短。

§3-2　观察方法

观察是最基本、最古老、最直接的科学方法，也是当今严密的科学研究中最常用的方法之一。从某种意义上说，没有观察就没有科学研究。要在科学研究上有所发现、有所创造，必须掌握观察方法。

一、什么是科学观察

观察是人们在自然发生的条件下对自然现象进行考察的一种方法。自然科学研究中的观察方法又称为科学观察。人类探索自然和改造自然的一切实践活动都离不开科学观察。

简单地讲，观察就是看、仔细地看，但是它和一般的看不同，观察是大脑通过人的眼睛所进行的有意识的、有组织的感知活动。

观察方法源远流长，历史悠久。苍茫天穹，日落月升，繁星闪烁，早在远古就已被人们所注意。我国是对自然界进行观察并最早做出记录的国家之一。我国早在 4000 年前就有了关于星象的文字记载，积累了世界上最早、最丰富的天文观测资料。传说原始社会的颛顼时代就有了名为"火正"的官员，专门负责观察红色亮星"大火"（心宿二），并根据其出没规律来指导农业生产。在殷代（公元前 17 世纪—公元前 11 世纪）的甲骨文中就有关于新星的记载。古书《竹书纪年》中也有关于彗星和流星雨的记载。《左传》中记载："鲁庄公七年夏四月辛卯夜，恒星不见，夜中星陨如雨。"鲁庄公七年即公元前 687 年，这是世界上关于天琴座流星雨的最早记录。世界上第一次关于哈雷彗星的记录则见于《春秋》："有星孛入于北斗。"记录时间是鲁文公十四年秋（公元前 613 年）。从公元前 43 年到 1638 年，我国史书上共有 106 条关于太阳黑子的记录，早于西方国家大约 2000 年。近代早期天文学上最精确的观察当推丹麦人第谷·布拉赫的观察。他花了几十年的时间对行星等天体的运动进行了极其精密的观察，积累了大量资料。在此基础上，开普勒总结出行星运动三大定律，这三大定律成为牛顿建立万有引力定律和经典力学的重要基础。

古代观察以纯感官为主，但也有一些定量化的仪器，如测天体方位的浑天仪、测地震方位的地动仪、测物体质量的天平等。

观察方法在物理学研究中占有重要地位。特别是对那些不易控制或改变其条件而发生变化的物理过程更需要依靠观察来研究。例如，爱因斯坦广义相对论的三大预言就是在天文观测中得到验证的。在高能物理中，通过对宇宙射线的长期观察发现了许多基本粒子，丰富了人们对微观世界的认识。近年来，由于遥感技术和空间科学的发展，观察技术和观察手段正在发生质的变化，观察的广度、深度和精度大为提高，观察的作用日益增强，观察的范围日益扩大。现在利用射电望远镜等工具，人们可以观测到非常遥远的天体；光学显微镜和电子显微镜的研制成功及改进，加深了人们对物质微观结构的认识。因此，随着观察方法的不断发展，物理学的研究逐步深入；同时，随着物理学的发展，观察方法也在不断发展。

二、科学观察的特点

1. 科学观察总是与一定的研究课题相联系，为解决一定的科学问题而发挥作用

科学观察有明确的观察目的、观察任务和观察对象，并采用一定的观察方法。

2. 科学观察有明确的理论作指导，以便全面地把握对象的各种属性

在经典物理学中，一般是对通过科学观察和实验所获得的资料进行归纳整理加工，总结出物理规律和物理理论；而在现代物理学中，更多的则是运用科学观察去检验某一假说、预言及理论的正确与否。科学观察发展的一个显著特点是理论对观察的指导作用越来越强，可以说，现代物理学中的科学观察离不开理论指导。

3. 科学观察要综合运用各种感官，要有思维的积极参与

科学观察不仅要通过眼睛看，而且要综合运用听觉、触觉、嗅觉、味觉等感觉器官；更重要的是，要有思维的积极参与，进行一定的分析、综合、比较、分类、判断和推理。没有思维的观察无法进行，也是不存在的。

4. 科学观察需要准确而周密的观察记录

要用规定的术语、约定的符号、标准的计量单位并借助绘图、摄影、计算机处理等手段，把观察结果详细地记录下来，作为供分析整理的原始资料。

5. 科学观察要借助先进的科学仪器、采用先进的观察技术来进行

从上述观察方法的历史发展可以看出，古代观察主要是纯感官观察。随着科学技术的不断发展，人们逐步采用观察工具来辅助观察。在现代物理学中，科学观察已离不开一定的观察工具。例如，借助于天文望远镜及遥感等先进、精密的科学观察仪器和技术，使科学观察的广度、精度、深度都大大提高，为现代物理学的研究提供了珍贵的资料。

6. 科学观察与物理实验相互补充

科学观察要求在"自然发生的条件下"进行，这是它与实验方法的明显区别。正是基于这一点，科学观察与物理实验在物理学研究中必须互为补充。这主要表现在：第一，观察方法不具有改变或控制研究对象的主动性，这是它不及实验方法的方面；第二，观察方法是在自然发生的条件下进行的，这又使观察方法具有比实验方法更为广泛的应用范围；第三，使用实验方法也必须同时使用观察方法，这样才能获得各种观测资料和科学事实；第四，自然界还有很多研究对象是人们无法或暂时无法变革和控制的，如天体运行、地壳变迁等，这些不能采用实验方法的领域则是观察方法的用武之地，物理学的一些研究领域如天体测量学、天体物理学、天体力学等，大都是借助观察方法产生和发展起来的，而且这些领域至今仍在不断拓展。

三、科学观察的方式与方法

掌握了正确的观察方法才能从似乎平常的事物和现象中找出有关方面的联系、从偶然的事物和现象中找出规律，所以要在科学上有所发现、有所创造，就要学会和掌握正确的观察方法。

1. 科学观察的方式与步骤

科学观察主要有两种方式：一是借助于眼睛直接观察；二是通过仪器进行间接观察。观察可以分三步进行，即一看、二找、三定。

一看，就是首先要学会看现象。看又可以通过三个途径进行。一是看生活中的物理现象。例如，我们看太阳光穿过窗户射进教室里，若照着飘浮的灰尘，会发现光通过的路线是直的。二是观察实验，看实验中呈现的现象。例如，让一束光从空气中斜射向水面，我们会看到，除了有一部分光反射回空气改变了传播方向外，还有一部分光进入水中且也改变了传播方向。这比前面的观察又进了一步。三是观察图形和图像。例如，通过看课本上根据实验画的图，可以找出平面镜、凸透镜等光具成像的规律。观察现象是研究问题、总结规律的基础。

二找，就是在反复观察大量的物理现象的基础上找规律，也就是找观察到的现象的共同点（也是与其他现象的不同点）。例如，射进教室里的太阳光、穿过云隙的太阳光、黑夜里手电筒的光等，通过的路线都是直的，因此我们就可以总结得出"光在空气里是沿直线传播的"这一规律。找规律是观察的主要目的之一。

三定，就是确定条件。因为任何物理规律的成立都是有条件的，因此在总结规律时，一定要考虑它在什么条件下成立。例如，光在同一种物质中传播是沿直线进行的，如果光从一种物质（如空气）进入另一种物质（如水或玻璃），它的传播方向通常是要改变的。因此，"在同一种物质里传播"就是"光沿直线传播"的条件。

学习观察，要注意三个问题。一是观察要与思考相结合，只观察不思考，不能总结出规律来。二是必须在反复观察大量现象的基础上总结规律，不能根据个别现象就草率地总结规律，否则容易导致以偏概全的错误。三是要注意用眼睛观察时不要上当受骗。例如，如果看到太阳东升西落便得出太阳是绕地球运转的结论，这就错了。

图 3-2-1、图 3-2-2 是光线分别经过凸透镜（如放大镜）和凹透镜（如近视镜）的光路图。请根据光路的变化，说出两种透镜对光产生的作用。

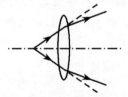 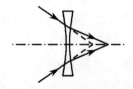

图 3-2-1　凸透镜对光的作用　　　　图 3-2-2　凹透镜对光的作用

你能做出正确判断吗？如果能通过观察光线经过透镜前后光路的变化，比较射出光线和射入光线（图中虚线表示如果没有透镜射入光线沿直线传播的路径），就会得出凸透镜对光具有会聚作用、凹透镜对光具有发散作用的正确结论。如果观察时只看到表面现象或者只片面地看射出的光线，就可能得出错误的结论。

请记住巴甫洛夫的告诫："应该先学会观察，不会观察，你就永远当不了科学家。"

2.科学观察的常用方法

（1）有意观察法。

有意观察就是针对所要了解的问题进行有的放矢的观察，以便从中发现物证、找出规律。例如，布朗运动的发现就是有意观察的结果。布朗先是观察一种植物花粉悬浮在水中的形态，看到花粉团粒在水中做无规则的运动，有些在更换位置，有些在改变形态，有些在不停地旋转……于是，他做了如下记录："我确信这种运动不是由于液体的流动所引起的，也不是由于液体的逐渐蒸发所引起的，而是属于团粒本身的运动。"为了证实这种看法，布朗把观察的对象扩大到其他植物的花粉团粒，发现存在同样的情况。布朗开始认为，这种运动是植物生殖器官雌雄交配的结果。但是，在一次观察中，他偶然把捣烂的植物叶子放在水中，也发现有同样的无规则运动的存在。于是他又将烟灰、泥土、矿物质等无机物及另外一些有机物的颗粒放到水中进行仔细观察，结果发现这些颗粒都会在水中做无休止的无规则运动。就这样，他揭开了自然界普遍存在的分子运动的奥秘，使人类的认识更加深入。这是布朗运用有意观察法获得的成果。

进行有意观察时，必须明确观察重点。例如，教师在演示探究阿基米德原理的实验时，操作程序如下。第一步，把带有套筒的圆柱体挂在弹簧测力计下，记下圆柱体在空气中时弹簧测力计的示数；第二步，把圆柱体浸入装满水的溢水杯中，弹簧测力计的示数减少，说明物体受到了浮力；第三步，把从溢水杯排出的水倒入套筒中，弹簧测力计的示数又逐渐增加。套筒中的水即将满时要放慢倒水节奏，教师边提问边组织学生观察："弹簧测力计回到原来的刻度没有？"细心的学生会发现还没有。教师可以举起小烧杯说："排出的水还没有倒完呢！"这样，慢慢地再倒几次，直到把排出的水全部倒入套筒，弹簧测力计指针回到原来的刻度。这说明，浸入水中的物体受到的浮力等于物体所排开的水所受的重力。在这个过程中，要注意进行重点观察。

（2）长期观察法。

自然事物或现象的发展变化微妙曲折、周期长短不一，所以，只有坚持长期观察，才能得出有价值的结论。例如，现代物理学研究中，物理学家就是靠对宇宙射线的长期系统观察，从而发现了许多新的基本粒子。但是人生短暂，对有些现象无法进行长期、完整的观察，此时，充分利用前人的观测资料就显得十分重要了。例如，哈雷收集前人有关彗星的记录，根据牛顿力学理论以及他人的实际观测资料，认出了他所关心的那颗彗星（后人称为哈雷彗星），预言了它的再次出现，并被天文观测所证实。

（3）细微观察法。

事物的变化有时是细微的和偶然的，而细微的变化中往往蕴藏着质的飞跃，偶然的变化中往往包含着必然性。所以，对偶然观察到的奇怪现象也不能轻易放过。许多重要发现虽然常常在特定的条件下带有偶然性，但在偶然性观察中也会发现必然存在的规律。例如，伦琴发现 X 射线、贝克勒尔发现放射性、奥斯特发现电流的磁效应等，无一不是从观察到的某种偶然现象开始的。又如，卢瑟福通过基本粒子的轰击实验，在 2500 张 41 万个基本粒子的径迹照片中认出了 6 张没有出现 α 粒子的照片，从而找到了打开人工制造同位素和转变元素大门的钥匙。

（4）精确观察法。

观察贵在精确，既要注意事物状态的变化，又要注意事物量的变化，这样才能更有效地揭示物质的变化规律。例如，丁肇中让助手们花了两年时间制造出高分辨率的双臂质谱仪，提高了精确度，才使这个小组在 1974 年发现了 J/Ψ 粒子。

（5）归纳观察法。

在反映物理现象、物理过程的本质属性，总结物理现象和物理过程的一般规律或研究变化因素较多的问题时，人们通常采用归纳观察法，即通过对个别现象的分别观察得到一些个别的结论后，再归纳概括得出一般的规律。例如，欧姆为了研究电流强度、电压和电阻三者之间的关系，首先在保持电压不变的情况下观察电流与电阻之间的关系，然后再在保持电阻不变的情况下观察电流与电压之间的关系，最后通过归纳得出欧姆定律。

（6）对比观察法。

对两个事物、现象进行对比或对某一现象发生变化的前后情况进行比较是人们认识物理世界的重要方法。例如，在观察沸腾现象时，对液体沸腾前和沸腾时的情况进行比较就会发现：沸腾前，液体内部形成气泡并在上升过程中逐渐变小，以致未达到液面就消失了；沸腾时，气泡在上升过程中逐渐变大，达到液面后破裂。通过对比观察得知，沸腾是液体内部和表面同时进行的剧烈的汽化现象。

§3-3　实验方法

物理学是以实验为基础的一门基础科学，实验是物理学最基本、最重要的研究方法。

一、什么是物理实验

物理实验是科学实验的一种。所谓科学实验，就是人们根据研究的目的，利用科学仪器、设备人为地控制或模拟自然现象，排除干扰，突出主要因素，在最有利的条件下去研究自然规律的一种活动。

在物理学产生和发展的进程中，物理实验自始至终占有极其重要的地位，成为推动物理学不断发展的不可或缺的工具和手段。早期的物理实验在古希腊时代就有了萌芽，但对于古代学者而言，做实验仅仅是附带的事情，他们对于实验的重要性的认识还比较肤浅。到了 13 世纪，英国的罗吉尔·培根认识到只有实验方法，才能给科学以确定性，才能证明前人的说法正确与否，并把经验、实验、证明当作科学研究的三个重要途径。14世纪，英国哲学家威廉用实验否定了亚里士多德的"一切运动都有推动者"的说法，指出"物体已经开始运动就永远运动"。法国哲学家让·布里丹通过实验发现了物体下落时有加速现象。文艺复兴时期，实验作为探索科学的工具、认识自然的手段，开始得到人们的重视。达·芬奇指出："科学如果不是从实验中产生，并以一种清晰的实验结束，便是毫无用处、充满荒谬的，因为实验乃是确实性之母。"他身体力行，从事各种实验并取得许多成就。然而，物理实验作为特定的方法而确立下来，则应归功于意大利物理学家伽利略。他认为自然科学本身就是实验科学，并主张用实验科学的知识来武装人们的头脑。

他的实验研究是相当出类拔萃的。他对物理实验的巧妙安排、精心设计非同一般;他边做实验边自制仪器,努力摆脱当时实验条件简陋的束缚。他不仅反复强调了实验的地位和作用,而且对物理实验方法做了较为系统的研究。他以实验方法为中心,把实验与数学方法、逻辑论证结合起来,把物理实验方法发展到一个全新的高度,使物理学走上了真正科学的道路,也为近代自然科学的发展开辟了广阔的前景。爱因斯坦和英费尔德在《物理学的进化》一书中高度评价了伽利略所创立的科学实验方法,指出"伽利略的发现以及他所应用的科学的推理方法是人类思想史上最伟大的成就之一,而且标志着物理学的真正开端"。因此,伽利略被誉为"实验科学之父"是当之无愧的。

二、物理实验的基本类型

物理实验依据不同的划分标准有不同的分类结果。例如,按研究问题的质与量,可分为定性实验、定量实验和结构分析实验;按实验的直接目的,可分为探索性实验、验证性实验和判决性实验;按实验手段,可分为对比实验、模拟实验,等等。

1. 定性实验与定量实验

(1) 定性实验。

定性实验是用以判定某因素是否存在、某些因素之间是否有关系的实验。例如,德国科学家塞贝克进行的温差电实验就是定性实验。他把小磁针置于铜制螺旋状线圈中间,让一块铋板和一块铜板直接接触,并分别与线圈的两端接成一个回路。当铜板升温时,小磁针转动,这说明回路中有电流通过。这个电流是由于相互接触的不同金属存在温差造成的,这种现象称为温差电现象。又如,1912 年劳厄让 X 射线通过硫酸铜晶体时,看到晶体后面的胶片上呈现排列规则的感光点,因而判定 X 射线通过晶体能发生衍射。对波长极短的 X 射线来说,原子间距就像在不透明的"屏"上开了许多窄缝,因此呈现出衍射图像。

中学物理教材中介绍的惯性实验、热传导实验、液体沸腾实验、气体扩散实验、小孔成像实验、光的直线传播实验、电流的磁效应实验等都属于定性实验。当然,定性实验并非绝对不研究量的问题。实质上,某种实验现象从无到有本身就有量的意义。

(2) 定量实验。

定量实验是运用测量仪器测定某对象的数值,求出某些因素之间的数量关系,或者用数量关系去表明某些规律的实验。例如,为了验证广义相对论关于"光线在太阳边缘将有 $1.75''$ 偏转角"的预言,1919 年英国两个观测队分别在西非和巴西观察日全食,证实了光线从太阳旁经过时弯曲的程度几乎与爱因斯坦所预言的一样,前者为 $1.61'' \pm 0.30''$,后者为 $1.98'' \pm 0.12''$。又如,对介子寿命的实验研究证实,能量为 250 MeV 的特快介子寿命为 2×10^{-3} s,极好地符合相对论的推论

$$\Delta t' = \frac{\Delta t}{\sqrt{1 - \left(\dfrac{v}{c}\right)^2}} 。$$

中学物理教材中关于长度、质量、密度等物理量的测量,研究电流与电阻、电压的定量关系,研究加速度与力、质量的关系等实验,都属于定量实验。

2. 探索性、验证性及判决性实验

（1）探索性实验。

探索性实验是指人们从事开创性研究工作时，为了探寻自然事物或现象的性质以及规律所进行的实验，其特点是实验前人们对研究对象并不了解。例如，法拉第电磁感应定律的发现、富兰克林捕捉雷电的实验等都属于探索性实验。

中学物理教材中对电磁感应现象、平抛运动规律、互成角度的两个共点力的合成的研究等实验，都属于探索性实验。

（2）验证性实验。

物理学研究中，当人们对研究对象有了一定认识之后，根据已知的理论对一些物理现象的存在、原因或规律做出推测、提出假说或形成新的理论时，为了检验它们正确与否而设计的实验叫作验证性实验。例如，1968 年美国物理学家温伯格和巴基斯坦物理学家萨拉姆提出了新统一假说，认为弱相互作用和电磁相互作用是统一的，并提出一套理论进行论证；1979 年美国物理学家莫玮和中国物理学家王祝翔等人合作，在美国费米实验室成功地进行了 μ 子中微子和电子的碰撞实验，使弱相互作用和电磁相互作用实现了基本统一，从而验证了温伯格假说的正确性。又如，1956 年李政道、杨振宁提出的"弱相互作用下宇称不守恒"假说，后来被吴健雄的实验所验证。

验证性实验可分为两类：一类是直接验证实验，如赫兹通过实验直接证实了电磁波的存在和传播；另一类是间接验证实验，即不去验证理论本身而是验证其推论，如对广义相对论就是通过验证其推论而得到验证的。

中学物理教材中的学生实验大多都是验证性实验。

（3）判决性实验。

人们为了验证科学假说、理论或设计方案的正确与否而设计的，予以最后判决权的实验称为判决性实验。例如，迈克尔逊-莫雷实验就判决了以太是不存在的。

3. 对比实验与模拟实验

（1）对比实验。

对比实验是通过对照比较、分析研究的方法，达到异中求同或同中求异的目的，以揭示所研究事物的某种性质或规律的实验。对比实验可以采取横向对比或纵向对比的方式。横向对比一般是把研究对象分为两个或两个以上组群。其中，一个是对照组，作为比较的标准；另一个是实验组，通过某种实验步骤以便确定对实验组的影响。例如，用黑白颜色不同的两种物体表面对比研究物体的吸热本领。纵向对比是时间前后的对比，即对同一组实验进行施加影响因素前和施加影响因素后的对比。

中学物理教学中，在研究密度、比热容、电阻等表征物质特性的物理量时采用对比实验，教学效果会更加显著。

（2）模拟实验。

物理学研究中，有时受客观条件的限制，不能对某些自然现象进行直接实验，这时就

要人为地创造一定的条件或因素,在模拟的条件下进行实验。例如,1672—1676 年丹麦的勒麦在巴黎天文台利用木星的卫星蚀测定光速时,为了使时间差和光程有足够大的数值,需要持续观察卫星绕木星旋转的若干个周期,再加上实验中产生误差的环节较多,所以,既费时又费力且不精确。随着实验技术和设备的改进,1849 年斐索使用旋转齿轮来模拟木星卫星蚀的天文观察,实现了人为控制的光速测定实验。1862 年法国的傅科利用旋转镜代替旋转齿轮测定光速,使光程缩短到只有几米。后来,迈克尔逊也做了大量测定光速的实验。这些模拟方法都比利用自然现象测定光速方便和优越得多。

三、物理实验的基本程序

物理实验的基本程序一般包括实验课题的选择、实验的构思与设计、实验的实施、实验的观测与记录、实验数据的处理和实验结果的理论解释等。

1. 实验课题的选择

实验课题要根据实际需要、主客观条件和实验目的来确定。在确定实验选题时,要明确为什么进行实验,重点解决什么问题,是探索性地研究一些量的关系来总结规律还是验证某一假说、某一理论的正确与否。

实验课题的确定涉及研究的主攻方向,具有战略意义。所以,在确定实验课题的过程中,要了解本门学科的历史、现状及存在的主要矛盾,并要善于发现物理学发展的每个阶段上出现的中心课题,这样才能选准突破口、开辟新方向。例如 20 世纪初,人们是用 α 粒子和质子去轰击原子核产生人工核反应的。1932 年查德威克发现中子后,意大利物理学家费米立刻意识到,不带电的中子更易于进入原子核内部,对产生核裂变更有效。因此,他最早提出用中子轰击原子核。此后,许多科学家都在研究用中子轰击各种原子核产生的效应。1939 年,哈恩和斯特拉斯曼在用中子轰击铀的实验中实现了原子核的裂变。可见,费米选用中子来引起人工核反应的设想,对推动核物理的发展和人类对原子能的利用起着重要作用。又如,伽利略提出测量光速、焦耳测定热功当量等都推动了物理学的发展。

正确的课题研究要求实验具有明确的目的性和严密的计划性,同时要求实验具有一定的灵活性,注意追踪有成功希望的线索。在物理学的某一领域一旦出现了新现象、新事物、新发现,有远见卓识的物理学家会立刻从各个可能的角度进行观察、实验,去"跟踪追击"以取得重大突破。这种情况在科学史上不乏其例。例如,法拉第早期的科学活动主要是协助戴维进行化学实验研究。当 1820 年奥斯特发现了电流的磁效应后,受到很大启发的法拉第立即设想"磁能生电"并开始了长期的实验研究,终于在十年之后发现了电磁感应现象和电磁感应定律。

2. 实验的构思与设计

实验的构思与设计是整个实验的关键性步骤,主要应做好以下工作。

(1)深入分析实验研究对象。

在构思与设计实验时,要运用已有知识和科学思维方法,对实验对象进行分析,明确实验对象所隐藏着的待揭之谜,找准主攻方向,预计可能会出现的情况,形成初步设想;还要根据所要研究的问题、所要揭示的规律、所要验证的理论或假说,以及实验中可能呈现出的需要验证或探索的有关现象或数量关系来明确实验的指导思想，考虑沿着什么方向、用什么样的方法实现实验目的。

（2）精心构思实验原理。

实验是在一定科学理论指导下进行的，对于现代物理学研究与学习来说这一点更为突出。这些科学理论一般有两个方面：一是实验所探索的原理或设想，二是实验主体仪器所应用的科学原理。这两方面的原理是实验构思与设计的理论基础。例如，迈克尔逊和莫雷利用光的干涉效应测量沿着互相垂直的两个方向发出的光线的速度之差，以验证以太假说，最后以"零结果"否定了以太说。

（3）科学设计实验技术。

实验技术包括实验仪器和技术手段。科学地设计实验技术不仅能把实验原理物化于其中，而且能在最有利的条件下获得准确的科学事实。例如，1970年有人就曾在布鲁克海文实验室发现了 J/ψ 粒子有关的现象，但因仪器不够精确未能辨认；后来丁肇中等人用了两年多的时间，研制了一架具有高分辨率的大型双臂能谱仪，从而在1974年发现了 J/ψ 粒子，被人称为是一次"精确度的胜利"。

3．实验的具体实施

（1）实验仪器的研制与准备。

在完成实验的构思与设计后，就要着手研制与准备实验设备、仪器、材料等。对于已有的仪器，需要熟悉使用方法和使用历史并进行校准。有一些设备和仪器要根据实验要求加以研制。物理学史表明，许多仪器和设备就是根据实验要求来研制的。例如，温度计是由伽利略、托里拆利等人鉴于实验中测定温度的要求，根据液体和气体的热胀冷缩规律制成，然后又用于实验中的。迈克尔逊干涉仪也是迈克尔逊根据实验要求研制的。

（2）仪器的安装、调试与操作。

当研制与准备好所需的仪器设备以后，就可以把所有的设备按照实验方案装配成一个整体并进行调试和检查，或者用它来测查一个已知参数看效果如何。如果发现问题，则需逐步检查，切莫急于求成。另外，操作者还应注意所使用的技术的准确程度和局限性。只有充分掌握了实验技术，才能获得可靠的、有价值的结果。仪器、设备安装调试完毕后，就可进行实验操作了。

4．实验的观测与记录

在物理实验操作的同时，需要对实验现象进行观测与记录。实验观测需要借助于各种仪器仪表进行精密的定量测定。因此，实验观测的基本任务就是合理、充分地发挥仪器仪表的功能，为此要充分利用大脑和人体感官来协调手的操作。比如，对仪器的安装是否准确无误，要靠感官来判断、试探和估量；仪器运转是否正常、实验现象是否是所预期的，必须随时进行观察和监视；对仪表上显示的信息，要进行准确的读数和记录。读数时，要利用视觉判断被测对象与定位标准是否相符。有些实验中，要利用听觉比较出声强的变化和音频高低的变化，并识别实验中经常遇到的一些声响如仪器的报警声、电器中的交流声、电机正常与异常运转时的声响等。对于触觉,主要是通过手辨别螺旋或旋钮的松紧程度,扭动螺旋或旋钮进行准确的调整;以适宜的力量和速度旋转旋钮、按动按钮,准确地拉、推、提、按各种可调部件。正确操作是准确观测的基础。对于仪器仪表上显示的各种数据、图象、图线等,应及时记录下来。

5. 实验结果的数据处理

对实验结果的数据处理、技术处理和理论分析过程,是揭示事物或现象之间本质联系的过程。为此,必须用数学方法与思维方法相结合,对记录的实验结果加以整理,包括实验误差的分析、有效数字的运算和实验数据的处理。关于实验数据的处理方法后面将有一节内容作专门讨论。

6. 实验结果的理论解释

做完实验并对实验结果进行整理以后,就要用已有经验或理论知识对实验结果加以解释。这也是新假说或新理论形成的过程。但是,正确解释实验结果往往是不容易的,有时还可能出现谬误。例如,1859 年普吕克尔从实验中发现了一种未知的射线;1869 年希托夫发现这种射线能在磁场中偏转;1871 年瓦尔莱又发现射线带有负电荷;1876 年哥尔德斯坦把这种射线称为"阴极射线",但仍未给出合理的解释;直到 1897 年,汤姆逊才根据阴极射线在磁场中的偏转以及对荷质比的测量,把它合理地解释为电子流。

对实验结果解释时出现谬误的主要原因有以下几方面。一是利用不完善的理论或不充分的证据来进行解释,二是错误地根据因果关系来进行解释,三是错误地运用推理来进行解释,四是主观片面地来进行解释。为了避免谬误的产生,要对实验结果进行认真整理,以形成客观的、不带主观偏见或有意凑合的评价和解释,得出对原来假说的验证结果,提出对假说肯定或否定的评价以及修改与完善的意见。如果在实验中发现了新的线索,应指出它的意义,并考虑下一步追踪研究的问题。

四、物理实验的设计方法

英国科学家贝弗里奇指出:"最有成就的实验家常常是这样的人:他们事先对课题加以周密思考,并将课题分成若干关键的问题,然后精心设计为这些问题提供答案的实验。"(贝弗里奇《科学研究的艺术》,科学出版社 1979 年出版)在物理学史上有许多实验设计得非常巧妙,不仅目的明确、思考周密,而且能抓住关键、出奇制胜。例如,1911 年卢瑟福的 α 粒子散射实验就是巧妙设计的典范。该实验的目的是为探明原子内部电子和其他粒子的分布状况,以检验汤姆孙的原子"枣糕"模型。卢瑟福认为,要实现这一目的,唯一的方法是打碎原子。为了打碎原子,他选择了 α 粒子作为"炮弹"。他还对实验的过程和结果做出预计,认为当粒子穿过原子时,有的会发生偏转,有的会反射回来。这是他经过周密思考而提出的实验设计的基本思想。根据这一实验设计思想,卢瑟福又精心设计了实验装置:一端放着 α 粒子源 R,用以放射"炮弹";中间放一张极薄的金箔 F,作为 α 粒子轰击的目标;另一端放置闪烁屏 S 和显微镜 M,用以显示 α 粒子的轰击效果,以便收集实验数据。其装置如图 3-3-1 所示。实验结果表明,当 α 粒子射向金箔时,大多数 α 粒子顺利穿过原子，少数发生了偏转，极少数被反弹回来；具体地说，仅有 1/8000 的 α 粒子偏转大于 90°，其中极个别的接近 180°。卢瑟福对实验数据进行了严密的数学计算和理论分析后得出结论：原子内部大部分空间没有大质量的粒子，所以，大多数 α 粒子能顺利通过；原子内有一个体积极小、质量极大的核，使极少数 α 粒子被弹回。卢瑟福的实验结果否定了汤姆逊的原子结构模型。卢瑟福于 1911 年又提出了被称为"行星模型"的原子有核结构模型，推进了人们对原子结构的认识。

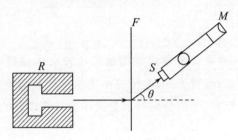

图 3-3-1　α 粒子散射实验

从这个例子可以看出，一个完整的物理实验可分为三个组成部分。

（1）实验对象。

它是我们实验时要进行研究的主体，可以是一个物体、一件事物或一个现象等。它是实验源信号所作用的对象，如 α 粒子散射实验中的金箔 F。

（2）实验源。

它是能对实验对象施加一个作用或对实验对象发出一个信号的信号发生源，如 α 粒子散射实验中的 α 粒子源 R。

（3）实验效果显示器。

它是用来呈现实验对象接受实验源信号作用后所产生效应的部分，以便通过直接或间接的方式进行效果显示，如 α 粒子散射实验中的闪烁屏 S。

当然，上述分类不是绝对的。有些简单的实验中，实验源和实验对象是合二为一的；有的实验中，实验效果就显示在实验对象身上。

了解实验的基本组成部分是为了根据要求进行实验设计。在物理实验中，常用的设计方法有以下几种。

（1）平衡法。

许多测量仪器就是应用平衡的原理设计的，如天平、密度计、压强计、温度计等；当然，这些仪器在使用时也利用了平衡法，即用已知的物理量去检测未知的物理量。一些物理实验如电桥测电阻、测金属的比热容等也都采用了平衡法。

（2）转换法。

转换法也称间接测量法。在物理实验中，常有一些现象因不明显而不易观察或者不易直接观察，这就要通过力、热、电、光、机械等的相互转换，间接地实现实验现象可观察、容易观察或观察效果明显的目的。这里说的转换主要是从效果相当的思想出发进行的转换,如迈克尔逊干涉仪把测光速转换成测光的干涉条纹、伏安法测电阻是把测电阻转换成测量电流和电压。

(3)放大法。

在实验观测过程中,有些物理量因太小而不能直接观测时,这时就要通过声、光及其叠加将待测量放大后再去观测。例如,游标卡尺、放大镜、望远镜、显微镜等仪器的设计都源于放大的思想。一些微小量的测量,如测一张纸的厚度、细金属丝的直径、一段头发的质量等,常采用叠加放大法。

(4)比较法。

物理实验常通过对一些物理现象或物理量的比较来达到异中求同或同中求异的实验目的,此即比较法。例如,等臂天平、电桥等都是依据比较的原理来进行测量的。一些物理实验,如自感现象的观察、光谱分析等也是运用比较法设计的。

(5)再现法。

再现就是模拟自然现象发生的条件,在实验室中重现自然物理现象的方法。例如,用棱镜对光进行色散就可以模拟彩虹,从而达到研究彩虹的目的。

当然,物理实验的设计方法绝不限于上述几种,在§4—6中我们还要详细介绍实验效果显示器的设计方法。

五、物理实验的数据处理方法

物理学的许多重大发现都是从分析实验数据中得出的,特别是物理定律的公式,基本上都是从对实验数据的处理中得到的。物理实验中,常用的数据处理方法有列表法、解析法、图象法等。

1. 列表法

列表法处理数据是把实验测得的数据和计算结果,以表格形式一组组对应地排列起来,以便分析各量之间的关系,从中找出规律性的联系。例如,1879 年霍尔在研究金属的导电机制时发现了霍尔效应,并运用列表法处理实验数据找到了其中的规律。霍尔通过实验得到如表 3-3-1 所列的数据。通过对数据的分析,霍尔得出结论:汤姆逊电流计的示数与磁场强度和通过金箔的电流之积成正比例。

表 3-3-1　霍尔效应实验数据记录表

通过金箔带的电流 I	磁场强度 H	通过汤姆逊电流计的电流 I'	$\dfrac{I \times H}{I'}$
0.616	11 420	2.32×10^{-9}	3.03×10^{12}
0.249	11 240	0.85×10^{-9}	3.29×10^{12}
0.389	11 060	1.35×10^{-9}	3.19×10^{12}
0.598	7 670	1.47×10^{-9}	3.12×10^{12}
0.595	5 700	1.04×10^{-9}	3.26×10^{12}

2. 解析法

解析法也是常用的一种数据处理方法。例如,在原子物理学的发展中,人们发现从氢气放电管获得的氢原子光谱,在可见区和近紫外区有由多条谱线构成的一个很有规律的线系。谱线的间隔和强度都向着短波方向递减,其中有四条谱线的波长如下。

谱线	颜色	波长(Å)
H_α	红	6 562.10
H_β	深绿	4 860.74
H_γ	青	4 340.10
H_δ	紫	4 101.20

1885 年巴耳发现这些谱线的波长可以归纳为下列简单的关系式。

$$\lambda = B\frac{n^2}{n^2-4} \quad (n=3,4,5\cdots;B=3645.6\text{Å})。$$

由此式算得的波长数值在实验误差内同所测数值一致,后人称此式为巴耳末公式。

3. 图象法

图象法是将一系列数据之间的关系用图象表示出来,这样可以直观地反映物理量的变化规律,便于进一步研究实验结果,建立关系式以求出某些物理量。

运用图象法处理数据时有如下要求。

(1) 正确选择坐标,尽量使图象线性化。

因为线性化图象既能给作图带来方便,又便于分析实验结果。例如,牛顿第二定律实验的图象,若取质量 m 作横坐标、加速度 a 为纵坐标,则图象是一曲线,很难从中看出 a 与 m 的定量关系;若以 $1/m$ 为横坐标,则图象便是一条通过原点的直线,由此很容易得出"在 F 一定时,a 与 m 成反比"的结论。

(2) 合理选择坐标原点,恰当选择单位。

物理图象是表示物理量之间的变化规律的,横轴和纵轴坐标原点不一定都取零,要根据实验数据的分布范围确定坐标轴的起始值和终了值,尽量使图象位于坐标的中部。

(3) 准确地描绘图象。

一个物理量的连续变化会引起与其相关的另一个物理量的连续变化。但在实验中只能测出有限的几组物理量,再加上测量误差,就会使按数据描点作图时不一定落在一条光滑的曲线上。这就要求根据大多数测量数据点的分布画出平滑的曲线,使数据点在图象两边均匀分布。

(4) 正确解释图象的物理意义。

对图象的斜率、截距、极值以及曲线下面积的物理意义要能做出正确的解释。比如,直线运动的速度图象,它的基本意义是表示速度随时间的变化关系,而图象的斜率则表示相应时刻的加速度,纵坐标上的截距表示初速度,横坐标上的截距表示速度为零的时刻,曲线下的面积表示位移的大小等。

§3-4　数学方法

数学是进行理论思维的有效手段,是研究物理学不可缺少的工具。随着物理学研究的逐步深入和电子计算机的运用,数学方法正在日益广泛地渗透到物理学的各个领域,促进了各物理学分支的数学化和计量化,从而成为人们探索物理世界奥秘、打开科学宝库的金钥匙。

一、数学方法及其特点

1. 什么是数学方法

数学是专门研究量的学问,是人们从量的方面去认识客观事物的有效工具。在物理学研究中,数学方法是解决和说明物理问题时采用的数学理论工具,它要求人们根据物理学研究对象质的特点,单独或综合地运用各个数学分支提供的概念、理论、方法,对研究对象进行结构、数量方面的描述、计算和推导,进而做出分析、判断,揭示研究对象的运动规律。

2. 数学方法的特点

数学方法作为一种形式化的认识手段和方法,在物理学研究的各个领域得到了充分运用。数学方法与其他方法相比,有如下几个明显的特点。

(1) 抽象性。

抽象性是由数学本身的特点决定的。恩格斯在《自然辩证法》一书中称数学为"一种研究思想事物(虽然它们是现实的摹写)的抽象的科学"。数学方法就是运用这种抽象的思想事物来分析、考察和表述事物的量的关系和量变规律的。数学概念及理论的抽象性决定了数学方法的抽象性。根据物理学研究的需要,人们往往抓住其主要性质,撇开具体内容,只保留其数量关系和空间形式,然后把复杂的物理问题抽象成数学符号之间的运算关系,对此进行分析研究,即可得出理想化的数学概念和对事物的普遍规律的定量描述。正如海森伯在《二十世纪物理学中概念的发展》一书中指出的,"物理学史不仅仅是一系列实验发现,它也伴随着概念的发展或引出概念","当我们超出了这个范围的界限时,我们所能运用的就只有一些相当抽象的概念和数学语言了;这些概念和语言只有专家才能理解,而且不能无歧义地被翻译成简单的日常生活的语言"。例如,牛顿第二定律 $\vec{F}=m\vec{a}$,麦克斯韦方程组

$$\nabla \cdot D = \rho$$

$$\nabla \times \vec{E} = -\frac{\partial \vec{B}}{\partial t}$$

$$\nabla \cdot \vec{B} = 0$$

$$\nabla \times \vec{H} = \vec{j} + \frac{\partial \vec{D}}{\partial t}$$

等物理规律一般都是用数学式来表达的。由此看出,在对物理问题进行数学描述时,其结果必然具有抽象性。

(2) 精确性和逻辑性。

数学是描写事物量的关系的,而事物的质和量又是对立统一的,其量是严格确定的。尽管事物的量往往以变化的形态出现,然而,在每一个确定的状态下都有确定的数值;即使像分子热运动这样的随机现象,其量的变化仍有规律可循。在物理学研究中,为了从量的方面研究物体的运动规律,必须对研究对象和概念实行逻辑自洽的数学塑造,以保证数学推理、运算以及数学理论研究得以顺利进行,从而使概念具有充分的确定性。例如,力学和电磁学的基本规律可用微分方程式来表达,并用来精确地解决力学或电磁学问题。数学要从已确定的概念、定义出发,按照一定的逻辑法则进行推理,从而表达事物的量之间的关系和空间形式,因而得到的结论必定具有逻辑上的确定性和必然性。在运用数学方法解决物理问题时,只要前提正确、论证符合逻辑规律,则不管是由一个命题推出另一个命题,还是由已知关系推出未知关系,也不管是逻辑证明还是数学求解,得到的结论一定是可靠的。例如,存在正电子的预言、夸克模型的建立都是数学推理的结果。

(3) 充满辩证法。

恩格斯说:"……数学走到了这样一个领域,在那里即使很简单的关系……都采取了完全辩证的形式,迫使数学家们既不自愿而又不自觉地成为辩证的数学家。"[转引自马佩《〈辩证思维议〉评析》,河南大学学报(社会科学版),2005 年 9 月]在物理学研究领域,数学方法的这一辩证特点尤为突出。例如,在解决变速运动的速度(或加速度)问题时,一般采用"在时间间隔趋于零的极限条件下以平均速度(或平均加速度)取代即时速度(或即时加速度)"的方法,这正是微分思想的体现。又如,狄拉克在创建相对论量子力学时,本来旨在解决负电子的运动规律,然而由于数学方法具有的辩证特点,却使他在对结果的分析中预言了正电子的存在。再如,在自然界中存在着大量的随机现象和模糊现象,在对这两类自然现象的研究中数学方法以其充满辩证的特点独辟蹊径,产生了揭示包括分子热运动在内的随机现象所遵循的必然规律的随机数学方法,以及揭示模糊物理现象所遵循的运动规律的模糊数学方法,从而使人们能够在纷乱的偶然现象中发现必然性,于模糊之中见到光明。

数学方法的抽象性、精确性、逻辑性和充满辩证法的特点,决定了其广泛的应用性。纵观物理学发展史不难看出,从经典物理到现代物理的发展,无一不是在数学的帮助下完成的。可以说,数学方法与实验方法对物理学而言好比鸟之双翼,须臾不离,缺一不可。目前,随着电子计算机的应用,数学方法正以其广泛的应用性渗透到物理学研究的各个领域,促进了各个物理学分支的定量化、精确化和系统化。

二、数学模型方法

数学模型方法是一种通过建立和研究物理对象的数学模型来揭示物理对象的本质特征和变化规律的方法,它是研究物理问题时常用的重要方法之一。

1. 什么是数学模型

模型是一种实体或过程的定性或定量的代表,通过它可以认识所代表的原型的性质和规律。模型可以是物质的,也可以是思想的;思想模型又分为形象模型和符号模型,数学模型则是一种符号模型。

广义地讲,凡一切数学概念、数学理论体系、数学公式以及由公式系列构成的算法系统等,均可称为数学模型。它们都可以在现实世界中找到原型。狭义地讲,数学模型就是运用符号、公式和方程等数学语言表征客观事物的特征、本质和规律的方法,是针对所要研究的具体物理对象的特征或数量依存关系,采用形式化数学语言概括而近似地表达出来的一种数学结构。

在物理学研究中,狭义的数学模型应具备如下条件:其一,数学模型既要反映物理原型的本质特征和关系,又要加以合理简化,得出最简单的形式;其二,利用数学模型能够对所研究的物理问题进行理论分析、逻辑推导并得出确定的解,由此所预见的事实必须是普遍成立的;其三,由数学模型求得的解能够回到具体研究对象中去解决问题,说明大量的事实,而不是只能说明个别特定的事实;其四,好的数学模型还要具有估计误差范围的性能。例如,牛顿用万有引力定律 $F = G\dfrac{Mm}{r^2}$,描绘了自然界中一切物体之间存在的引力相互作用;海森伯利用不确定关系 $\Delta x \cdot \Delta p \geqslant \dfrac{h}{4\pi}$,揭示了微观粒子的波粒二象性。又如,"拉格朗日列出运动的微分方程式,使动力学得到极大的进步,哈密顿爵士又把这个工作推进了一步。哈密顿用一个系统中的动量与坐标去表示动能,并发现怎样把拉格朗日方程式转化为一组一阶微分方程式去决定运动"([英]丹皮尔《科学史及其与哲学和宗教的关系》,商务印书馆 1975 年出版)。

2. 数学模型的种类

在物理学研究领域,特别是在应用新的数学工具时,要作出理想的数学模型确实是最重要和最困难的事情,通常需要研究者对于所考察的实验事实拥有广博的知识和深刻的理解,并需要敏锐的见解和成熟的判断。建立数学模型时,首先要分析研究对象质的特点,对不同的物理现象和过程要用不同类型的数学模型来描述。下面介绍几种常见的数学模型。

(1)必然现象的数学模型。

必然现象是指某些物理现象和过程的产生、发展和变化服从确定的因果联系,可以从前一时刻的运动状态推断以后各时刻的运动状态。例如,行星绕日运动就是一种必然现象。为了反映物理量之间在空间、时间上的关系,发现必然性物理现象所遵循的规律,就必须利用经典数学方法去建立必然性数学模型(或称确定性数学模型)。必然性数学模型又分为常量数学模型和变量数学模型。

常量数学模型是用来描写发展变化过程中处于相对静止状态的数和形关系的方法。常用的数学工具是算术、几何、代数等初等数学知识。几何方法是用图形描述和表达事物之间的关系的方法,如物理学中经常用到图形表示法(如位移图象、速度图象等)、图形计算法（如计算路程）和图形证明法（如几何光学）。代数方法是以字母代替数字并用方程、方程组或不等式的形式描述问题，通过解方程或不等式使问题得到解决（如电工学中直流电路的计算等）的方法。

对于处在运动、变化过程中的物理现象，为了研究其空间形式、各量变化及各量间的关系，需要采用变量数学方法。变量数学方法是通过量与量之间的变化过程来描述物理研究对象的方法，主要有解析几何方法和数学分析方法。前者是在采用坐标的同时又运用代数来研究物理对象的方法，亦即根据需要把研究对象纳入所选用的合适的坐标系，使带有未知量的方程与图形（曲线或曲面）相对应，从而使得在代数范围内被认为无意义的方程在解析几何中具有严格的物理意义。如果研究对象的数学模型同时含有两个或三个未知量的方程式时，就可以应用解析几何方法求解。

数学分析方法是对物体的各种运动过程量的相互关系和过程的各种特性进行定量研究的方法，它是在求解物体运动的速率、曲线的切线、函数的最大值和最小值以及求和等问题上发展起来的。只要我们对研究对象建立了相应的数学模型，就可用这种方法求函数的特征值。

必然现象的数学模型一般表现为建立各种方程式，如代数方程、微分方程、积分方程、差分方程等。如果描写某必然现象的状态函数中只含一个变量，则建立一个常微分方程即可；如果某未知函数是依赖于多个变量的，则应建立偏微分方程。因为物理现象一般是多变量的，所以偏微分方程用得较多。

对于必然性物理现象的研究，只有反映其运动规律的微分方程还是不够的，还应考虑研究对象处于怎样的特定"历史"和"环境"之中。"历史"状况体现在从某一时刻开始的初始运动状态，这种初始运动状态叫作初始条件；而"环境"的影响则表现为边界上的实际情况，这种实际情况叫作边界条件。由此可见，对于物理上的一个定解问题应当包括微分方程、初始条件和边界条件。对线性微分方程的求解，目前已有比较成熟的理论和成套解法，但对大量非线性微分方程（如大振幅波、大变形的平衡态、非线性耦合共振等）来说，除一些特殊情况外，至今尚无成熟的系统理论和解法。

（2）随机现象的数学模型。

随机现象亦称或然现象，是自然界中普遍存在的一种现象。从这类现象中的个别现象或单一行为来看，往往是无规律可循的，即事物的发展变化没有确定的因果性，会产生多种可能的结果，结果的出现是偶然的、随机的；但从这类现象中的大量现象或个别现象的大量行为来看，它们又遵循一种非偶然的规律性。对这类现象，若运用概率论和数理统计来描述和处理，建立随机性的数学模型，就可计算出各种可能结果的分布概率，从而看出"大趋势"。

大数现象的典型例子是大量分子的热运动。例如，$1~m^3$ 理想气体在标准状况下（压强为 1 个标准大气压，温度为 0℃时）包含有 $2.687×10^{25}$ 个分子。所有分子都不停地做无规则运动，彼此不断相互碰撞。每一个分子在每一时刻都可能有不同的位置、不同的运动方向和不同的运动速率，它们究竟在某一时刻处于何种状态则是偶然的、随机的，但其宏观性质(如温度、压强、体积等)则呈现出一定的规则性,即服从玻尔兹曼统计分布律。宏观量是微观量的平均统计结果,也表现出统计平均所必然具有的涨落现象。

大数现象的另一个典型例子是物理量的测量。每次测量结果有偶然性,是随机的;但在同样条件下重复测量多次,则能够呈现一定的统计规律。

大量现象和个别现象的大量行为这两种大数现象在物理学研究中比比皆是。概率论和数理统计是研究大数现象中量的规律的数学工具。前者偏重于数理分析;后者以概率论为基础,进一步给出各种具体的统计方法,如抽样估计等。

在物理学研究中,由于必然现象和偶然现象并不是截然分开的,所以必然性数学模型和随机性数学模型经常一起使用。例如,从微观看,热传导过程是由分子的随机运动引起的,需要用统计方法来研究;但其宏观效果——热量从高温物体传递给低温物体(或由高温部分传给低温部分),则可用抛物型偏微分方程来描述。此外,在许多必然现象中有时可忽略随机因素,此时可采用必然性数学模型;而在有些情况下需要考虑随机因素的影响,则可在一般的微分方程中加进随机因子,使其变成随机微分方程来讨论。

(3)模糊现象的数学模型。

在现实世界中,存在着一些模糊现象、模糊信息,其特点是事物在差异的中介过程中呈现出亦此亦彼性。模糊性包括两个方面:性质的模糊性与关系的模糊性。物理学是一门以实验为基础的定量科学,但同样存在着许多模糊现象,如物态变化过程中的模糊性、物理术语的模糊性(如光滑与粗糙、稳定与不稳定、快与慢、较清晰、较高等)、物理描述中的模糊性(如摩擦因数、弹性模量、光速等物理量的测量并非绝对精确)。模糊现象没有分明的数量界限,人们只能使用一些模糊的词语来形容,并用这些外延不确切的模糊概念按一定目标去做出判断,但在经典的精确数学中却没有相应的语言和方法对模糊现象进行量的描述。后来在研究电子计算机模拟人脑并代替人去执行一些任务(如图像识别等)时,需要把人们常用的模糊语言设计成机器能接受的指令和程序,以便使机器能像人那样做出相应的判断,从而提高机器识别和控制模糊现象的效率。模糊数学正是在这样的背景下产生的。1965年,美国数学家查德首先提出了用模糊集合作为表现模糊事物的数学模型。他把普通集合论中元素对集合的绝对隶属关系进行了灵活运用。在普通集合论中,论域 $E=\{x\}$ 上的一个子集 A 可以用有序对 $(x,\mu_A(x))$ 来表示:$A=\{(x,\mu_A(x))|x\in e,\mu_A(x)\in\{0,1\}\}$;$\mu_A(x)$ 是特征函数,取值为 1 或 0,表示元素"属于"或"不属于"集合。查德将普通集合概念加以推广和修改,提出了新的弗晰集合、隶属函数、隶属度等概念,并在模糊集合中逐步建立了运算、变换规律,开展了有关的理论研究。这样,就有可能构造出研究大量模糊现象的数学模型,发展出对复杂的模糊系统进行定量描述和处理的数学方法。模糊数学的发展相当迅速,现已在自动控制模式识别领域、一些物理研究领域以及教学质量的模糊综合评判等方面显示出它的功能和作用。

(4)突变现象的数学模型。

自然界中存在着大量不连续的突变现象,如超新星爆发、材料断裂、地震爆发、相变现象等。突变现象的特点是渐变产生了突变行为。20世纪70年代,法国拓扑学家托姆在奇点理论基础上，以结构稳定这一拓扑学命题为基本概念建立了突变理论，用数学语言清晰有力地说明了事物质变过程中出现飞跃和渐变的原因，揭示了事件质变方式是如何依赖于条件而变化的。突变理论的最大成果之一是提出了分类定律。托姆证明，在控制参数不超过四个的情况下，尽管突变现象形形色色，但总可以归纳为七种基本突变类型：转折型、尖角型、燕尾型、蝴蝶型、双曲脐点型、椭圆脐点型、抛物脐点型。在断裂力学中，人们用椭圆脐点型突变模式成功地描述了具有一个负载参量、两个缺陷参量的力学系统的结构行为。在几何光学中，人们用燕尾型和转折型突变模型成功地解释了彩虹的形状和一系列奇妙的光学现象。气液相变现象可以用尖角型突变模型加以阐明。总之，突变理论为我们建立突变现象的数学模型提供了有效的工具。

3. 建立数学模型的步骤

运用数学模型一般要经过如下步骤。第一，运用数学语言把所研究的实际问题抽象成一个数学问题，并建立合适的数学模型；第二，分析数学模型，求出数学解；第三，将所求的解返回到实际问题中，对数学解做出解释和评价，形成对实际问题的判断或预见，其基本模式如图 3-4-1 所示。

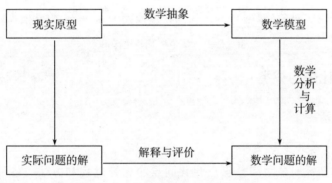

图 3-4-1　数学模型运用的基本模式

用数学方法解决物理问题时，建立数学模型是既困难又关键的一步。建立数学模型要经过以下几步。

（1）确定研究对象的量及其特征属于哪一类自然现象，进而确定所要建立的数学模型的类型。例如，地球绕日、自由落体等为必然现象，应选用必然性数学模型。

（2）确定能够反映研究对象（系统或过程）的基本物理量，以便描写其量的规定性，刻画它的状态特征和变化规律。例如，对于直流电路要先确定电流、电阻、电压等物理量；对于力学系统要先确定时间、质量、位置、速度、力、加速度、动量、角动量、能量等物理量。

（3）针对所要解决的特定问题，分析对象中的主要矛盾，突出主要因素和主要关系，进行科学抽象，把复杂的研究对象简单化、理想化，即建立物理模型。为此，要坚持两条原则。其一，抓住研究对象的最根本特征，使建立的数学模型能够在误差允许的范围内基本反映原型。其二，使数学模型有数学解或近似解。例如，研究地球公转，就可以忽略地球的自转以及地球、太阳的线度，将地球、太阳都抽象为质点。这样，地球绕日运动就可以被抽象为一个质点在万有引力作用下绕另一质点的运动。

（4）分析与主要因素有关的基本物理量中哪些是常量与哪些是变量，哪些是矢量与哪些是标量，哪些是已知量与哪些是未知量、待求量等。例如，研究带电粒子在均匀恒定磁场中的运动时，带电粒子的质量 m、电量 q 及均匀恒定的磁场 $\vec{B}$（设 $\vec{B}=B\vec{k}$，$\vec{k}$ 为 Z 轴方向单位矢量）为已知量，带电粒子的轨迹为待求量。在该例中，洛仑兹力 $\vec{F}=q\vec{v}\times\vec{B}$，$r$，$B$，$v$ 等是矢量，粒子的动能及沿磁场方向（Z 轴）的速度分量是恒量，其他方向的速度分量为变量。

（5）根据已有的物理知识或实验数据，抽象出研究对象的数学模型。在上例中，建立空间直角坐标系，根据牛顿第二定律可以建立描述带电粒子运动的方程。

至此，带电粒子在均匀恒定磁场中运动的数学模型就建立起来了，即

$$m\frac{d^2\vec{r}}{dt^2}=q\vec{v}\times\vec{B}。$$

综上所述，数学模型的建立过程可用图 3-4-2 表示，即用理想化方法对原型施行合理的简化和抽象，形成一个理想化物理模型；再对该模型进行数学抽象，把模型反映的理想化物理关系变成数学符号关系，从而建立起数学模型。

$$\boxed{\text{现实对象（原型）}}\xrightarrow{\text{物理抽象}}\boxed{\text{物理模型}}\xrightarrow{\text{数学抽象}}\boxed{\text{数学模型}}$$

图 3-4-2　数学模型的建立图式

§3－5　比较与分类

一、比较方法

1. 比较方法及其客观基础

比较是确定研究对象之间差异点和共同点的思维过程和方法。各种物理现象和过程都可以通过比较确定它们的差异点和共同点。比较是抽象与概括的前提，通过比较可以建立物理概念、总结物理规律，利用比较可以进行鉴别和测量。因此，比较方法是物理学研究中经常运用的基本方法。

客观世界既是统一的又是千姿百态的，这是比较法产生的客观基础。物理运动形态的种类无论怎样繁杂、怎样千变万化，它们总是相互区别又相互联系的。无论是在空间上同时并存的事物之间，还是在时间上先后相随的事物之间，都可找到它们赖以相互区别的特点，这就是事物的特殊性。因为一切物理事物及其运动都是相互联系、相互依存的，所以也可以找到它们之间相同的地方。事物的同一性寓于事物的特殊性之中。这就是说，任何事物之间无论有多大的差异，也总会存在着相同之处。这都是由物质运动的同一性和多样性所决定的。例如，物理学、化学和生物学，就其研究内容来说有着明显的区别，这体现了它们的差异性；但是这种差异不是绝对的，现代科学中新兴起的物理化学、化学物理、物理生物等学科就体现了它们之间的联系。这种联系是由它们的同一性所决定的。在物理学内部更是如此。例如，动量和动能都与物体的质量和速度有关，都

是描述物体机械运动的量，这是它们的共性所在。但是，它们又存在着质的不同。动量是矢量，它只能从一个物体转移到另一个物体，在传递过程中不能变成其他运动形式；而动能是标量，它既可以在相互作用的物体之间相互传递，也可以变成其他形式的能——势能和内能。这就是同中有异、异中有同。不存在只有差异性而没有同一性的物理现象和物理过程，也不存在只有同一性而没有差异性的物理现象和物理过程。

另外，所谓同一性和差异性都是在一定条件下和一定范围内的同一性和差异性。在特定的范围内、一定的条件下的物理现象或物理过程是彼此孤立的，在另外的范围和条件下它们却可能是密不可分的。例如，物体的质量和速度，在宏观低速的经典力学中是相互独立而互不相关的，而在相对论中则遵从关系式 $m = \dfrac{m_0}{\sqrt{1 - \dfrac{v^2}{c^2}}}$。这表明在经典力学中所谓的质量不变性是相对的，在高速运动情况下质量和速度是密切联系在一起的，由速度变化而引起的质量变化是不能忽略的。时间与空间也是如此。在牛顿力学的体系中它们是互相独立的，似乎没有同一性；但在相对论中，它们也成为有密切联系的事物，这种联系是由它们的同一性所致。总之，同一性和差异性是不可分割地联系在一起的。事物及其运动变化中的这些特性、内在联系就是比较方法的基础。

比较方法除有客观基础之外，物理学研究的需要是它发展的动力。纵观物理学发展史可以清楚地认识到这一点。无论经典物理学还是现代物理学的创立与发展，都需要比较方法。这是因为，人类要认识物理世界，建立物理理论，必须形成物理概念、发现物理规律；而形成物理概念就要比较、鉴别各种物理现象，既需要将那些表面相似而本质不同的物理现象或物理过程区别开来，更需要将那些表面不同而本质相同的物理现象或物理过程联系起来。这就必须通过比较来进行鉴别。没有比较和鉴别就找不到差异，就不可能抽象出清晰的物理概念；而找不到事物的联系，就不能发现规律。物理学史上关于"运动量"长达半个多世纪的争论就证明了这一点。

17世纪到18世纪，人们对力的认识并不清晰，经常在不同意义上运用它来描述力的各种效应，所以把动量和动能都视为力。笛卡尔学派通过各种实验比较，从运动量守恒的基本原理出发，认为应该把物体的质量和速度的乘积称为"力"，或作为物体"运动量"的量度。1686年，莱布尼茨在他的论文中对笛卡尔学派的这个量度提出了批判。他认为动力不能用物质（质量）与速度的乘积来衡量，而只能用它所产生的效果（如它能将重物举起多高）来衡量，因此应该用 mv^2 来量度物体运动的"力"。莱布尼茨由此论证说，把质量为 m 的物体举高 h 的"力"同样能把质量为 $\dfrac{m}{n}$ 的物质举高 nh；当这两个物体降落下来时，其运动量必然相等。由计算可知，如果第一个物体落到地面的速度为 v，第二个物体落到地面的速度为 $\sqrt{n}v$。按笛卡尔的量度比较，则 $mv \neq \dfrac{m}{n}(\sqrt{n}v)$，这表明它们的运动量不相等；而按莱布尼茨的量度比较，则 $mv^2 = \dfrac{m}{n}(\sqrt{n}v)^2$，这表明两物体下落时有相等的运动量。莱布尼茨据此得出结论,笛卡尔对运动的量度同落体定律相矛盾。莱布尼茨也看到了笛卡尔提出的量度在某些情况下是适用的,所以他于 1696 年提出,mv 是"死力"的量度,而 mv^2 则是"活力"的量度,宇宙中真正守恒的东西是总的"活力"。显然,莱布尼茨是把动量和动能都作为"力"来进行比较的。不少物理学家都参加了这场争论。例如,达朗贝尔在他的《动力学》一书的序言中指出这两种量度同样有效。但是,他们都在没有比较出这两个貌似相同的物理量的质的不同的情况下而不了了之,致使当时的许多物理学家和哲学家认为这是一个毫无意义的"咬文嚼字"的争论。其实,正是由于这场争论集中了人们的研究成果,才使人们有可能经过长期的实验比较、分析比较、数学计算比较、综合归纳比较并引入功的概念,最终逐渐抓住了力、动量、动能的区别。1880 年(或 1881 年),恩格斯根据当时自然科学的新成就写的《运动的量度——功》一文指出,在不发生机械运动和其他形式运动的转化的情况下,其运动的传递和变化可以用动量去量度;但在发生了机械运动和其他形式运动转化的情况下,则应以动能去量度。他指出,mv 是以机械运动来量度机械运动,$\frac{1}{2}mv^2$ 是以机械运动转化为一定量的其他形式的运动的能力来量度机械运动。

不仅经典物理的发展离不开比较方法,现代物理学的每一步发展也都离不开比较方法。例如,人们是在比较了各种射线的物理特性之后才发现了电子、中子和质子的;是在比较了旧原子模型和新的实验事实后才发现了原子结构的;至于对基本粒子的研究探索,更是离不开各种各样的比较。可见,物理学理论的建立是多么需要比较方法。这种需要本身就是比较方法产生与发展的真正动力。

2. 比较的类型

在物理学研究领域中,由于研究对象的广泛性和多样性,进行比较研究的形式也是多种多样的。有的是比较同一物理现象在一定时间内前后的变化情况,有的是比较研究对象随条件变化而变化的情况,有的是比较几个不同物理运动的情况,有的甚至要将物理领域中的运动和其他科学领域中的运动情况相比较。这些比较,有的要在静态下进行,有的要在动态中进行;而且,根据研究工作的需要,比较的手段各不相同。所以,比较的类型是多种多样的,比较的分类也只能是相对的。

一般来讲,比较有三种类型。

(1)异中求同的比较。

异中求同的比较是指比较两个或两个以上的对象而找出其相同点,其模式是:

对象	被比较的特性
A	$a,b,c,\cdots$
B	$a,b,c,\cdots$

所以,A 与 B 两对象有相同的特性 $a,b,c,\cdots$

（2）同中求异的比较。

同中求异的比较是指比较两个或两个以上相似的对象而找出其相异点，其模式是

对象　　　　　被比较的特性

A　　　　　$a,b,c,\cdots$

B　　　　　$\bar{a},\bar{b},\bar{c},\cdots$

————————

所以，A 对象以特性 $a,b,c,\cdots$ 与 B 对象相异

（3）同异综合的比较。

同异综合的比较是指比较两个或两个以上对象的相同、相异点，其模式是

对象　　　　　被比较的特性

A　　　　　$a,b,\cdots,p,q,\cdots$

B　　　　　$a,b,\cdots,\bar{p},\bar{q},\cdots$

————————

所以 A 对象以特性 $a,b,\cdots$ 相似于 B 对象，以特性 $p,q,\cdots$ 相异于 B 对象

二、分类方法

1. 分类方法

分类方法亦称归类法，是根据研究对象的共同点和差异点，将对象区分为不同种类的逻辑方法。恩格斯在《自然辩证法》一书中指出，经验自然科学积累了如此庞大数量的实证的知识材料，以致在每一个研究领域中，有系统地和依据材料的内在联系把这些材料加以整理的必要，就简直成为无可避免的。对物理学来说，大量的物理现象和物理过程会具有各种各样的同一性和差异性，因此常常需要以某种同一性做标准将对象归并为一类，在同一类中又根据研究对象的差异性，将它们划分为另一层次的较小类。这样，就将物理现象与物理过程区分为有一定从属关系的、处于不同等级的小系统。这就是物理学研究中的分类方法。

分类要以比较为前提，因为没有比较就不可能确定研究对象的共同点和差异点，也就无法进行分类。分类与比较一样，都是以物理现象或物理过程本身所固有的区别和联系作为自己的客观基础的。由于客观的物理现象或物理过程有多方面的属性，各事物之间有多方面的联系，因而人们可以根据不同的实际需要，依据不同的分类标准，对物理现象或物理过程进行分类，从而得到不同形式的类别系统。例如，对物理学的分类，如果从运动形式来分，有力学、热学、电磁学、光学、原子物理学、基本粒子物理学等分支学科；如果从研究的对象来分，有地球物理、大气物理、化学物理、生物物理、工程物理等分支学科；如果从研究的手段来分，有实验物理、理论物理、计算物理等分支学科。当然，各学科又可以细分为更小的类别。

2. 分类的原则

恩格斯对自然科学进行了分类，指出每一门科学都是分析某一个别的运动形式或一

系列相互联系和相互转化的运动形式。因此,科学分类就是这些运动形式本身依据其内部所固有的次序的分类和排列。物理学研究中的分类也必须遵照这一原则。尽管我们可以根据实践需要依据不同的分类标准进行不同的分类,但物理学的分类绝不是研究者可以随心所欲进行的,而是要依据物理现象或物理过程本身的特点、运动规律以及物理现象或物理过程之间的差异和内在联系进行分类。

(1)分类要反映物理现象或物理过程及其运动的内部次序。

这就是说,研究者在对物理研究对象着手分类以前,必须要对被分类的物理现象或物理过程的本质属性进行比较与鉴别,弄清它们的同一性和差异性。而事物的同一性和差异性又是分层次的。这就需要正确地区分"种"和"类",搞清它们的从属关系,以形成一个符合自然界本来面目的系统。当然,这种从属关系的确立是与人们对事物的认识水平有密切关系的。它有一个历史发展的过程。因此,物理学的分类演变也必然反映物理学的发展过程。古代物理学是与自然哲学在一起的。到了近代,由于生产和天文学的发展,物理学才以力学和光学为支柱独立地发展起来。此时,虽然也有一些物理学家涉足电学、分子物理学和热学等方面的研究,但电学、分子物理学和热学都不能成为一个独立的科学门类。到了18世纪末19世纪初,蒸汽机的应用促进了热学的发展,热学才逐渐形成独立学科,成为物理学中的一个类别。至于电磁学,首先是人们积累了静电、静磁方面的一些经验材料,而后从伽伐尼"动物电"的发现、伏打电堆的发明、欧姆定律的确立、奥斯特对电磁联系的发现,到安培分子电流假说的提出、法拉第电磁感应定律的发现以及力线和场概念的提出,再到麦克斯韦根据丰富的材料进行了创造性的工作并建立了电磁场理论,电磁学才成为一门独立的学科。而原子物理学、基本粒子物理学等,更是从19世纪末20世纪初物理学家们才开始对其进行研究,直到20世纪中叶才形成独立的学科体系的。总之,物理学的分类是由物理学的发展本身所决定和所需要的。当然,不同的时间、不同的需要使得分类各不相同;但是,不论哪个时期的何种分类,都以反映物理运动的内部次序为其宗旨。

(2)遵循分类的穷尽性原则。

从逻辑上说,分类就是把一个种概念划分为若干属概念。种概念叫作母项,属概念叫作子项。穷尽性的意思就是划分出来的子项的外延之和必须等于母项的外延;也就是说,属于母项外延中的每一分子都必须毫无遗漏地归于各子项的外延。例如,我们根据导电性来对材料进行分类,如果分成导体和绝缘体,就没有包括所有的材料,因为还有半导体。

(3)遵循分类的排他性原则。

这就是说,划分母项以后,各子项的外延应该互不相容;否则,各子项就会互相交叉,模糊了分类的界限。为了保证分类的排他性,必须注意以下两方面。一是分类的层次性,即分类时要逐层进行;而且子项保持在同一层次,各层次的子项不能混淆。例如,把运动划分为直线运动、曲线运动、斜抛运动,就混淆了分类层次。另外,母项与子项要在相邻两个层次,不能跨越太多层次。例如,把运动分为直线运动、匀变速运动、自由落体运动,这样就跨越了分类层次。二是一次分类中只能根据一个标准进行;如果一次分类中采取两个或两个以上的不同标准,就难免出现子项交叉的情况。

§3-6　分析与综合

分析与综合是抽象思维的基本方法。事物发展的无限性和复杂性,决定了我们在物理学研究中要不断地进行分析与综合。

一、分析方法

1. 分析方法及其特点

所谓分析方法,就是把研究对象分解为各个组成部分和要素,然后分别加以研究,从而揭示事物的属性和本质的方法。分析是从现象向本质深入的过程。经此过程,最初在感性上以其整体性呈现的现象,被思维分解为各个方面的特征,并找出各个方面的联系。但是,这种分解不是简单的机械分割。我们的目的,不仅要通过分解认识事物的各个方面和各个方面之间的关系属性,还要从中分出主要的方面,从偶然中找出必然性,从现象中找出本质,从个别、特殊中找出一般。

分析和归纳同属于抽象思维的方法,都从个别到一般。但是,归纳仅仅是对个别的现象进行比较,发现其共同点加以归纳;而分析则是在对事物的各方面、各部分进行比较的基础上,研究它们在事物的整体中特定的地位、它们彼此既相联系又相制约的关系、它们对事物的现状和发展各有什么影响,从而找出其本质属性。

分析方法是以事物的整体与部分的关系为客观基础的。任何事物都是由各个部分或各种要素组成的,事物的各种属性、关系等必然从事物组成部分或要素的运动及相互作用、相互联系中表现出来。因此,人们为了从总体上揭示和把握事物的性质以及运动规律,就必须了解其各个组成部分或要素的性质、特点和相互联系。客观事物整体与部分的这种关系,使运用分析方法解决客观事物的许多问题不仅成为可能,而且成为现实。正如列宁在《再论工会、目前局势及托洛茨基和布哈林的错误》一文中指出的,要真正地认识事物,就必须把握住、研究清楚它的一切方面、一切联系和"中介"。我们永远也不会完全做到这一点,但是,全面性这一要求可以使我们防止犯错误和防止僵化。

分析的任务,是从事物或现象的整体中分解出构成该事物或现象的部分、要素和属性,使事物的各种属性和本质清晰地呈现在人们面前,为人们从整体上揭示和把握事物奠定基础。在运用分析方法研究物理问题时,要涉及物理现象或物理过程的整体与部分关系的各个方面。其一,分析物理现象或物理过程在空间分布方面整体上的各个组成部分。如研究一个质点的斜抛运动时,可以把它分解成竖直上抛运动和水平方向的匀速直线运动,对它们分别进行研究,找出各自的运动规律,从而为整体上研究斜抛运动提供依据。其二,分析物理现象或物理过程在时间发展上的各个阶段。例如在天体物理的研究中,把恒星演化的全过程分解为引力收缩阶段、主序星阶段、红巨星阶段和高密恒星阶段,分别研究恒量在各个发展阶段上的密度、温度、引力和能量等方面的情况,从而为认识恒星演化的规律提供依据。其三,分析复杂的统一体的各种因素和属性等。例如,1911 年盖革和马斯登在 α 粒子散射实验中发现了 α 粒子有大角度的散射现象。为了找出这一现象产生的原因,卢瑟福分析了引起散射的各种因素后认识到,产生大角度散射现象的原因在于原子内正电荷对 α 粒子的库仑力作用,从而为他以后提出著名的原子核式结构模型提供了依据。

分析方法在思维上的特点,在于它从事物的整体深入到事物的各个组成部分或要素,通过认识各个组成部分或要素来认识事物的内在本质和整体规律。这种思维方式大体上包括以下几个环节。首先,把整体加以解剖,把它的各个部分或要素分割开来或从整体中分离出来。例如在研究力学现象时,为了分析物体的受力情况通常要采用"隔离法",就是把研究对象作为部分从系统整体中隔离出来,变整体为部分,变复杂为简单,化难为易。这正如列宁在《哲学笔记》一书中所指出的,如果不把不间断的东西割断,不使活生生的东西简单化、粗糙化,不加以割碎,不使之僵化,那么我们就不能想象、表达、测量、描述运动。然后,深入分析各个部分的特殊本质,这是分析方法的重要环节。例如,在运用"隔离法"研究力学问题时,把研究对象从运动系统中隔离出来后,要对每一个研究对象单独进行受力分析、运动分析或其他分析,以找出它们不同于系统整体的特征以及它们之间相互区别的特征,从而为解决问题提供重要依据。最后,进一步分析各个部分相互联系、相互作用的情况,阐明它们各自所处的地位、所起的作用、各以何种方式与其他部分发生作用的规律性。例如,在静电场中,为了研究一个电荷系统所在空间某点的电场强度,我们首先把每一个电荷从系统中孤立出来,然后再单独研究它对空间该点电场强度的贡献和作用。这样,对于一个复杂的物理系统或物理现象,通过对一个个部分的分析、一个个因素的研究,就能在事物多样性的现象和属性中弄清其内部结构、了解其一般特征、掌握其基本联系。

可见,把整体分解为部分只是分析方法的一个环节而不是它的全部,其最终目的在于透过事物的现象把握事物的本质。

2. 分析的科学途径

物理现象和物理过程的产生是由它们的内部矛盾所决定的。在运用分析方法研究物理问题时,仅仅把一些部分简单地罗列出来,一个一个地机械分解,是不够的,也是不深刻的,只有把研究对象的内部矛盾分析清楚了,才能够深刻地了解和把握研究对象的性质和规律。在这里,既要分析研究对象矛盾的普遍性,又要分析其矛盾的特殊性;既要分析主要矛盾和次要矛盾,又要分析矛盾的主要方面和次要方面;既要分析矛盾的统一性,又要分析矛盾的斗争性,还要分析研究对象的质和量、肯定和否定、原因和结果、必然性和偶然性,从而解决现象和本质、主观和客观、认识和实践的矛盾。只有这样,才能揭示研究对象的性质和规律,完成研究任务。因此,矛盾分析的方法是科学分析的最基本、最重要的方法。正如毛泽东同志在《矛盾论》中指出的,"这个辩证法的宇宙观,主要地就是教导人们要善于去观察和分析各种事物的矛盾的运动,并根据这种分析,指出解决矛盾的方法"。

在物理学研究中,对物理现象和物理过程的科学分析一般是通过两条途径来进行的:一是实验分析,二是抽象的理论思维分析。实验分析就是把研究对象的各个组成部分、各种因素从整体上分解开来,单独加以实验、观察和积累资料的方法。例如,1899 年卢瑟福在研究放射现象时,为了弄清放出的三种射线的性质,采用实验分析的方法,对射线在所加电场或磁场中的偏转情况进行逐一分析。现在,实验分析的方法已广泛地应用在基本粒子、固体物理等研究领域。抽象的理论思维分析,就是在思维中把研究对象的整体分解成它的各个组成部分,对各组成部分单独地加以分析研究,以掌握各个部分的性质的方法。抽象的理论分析是理论物理学家经常运用的方法。例如,泡利在 1900 年对 β 衰变现象的研究中,充分发挥理论思维分析的功能,系统地分析了 β 衰变现象中能量、电荷、动量、角动量、宇称等问题,首次提出了中微子的存在。在这两种科学分析的途径中,抽象的理论思维是以实验分析为基础的并受到实验分析的制约。实验分析为理论思维分析提供经验材料,同时实验分析又要以理论思维分析为指导。在物理学特别是现代物理学的各个研究领域,往往同时运用科学分析的这两种形式来探索物理世界的奥秘。

3. 分析方法的类型

在运用分析方法时,由于科学研究对象的不同和研究对象内部矛盾的不同,分析方法也就有所不同。适用于各门学科的基本分析方法,大体有定性分析法、定量分析法、因果分析法、可逆分析法、系统分析法、结构分析法、比较分析法、分类分析法、数学分析法等。

定性分析法是为了确定研究对象是否具有某种性质所采用的方法,主要解决"有没有""是不是"的问题。例如,在研究阴极射线时,可以利用带电粒子在磁场中运动受到洛仑兹力而发生偏转的性质来定性地分析阴极射线所带电荷的性质,为以后定量分析阴极射线提供依据。在实验分析中,定性分析是粗浅的、精度不高的分析。在思维分析中,定性分析只是对事物某一方面的简单而笼统的分析,但它能为定量分析提供条件并指明方向。

定量分析法是为了确定研究对象各种成分的数量的方法,主要解决"有多少"的问题。在实验分析中,定量分析要求精度高、操作正确。在抽象理论思维分析中,定量分析主要从事物量的方面进行分析,且往往与数学方法相结合。经过定量分析,研究者可以找出事物量的方面的规律。例如,氢的同位素氘($^2_1$H)就是尤莱于 1932 年在对原子光谱的定量分析中通过里德伯常数的变化而发现的。

因果分析法是为了确定引起某一现象变化原因的分析方法,主要是解决"为什么"的问题,如原子的核式结构模型就是采用这种方法确定的。

可逆分析法,即分析作为结果的某一现象是否又反过来作为原因,从而产生本是原因的那种现象,这是一种逆向思维方法。例如,奥斯特实验说明电流可以产生磁场,法拉第逆向分析,提出是否可以由磁场来产生电流的问题;然后,法拉第通过实验在 1831 年发现了电磁感应现象,并进一步概括出电磁感应定律。

系统分析法是把客观事物看成发展变化的系统，从而进行系统的、全面的动态分析的方法。例如，为了研究某一力学系统的运动规律，往往采用系统分析方法，从时间、空间上一一进行研究。

在物理学研究中，结构分析法、比较分析法、数学分析法应用得相当广泛。例如，用结构分析法可从事物不同质的规定中提出不同层次的物质结构模型。运用比较分析法分析事物的相同点和不同点，不仅可以从空间上区分和确定不同的事物，而且可以从时间上追溯和确定事物的发展过程，弄清事物的来龙去脉。在分子和原子光谱研究中普遍采用的光谱分析法就属于比较分析法。分类分析法是与比较分析法相联系的一种逻辑方法，人们根据研究对象的相同点和差异点，把它们区分为不同的种类，按照其本质属性或重要特征分门别类、编组排队地进行分析，以揭示它们之间的相互联系。分类分析法是人类认识自然界并对其进行研究的基本分析法，它作为科学研究的向导，可以把人们引进科学的大门。

数学分析方法是现代物理学最常用的分析方法，它使物理学发展到了精密化和完善化的阶段。其中，有一种特殊的分析方法叫作元抽象法或元过程分析法，其特点是从某种物理现象或物理过程中抽取任意一部分进行研究，充分体现了分析方法由事物的部分去揭示整体规律的特点。例如，从一定质量分布的刚体内"分离"出一个非常小的质量元，从流体内"抽取"一个非常小的体积元，从连续带电体中"分割"出一个很小的电荷元，从连续变化的物理过程"抽出"一个元过程等，然后分析这个小单元的特点，并描述它的各物理量之间的相互关系和变化规律，进而建立描述整个物理系统的微分方程，由此求出物理系统在某一特定条件（定解条件）下的瞬时状态，继而把握整个物理过程的运动特点和趋势，这其中应用的就是元过程分析法。元过程分析法是用数学工具研究物理系统时常用的方法，它属于定量分析的范畴，是辩证法在物理学研究中的具体体现。

二、综合方法

1. 综合方法及其特点

所谓综合方法，就是把研究对象的各个部分或因素联合起来加以研究，从而在整体上把握事物的本质和规律的思维方法。但是，这种联合不是机械的联合，而是建立在辩证关系基础上的联合。为此，应该深入研究事物的各个方面尤其是主要方面的特征和本质、必然性和偶然性。个别分析侧重的是对各个方面的对立和差异的研究，以便找出主要方面与次要方面、本质与非本质的区别。综合分析侧重的是对各个方面的联系和统一的研究，以便揭示其中的对立统一辩证关系，从而把分析得到的各个方面、各个部分联合成一个有机整体。

由于综合是把分析的结果联系在一起，以研究对象本身内在的"光""照亮"被分割、彼此只有外部联系的东西，所以它能使各个部分、各种要素脱离并列的状态而呈现出有机联系的状态。所以，综合绝非分析过程的简单逆向重复，而是在更高水平上向出发点的回归。

综合是在认识进一步发展的基础上的回归，是多样性的统一体，因而能更深刻地认识研究对象的本质和规律。物理学的发展历史表明，当积累了大量的分析成果后，用统一的思想把分散的事实、理论联系起来、综合起来，就能发现新的规律、形成新的理论，使认识上升到更高阶段。这样的综合有巨大的认识作用。牛顿力学是物理学发展历史上的第一次大综合的成果。开普勒提出了行星运动三定律，但不能解释行星运动为什么服从这三个定律。伽利略描述了地面物体的惯性定律和物体下落的加速度定律，但未能揭示天体运动和地面运动的共同规律。胡克从实验得到了引力的概念，却不能用引力解释天体运动。牛顿则把行星绕日、月球绕地、物体落地这些在当时认为毫不相干的现象联系起来进行综合研究，完成了划时代的新发现——提出万有引力定律，从而把天上、地上的机械运动统一起来形成了牛顿三定律。这样，原来不能解释的问题得到了解释，原来互不相干的理论在更本质的基础上得到了统一。因此，牛顿力学成为宏观低速运动的经典理论。

物理世界变幻无穷，每一个物理现象或物理过程都是具有多样属性的矛盾统一体。因而，每一个具体物理事件的发展，不但是一个分解的过程，而且也是一个综合的过程，是旧的矛盾统一体不断分解、发生质变，新的矛盾统一体不断产生、发展、转化和完善的过程。原子是自然界里物质多层次结构中的重要环节点。在对原子结构的研究中，既要分析组成原子的各种成分，又要在此基础上采用综合方法研究这些成分是如何构成原子的。汤姆逊于 1897 年发现电子后，认为电子是原子的一部分。此后，正离子被发现。1904 年，汤姆逊综合了这些资料提出了"枣糕"原子模型。随着卢瑟福 α 粒子大角度散射实验的进行，人们对原子的认识又增添了新的资料。1911 年，卢瑟福通过对这些资料的分析、综合，推翻了汤姆逊提出的原子模型，建立了原子的核式结构模型。19 世纪末，原子光谱的问题造成了经典物理解释上的困难，玻尔分析了有关原子结构的资料，将普朗克提出的量子化概念大胆地引入原子领域，于 1913 年提出了玻尔量子理论，一举解决了原子光谱的结构问题。随着新的实验事实的不断发现，人们对原子结构的认识也日趋深入。1925 年，薛定谔、海森伯等人在玻尔量子论的基础上，综合了前人的研究成果建立了量子力学。由上述可知，从汤姆逊原子模型到原子结构的量子力学模型，在原子结构的问题上，人们紧紧围绕原子中正电荷和电子之间的矛盾运动，通过分析和综合使认识不断深入。可见，综合方法仍以事物的整体和部分的关系作为客观基础，只是在认识过程的方向上与分析方法相反而已。

综合方法在思维上的特点是，它力求通过全面掌握事物各部分或各方面的特点以及各部分或各方面的内在联系，并对其进行概括和升华，以事物各部分或各方面的各种属性和关系的真实联结来复现事物的整体，形成多样性的统一体。一句话，综合方法是变简单为复杂、变分离为统一、变局部为整体。综合方法在物理学研究中的任务和目的是揭示和把握物理研究对象的根本性质和内在规律，解决物理实验和理论方面的重大研究课题。

2. 综合方法的呈现形式

综合方法的呈现形式有很多。从综合方法的规模来说,有小型综合和大型综合;从具体的方法而言,有对称法、移植法、系统法等。

小型综合主要指对某一具体课题、具体研究对象的综合,它是以对具体对象或课题的分析为基础来概括研究对象的特性和规律的。例如,普朗克综合了维恩定律与瑞利-金斯定律,以经验事实为基础提出了线性谐振子能量量子化假设,导出了与实验结果相符合的普朗克黑体辐射公式,解决了黑体辐射实验的难题。可见,小型综合就是具体综合,它可以是直观模型的综合、原理的综合或数学模型的综合。

大型综合涉及各个分支学科领域,往往是综合几代人的研究成果,是对已知理论和实践的大总结,并在新的基础上以更简单的形式达到更深刻、更全面、更本质地把握物质运动的特性和规律的目的。大型综合在物理学的发展历史上往往有着特别重要的地位,它对整个科学技术、社会生产的发展都具有巨大的推动作用。物理学曾经历了五次大型综合,即牛顿力学的建立、热力学和统计物理学的建立、麦克斯韦电磁理论的建立、相对论的建立、量子力学的建立。现在,物理学家正在酝酿更大范围内的综合,即统一场论的研究。

就具体的综合方法而言,对称综合在物理学研究中的应用甚为广泛。所谓对称综合,就是从物理世界的多样性出发,综合各种物理客体之间的对称性联系,以探索物理研究对象的内在本质和规律的思维方法。对称现象是辩证法的生动体现。物理学家根据世界的对称性,综合各种现象,通过预言、设想来推测未知事物的存在,提出各种各样的假说。例如,自从 1897 年发现电子后,狄拉克综合前人的研究成果预言了正电子存在。1932 年,美国物理学家安德逊在宇宙射线实验中发现了正电子。由此开始,许多物理学家根据对称性特点掀起了寻找与已有粒子相对称的反粒子的热潮。物理学理论及实验都证明,已发现的所有基本粒子都有与之相对称的反粒子存在,组成基本粒子的各种夸克也都有自己的反夸克。由于整个世界的物质运动是处于对称和不对称的矛盾之中,因此在物理学研究中充分运用对称方法进行研究对于构造物理学理论有着十分重要的作用。

§3-7 归纳与演绎

在对经验材料进行整理以便使其上升为理论知识的过程中,归纳与演绎是运用得最为广泛的思维方法和逻辑推理形式,是和人类认识"由个别到一般,又由一般到个别"的历史发展过程相适应的重要方法。

一、归纳法

1. 归纳法的概念、步骤、逻辑结构和特征

(1)什么是归纳法。

归纳是从个别到一般的抽象概括。

古人在生产实践中发现,两手摩擦会发热,敲打火石迸火星,硬物钻木能起火……这些具体的同类经验事实重复出现,使人们逐渐得出"摩擦生热"这一概括性的一般认识。像这样,从具体的个别事物的认识中概括出抽象的一般认识的思维方法和推理形式就叫作归纳法。用培根的话说,就是"从感觉与特殊事物中把公理引申出来,然后不断地逐渐上升,最后才达到最普遍的公理"。可见,归纳法的本质在于认识过程中由观察到概括、由感性到理性、由部分到全体、由个别到一般、从个性到共性的升华。

（2）归纳法的基本步骤。

培根认为,归纳法分为三个步骤。第一,搜集材料。"必须准备一种充分精良的自然史……因为要想知道自然究竟能起什么作用,或在受了人的支配后能起什么作用,我们只有亲自来发现,那不是我们所能想象出的,猜拟出的。"第二,整理材料。"自然的和实验的历史,是纷杂繁多的,因此,我们如果不把它归类在适当的秩序以内,则这一定会使人的理解迷离恍惚起来。"第三,抽象概括。分析比较材料后,排除无关的、非本质的东西而将事物的本质和规律发掘出来。

（3）归纳法的逻辑结构。

归纳法的逻辑结构是,设 $M_i(i=1,2,3,\cdots,n)$ 是所要研究的某类对象 M 的特例或子类,且已知 $M_i(i=1,2,3,\cdots,n)$ 具有性质 P,则由此推测 M 也具有性质 P,简记为

$$\bigcup_{i=1}^{n} M_i \subseteq M \wedge P(M_i) \overset{\triangle}{\Rightarrow} P(M)。$$

（4）归纳法的认识论特征。

第一,归纳是依据过去推断未来,依据个别、特殊推断一般、普遍,依据观察到的事件推断尚未观察到的事件,因而其结论的内容超出了前提的内容。第二,归纳推理必须时时与实践保持密切的联系,以检验其前提与结论的客观真理性。第三,归纳的思维活动与假设、猜测具有本质的不同。归纳要求思维按照观察和实验所显示的端倪,朝着反映客观必然的本质联系的方向而逐步上升、逼近,而不是像假设、猜测那样允许较自由的遐想和飞跃。

2. 归纳法的一般分类

目前,国内外对于归纳法的分类并无一致意见。国内的逻辑学著作大多从归纳法的逻辑结构出发,根据 M_i 与 M 所包含对象的数量关系,将归纳法分为完全归纳法与不完全归纳法。① 若 $\bigcup_{i=1}^{n} M_i = M$,则称完全归纳法,又叫作穷举法。例如,"同弧所对的圆心角是圆周角的二倍",这一定理是在考察了圆心在圆周角内、在圆周角边上、在圆周角外这样三个子类的情况后得到的,其证明用的就是完全归纳法。由于它穷尽了考察对象的一切特例或子类之后才得出结论,故结论是确凿无疑的,其推理是必然性的。但是,正因为要一一考察所有特例（这通常是办不到的）,所以完全归纳法应用不广;此外,也因为考察了所有对象,使其发现新知识的功能不是很大。② 若 $\bigcup_{i=1}^{n} M_i$ 是 M 的真子集,则称不完全归纳法。不完全归纳法的结论具有或然性,但运用起来方便并具有发现新知识的功能。

不完全归纳法又分为简单枚举归纳法和科学归纳法,科学归纳法的代表是判明因果联系的穆勒五法(求同、求异、共用、共变、剩余)。

作为科学发现的方法,归纳是人们的认识从个别到一般、从特殊到普遍、从经验事实到事实内在规律性的飞跃;并且,基于归纳法的认识论特征,将归纳法分为枚举归纳、消去归纳、渐近归纳和综合归纳。

(1)枚举归纳。

若用 XRY 表示"X 与 Y 有 R 关系",则枚举归纳的基本模式如下:

$$X_1RY_1$$
$$X_2RY_2$$
$$\cdots\cdots\cdots$$
$$X_nRY_n(尚有\ X_{n+1}RY_{n+1},X_{n+2}RY_{n+2}\cdots未曾检验)$$

所以,所有的 X 与 Y 均有关系 R

枚举归纳在科学发现的初始阶段是十分重要的,是整个科学理论进一步抽象的基础。例如,开普勒利用第谷的观测数据,通过作图计算发现火星以及其他已知的五个行星轨道都是椭圆形的,太阳在所有椭圆的公共焦点上,这就归纳得出了行星运动第一定律(轨道定律)。后来,他由地球近日时速度快、远日时速度慢的事实,设想太阳以某种力驱动行星沿轨道运动,并且此力只作用在行星的轨道平面上,由此算出地球半径扫过的面积与时间成正比。开普勒只验证了地球、火星在近日点和远日点的面积速度为恒值,但由于这种关系简洁而美妙,致使他坚信所有的行星在轨道的所有位置上都遵守面积速度守恒的规律——行星运动第二定律。此后,他想到每个行星都沿椭圆轨道以匀面积速度运动绝非偶然,必有某种更普遍的规律联系着太阳系的运动,于是开始了对行星轨道大小与周期之间和谐关系的探索。他巧妙地以日地平均距离为距离单位、以地球公转周期为时间单位,对已知六个行星的观测数据进行比较。经过九年工作,通过对六大行星的数字枚举发现了行星运动第三定律,即各行星运动周期的二次方与日行(星)距离的三次方成正比。

开普勒在对部分行星运动规律的研究中,运用枚举归纳揭示了行星运动的整体规律,为牛顿进一步抽象而发现万有引力定律铺平了道路。虽然当时尚有一些行星未被发现,开普勒不可能穷尽所有例证,但他的思维却透过部分而发现了整体规律。这说明,枚举归纳法具有很好的认识功能,对经验事实的初步概括能为科学的进一步深化奠定基础。

(2)消去归纳。

枚举归纳只考虑正面的例证,因而须有相反的思维操作——消去归纳来补充。进行消去归纳时,首先列举在当时的背景知识和经验条件下所能得出的所有可能结论,然后逐个排除不可能的反面结论,最后留下最可靠的结论。可见,与枚举归纳一样,消去归纳也是越穷尽所有的可能性其结论越可靠。

消去归纳的基本模式是：

$$XR_1Y, XR_2Y, XR_3Y, \cdots, XR_nY \qquad | \text{消}$$
$$XR_1Y, XR_2Y, \cdots, XR_{n-1}Y \qquad | \text{去}$$
$$XR_1Y, \cdots, XR_{n-2}Y \qquad \downarrow$$
$$\cdots\cdots$$

所以，选择 XR_1Y

例如，伽利略发现单摆规律的思维过程就可看作消去归纳。伽利略在比萨大教堂以自己的脉搏为计时器，发现尽管烛架的摆幅越来越小，但其摆动的周期却保持不变。回家后，他用所受重力不同的摆锤进行不同摆长的实验。为了尽快得到摆的运动规律，他首先列举了各种可能的答案：

R_1：摆的周期 T 与摆锤所受重力 G 有关；

R_2：T 与 G 无关；

R_3：T 与摆长 l 有关；

R_4：T 与 l 无关。

这些答案基本"穷尽"了各种可能的肯定或否定的关系。然后，他通过实验消去了 R_1 与 R_4，肯定了 R_2 与 R_3，从而得出结论：T 与 l 有关，与 G 无关。

尽管当时伽利略不能对此经验定律做出进一步解释（解释它需要引力场概念和微积分工具，而这些都是伽利略以后的事情），但他通过消去归纳发现了一条朴素真理（后人称之为摆的等时性定律）的功绩却是不可磨灭的。

（3）渐近归纳。

若以 T 表示理论、H 表示假设、E 表示证据（事例），则渐近归纳的基本模式可表示如下：

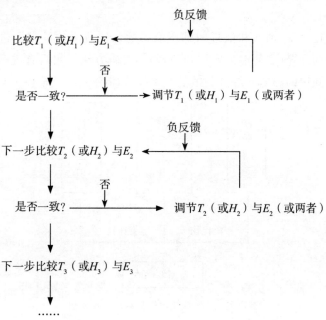

这一程序直到取得最满意的可靠结论为止。

可以看出,上述渐近序列始终是在理论(假设)与证据的相互作用中进行的。归纳程序实际上包含了枚举和消去两种思维操作:在调节 T(或 H)与 E 时,既要枚举更多的 E 以增强理论概括的可靠基础,又要消去 T 或 H 中的不适当成分,以达到理论或假设的修正。

例如,居里夫人发现镭的探索思路即可看作渐近归纳。1896 年,贝克勒尔发现了铀及铀盐的放射性。1897 年,居里夫人决定探索其他元素的放射性。她以当时已知的 80 种元素的单质或化合物作为实验对象,由消去归纳发现钍也能发出与铀在性质、强度上相似的射线。至此,她通过渐近归纳进行了第一次调节,从"铀有放射性"变为已知元素中"铀、钍有放射性",并提出了"放射性"和"放射性物质"的概念。通过实验居里夫人还发现,某些含铀、钍矿物的放射性比其中铀和钍的含量所应具有的放射强度大得多!这一异常现象表明矿物中必定含有尚未认识的新放射元素。居里夫妇重新调整了实验对象,选择三种强放射性矿物中放射性最强的沥青铀矿作为实验对象,发现其放射强度是铀的四倍,即使从中提出铀后仍然如此。他们的办法如下。首先,他们依照化学分析的普通程序,把组成铀沥青矿的各种元素分开,然后测量所得诸元素的放射性。继续淘汰几次之后,他们渐渐能够看出来那种"反常的"放射性应归为与铋一起分析出来的未知物质。他们提议把它命名为钋。他们在检测从沥青铀矿中提炼出的含钡化合物时,又发现其放射性比纯铀强 900 多倍,由此肯定其中含有另一种放射元素,并提议把它命名为镭。为了证实这一发现,居里夫人经 45 个月的艰苦工作,终于在 1902 年从数吨铀矿渣中提炼出 0.12 克氯化镭,并最终测定镭的放射性比铀强 10 万倍以上。

居里夫人的科学发现过程贯穿了以实验为基础的渐近归纳。渐近归纳要求研究者不断在实验和理论(假设)方面进行调整,并通过枚举和消去来逐渐逼近目标。值得指出的是,这里所说的实验体现了思维的策略和程序,从而成为渐近归纳的基础,而并非单纯的实验方法。

(4)综合归纳。

综合归纳是在枚举、消去和渐近归纳所取得的认识成果的基础上进行概括,旨在形成普遍程度更大的命题(更普遍的定律和原理)的逻辑方法。它具有进一步综合的特点,更多地受到背景知识的影响。综合归纳的基本模式如图 3-7-1 所示。

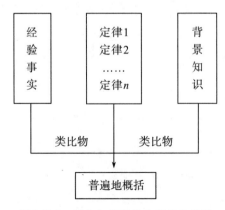

图 3-7-1　综合归纳的基本模式示意图

下面以牛顿力学的建立为例来说明综合归纳的运用。开普勒三定律揭示了太阳系行星的运动规律，伽利略的落体实验表明了重力加速度的存在，这些经验事实和定律为牛顿发现万有引力定律创造了归纳的前提。牛顿最初是借重力概念作为类比物，将其外推到所有的星体和物体上从而形成引力概念的。"我开始想到把重力推广到月球的轨道上……因而把维持月球在它的轨道上所需要的力和地球表面的重力作了比较。"通过类比，牛顿在抛射体的轨迹和行星轨道之间建立了开普勒和伽利略未能建立的联系，从而完成了综合归纳。但是，牛顿发表他的引力定律要比他对引力的首次研究晚了 20 多年。牛顿的困难并不是数据验证(这一点他早在研究之初就借助于微积分解决了)，而是他未能想到地球对球外某点的吸引恰如其质量全部集中到中心点一样，一旦突破了这一点并建立起相应模型，万有引力的规律就会立刻简明地呈现在他面前。

可见，综合归纳是复杂的思维过程，它不仅受背景知识(如微积分)的影响，还要受类比和模型等因素的影响。

二、演绎法

1. 演绎法的概念与模式

演绎是从一般到个别的逻辑推理。

(1) 什么是演绎法。

所谓演绎法，就是根据一类事物都具有的属性、关系、本质来推断该类中个别事物也具有此属性、关系和本质的思维方法和推理形式。与归纳法相反，演绎法是从一般、普遍到个别、特殊的推理过程。

(2) 演绎法的基本模式。

演绎推理的主要形式是由大前提、小前提和结论三部分组成的三段论，其模式如图 3-7-2 所示。

所有 M 是 P，$M \rightarrow P$，

所有 S 是 M，$S \rightarrow M$，

所以，所有 S 是 P。

例如，人们根据物质无限可分的观点，推知基本粒子也是可分的。这一推理过程就是演绎推理，其推理形式为：

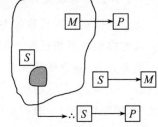

图 3-7-2 演绎法的基本模式示意图

大前提：自然界中一切物质都是可分的；

小前提：基本粒子是自然界中的一种物质；

结论：所以，基本粒子也是可分的。

2. 演绎法的基础、特征与分类

(1) 演绎法的基础。

演绎的客观基础与归纳一样，都是事物的个性与共性的关系。一类事物的共性存在于该类中每一事物的个性之中，是个性必然包含的部分；或者说，一般存在于特殊之中，

个性与共性具有同一性。

（2）演绎法的特征。

演绎的客观基础决定了其推理过程是必然性的；也就是说，只要演绎推理的大、小前提正确，推理过程严密，就一定能从真的前提中推得真的结论。演绎法的这一特征，用亚里士多德的"全和零原则"来看，就是"凡对于一类事物的全部所肯定或否定的，对于这一类的某一个与每一个也是可以肯定或否定的"。这样，就使演绎推理具有一种不可抗拒的逻辑力量。

（3）演绎法的一般分类。

按推理的步骤，演绎推理分为简单判断推理和复合判断推理。例如，上述的三段论即属简单判断推理。简单判断推理虽然广泛应用于科学研究中，却不能完全应付复杂问题。为了研究复杂问题，需要运用复合判断推理，如假言连锁推理即属复合判断推理。

按推理大前提的来源，演绎推理分为公理演绎推理和假说演绎推理。公理，是经过人类长期反复实践的验证而不需要再予以证明的命题。以公理作为大前提演绎出个别结论命题的方法，即公理演绎推理。假说，是科学研究对客观事物所做的假定性说明，经实践证明为正确的以后才能成为理论。用假说作为大前提演绎出个别结论命题的方法，即假说演绎推理。

§3-8 理想化方法

物理世界，万千变幻。当我们研究某一具体的物理现象时，必须去除表象、删繁就简。这一思想方法的哲学意义就是，任何矛盾都有主次之分，而事物的性质又是由矛盾的主要方面决定的。因而，突出主要矛盾，分析矛盾的主要方面，忽略次要矛盾和矛盾的次要方面，就成为我们研究物理问题时常用的思维方法，即理想化方法。

一、什么是理想化方法

无论是探索物理现象的本质、揭示物理过程的规律，还是解决实际物理问题，都需要建立理想模型或理想过程。理想化方法就是借助逻辑思维和想象，有意识地突出研究对象的主要方面，完全排除次要因素和无关因素的干扰，在大脑中形成理想化的研究客体及其有关联系，来探索物理世界内在奥妙的方法。它是一种科学抽象的方法。在物理学研究中，理想化方法一般有如下三种形式：物理条件的理想化、理想模型和理想实验。

二、物理条件的理想化

在物理学研究中，研究对象往往处于多种条件之下，但对于要研究的问题来说，并不是所有的条件都起同样重要的作用，而是只有一种或少数几种起主要作用，其余的或者不起作用，或者作用很微弱。对物理条件的理想化就是抓住起主要作用的条件，完全忽略其他条件的影响。例如，研究电子在电场中的运动，可以把电子所处的条件理想化为不存在重力场而只受电场力作用。

1. 忽略特定条件下的外界影响

所谓外界影响是指相对于研究对象这一系统之外的影响。所谓特定条件是指对研究起主要作用的条件。在研究中，应根据要研究的问题来确定哪些外界影响可以忽略、哪些不能忽略；一般来说，要忽略那些微弱的以及由研究问题所决定可以忽略的外界影响。对研究系统影响的外界因素一般有风力、能量交换、光照、湿度变化、噪声、电磁波等。我们下面通过一个例子来说明可以忽略哪些外界影响。

在卡诺对热机效率进行理论研究之前，经瓦特改良后的蒸汽机已经比纽可门机的效率高 3～4 倍，但是能量浪费仍很严重。因此，卡诺提出能不能从理论上解决蒸汽机的最高效率问题。大家知道，蒸汽机是个复杂的系统，处于各种各样的条件之中，如工质温度的变化，工质同外界热量的交换，内部器件之间、器件与工质之间的摩擦等。这些因素在具体应用中都无法排除，不可忽略；但是，要将这些因素都考虑进去，研究起来将非常复杂、非常困难。于是，卡诺设想了一个理想循环，这个循环由两个等温过程和两个绝热过程组成。他忽略了工质温度的变化，使循环过程是等温的；忽略了工质和外界交换热量等因素，使循环过程成为绝热的；忽略了真实工质在热机循环后被抛弃到系统外这一因素，使循环成为封闭的。卡诺设想的这部热机，虽然在现实中永远也制造不出来，但由于其纯化了热机所处的条件，概括和抽象出热机的本质和特性，从而在理论上解决了热机的最高效率问题，所以能为切实提高热机的实际效率提供理论指导。

在一些情况下，有些外界影响是不得不考虑的。例如研究感光材料，就得考虑自然光照或其他光照问题；研究电磁学中一些精密的测量问题，就不能忽视空间电磁场的作用，故常用屏蔽方法来排除这一影响。

2. 忽略一些摩擦力

之所以提出"忽略一些摩擦力"，是因为在某些情况下，有一些摩擦力非但不能忽略，反而起着主要的作用，如机动车辆的运行、传送带运输物品等。我们只能忽略那些弱小的、不起主要作用的摩擦力。例如，当我们研究物体在较光滑斜面或平面上运动的问题时，一般忽略滑动摩擦力、空气阻力的影响。在前面讲到的卡诺理想循环中，就忽略了工质与器件之间、器件与器件之间的摩擦等，从而使循环成为可逆的。

落体运动是一种常见的运动。物体在下落过程中，除了受重力作用外，还受到与物体的大小，空气的密度、湿度等多种因素有关的空气阻力的影响，这些影响往往又是极其复杂、难以事先计算和精确测量的。因此，严格地说，对这样一个看来简单的实际运动都无法完全准确地进行预测，更不用说复杂的物理过程了。为了研究自然现象的规律并把它建立在精确定量的基础上，人们从大量实际落体中找出这种运动的共同本质和主要矛盾——它们都是由于受重力作用而发生的。突出这个共同本质而排除其他所有因素，就诞生了一种理想过程——自由落体运动，即质点在唯一的重力作用下产生的竖直向下的匀加速直线运动。

3. 忽略非重要的作用力

在被研究的系统中，有时研究对象受到多种力的作用。这其中，有的力对研究的问题有意义，起主导作用；有的力对研究的问题没有意义，或者其强度比起主导作用的力小,只有很弱的影响。这时,就可以忽略这些弱的非本质作用的力,只考虑起主要作用的力。至于哪些力可被忽略,要由具体情况而定。例如,研究带电粒子之间的相互作用就可以忽略它们之间万有引力的作用,但当研究带电液滴在电场中的运动时就不能不考虑重力。

量子力学建立之后,科学家们尝试用它去解决实际问题,如求解氢原子的能量本征值和本征函数等。实质上,这些问题的解决都是在求解薛定谔方程,但由于微观世界本身的复杂性,要精确求解非常困难。为此,科学家们提出一种近似解法——微扰论。首先,只考虑原子核和电子之间的作用力,而忽略其他各种力的作用,得到零级近似;然后再考虑电子之间的相互作用力,并把它作为微扰,仍然忽略其他影响,求解哈密顿量带有微扰时的薛定谔方程,得到一级近似结果,进一步还可以得到二级近似结果。理想化的程度不同,考虑进去的力不同,近似的程度不同,理论计算结果和实验结果符合的程度也就不同。

在物理学研究中,物理学家有时对研究对象的情况可能不太清楚,难以明确哪些条件可以忽略。这时往往采用尝试法,即尝试着去忽略某些条件,然后再和实验结果对照,从而逐渐地弄清楚可以忽略哪些条件。

三、理想模型

1. 什么是理想模型

(1)物理模型。

在物理学研究中,建立物理模型是一种基本的、重要的方法。对物理模型的解释,一般有广义解释和狭义解释两种。从广义上讲,物理学中的各种基本概念,如物质、长度、时间、空间等都可称作物理模型,因为它们都是以各自相应的现实原型(实体)为背景加以抽象出来的最基本的物理概念。从狭义上讲,只有那些反映特定问题或特定具体事物的结构才叫作物理模型,如质点、刚体、理想气体等。我们这里讲的是狭义的物理模型。

物理模型可以分为两类:一类是模拟式物理模型,另一类是理想化物理模型。模拟式物理模型形象、直观,有利于清楚地认识实物。例如,用铁屑在磁极周围的排布来形象地模拟并不真实存在的磁感线、用结构简单的模型或示意图来说明直流电动机的构造等。限于本章内容,这类模型就不多说了,以下主要谈谈理想化物理模型。

(2)理想化物理模型(以下简称理想模型)及其客观基础。

所谓理想模型,是指在原型(物理实体、物理系统、物理过程)的基础上,经过科学抽象而建立起来的一种研究客体。它忽略了原型中的次要因素,集中凸显了原型中起主导作用的因素。由于摒弃了次要矛盾、突出了主要矛盾,所以理想模型是原型的简化和纯化,是原型的近似反映。

理想模型虽然是从原型中抽象出来的,但并非物理学家的主观臆想,而是有它存在的客观基础的。首先,理想模型以客观存在为原型。虽然它没有反映出客观事物的多样性,却反映出了研究对象的主要属性。其次,原型是理想模型的基础,理想模型是原型的高度抽象。原型及其运动规律的客观性决定了理想模型内容的客观性。再次,理想模型正确与否要由实践来检验,在检验过程中或被扬弃,或被修正,或被发展。

2. 理想模型的分类

一般把理想模型分为以下三种。

（1）实体理想模型。

这种模型是建立在客观实体的基础上,根据所讨论问题的性质和需要把客观实体理想化。例如,物理学中最简单、最重要的质点模型即属这种模型。客观世界中的任何物体都具有一定的大小和形状,但是,如果在研究问题中物体的大小和形状起的作用很小,就可以忽略它们,把物体看成一个没有大小和形状的理想客体即质点。质点这一概念忽略了大小、形状等因素,突出了位置和质量特性。所以,理想模型的提出是一个科学抽象过程,是对实际物体的简化和纯化;但这种简化和纯化并不是没有根据的,任何理想模型的建立都要根据具体的实际情况而定。为什么可以忽略实际物体和质点概念之间的差异呢？这里有两种情况:一是一个体积不很大的物体,其运动被定域在非常广阔的空间里面,所以运动物体的大小跟空间线度相比是可以忽略的;二是运动物体上各个不同位置的点具有完全相同的运动状态,只要知道它的任何一点的运动状态,就可以知道整个物体的运动状态。可见,在这两种情况下,可以把物体看成忽略大小、形状的质点。

在物理学中,实体理想模型还有刚体、点电荷、点光源、光滑平面、无限大平面、理想气体、理想流体、杠杆、绝对黑体、平面镜、薄透镜等。

（2）系统理想模型。

所谓系统,一般泛指相互作用的物体的全体。例如,遵循牛顿第三定律的物体的全体叫作"力学系统"、讨论重力势能时把地球和某物体视为"保守力系统"等。这些系统都是理想化的物理模型,称为系统理想模型。这种模型忽略了其他物体对系统的影响（如力的作用、能量传递等）,而只研究系统内部物体间相互作用的规律。"力学系统"忽略了其他物体对系统的万有引力作用等,"保守力系统"忽略了非保守力因素如摩擦等。事实上,在现实世界中严格的保守力系统和绝热系统是不存在的。

（3）过程理想模型。

自然界中各种事物的运动变化过程都是极其复杂的,在物理学研究中不可能做到面面俱到,要首先分清主次,然后忽略次要因素,只保留运动过程中的主要因素,这样就得到了过程理想模型。例如,匀速直线运动、匀变速直线运动、匀速圆周运动、自由落体运动、斜抛运动、简谐振动、光的直线传播等,都属于过程理想模型。下一节要讲的理想实验,实际上也是一种过程理想模型,只不过这个"过程"指的是实验过程。

上述各种物理模型的对比,见表3-8-1。

表 3-8-1　理想化模型对比表

种类	模拟式物理模型	理想化物理模型		
		理想化实体	理想化系统	理想化过程
主要作用	模拟概念、规律或客观实体,使看不见摸不到的客观事物具体化、形象化;或者用实物模型、图表、原理图,使现象、原理、实验直观化、系统化、规范化	建立在客观实体的基础上,根据所研究问题的性质和需要,把自然界中客观存在的实际物体或者有相互联系的物体系统加以理想化		为了研究复杂问题,建立在物体运动变化过程的基础上,根据研究问题的性质和需要,在包含多种复杂因素的物理过程中,找出主要因素,略去次要因素,建立能够揭示事物本质的过程模型
实例	电力线,磁感线,等势面,空间点阵,直流电动机模型,卢瑟福的原子核式结构,玻尔的原子模型,收音机原理图,等等	质点,刚体,理想气体,理想液体,弹性体,单摆,杠杆,光滑平面,细绳,弹簧振子,点电荷,检验电荷,理想电源,理想变压器,无限长直导线,点光源,平行光线,平面镜,薄透镜,纯电阻,纯电容,纯电感,等等	力学系统(遵循牛顿三定律的相互作用的物体的全体),保守力系统(研究重力势能时地球与物体的统称),热力学系统,等等	匀速直线运动,匀变速直线运动,匀速转动,匀速圆周运动,简谐振动,共振,光的直线传播,光的反射,光的折射,等等

3. 理想模型的特点

(1)理想模型是抽象性和形象性的统一。

模型的建立过程是一个抽象的过程,然而建立的模型本身又具有直观、形象的特点。以原子核液滴模型为例,玻尔和弗伦克尔从实验事实出发,总结概括出原子核具有以下特点:密度分布均匀,不可压缩,核子与核子之间的相互作用力(核力)是短程力。玻尔和弗伦克尔等人注意到,液滴也正好具有这些特点:近似球形,密度分布均匀,整个形态不可压缩且具有饱和性(类似于核力的饱和性)。把液滴与原子核进行类比,他们提出了原子核的液滴模型。可见,通过抽象思维,用人们熟知的、形象直观的液滴作为模型去认识人们肉眼无法直接感知的原子核,必然能够达到思维的抽象性与模型的形象性的统一。

(2)理想模型是科学性和假定性的辩证统一。

理想模型不仅是对过去已经感知过的直观形象的再现,而且是对以已知科学知识为依据所做判断、推理的逻辑上的严格论证。所以,理想模型具有深刻的理论基础,即具有一定的科学性。理想模型来源于现实又高于客观现实,是抽象思维的结果,所以又具有一定的假定性，只有经过实验证实以后才能被认可，才有可能发展成为理论。例如，原子核液滴模型是在实验事实的基础上运用概括、类比等科学方法而提出的，所以具有科学性；同时，液滴并非原子核，用液滴来比拟原子核并不能全部反映原子核的特性，而且这种模型是否正确还有待实践检验，所以说该模型又具有假定性。

理想模型来源于实践，是科学抽象的结果，它在物理学发展中发挥着重要作用。但是，任何理想模型都不是一成不变的，不能说明一切问题，只是物理学发展过程中的阶段性产物。随着科学技术的发展以及新的实验事实的发现，原有理想模型不断得到补充修正，有的则被否定。

四、理想实验

1. 什么是理想实验

理想实验也叫作假想实验、思想实验或抽象实验，它是一种形象思维与抽象思维相互作用的思维过程。理想实验常常既借助逻辑推理，又辅以形象变换。它以真实的科学实验为基础，以逻辑法则为依据，用思维来展开实验过程。它具有真实物理实验的一些特点，又不同于实际实验。所以也可以说，理想实验是一种带有浓郁物理学色彩的逻辑推理，是人们在思想上塑造的理想过程。

2. 理想实验的实践基础

理想实验以真实的科学实验、已知的科学事实和科学理论为基础，以被人们认可的、具有充分实践基础的逻辑法则为依据；也就是说，理想实验来源于实践。

在伽利略以前，亚里士多德曾断定物体运动的原因是力，没有力就没有运动，力是决定物体运动速度的原因。这个理论被人们奉为经典长达 2000 余年，直到 17 世纪才由伽利略提出质疑：一辆飞跑的马车，当马停止用力时，马车并不因为没有力的作用即刻失去其速度，而是要运动一段时间才能停下来。既然力是维持物体运动的原因，如何解释这种情况呢？肯定是亚里士多德的理论有问题。伽利略进一步分析，这辆没有马拉的马车还能运动多远呢？在现实生活中马车肯定会停下来，但如果把路修得更平些，在轮轴上涂上好的润滑剂，即想方设法减小马车受到的摩擦，马车肯定会运动得更远些。假如路面是绝对光滑的，车轮和轴之间没有丝毫的摩擦，总之，没有任何东西阻止马车的运动，马车不就可以永远运动下去了吗？由此，伽利略进一步扩展思路，认识到任何物体在不受阻力时，速度不会减慢，将以恒定不变的速度运动下去。后来，牛顿又把它表述为牛顿第一定律。虽然伽利略的理想实验是一个在现实中永远无法实现的实验，但却有其合理性，因为它是以马拉车这一实验事实为基础经过合理推理而得出的。爱因斯坦高度评价了伽利略的这一工作，认为"伽利略的发现以及他所应用的科学的推理方法是人类思想史上最伟大的成就之一，而且标志着物理学的真正开端"。

理想实验不仅来源于实践，而且其正确与否也要由实践来检验。当然，这种实践并不是指实际的验证性实验，而是验证理想实验所赖以产生的最初实际实验是否可靠、理想实验所依据的逻辑推理是否违反逻辑或科学理论等。

3. 理想实验与实际实验的区别

理想实验之所以被称为"实验",是因为它在特征和目的上与实际实验相似,是将研究对象加以纯化,以便在最少干扰和影响的条件下概括出研究对象的特性和本质。然而,理想实验并不等同于实际实验,它们之间是有区别的:① 理想实验不是一种实践活动,不能用来作为检验科学理论的标准;② 实际实验总是有一定误差的,理想实验则不同,要它纯化到什么程度就能纯化到什么程度,没有误差;③ 理想实验可以超越当时的科技水平发挥思维的作用,实际实验却要受到科技水平的限制;④ 一般来说,理想实验难以物化为实际实验,但随着实验手段和工具的改善,某些理想实验也可以转化为实际实验。例如,关于量子几率波的单电子衍射实验最早是作为理想实验提出的,后来科学家通过实验观察到了单电子的衍射现象。

§3-9 类比方法

一、什么是类比

要知道什么是类比,我们首先分析一个典型事例。20 世纪初,卢瑟福及其助手盖革和马斯登为了探索原子结构的奥秘做了著名的 α 粒子散射实验,结果发现原子并不像汤姆逊所说是半径为 10^{-10} m 的实体球,而是由一个原子核和核外电子组成的。与整个原子相比,核的体积甚小(约占十万分之一)但质量甚大(约占 99.97%),这同太阳系的情况十分相似:太阳作为太阳系的核心具有太阳系总质量的 99.87%,而在太阳系中所占体积甚小。而且,当时已知原子核与电子之间的作用力(遵从库仑定律 $F=k\dfrac{q_1 q_2}{r^2}$)与太阳与行星之间的作用力(遵从万有引力定律 $F=G\dfrac{m_1 m_2}{r^2}$)的数学形式也很相似,都是与距离的平方成反比。于是,卢瑟福做出推理:既然太阳系是由处于核心的太阳和环绕它运行的一系列行星所构成的,那么原子也应如太阳系那样,也可能是由带正电荷的原子核和绕核运转的电子所构成的。这就是他们于 1911 年正式提出的原子结构的"太阳系模型"假说。上述推理过程可以归纳如下:

太阳系	太阳 体积 甚小	太阳质量 甚大(占 99.87%)	行星 质量 甚小	太阳与行星 间的引力 $F=G\dfrac{m_1 m_2}{r^2}$	太阳系由行 星环绕太阳 构成
原子	原子核 体积 甚小	原子核 质量甚大 (占 99.97%)	电子 质量 甚小	原子核与电 子间的引力 $F=k\dfrac{q_1 q_2}{r^2}$	

所以,原子也可能由电子环绕原子核运动来构成。

由上例可以看出,类比实际上是一种由特殊到特殊或由一般到一般的推理,是根据两个(或两类)对象之间在某些方面的相同或相似,而推出它们在其他方面也可能相同或相似的推理方法。类比推理过程，一般是首先比较两个（或两类）不同的对象，找出它们的相同点或相似点，然后以此为根据把其中一对象的已有知识推移到另一对象上去。

类比的一般模式为

A 对象具有 a、b、c、d 属性　　其中 a、b、c、分别与

B 对象具有 a'、b'、c' 属性　　　a'、b'、c' 相同或相似

_____

所以，B 对象可能也具有 d' 属性

类比方法最早是由亚里士多德提出的，他把类比称作类推。类比方法自提出到现在已有了很大的发展。

类比方法的客观基础分为两个方面。一是不同的自然事物之间的相似性。不同事物在属性、数学形式及其定量描述上有相同或相似的地方，因而可以进行比较，根据其相同或相似的已知部分推知其未知的部分也可能相同或相似。所以，事物间的相似性是运用类比方法进行逻辑推理的客观依据。而事物之间差异性的存在却限制了类比的范围，使类比只能在一定的条件下进行。二是人脑的生理结构和功能为类比方法提供了生理条件。类比是人脑凭借对已知对象的知识（脑中已建立的暂时神经联系）做出的推测或结论。而且，复杂的联想与联系是人脑结构与功能的基本要素和特征，也是人的神经系统与外界、主观与客观相互作用的结果。

二、类比的类型

自然界的事物形形色色，事物属性间的关系也多种多样。根据事物属性 a,b,c,d 之间的关系，可以把类比分为简单共存类比、因果类比、协变类比、综合类比等。

1. 简单共存类比

这种类比是以简单共存关系作为推理中介的。所谓简单共存关系，是指对象的各个属性之间的关系仅仅在于它们都是同一对象的属性，它们之间可能是并列的、孤立的或存在人们尚不知道（或并不关心）的其他关系，其基本模式为

A 对象的 a,b,c 与 d 有简单共存关系

B 对象在这种简单共存关系中有属性 a',b',c'

_____

所以，B 对象中也可能共存有 d'

例如，人们依据对声现象的一些特性与光现象特性的简单共存类比，得出"光也可能具有波动特性"的结论，其推理过程可归纳为

声现象：直线传播、反射、折射、干涉、波动的特性

光现象：直线传播、反射、折射、干涉的特性

_____

所以，光可能也具有波动的特性

这一结论为后来的研究和实验所证实。

中学物理教材中多处运用了简单共存类比的方法。例如,高中物理磁场概念的引入,教材首先列出电场与磁场的相似属性,即电荷与电荷之间有相互作用力而磁极与磁极之间也有相互作用力,电荷是同种相斥异种相吸而磁极也是同名相斥异名相吸;然后,进行一系列类推,如由电荷周围存在电场推知磁场周围也可能存在磁场、由电荷间的相互作用力需电场传递推知磁极间的相互作用力可能也要靠磁场传递、由电场是一种物质推知磁场也可能是一种物质。

从上述定义及事例中可以看出,简单共存类比是一种简单形式的类比方法,属于较低级的定性类比。通过这种类比得到的只是一些定性的知识,还达不到定量的程度。同时,这种类比在一定程度上存在着孤立与片面的缺点。因为运用简单共存类比时,人们往往只注意逐一地、单个地去比较两个或两类对象的共同属性或事实,即比较 a 与 a',b 与 b',c 与 c'…,容易忽视 a,b,c…或 a',b',c'…属性与事物之间的联系,也容易忽视对共同属性与共存属性之间联系的考察。此外,运用简单共存类比所得到的结论还只是对某种属性或事实是否存在的判断,故可靠性有限,有时会出现错误。

2. 因果类比

因果类比是根据两个对象各自属性之间可能具有的相同因果关系而进行的类比推理,其基本模式为

A 对象中,属性 a,b,c 与属性 d 有因果关系
B 对象中,属性 a',b',c' 与 a,b,c 相同或相似

所以,B 对象可能有属性 d' 且 d' 与 d 相同或相似

例如,牛顿发现的万有引力定律,把天上的力学与地上的力学统一起来,实现了物理学发展史上的第一次大综合,这其中就运用了因果类比的方法。高山上用力抛出的石头,初速越大,则抛出越远,如果速度足够大而石头可能绕地球运转而不落向地面。摇动系着绳子的石头,则石头可作圆周运动;而天上的月亮、行星能作圆周运动也可能像石头一样是受到向心力作用,这一向心力就是地球对月亮的引力,从而导致万有引力定律的发现。

物理教材经常把电压与水压作因果关系类比。在图 3-9-1 所示的连通器里,打开阀门使水路畅通,就会形成由 $A\to C\to B$ 的水流;水之所以能发生定向移动,是因为 A 槽的水位高而 B 槽的水位低,从而在连接 A,B 的水管中产生了水压。水压是使水发生定向移动从而形成水流的原因。与此相似,在图 3-9-2 中,开关闭合后电路中就有电流。电路里的自由电荷之所以能定向移动形成电流,是因为电源的正极有多余的正电荷,电源的负极有多余的负电荷,从而在连接电源两极的电路两端产生了电压。电压是使自由电荷发生定向移动并形成电流的原因(当然,不能以此作为电压的定义)。

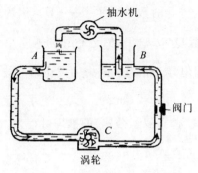

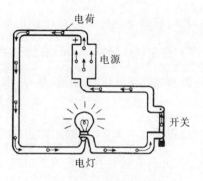

图 3-9-1 水流的产生示意图　　　图 3-9-2 电流的产生示意图

3. 对称类比

对称类比是根据两个（或两类）对象属性之间的对称关系进行的类比。客观世界中存在着许多对称性关系，这是进行对称类比的基础。对称类比的基本模式为

A 对象中，属性 a 与 b 有对称关系

B 对象中，具有此对称关系中的 a' 属性

所以，B 对象中可能有与 a' 相对称的 b' 属性

例如，1931 年狄拉克就是根据对称关系而提出"正电子"这一著名假说的。在求解描述自由电子运动的狄拉克方程时，得出了两个正负对称的能量解。已知其中的正能量解对应负电子，那么负能量解与谁对应？ 当时已知正、负对称的两种电荷，那么是否也存在带正电荷的电子呢？ 据此，他提出了正电子假说，不久即为实验所证实。

在物理学中，依据运动方程对应着一种守恒量的必然关系而进行对称类比的事例很多，如依据运动方程内各量间必然联系的普适性，而导致连续变换的"时间平移不变""空间平移不变""空间旋转不变"以及不连续变换的"时间反演对称""空间反射对称""电荷共轭对称"等。

在物理学研究中，由简单串并联电路的求解类比复杂的混联电路的求解，由机械振动类比电磁振荡，由弹簧谐振子振动类比单摆振动，由动能、功、动能定理类比动量、冲量、动量定理等，都是对称类比的应用。运用对称类比的方法所进行的理论物理、基本粒子的研究取得了丰硕成果。

4. 协变类比

协变类比也称数学相似类比，它是根据两个（或两类）对象可能具有的属性之间的某种协变关系（定量的函数关系）进行的类比推理。这种类比有两种形式。

（1）根据两个研究对象的各个属性在协变关系中的地位相同或相似，其基本模式为

A 对象具有 a，b，c 属性，且对 A 有 $f_1(x_i)=0$

B 对象具有 a'，b'，c' 属性，且 a'，b'，c' 与 a，b，c 分别相同或相似

所以，B 对象可能也具有方程式 $f_2(x_i)=0$

且 $f_1(x_i)=0$ 与 $f_2(x_i)=0$ 在形式上相同或相似

例如,欧姆根据与热传导的类比推出电流传导的数学式 $I = \frac{1}{R} \cdot U$。因为在热传导中温差(ΔT)、热量(Q)与热容(cm)有协变关系 $Q = cm\Delta T$,在此关系中热量 Q 与电流强度 I 相当、温差 ΔT 与电压 U 相当、热容 cm 与电导 $\frac{1}{R}$ 相当。欧姆的类比结论被后来的实验所证实。

又如,德布罗意在 1924 年提出物质波公式(德布罗意公式)的推理过程为

光具有微粒性和波动性,并且有方程式 $E = h\nu, \lambda = \frac{h}{p}$

(其中:E——能量,h——普朗克常数,ν——频率,p——动量,λ——波长)

实物粒子也具有微粒性和波动性(德布罗意已经预言过)

所以,实物粒子也可能具有方程式 $E = h\nu, \lambda = \frac{h}{m\nu}$

上述数学关系式被 1927 年发现的电子衍射实验所证实。

再如,库仑与牛顿的万有引力定律类比导致库仑定律的发现。库仑在用扭秤测定两带电球间的作用力时,发现两带电球间的作用力的定量关系,这与牛顿万有引力定律 $F = G\frac{m_1 m_2}{r^2}$ 的数学关系相似。于是,他就用库仑力的定量关系类比万有引力公式而得出 $F = k\frac{q_1 q_2}{r^2}$,进而又联想到电与磁在许多方面的相似性,通过磁石实验又一次应用类比方法把库仑定律推广到磁的相互作用。

(2)根据两个(或两类)研究对象有若干属性相同或相似且在两者数学方程式相同或相似的情况下,推论它们在其他方面的属性也相同或相似,其基本模式为

A 对象有 a, b, c 属性,还有数学方程式 $f_1(x_i) = 0$

B 对象有 a', b' 属性,还有数学方程式 $f_2(x_i) = 0$

并且 a', b' 分别与 a, b 相同或相似,$f_1(x_i) = 0$ 与 $f_2(x_i) = 0$ 两方程在形式上相同或相似

所以,B 对象可能也具有 c' 属性,并且 c' 与 c 相同或相似

例如,德布罗意运用协变类比推论物质粒子也具有波动性的推理过程:

光具有粒子性和波动性,光的运动(如从 A 点到 B 点)服从光线最短路径的费马原理,它的数学方程式为

$$\delta l = \delta \int_A^B n \, dl = 0 \, 。$$

力学的质点运动具有粒子性,质点运动服从力学最小作用的莫泊图原理,它的数学方程式为

$$\delta w = \delta \int_A^B p \, dl = 0 \, 。$$

并且 $\delta w = 0$ 与 $\delta l = 0$ 在形式上相同,所以,物质质点也可能具有波动性。

再如,在物理教材中,根据弹簧振子的动力学方程 $F = -kx$ 与单摆的动力学方程 $F = -\dfrac{mg}{l}x = -k'x$ 的协变关系,由弹簧振子的振动是简谐振动推知单摆运动也是简谐振动。

从上述的模式与实例中可看出,协变类比是比较复杂的类比,运用这种类比方法进行推理,既有定性分析又有定量计算。一般来说,由协变类比所得到的关于事物的知识,其可靠性较高,它注重从事物的相互联系中去研究事物各种属性之间的关系。但是,因为协变类比缺乏实验基础,故所得结论仍然是一种或然性的知识,需要通过实验去验证才能最终得出结论。

5. 综合类比

事物的各种属性往往不是单一的关系,可能具有多种关系。按照两个(或两类)研究对象属性之间多种关系的综合相似性所进行的类比推理称为综合类比。综合类比在仿生设计、大型工程及模拟实验中均有广泛应用。由于综合类比考虑了不同对象多种属性之间的相同之处或相似关系,从而大大提高了结论的可靠性,但要把对象的所有属性关系都考虑进去是很难的,因而综合类比结论的可靠性也不是绝对的。

§3-10 物理假说及其检验

物理假说作为一种思维方式,不仅是物理学研究的初步成果,而且是物理学研究的重要环节和基本方法,是物理学发展的重要形式。

一、什么是假说

所谓假说,就是科学研究人员在观察和实验的基础上,根据科学原理和科学事实进行理性思维的加工以后,对未知的自然现象及其规律所作的假定性解释和说明。

人类对物理世界的认识总是随着实践的发展由不知到已知、由片面到全面、由低级到高级、由现象到本质的。在这一过程中,物理学家依据有限的事实和已知规律,运用归纳演绎、分析综合等思维方法,对未知领域的物理现象或物理过程所提出的某种理论观点,在没有经过实践(实验或观测)证明以前,都只能是一种带有推测性的假说。在物理学的发展过程中,假说几乎出现在物理学的各个研究领域以及各个发展阶段。例如,哥白尼的日心说、康德-拉普拉斯的星云假说、大爆炸宇宙说、黑洞假说等,以及近代物理学中关于原子结构的卢瑟福核式结构模型、玻尔量子假说等,关于原子核结构的气体模型、液滴模型、壳层模型、集体模型等,关于超导研究中的 BCS 理论等,都曾经或仍以假说的形式存在。

在中学物理中遇到的假说比较多,如分子电流假说、麦克斯韦的电磁波假说、牛顿的光微粒说、惠更斯的光波动说、麦克斯韦的光电磁说、爱因斯坦的光子说、汤姆逊的原子"枣糕"模型说、卢瑟福的原子核式模型说、玻尔的原子量子化轨道模型说等。

二、假说的特征

在物理学研究中,假说因其形式、内容和层次的不同,常被分别称为模型、模式、假定、推测、猜想、猜测等。假说一般具有以下几个特征。

1. 猜测性

假说之所以称为假说,就是因为它是一种"毛坯",是具有一定猜测性的理论预制品,在未被证实以前只能是思维中的想象和对自然现象及其规律的推断、猜测。假说只有经过加工雕琢,才能达到理论研究的模型化;只有经过实践检验和证明,才能上升为理论。例如,在天体物理研究中,1845 年法国天文学家勒维烈和英国天文学家亚当斯根据天王星轨道的理论计算值和实际观测值不一致的现象,运用万有引力定律计算了天王星轨道要素的实际数据与理论值的差异,给出了上述现象源于一颗未被发现的行星对天王星产生摄动的推测性解释,并预言了这颗未知行星的位置。1846 年 9 月 23 日,柏林天文台的加勒在比预言的位置差 1°的地方果然发现了这颗行星,并将其命名为海王星。再如,对原子结构的初期研究中,玻尔根据氢原子光谱的实验规律和卢瑟福的原子有核模型,并在普朗克量子化思想的启示下,以著名的玻尔假设建立了半经典、半量子化的轨道量子理论,预言了原子能级的存在,解释了氢原子光谱的成因。他的假说于 1914 年被夫兰克和赫兹用电子与汞原子的非弹性碰撞实验所证实。在科学研究中,假说因受有限事实的局限,故不管其可靠程度如何,在未被充分的事实证明以前都只能是一种想象和推测。

2. 科学性

假说是在事实和知识的土壤中生长的。它的提出不但要以一定的实验资料和经验事实为基础,而且要以科学知识为依据,并经过实践检验和逻辑证明,因此它必然具有一定的科学性和真实性。在物理学研究中,人们虽然并不排斥富有启发性的幻想和神话,但幻想和神话绝非科学意义上的假说。因此,我们要划清科学假说与幻想神话的界限。尽管有些假说被实践证明是错误的,但它仍包含有合理的成分。例如,关于原子结构的汤姆逊模型虽被推翻,但在物理学发展中它仍具有一定的作用,亦可称为某种意义上的假说。而有些幻想、神话(如"顺风耳""千里眼""嫦娥奔月"等),即使今天已变成活生生的现实,也够不上科学假说。好的假说在未被实践检验以前,虽然不可避免地存在着不足和错误,然而并不失其科学性。例如,20 世纪初德国物理学家德鲁德和洛仑兹为解决金属导电问题提出的"经典自由电子论",虽然无法解释自由电子对比热容的贡献,然而它给出了自由电子导电的直观图像,因而它是科学的。由此可见,假说之所以称为假说,一个重要因素是它具有一定的科学性。假说既不是主观臆造,也不是缺乏科学论证的简单猜测或随意幻想。假说一旦失去事实基础和科学依据,又未经受一定的实践检验,它也就失去了存在的价值。

3. 可变性

假说是一种尚待证明的东西,带有一定的想象、推测成分,具有或然性。在实践的检验下,它可能被证明是真理而变成理论,也可能被证明是谬误而被淘汰,因而它必然具有很大的可变性。假说的这一特征,使我们在物理学的研究中可以对同一物理现象提出不同的假说,有时甚至是完全对立的假说;通过不同假说之间的对峙和争论,形成一个变动更迭、新旧交替的局面,使假说得以发展。例如,关于太阳系演化的假说,除了18世纪康德-拉普拉斯的星云假说外,到20世纪70年代又出现了星子假说、潮汐假说、陨星假说、宇宙大爆炸等多种假说,它们各自从不同侧面和不同角度对太阳系的起源进行了探索;虽然孰是孰非还有待于进一步观测和研究,但它们肯定为太阳系起源问题的最终解决做出了自己的贡献。再如,在光的本性的争论中,微粒说和波动说各执一词,后来终为爱因斯坦光量子假说所统一,给出了光具有波粒二象性的辩证图景。

总之,假说是以物理实验、观测的客观事实为基础,以科学理论为依据,根据研究工作的客观需要和可能而建立起来的。它不是物理学家头脑中的主观臆造,而是物理学家依据客观事实和科学理论进行辩证思维的产物。

三、建立假说的方法

假说既是用思维把握有限事实的方法,也是用思维加工有限事实的结果。古代、近代与现代物理学以及不同物理学分支中,假说形成的方式不同。例如,古希腊的原子论形成主要是直观性的猜测形式,现代量子理论、相对论的形成主要是抽象性推论形式,天体物理中的假说以观察为主形成,力学、电磁学方面的假说以实验为主形成,等等。不同的假说形成的途径不同,但它们的形成过程都可以分为以下三个阶段。

第一阶段,依据为数不多的事实材料和科学原理,通过一系列思维加工,对未知物理现象或某种物理问题的性质以及规律,先做出初步假定。在此阶段中,对同一物理现象可能同时出现互相对峙的几种假定,经过反复实验、观察和认真思考,进一步掌握材料,并从理论上进行广泛论证、筛选,最后选定一个或几个理由较充分的假定作为假说的雏形。

第二阶段,从经过论证或筛选得到的假说雏形出发,根据有关的理论和尽可能多的科学事实,运用多思路、多途径的试探方法进行多次实验、观察和理论证明,以不断充实、修正雏形的内容,使之健康发展并形成初步假说。

第三阶段,对初步形成的假说进行直接或间接的多次实践检验,以及运用归纳演绎、分析综合等思维方法进行严密而充分的理论检验,使之在内容上更加丰富、充实和完善,达到结构上的完整、稳定,最终形成科学性较强的假说。

在物理学发展的过程中,玻尔的原子结构理论体现了科学假说方法的完整运用:面对实验事实与已有理论的矛盾提出假说,再用新的事实或实验结果检验假说,然后修正理论,或者建立新的理论,进一步提出新的假说。

下面我们简述一下玻尔假说提出的过程。

首先,依据卢瑟福1911年在α粒子散射实验基础上提出的原子核式结构学说,得出"原子稳定"的结论。但是,玻尔在对上述结论进行辩证认识后遇到了两个矛盾:

(1)电子绕核旋转→有加速度→加速运动的电荷会辐射电磁波(依据经典电磁理论)

→电子能量逐渐减小→轨道半径减小→电子将沿螺旋线轨道瞬间落入核中→所以原子应是不稳定的。这与"原子稳定"的事实互相矛盾。

（2）依据经典电磁理论，绕核旋转的电子辐射电磁波的频率等于电子绕核运行的频率，那么半径变化→运动频率变化→电磁波频率连续变化→所以大量原子发光的光谱就应是包含一切频率的连续光谱。但实际上，原子光谱是不连续的明线光谱，且氢原子光谱的波长满足 $\frac{1}{\lambda} = R\left(\frac{1}{2^2} - \frac{1}{n^2}\right)$ 的经验公式，这就构成了在辐射频率上表现出的第二个矛盾。

于是，玻尔处于思维的矛盾与苦恼中。为了解决这两个问题，玻尔于1913年利用巴耳末公式研究了氢原子明线光谱的不连续性，进而推断出电子轨道的不连续性。据此，他既大胆断定经典电磁理论不适用于原子内部系统，又尊重卢瑟福的实验结论并结合原子光谱的规律性，在爱因斯坦思想和普朗克量子概念的启发下，针对"原子稳定"这一矛盾提出了能量和轨道的量子化假设，针对"辐射频率"这一矛盾提出了频率假设 $\nu = \frac{\Delta E}{h}$。

§3-11　科学想象

揭示事物的物理学本质时，既要把握能被直接感知的经验材料，更要透过经验材料去把握那些难以直接感知的隐蔽性基础和实质性内核，去设想和构思其内部过程、内部联系的图景，这就要通过科学想象。所以，科学想象是一种创造性的思维形式和研究方法。正如廷德尔所说，"有了精确的实验和观测作为研究的依据，想象力便成为自然科学理论的设计师"。

一、科学想象

1. 想象、科学想象的概念

想象，是在头脑中改造记忆中的表象而创造新形象的过程，也是对过去经验中已经形成的那些暂时联系进行新的结合的过程。科学想象不同于一般想象的地方，在于它是利用科学知识所造成的表象来创造新形象的过程，是依据已有的知识和经验，发挥人的抽象、联想、猜测和幻想能力，超越客观条件的限制去构思未知事物的形象、未知的变化过程和变化规律的创造性思维活动。所以，也有人把联想、猜测、幻想等统称为想象。想象是人类区别于动物的独有才能。

人类在改造自然和社会的实践中，要求能预先想象出实践结果，于是，实践终了时的结果在实践开始时就已经以观念的形态存在于人类大脑中了。可见，想象产生于人类实践的需要，并随着人类社会实践的发展而发展。后来，想象成了艺术活动和理论活动的重要因素。既然想象是人类创造新产品以及改造现实的有目的活动的主要环节，所以想象并不神秘，它存在于所有的意识表现形式中，正如列宁在《哲学笔记》一书中所指出的，在最简单的概括中，在最基本的一般概念中，都有一定成分的幻想。

古往今来,物理学大师与发明家根据他们凭借想象力取得显赫成果的经验,认为想象力是从事物理学研究必备的重要能力,甚至把想象力看得比知识还重要。爱因斯坦指出:"想象比知识更重要,因为知识是有限的,而想象力概括着世界上的一切……严格地说,想象力是科学研究中的实在因素。"(《爱因斯坦文集》第一卷,商务印书馆 2009 年出版)

2. 产生科学想象的机理

如前所述,想象是在头脑中改造记忆表象而创造新形象的过程,也是对过去经验中已经形成的暂时联系进行新结合的过程。所以,从生理学观点看,想象产生的机理应当是,大脑皮层出现了许多暂时神经联系的新结合,而这种新结合是在外界刺激的作用下形成的——或者是在偶然刺激信息的作用下,使大脑皮层以前互不联系的某些刺激痕迹有选择地沟通联系了(无意想象);或者是在一定的目的、语言化任务的提示下有选择地互通联系了(有意想象)。可见,想象不是凭空产生的,它要以已有事物、认识水平、知识和能力为基础,还要以外界刺激信息为激发因素。

借鉴多数学者的看法,我们尝试着为创造性科学想象的产生机理建立如图 3-11-1 所示的图式。

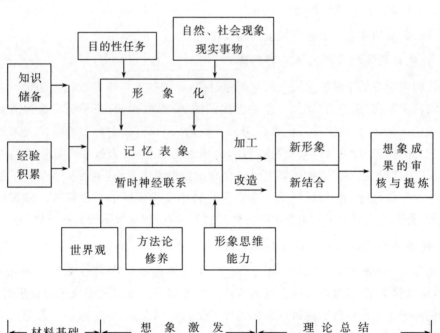

图 3-11-1 创造性科学想象的产生机理图式

3. 科学想象是形象思维与逻辑思维相结合的产物

M·纽曼指出,想象力的形象并非感觉印象的简单仿造,而是记忆、片断的重拟、解释和象征。他还认为,最能影响想象力生成的是感情和概念思维。所以,科学想象应该是形象思维与逻辑思维相结合的产物。

形象思维主要是运用形象进行的思维活动,其成果表现为形象的活动体系。逻辑思维主要是运用概念进行的思维活动,其成果表现为概念的逻辑体系。形象思维与逻辑思维既相互对立又相互统一。例如,概念是科学抽象的结果,而科学抽象是撇开次要方面、抽取主要方面的过程和利用神经联系重新组合的过程,这就不能不存在想象。因此,从感性直观到抽象概念的飞跃包含着一定的想象和幻想成分。又如,推理(特殊到一般的归纳、一般到特殊的演绎、特殊到特殊的类比、各种推理综合运用的假说)也包含有想象。数学在一定条件下把圆当作多边形,把 $\sin x$ 当作 x,甚至使用着离开现实原型的 $\sqrt{-1}$;物理学的"理想气体""理想热机"等理想模型,也都包含着想象成分。所以可以认为,研究对象越复杂、抽象程度越高、推理层次越多,想象和幻想积累得就越多。哲学家往往比自然科学家更早地猜测到自然规律,主要就是因为哲学比自然科学更为抽象、更便于运用想象和幻想来弥补现实资料的不足。总之,在用概念反映对象的过程中,逻辑思维是主要的而形象思维是次要的;但就科学想象本身而言,则不能简单地认为它也是逻辑思维为主、形象思维为次,而应该把它看作形象思维与逻辑思维相结合的产物,看作一种把概念与形象、抽象与具体、现实与未来、科学与幻想巧妙结合起来的独特思维方法。

二、科学想象的物理学方法论作用

科学想象对物理学方法起着积极的建设作用。

1. 科学想象是构成其他方法的要素

现代物理学正处于做出重大发现的革命时期,亟须建立科学发现的方法论。著名科学哲学家波普尔在《猜想与反驳》一书中提出的猜想-反驳模式,正是顺应这种需要而建立的方法论。他认为,科学发现包含猜想和反驳两大环节,其中对于科学发现来说具有建筑性意义的猜想,应是"科学家根据问题,大胆进行猜想,努力按照可证伪度高的要求提出假说"的过程。显然,猜想环节主要包含的正是想象因素,这就使猜想带上了积极合理的方法论色彩,也使猜想-反驳成为符合现代科学发现实际的重要模式。波普尔所以能够如此,是因为他继承了爱因斯坦的方法论思想,而爱因斯坦是极为推崇想象的。

2. 科学想象是其他方法的基础或前提

类比作为一种思维,其重要前提是通过想象为原型找出适当的模型。汤川秀树指出,当古希腊哲学家"留基伯和德谟克利特在历史上第一次提出关于原子的设想时,他们必定会把原子想象成类似于固体球那样一种可见物体的东西,虽然原子小得无法用肉眼看见"(转引自周昌忠著《科学研究的方法》,福建人民出版社 1986 年出版)。科学家发现问题也得倚重想象。英国物理学家伯纳尔说:"发现问题比解决问题不知困难多少。前者需要想象,而后者只凭本领。"(转引自周昌忠著《科学研究的方法》)

理想模型的建立以及理想化方法的应用也要以想象为基础。假说在本质上是新思想的体现。现代物理学的高度抽象性要求物理学家发挥超人的想象力,以提出新的思想和假说。思想实验最明显地体现了对想象的依赖,它是把实验在理想情况下的对象、条件和步骤转化为观念形态在人脑中进行想象的过程。观察与真实实验同样离不开想象,任何真实实验之前都要进行设计，即对实验的步骤、条件、可能发生的问题和结果进行设想等。

§3-12 等效转换法

在物理实验中，常有一些现象因不明显而不易观察或不易直接观察，这就要借助力、热、电、光、机械等的相互转换，间接地实现可观察、容易观察或观察效果明显的目的。这种把某些难于测量或不易测准的物理量通过转换变成能够测量、容易测准的物理量，或者把某些不易显示的物理现象转换为易于显示的现象，称为转换法。这里说的转换，必须是从等效的思想出发进行的转换，所以也叫作等效转换。例如，物体发生形变或运动状态改变可以证明物体受到力的作用，马德堡半球实验可以证明大气压的存在，雾的出现可以证明空气中含有水蒸气，影子的形成可以证明光沿直线传播，日食现象可以证明月亮不是光源，奥斯特实验可以证明电流周围存在着磁场，指南针自由静止时指南北方向可以证明地磁场的存在，扩散现象可以证明分子做无规则运动，铅块实验可以证明分子间存在着引力，运动的物体能对外做功可证明它具有能，等等。等效转换主要包括以下几种形式。

一、时间量与空间量的转换

物体运动离不开时空，物理实验中经常需要测量时间量或空间量，有时还需要两者之间进行转换。例如，质子的平均寿命约 10^{31} 年，而地球寿命仅几十亿年，常规方法是无法测量的。解决的途径是，如果用 10^{33} 个质子（每吨水约有 10^{29} 个质子），则 1 年之内可能有 100 个质子衰变，使原来根本没有可能实现的事情变成有可能实现了。这里是把时间概率转换为空间概率。同样，伽利略在研究自由落体运动规律时缺少精确的计时工具，伽利略便巧妙地利用古代人们所使用的滴漏来测量这一时间。滴漏是把对时间的测量转换为对水的质量亦即水的体积（空间量）的测量。

二、变量与常量的转换

在物理实验中，有时会遇到所测的物理量是变量，这时就需把变量转换成常量进行测量。以粗略测出篮球拍击地面时对地面的冲击力为例。球对地面的冲击力是瞬时的，是变量，无法直接测量；但是，冲击力的大小与篮球和地面接触处形变大小有关。因此，可将白纸铺在地面上，将篮球放入盛水的盆中弄湿，让球拍击地面上的白纸，留下球的水印；再将有水印的纸铺在台秤面上，将球放在水印中心，用力缓慢压球，当球发生的形变刚好与水印吻合时，台秤的示数即为冲击力的大小。又如，用电容器放电测电容的实验，对于电容器上积累的电量，通过其放电电流的大小和放电时间的长短即可求得。但是，电容器在放电时，放电电流是一变量，无法直接测量。我们可测出电流随时间的变化规律，在坐标纸上作出 I-t 图线，I-t 图线与坐标轴所围成的面积就等于电容器所带电荷量 Q，而此面积可直接从方格纸上数出。

三、微观量与宏观量的转换

物理实验中有时会涉及对一些微观量的测量。由于微观量太小而无法直接测量，往往需要将对微观量的测量转换为对宏观量的测量。例如,油膜法测分子直径实验中,将难以测量的微观量分子直径转换为对宏观量 V(体积)和 S(面积)的测量。另外,微观现象也要转换成宏观现象进行观察。例如,在布朗运动实验中,液体分子的运动是通过悬浮颗粒的运动来反映的;阴极射线难以用肉眼观察,可以利用阴极射线的机械效应(使叶轮飞旋)和荧光效应(使荧石发光)转换显示;其他诸如威尔逊云室、气泡室等,也都是利用宏观效应来显示微观粒子径迹的。

四、状态量与过程量的转换

在物理实验中,常常会涉及状态量的测量,如速度、加速度等,而状态量又是不便直接测量的,往往要转换成相应的过程量进行测量。1673 年,马略特采用单摆方法做碰撞实验。他把物体用线悬吊在同一水平面下作为摆锤,摆锤在最低点的速度与摆的起点高度有关;摆锤能够上升的高度,决定于在最低点碰撞后所获得的速度,如图 3-12-1。这样,马略特就找到了一种巧妙的办法来测量碰撞前后的瞬时速度;而在这之前,要进行这种测量是很困难的。又如,碰撞中的动量守恒实验,必须测量而又不便测量的量是入射小球和被碰小球碰撞前后的速度,因为从槽上滚下来的入射小球的运动方向是水平的,两球碰撞后的速度也在同一方向上,根据平抛运动的知识,小球碰撞前后的速度可以转换成小球飞离轨道后的水平距离来测量。

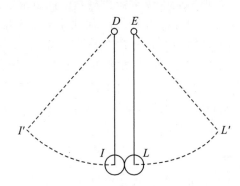

图 3-12-1 小球碰撞实验示意图

在研究牛顿第二定律的演示实验中,用比较同一时间内的位移来间接比较两辆小车运动的加速度,即把测量加速度转换成测量位移。同样,在测定匀变速直线运动加速度的实验中,虽然无法直接测加速度,但利用运动学规律 $\Delta s = at^2$,将对加速度 a 的测量转化为对位移 s 和时间 t 的直接测量。伽利略在研究自由落体运动规律时,由于 $\dfrac{\Delta v}{\Delta t}$ 不易测量,就把它转换为对 s 和 t 的测量。

五、不规则量与规则量的转换

在物理实验中,经常遇到不规则量的测量,这时人们常常将其转换成规则量去测量。例如,对一条曲线长度的测量可转换成测一条棉线的长度;当测一块形状不规则的小石头体积时,可用细线把石头捆起来,浸入装有水的量筒中,量筒中水面对应刻度的增量就是石头的体积。这种测量的方法是形状转换法，即把不规则的形状转换为规则的形状去测量。中学物理还讲到了一种测量油膜面积的方法。一滴油滴在水面上形成一层很薄的油膜，如何测量这个不规则油膜的面积呢？在一块透明的板上描出油膜的形状，再将板放在方格纸上，数一数油膜形状内有多少个小方格，对其中超过半格的计数、不足半格的不计数，油膜面积等于小方格的总数乘以一个小方格的面积，这样把不规则的量转换为规则的量进行测量。

六、小量与大量的转换

物理实验中常遇到一些微小物理量的测量。为提高测量精度，常需要采用合适的放大方法，选用相应的测量装置将被测量放大后再进行测量。常用的放大法有累积放大法、形变放大法、光学放大法等。

在用"油膜法测量分子直径"的实验中，分子直径的大小等于一滴油的体积除以油膜的面积。分子的直径是一个很难直接测量的极小量，因此，通过转换间接测量一滴油的体积和油膜的面积两个较大的量。而测量一个油滴的体积和测量大量油脂分子形成的油膜面积，又都是利用了累积放大的方法。

在牛顿发现万有引力定律100多年以后，英国物理学家卡文迪许巧妙地利用扭秤装置，第一次在实验室里比较准确地测出了引力常量。卡文迪许的扭秤实验，采用的科学方法就是测量小量转换成测量大量的方法。

七、抽象量和直观量的转换

在物理实验中，经常会涉及一些抽象物理量的测量，由于不便直接测量，需要转换成相应的直观量进行测量。例如，1593年，伽利略发明了第一支空气温度计，他将不易观察的抽象量——"气温"转化为容易观察的直观量——"液柱的变化"。在探究物体动能的影响因素实验中，我们可以通过比较木块移动的距离来比较物体动能的大小。在探究重力势能的影响因素时，我们可以通过比较沙坑下陷的深度来比较物体重力势能的大小。

八、待测量与改变量的转换

浮力的大小不易测量，我们可以通过测量物体浸没前后弹簧测力计示数的变化来间接进行测量。这种转换方法在物理学研究中是常见的方法，即待测量与改变量的转换。例如，密立根在做油滴实验时，为了求得单个电子的电荷量，他用X射线照射油滴，使油滴上带的电荷数发生改变，并以其最小的变化量作为一个电子的电荷量。这就是利用测量改变量代替待测物理量的例子。在教学中，通过这一转换法往往能处理一些难以解决的问题，教师应该引导学生关注这一转换方法。

九、非电学量与电学量的转换

物理实验中往往需要将非电学量转换为电学量进行测量。例如，霍尔片是根据霍尔效应的原理来实现磁电转换的。利用非电学物理量的角度、位移、深度等的变化能够引起电容器电容的变化，由此可以制成电容式传感器。

第四章　教材中的科学方法因素分析

结合物理教学向学生进行科学方法教育，已经成为广大教师的共识。而进行物理科学方法教育最基础的工作，就是要对教材中的科学方法因素进行分析。

所谓教材中的科学方法因素分析，就是以物理学史资料为线索，对比物理学发展中的研究方法，分析、挖掘教材是用什么方法描述物理现象、研究物理现象的，是怎样设计物理实验的，是如何建立物理概念的，是怎样探讨、总结并检验物理规律的，等等，目的是在此基础上，结合教学进行物理科学方法教育。

根据方法的基本概念、方法存在的基本形式以及物理科学方法因素判定原理，结合教学的经验体会，我们总结出三种教材中的科学方法因素分析方法，即知识结构分析法、教学逻辑程序分析法、知识类型归类分析法。

§4－1　知识结构分析法

所谓知识结构分析法，就是在分析一节（或一单元）教材的知识结构、内在联系，画出知识结构图示的基础上，针对知识的内在联系（体现在知识点的连接处），分析其中的科学方法因素，其具体步骤如下：

（1）找出该单元教材中的知识点（概念、规律、实验、习题等），并用方框把每个知识点分别框起来；

（2）按知识点的内在联系及扩展、引申的线索，用箭头把各方框（知识点）连接起来，构成该单元教材的知识结构；

（3）分析箭头处（键）所存在的科学方法因素。

例如，图 4-1-1 是"电磁感应"单元教材的科学方法因素分析。

一、分析教材的知识结构

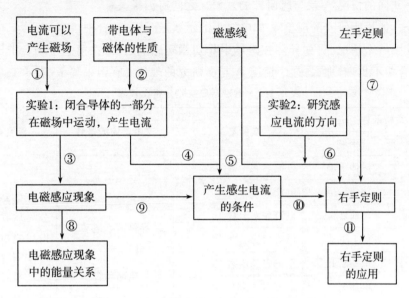

图 4-1-1 "电磁感应"科学方法因素分析示意图

二、剖析科学方法因素（对应以上箭头处所示的数字）

① 逆向思维法：当人们在揭示已知与未知的矛盾时，打破习惯的固定思维程序，沿着反向去考虑问题，以求得问题的解决，或者去探索新的领域，这种思维方法叫作逆向思维法。据此，我们可以设想，既然利用电流可以在周围产生磁场，那么能否利用磁场产生电流呢？

② 类比：如前所述，类比是以比较为基础，根据两个（或两类）研究对象之间在某些方面的相似或相同，而推论它们在其他方面也可能相似或相同的思维方法。类比的方式之一是：A 对象具有属性 a，b，c，d；B 对象具有属性 a，b，c；所以，B 对象可能也有属性 d。据此，我们也可以把带电体与磁体的性质作类比，从而推测运动的磁体可能产生电流。电荷与磁体性质对比见表 4-1-1。

表 4-1-1 电荷与磁体性质对比表

性质对象	a 种类	b 相互作用	c 吸引性	d 电磁关系
带电体	正、负电荷（＋、－）	同斥 异吸	吸引轻小物体	电荷运动（电流）产生磁场
磁 体	N，S磁极（北、南）		吸引铁磁性物质	？

③ 观察：观察是利用人的眼睛在大脑指导下进行的有意识的、有组织的感知活动，通过观察，总结出利用磁场可以产生电流这一规律。

④⑤ 通过对实验结果的比较，并运用求同法与求异法研究产生感应电流的条件。需要比较的因素有导体动与不动、导体前后运动与上下运动、电流表有示数与无示数。

求同法：如果所研究的现象 a 出现在两个以上的场合中并有一个情况 A 是共同的，那么，这个共同的情况 A 就与所研究的现象 a 之间有因果关系。

求异法：如果所研究的现象 a（如电流表的示数）在一个场合中出现，在第二个场合中不出现，其中一个情况 A（如导体在磁场中作切割磁感线运动）在第一个场合中出现而在第二个场合中不出现，那么，这个情况 A 与所研究的现象 a 有因果关系（表 4-1-2）

表 4-1-2　电磁感应实验分析比较表

实验条件		实验结果		产生电流的条件	综合条件
相同	相异				
电路闭合 且存在磁场	导体不动	电流表无示数	求异	导体运动	闭合电路的一部分导体在磁场中做切割磁感线运动，产生感应电流
	导体前后运动	电流表有示数			
	导体前后运动	电流表有示数	求异	导体前后运动	
	导体上下运动	电流表无示数			
存在磁场，导体切割磁感线	电路断开	电流表无示数	求异	电路闭合	
	电路闭合	电流表有示数			

当然，在总结上述条件时，还要借助于空间想象：把导体在磁场中运动想象成导体切割磁感线，把对调磁极想象成改变磁感线的方向。

⑥ 运用归纳法总结右手定则，具体步骤如下：一是，感应电流的方向与导体的运动方向、磁感线方向三者有确定的关系；二是，伸开右手，大拇指与其余四指垂直并与手掌在同一平面内，放入磁场中，让磁感线穿过手心，大拇指指向导体的运动方向，其余四指所指的方向就是感应电流的方向。通过实验验证，用上述判断方法得到的结果与事实相符。三是，归纳得出右手定则。

⑦ 也可以类比左手定则，进而总结右手定则。

⑧ 进一步抽象概括，或者用因果关系逻辑推理得出电磁感应的过程是机械能转变成电能的过程：有感应电流（结果）→有电能→如何引起→导体作切割磁感线运动→消耗机械能（原因）。

同时指出，任何局部的真理都必须受普遍性原理的约束（能量的转化与守恒定律），这是我们从事研究所必须遵循的原则。

⑨⑩ 设疑提问法：科学活动是人类典型的创造性认识活动，它并不是消极地等待自然界"暴露"出自身的奥秘，而是积极地探索自然界的秘密，这就集中表现为提出问题和探索问题的答案。因此，科学理论的发展可以说是从问题开始的，提出问题也就具有了方法论意义。与解决问题相比，提出问题往往更需要创造性的想象力。

⑪ 右手定则属于规律范畴，一旦把它作为工具用于解决实际问题，它也就成为一种方法了。

§4－2　教学逻辑程序分析法

所谓教学逻辑程序分析法，就是依据某一节或某一单元教材所提供知识内容的逻辑程序，或者教师自己设计的教学逻辑程序，把它分成明显的若干步骤（也就是许多"子程序"）。因为程序之间反映了知识的纵向联系，是知识逐渐发展的过程，再根据物理科学方法因素判定原理，即可分析出每两步之间存在的方法论因素。

我们选"比热"一节教材［《初中物理》（第二册），人民教育出版社 1983 年出版］为例，依照教材编者提供的建立比热（容）概念的逻辑程序，分析其中的科学方法因素（表 4-2-1）。

表 4-2-1　"比热（容）"教学逻辑程序与科学方法因素分析表

教学逻辑程序	科学方法因素
提出问题：1 克水升高 1℃吸收 1 卡的热量，1 克其他物质升高 1℃吸收多少卡的热量？	用实验方法研究解决
实验条件：相同质量的物质，同样的温度，同样的烧杯，同样的酒精灯，加热同样的时间； 实验对象：两种不同的物质——水和煤油	为什么提出这么多个"相同""同样"——实现单因子实验
实验结果：煤油比水升温快	比较方法（同中求异）
推论：质量相等的水和煤油，升高相同的温度，吸收的热量不同	理论推证法 简单枚举法
进一步用其他物质做实验	克服简单枚举法的片面性
结论：质量相等的不同物质升高相同的温度，吸收的热量不相等	归纳法
引入比热（容）概念	引入概念的实验依据
定义比热（容）概念（略）	多因子概念的定义法； 选"单位质量""升高 1℃"——定义概念的简单性原则
比热（容）概念的文字叙述	抽象概括
比热（容）概念的数学公式	多因子比值法
确定比热（容）的单位	按定义式确定单位
给出比热（容）表，　应用比热（容）定义解决问题（略）	比热（容）表的列表及应用法

该节教材重点讲述了一个比热（容）概念，做了一个实验。

（1）比热（容）概念属于导出概念，可以在热量、温度、质量等已知概念的基础上运用"概念同化"的方法来建立，并用多因子的比值方法来定义，符合概念定义的简单性原则。

（2）做实验是为建立概念提供依据，实验中运用了单因子实验法，对实验效果的观察运用了对比的方法,对实验结果的分析运用了同中求异法、简单枚举法。

我们还可以进一步依照教材编者提供的建立比热(容)概念的逻辑程序,一一对应地分析各程序之间涉及的科学方法因素。因为程序之间反映了知识之间的纵向联系,是知识逐渐发展的过程。因此,每个程序中都对应有知识点之间的过渡,根据第二章介绍的物理科学方法因素判定原理,一定可以对应地找到科学方法因素。

当然,总结出这么多的方法,并非都要教给学生,教师对此要进一步分析,并根据物理科学方法教育的目标,有计划、有步骤地向学生介绍有关方法。但是,教师掌握这种分析方法是很有必要的,因为它为进行物理科学方法教育奠定了基础。

§4-3 知识类型归类分析法

所谓知识类型归类分析法,就是从物理学科本身的体系结构出发,把物理教材按其内容的侧重点不同,宏观地分为四大类:① 讲授物理概念为主的教材;② 研究物理规律为主的教材;③ 物理实验为主的教材;④ 解决问题为主的应用(习题)教材。教师应详细分析每一种知识类型一般具有的科学方法因素,以此为借鉴,再遇到同类型的知识时即可进行类比分析。

一、概念教材中主要的科学方法因素

(1) 概念的引入与建立方法:概念建立,概念同化,概念顺应。

(2) 概念的分类方法。

(3) 定义概念的基本原则:普遍性,简单性,可测性。

(4) 定义概念的主要方法:操作定义法,人为定义法,数学推论法。

二、规律教材中主要的科学方法因素

(1) 总结规律的基本方法:实验归纳法,逻辑推理法,理想实验法,假说方法,视频分析法。

(2) 总结规律的数学表达式:做单因子实验,写成数学关系。

(3) 简化数学表达式:改变坐标原点——查理定律,改变坐标参量——斯涅尔定律。

(4) 介绍物理学家的方法论思想。

(5) 介绍重要物理规律发现中的方法论思想。

(6) 介绍物理学家的失误。

三、实验教材中主要的科学方法因素

(1) 设计实验的基本组成部分(实验对象、实验源、实验效果显示器)。

(2) 实验效果显示器的设计方法:比较法(共同、差异),转换法(力、热、电、光、机械等),放大法,其他方法(叠加平均、平衡思想、记忆法等)。

(3) 实验结果的分析方法:定性的因素分析法,定量的数学分析法。

下面几节中,我们再进一步较为深入地分别对这些科学方法因素进行探讨。

§4－4　建立物理概念的方法

中学物理学习的中心内容就是物理概念和物理规律。从某种意义上说，两者相比，物理概念更为重要，原因有两个。首先，像盖房子所需的钢材、木料、水泥一样，物理概念是思考问题的基础，分析问题以及选择定律、公式的过程就是运用一系列概念在头脑中进行思考、判断、推理的过程。其次，物理定律与公式都是由概念出发，通过实验经过思考而建立的，它反映的是物理过程中概念之间的内在联系。例如，部分电路的欧姆定律$I=\dfrac{U}{R}$，它体现了通过一个电阻R上的电流I与电阻R本身的大小以及加在它两端的电压U的大小之间的关系。显然，如果连电流、电阻、电压等概念都不清楚的话，就无法真正掌握欧姆定律及其公式。因此，学好概念是至关重要的。

一、物理概念

什么是物理概念呢？我们在学习中遇到的力、机械运动、密度、速度、压力、压强等都是物理概念。这些物理概念反映的是大量物理现象或物理过程中最本质的属性。

例如，我们经常观察到这样一些现象：人推车，牛拉犁，手提水桶，书压桌面，磁铁吸引铁钉等。虽然这些现象千差万别、各式各样，但是如果忽略现象中的一些非本质的东西，就会发现它们都有一个共同点：每种现象中都包括两个物体，而且一个物体对另一个物体正在施加推、拉、提、压、吸等动作，这些动作可以称为"作用"。人、牛、书、手、磁铁等，可以抽象概括为施加作用的物体；而车、犁、水桶、桌面、铁钉等，可以抽象概括为受到作用的物体。这样，我们就可以丢开这些物体之间动作的具体形式，把物体对物体的"作用"称为力；或者说，"力就是物体对物体的作用"。再进一步分析，人推车向前，车必向后推人；牛向前拉犁，犁必向后拉牛；手提水桶向上，水桶必向下拉手；书向下压桌面，桌面必给书以向上的支持的作用。这说明物体间的作用总是相互的。于是，我们就可形成"力"的概念，并且定义"力是物体间的相互作用"。

抽象出来的物理概念反映的是物理现象或物理过程最本质的特性，而抛弃了那些特殊的、次要的、非本质的特性。例如，力这个概念反映了"物体与物体间相互作用"这一共同的本质属性。至于两个物体是什么物体，是有生命的还是无生命的，它的大小、形状、颜色如何，它是由什么材料构成的等，都是非本质的属性，都不包括在力的概念之中。又如直线运动这一概念，反映的是运动轨迹为直线的一切机械运动；至于运动物体是什么样的，在什么条件下做直线运动，是沿直线单方向运动还是在直线上来回往复运动，这些非本质特性都不包括在直线运动概念之中。

二、物理概念建立的过程

物理概念是依据概念的定义原则（普遍性、科学性、可测性等）及概念建立的程序，在人的大脑中一步一步建立起来的。

下面以"弹力"为例，简要介绍概念在人的大脑中是怎么建立起来的。

概念建立的过程，要经历人的心理活动过程。这一过程大致经过四个阶段（或者说四个心理活动形态)。

第一是感觉。它是认识的来源和出发点。人们凭借视觉、听觉、嗅觉、味觉和触觉等,可以在极其简单的情况下,认识客观对象的某些个别属性。例如,人们在日常生活实践中发现了一些物理现象:用手提一桶水时胳膊上的肌肉会收缩绷紧,弹簧下挂重物时会伸长,小朋友只有拉长橡皮筋才能把弹子射出去,我们坐在沙发上沙发弹簧会被压缩,我们用扁担挑水时扁担会弯曲……这些毫无联系的现象,通过眼睛、皮肤作用于人的大脑,形成感觉。

第二是知觉。上述现象感觉多了,积累到一定程度,借助于比较和综合能力,人们开始归纳、综合上述现象的共同特征,即每种现象中都伴有物体形状的变化。这就是知觉。

第三是观念。当人们的感觉和知觉积累得足够丰富的时候,可以达到这种地步:这时人们尽管没有直接看到或接触到实物或现象,但是,只要听到别人讲出(或写出)"用手提一桶水""弹簧下挂一个重物"时,头脑中就会呈现出过去感觉和知觉到的现象。这就是观念。这是初步思维后在人脑中留下的形象,人们靠记忆和回忆可以再把它呈现出来。

第四是概念。在感觉、知觉的基础上形成观念后,人们进一步经过反复的比较、分析、抽象、概括,抛弃上述物理现象中的非本质的一些属性,如人的胳膊的粗细、水桶的材料、弹簧的颜色等,得出结论:当物体发生弹性形变时,它就对使它发生形变的物体产生力的作用,这种力的作用就叫作弹力。这样,"弹力"概念就应运而生了。概念已经不是事物的现象,不是事物的各个方面,不是它们的外部联系,而是抓住了事物的本质、事物的全体、事物的内部联系了。

下面再以初中物理中最常见的几个重要概念——速度、密度、压强、功率为例,说明建立概念的程序。

1. 说明建立概念的必要性

例如,引入速度是为了描述物体运动的快慢,引入密度是为了说明物体的质量与体积的关系,引入压强是为了比较压力产生的效果,引入功率是为了表示做功的快慢。

2. 统一标准

统一标准即对某一物理量取其"单位状况"考虑。之所以取"单位状况",这是为了简便:单位时间通过的路程,即速度;单位体积的某种物质的质量,即密度;单位面积上所承受的压力,即压强;单位时间里所完成的功,即功率。

3. 列举数字例题加深体会

例如,3 s 通过 30 m——速度值为 30 m/3 s＝10 m/s;

3 m³ 的铁的质量为 2.34×10^4 kg——密度为 2.34×10^4 kg/3 m³

＝7.8×10^3 kg/m³;

4 m² 面积上受到的压力为 600 N——压强为 600 N/4 m²

＝150 N/m²＝150 Pa;

10 s 内做功 100 J——功率为 100 J/10 s

$=10\ \mathrm{J/s}=10\ \mathrm{W}$。

4. 概括为物理量的文字表达式

速度、密度、压强、功率的文字表达式分别为

$$速度=\frac{路程}{时间}$$

$$密度=\frac{质量}{体积}$$

$$压强=\frac{压力}{受力面积}$$

$$功率=\frac{功}{时间}$$

5. "翻译"成物理量的数学表达式，并确定该量的国际单位制单位

速度、密度、压强、功率的数学表达式分别为

$$速度\ v=\frac{s}{t}，单位：\mathrm{m/s}$$

$$密度\ \rho=\frac{m}{V}，单位：\mathrm{kg/m^3}$$

$$压强\ p=\frac{F}{S}，单位：\mathrm{Pa(N/m^2)}$$

$$功率\ P=\frac{W}{t}，单位：\mathrm{W(J/s)}$$

这种建立概念的程序，对初学物理的学生来说是比较容易接受的。

三、物理概念的分类方法

学生一开始学习物理，就会遇到许多概念，对这些概念，大都未进行定义，如物理、力、热、电、光、实验、现象、测量、单位、振动、反射、折射等，以及利用"词语定义"的一些概念，如音调、响度、音色、熔化、凝固、入射角、折射角、杠杆、定滑轮、动滑轮等。一开始就严格地对有关概念进行定义，往往是不可能的；我们采取的办法是逐渐地对概念进行定义，并对概念进行分类。

世界上的一切事物都可以按其属性区分开来，并将其归入一定的门类。这种按属性的异同将事物区别为不同种类的科学方法叫作分类。分类要遵守穷尽性原则和排他性原则。

物理概念按其在建立学科体系时的相互关系分类，可以分为基本概念和导出概念。基本概念是本身不必用其他物理概念来定义的概念，如长度、时间、质量、温度等。导出概念是在基本概念的基础上，借助于有关的规律及数学公式推导出的新概念，如速度、密度、压强、功、电场强度等。当然，根据不同的需要和目的，还可以以不同的分类标准对概念进行分类，如按物理概念的关系可以分为上位概念和下位概念、种概念（大类）和属概念（小类）等。

四、物理概念的建立与定义

1. 建立与定义物理概念的主要原则

（1）普遍性原则。

普遍性原则是指抽象出来的东西必须具有本质性和普遍意义，可以用于对许多物理现象及规律的描述。例如，"力是物体与物体之间的相互作用"，此处的"物体""作用"都是具有本质性和普遍意义的，它既可以指具体的物体（如桌子）与作用（如推、拉、提、压），又是抽象出来的、具有普遍意义的"物体"（不考虑大小、形状、物质种类等）与"作用"。又如，浸在液体中的物体受到液体对它向上托的力叫作浮力，这个定义对于所有液体都适用，而且还可以推广到气体中使用。

（2）简单性原则。

简单性原则是指要用最简练的语言、最少的因子、最简单的数学公式来描述和定义物理概念。例如，"力是物体与物体间的相互作用"是用最简练的语言定义概念的范例；可以说，这个定义多一个或少一个字都不确切。$v=\dfrac{s}{t}$ 这一数学表达式也可以说是无法再简单了。

（3）可测性原则。

可测性原则是指尽可能地使定义的概念与数学、测量联系起来，以便实现定量化描述。例如，我们定义密度 $\rho=\dfrac{m}{V}$，只要测出物体所包含的质量及它的体积，运用上式即可计算出该物质的密度，这种定义就具有可测性。这种可测性甚至适用于表面上看来并不带有数字意义的概念。例如，"电子"可以说是具有 -1.6×10^{-19} C 电荷、9.1×10^{-31} kg 质量，能独立存在的最小粒子。

2. 建立与定义概念的方法

建立概念的方法主要有三种。

第一种是概念建立。人们在自己活动的范围内直接接触了大量的同类事物，从经验出发，通过初级的辨别、抽象、分化提出一些假设，经过验证和概括等思维过程，获得了这一类事物或现象的共同特征，并且通过有经验的"成人"或"权威"的肯定与否定的回答来加以证实，从而建立或定义某些概念。例如，我们小时候，不小心用手摸了火炉子被烫了一下，手缩了回来，爸爸妈妈就告诉我们因为火炉子是热的，于是"热"的概念就这样在我们的头脑里建立起来了，至于精确地建立热的概念那是以后的事情。这样的概念一般都是人为规定的或通过操作来建立的。所谓操作定义，就是当我们给一个物理量规定一套测量程序并给它规定一种单位，我们就说定义了该物理量。选择"单位"是任意的，但是要简单实用，尽量符合现代物理概念的要求，而且固定不变，能制成模型，可以复制。例如，我们拿着中国的"尺"（我们规定的标准），沿着桌子的一边量了 3 次正好到头，我们就说桌子的长度是"3 尺"。长度的单位有了，操作程序也定了，长度的定义也就建立起来了。这种方法叫作概念建立。

第二种是概念同化。利用头脑中已有的认知结构去联系新的知识,使新的知识在原有的认知结构的基础上获得心理意义;如果成功,便达到新的认知平衡,实现了概念的同化;通俗地说,就是利用我们已经建立的概念再建立新的概念。例如,我们已经建立了路程(长度)s 和时间 t 的概念,再利用已经学过的数学比值的方法,即可定义速度为 $v=\dfrac{s}{t}$。这种定义方法叫作概念同化。

第三种是概念顺应。如果我们要研究的新知识、新概念与原有的知识差别太大或不易直接建立起联系和迁移,必须修改原有的认知结构或建立新的认知结构,从而达到新的认知平衡;也就是说,利用已经有的概念,不能直接定义我们研究的新概念,而必须另外先建立一些新的概念才可以定义我们要表达的概念,这种方法叫作概念顺应。例如,要建立电压概念是很困难的,因为已有的知识无法和它联系起来,只有进一步学习了电场、电势能、电势、电势差等其他电学知识以后才能正确地建立电压的概念。所以,建立电压概念的过程就是概念顺应的过程。

定义物理概念的方法主要有以下几种。

(1) 操作定义法。

如上所述,当我们给一个物理量规定了一套测量程序并给它规定了一种标准单位时,我们就说定义了该物理量。前面所说的长度就是典型的利用操作定义法定义的概念。

(2) 人为规定法。

人为规定法是在经验事实或观察实验的基础上,人们根据需要确定概念的方法。这种确定要符合实际,要能自洽于某一理论体系,同时要尽量简单,在可能的条件下还要照顾人们的习惯。利用词语定义概念是常用的方法。例如,机械运动、参照物、入射角等实际上都是人为规定的。

(3) 数学定义法(一般都是物理量)。

① 数学推导。根据已知的概念、规律,借助于数学推导而定义概念,如引入 $E_k=\dfrac{1}{2}mv^2$ 为动能。应用此法定义的概念一般是确定的、没有任意性,但有时"远离经验事实"。

② 比值定义法。例如,速度 $v=\dfrac{s}{t}$,密度 $\rho=\dfrac{m}{V}$,比热容 $c=\dfrac{Q}{m \cdot \Delta t}$,电场强度 $E=\dfrac{F}{q}$,磁感应强度 $B=\dfrac{F}{IL}$,电动势 $E=\dfrac{W_{非}}{q}$,电容 $C=\dfrac{Q}{U}$ 等概念,各自的背景大相径庭,然而定义它们的方法却如出一辙,都是应用了比值定义法。对此,后面我们将作详细介绍。

③ 多因子乘积定义。例如,功、电功等概念就是利用了多因子(物理量)乘积方法定义的。

3. 定义概念时应该注意的问题

(1) 定义概念所用的词语不能形成逻辑循环。

例如,在初中课本中,由于受学生知识水平的局限,对质量概念是这样定义的:"物体所含物质的多少叫作质量。"物体所含物质的多少不就是质量的大小吗? 这样定义并没有把质量概念正确地表述出来。当然,在初中阶段只能暂时这样来定义,让学生对此有个了解也就可以了。

(2) 不能用比喻来为概念下定义。

我们知道,恰当地运用比喻深入浅出地解释一些概念,可以帮助学生认识一些难以理解的概念。但是,定义概念时却不能用比喻,否则容易造成概念的混乱。例如,以下定义的电压概念就是不可取的:"正如水压是形成水流的原因一样,电压是形成电流的原因。"这样定义电压概念,并没有把电压概念正确表述出来。因为"原因"究竟是什么并没说清楚,这样就很容易使学生将电压理解为一种力,由于力的作用才使电荷流动起来。这种理解显然是错误的。

(3) 要考虑概念定义的合理性。

例如,为了建立压强概念,教材中往往会列举大量的事实和现象,或者通过实验说明压力产生的效果不但跟压力的大小有关系,还跟承受这个压力的面积有关系。实验表明,压力一定时,承受面积越大压力的效果越不明显;承受面积一定时,压力越大,它的效果就越明显。我们可以把以上两种规定压力效果的方法用以下比值表示:

$$压力的效果 = \frac{承受压力的面积}{压力} \quad ①$$

$$压力的效果 = \frac{压力}{承受压力的面积} \quad ②$$

显然,这两种方法都可以说明压力的效果。①式表明单位压力作用于越大的面积上,比值就越大,压力的效果越不明显。②式表明,单位面积上承受的压力越大,比值就越大,压力的效果越明显。显然,前者不太符合人们的习惯,后者比较顺应人们一般的习惯思路,所以最后就用②式作为压强的定义式。物理学中用比值定义的概念的例子很多,如速度、密度、功率等都会遇到这个问题。虽然我们不能对每一个物理概念的演变过程都重复一遍,但是,只要我们明白了这种方法,对于这一类概念的理解就会更深刻一些。

4. 实例

【实例1】"种概念"定义的步骤

(1) 搜集大量现象(表4-4-1)。

表4-4-1　常见的力现象

1. 物体	人	运动员	牛	拖拉机	夯	吊车	磁铁	桌子	手
2. 动作	推	举	拉	耕	砸	提	吸引	压	按
3. 物体	车	杠铃	犁	地	地面	重物	铁钉	地面	图钉

(2) 归纳上述现象的共同点。

上述各现象中,都有两个事物、一个动作:某事物——动作(在)——某事物(上)。在表4-4-1中,第一行的事物中有人、运动员、牛、拖拉机、夯、吊车、磁铁、桌子、手等,我们把它们统称为物体,这是本质的东西(有无生命、是什么机械等都是非本质的);第三行的事物也统称为物体；第二行的动作包括推、举、拉、耕、砸、提、吸引、压、按等，统称为"作用"。

（3）用恰当的物理词语定义。

物体对物体的作用叫作力。概念的定义包括两个部分：

被定义的概念——"力"；

下定义的概念——"物体对物体的作用"，反映力的本质特征。

（4）利用种概念定义属概念。例如：

垂直作用在物体表面上的——力——叫作——压力

种差　＋　种概念　＝　属概念

【实例2】物理概念的比值定义法

（1）比值定义法的基础——比较法。

比较法是确定研究对象之间差异点和共同点的思维方法，是抽象和概括的前提，所以是物理学研究中常用的方法。

（2）比较的程序。

① 首先进行"同中求异""异中求同"的比较（表4-4-2）。

表 4-4-2　比值定义法建立概念的程序表

比较的事物	条件	比较的结果	共同出现的关键物理量	确定比较的标准	建立的物理概念
拖拉机 汽车 飞机	相同的 时间	路程不同	路程 时间	相同的时间	速度
铁块 铜块	相同的 体积	质量不等	质量 体积	相同的体积	密度
小木桌上 放重物	相同的 受力面积	压力不同	压力 面积	相同的面积	压强
人搬砖 滑轮提砖 吊车提砖	相同的 时间	功不同	功 时间	相同的时间	功率

以上比较，也可反向进行，条件与结果交换。

② 总结"比较"中共同出现的关键物理量。

③ 明确比较的标准，而且要尽量简单——"一个单位"最简单。

④ 根据数学知识可知，只要把上述 4 对关键物理量分别求比值，即可满足③中提出的要求，把比较的标准简化为"1 个单位"，做到尽量简单，即

$\dfrac{s}{t} = v$——速度，亦可 $\dfrac{t}{s}$；

$\dfrac{m}{V} = \rho$——密度，亦可 $\dfrac{V}{m}$；

$\dfrac{F}{S} = p$——压强，亦可 $\dfrac{S}{F}$；

$\dfrac{W}{t}=P$——功率，亦可 $\dfrac{t}{W}$。

在速度定义中，$\dfrac{s}{t}$ 是单位时间内通过的路程。其实，亦可用 $\dfrac{t}{s}$ 定义速度，即通过单位路程所用的时间，但不符合人们习惯。密度、压强、功率的定义也有类似情况。

（3）比值的物理意义——具体情况具体分析。

$\dfrac{m}{V}=\rho$——物质常数。所以，对于同一种物质，可以说 m 与 V 成正比，但是不能说 ρ 与 m 成正比、ρ 与 V 成反比。

$\dfrac{s}{t}=v$——物体做匀速直线运动的速度。它反映了物体运动的快慢，在 v 相同的情况下 s 与 t 成正比，但是不能说 v 与 s 成正比、v 与 t 成反比。

五、区别容易混淆的物理概念

物理学中有许多容易混淆的概念，造成了学生学习物理的困难，特别是对于初学者的影响更大。为了学好物理概念，我们必须分析概念混淆产生的原因，并针对原因采取相应的措施。

有一定联系的概念容易被混淆，如重力与压力、温度与热量。因为我们常用凉、热、冷、烫等词语来形容物体温度的高低，因此温度也就必然与热量联系在一起，造成温度、热量等概念的混淆。

名词相似的概念容易被混淆，如质量与重量（现在中学课本不用重量而改用重力）、惯性与惯性定律、压力与压强、热量与比热容等。

名词相近的概念容易被混淆，如汽化与液化、熔化热与汽化热、浮力与浮沉、二力平衡与二力相等、一对平衡力与一对作用力和反作用力等。

计算式相近的概念容易被混淆，如液体压强计算式 $p=\rho gh$，与浮力计算式 $F_{浮}=\rho gV$，在应用时常常被混淆。

另外，表示物理量的代表符号相同或所用的单位相同等，也容易造成概念的混淆。

要想正确区别、认识容易混淆的概念，最有效的方法是对概念进行比较，从概念的物理意义、概念所研究的客观对象、概念的数学表达式等几个方面加以讨论，从而搞清楚它们之间的区别和联系，这样就能正确认识概念了。例如，我们比较重力和压力可知，这两个概念有以下不同之处。

① 重力和压力概念不同。重力是由于地球的吸引而使物体受到的力，而压力是垂直作用于物体表面上的力。

② 一般情况下重力和压力的方向不同。重力的方向始终是竖直向下的；而压力的方向是垂直于受力面，方向不一定是向下的。

③ 一般情况下压力的大小并不等于重力。例如，用手向墙上按图钉时，墙受到的压力的大小等于人手的作用力，跟人所受重力及图钉所受重力无关，压力的方向是水平的。

当然，重力和压力也有相同点：重力和压力都是力，都是物体对物体的作用，它们不但都有大小，而且都有方向；在国际单位制中，它们的单位都是牛顿。由于物体受到重力作用，因此可以造成对支持物的压力。例如，在水平路面上静止的汽车，对地面的压力等于汽车所受重力；如果汽车停在斜面上，压力就不等于汽车所受重力了。所以，压力的大小并不是在任何情况下都等于施压物体所受重力。通过以上的分析比较，学生对重力和压力的理解就会更深刻，也就更容易区分压力和重力的概念了。

结合实际回答一些容易混淆的问题，也是克服日常错误观念的干扰、正确建立概念的重要方法。

例如，用"大于""等于"或"小于"填空，回答以下问题。

① 如图 4-4-1 所示，体积相同的甲球与乙球，甲球沉在水底，乙球悬浮在水中。设它们所受的浮力分别为 $F_甲$，$F_乙$，则 $F_甲$（   ）$F_乙$。

回答这一问题时，有的学生认为"水越深，球所受浮力就越大"。这是由于没有搞清浮力的物理意义及浮力产生的原因，把浮力与压强混为一谈，忘记了浮力公式 $F_浮 = \rho g V_排$ 和压强公式 $p = \rho g h$ 的区别。

也有的学生认为"浮在水面，球所受浮力大；沉在水底，球不受浮力，或者所受浮力小，不然的话，为什么物体能浮到水面上"？这也是由于认识问题的片面性造成的，把物体所受浮力的大小与物体的浮沉条件混淆了。

② 如图 4-4-2 所示，浸没在水中的两个体积相同的锥体，分别用铁和铝制成，设它们所受浮力分别为 $F_铁$，$F_铝$，则 $F_铁$（   ）$F_铝$。

回答这一问题时，有的学生认为"锥底面积比锥尖大，容易被水托住，所以所受浮力也就大"。这是想当然的一种错误观念。其实，浮力的大小总是与物体所排开的液体所受重力相等，与物体本身的密度、所受重力、形状及浸没水中的深度都无关。

③ 如图 4-4-3、图 4-4-4 所示，把一根下端绕有适量铁丝的细木棍分别放入水和酒精中，使细木棍在水、酒精中均处于漂浮状态，设它们所受浮力分别为 $F_水$，$F_{酒精}$，则 $F_水$（   ）$F_{酒精}$。

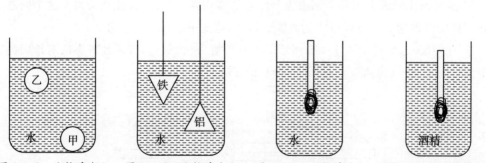

图 4-4-1 比较浮力 1　图 4-4-2 比较浮力 2　图 4-4-3 比较浮力 3　图 4-4-4 比较浮力 4

回答这一问题时，有的学生从图中看到，在水中木棍浮起得更多一些，因此，认为所受浮力也就大一些。也有的学生认为，木棍浸在水中的体积小、浸在酒精中的体积大，所以在水中所受浮力小。造成以上错误，可能是受画图的影响，也可能是片面认识问题造成的。如果坚信漂浮在液体中的物体所受浮力等于该物体所受重力，与其他因素无关，这个问题就不难理解了。

对于以上问题的判断回答,可以加深对概念的理解。

六、联系实际学习概念

真正地理解并掌握概念,只有通过联系实际应用概念分析问题才能实现。

例如,学生在初中物理中就学过,要想使导体中有电流通过,必须在导体两端加上电压。人也是导体,人身上只有通过电流时才会发生触电事故。如果人站在干燥的木凳上只接触一根火线,人身体两端没有电压,因此没有电流(更准确地说,是人体分担的电压很小,电流十分微弱),也就不会发生触电事故。但是,这么一个简单的道理,许多学习了物理的学生,甚至大学生也仍然只是在理论上承认,情感上却不接受。所以,让他站在木凳上触摸一根火线,他就是不敢。学生可在老师的指导、监护下试一试,这样才算真正理解电流概念了(做此实验时,一定要有教师指导,以免发生意外)。

学习概念时,有意识地联系实际问题,也是很好的学习方法。例如,学习了电功率概念和电能表的知识以后,可以先观察一下自己家中的用电情况:安装了哪些用电器并分别记下这些用电器的名称、数目、额定功率和每天平均使用的时间;估算一下每月的电费,看看与家中每月的电费是否大致相符。另外,还可以让学生计算和判断一下,如果同时使用家中的所有用电器,电路中总电流是多大? 是否超过家中电能表的额定电流、家中保险丝的直径大约是多大? 根据保险丝的直径能否通过查表知道它的额定电流和熔断电流,能否在家中的电路中再接入一只 1 kW 的电炉或其他用电器使用?

通过以上具体的考察与计算,学生不仅可以把所学的知识用到实际中去,加深对物理概念的理解,同时也可以提高学习物理的兴趣。

另外,教师还可以通过练习题来检查学生对某一概念的理解程度。

例如,学习了压强概念以后,教师可以编写如下系列习题:

① 什么叫作压强? 这个问题靠机械记忆课本上的词句就能回答。

② 压力产生的效果用哪个词来表示? 它与哪些因素有关,有什么关系? 这个问题必须在了解压强概念的要点以后才能回答。显然,这比第①问的难度要大。

③ 有两块砖,呈现如图 4-4-5 所示的 6 种放置方法,那么,哪种放置方法对地面的压强最大? 为什么?(砖的长:宽:厚=4:2:1)

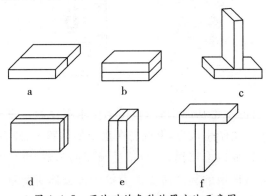

图 4-4-5　两块砖的各种放置方法示意图

要想正确回答此题,必须首先判断出 6 种放置方法中砖对地面的压力是一样的,都等于两块砖所受重力。因此,计算压强的关键是找出受力面积,这样难度并不太大。

④ 两块砖仍采用③题中的放置方法,但是打乱原来依压强逐渐增大的排列顺序,然后从中找出压强最大的放置方法。这样处理,题目的难度稍有增加。

⑤ 给你两块砖,怎样放置时对地面的压强最大? 请画出简图,并阐明其道理。这样编题,内容虽无大的变化,但是难度比③④更大些。④题给出了两块砖的 6 种不同的放置方式,比较形象直观,但是解答第⑤题,要求学生不仅要透彻理解压强概念,而且要有一定的思维能力,能分析出两块砖无论怎样放置对地面的压力都是一样的,因此压强的大小仅取决于两块砖与地面的接触面积;同时,还要有一定的想象能力,能想象出两块砖怎样放置才能使其与地面的接触面积最小。

⑥ 给你两块砖,按对地面产生的压强由小到大的顺序排列,一共有多少种放置方法,请画出示意图。这个问题对学生的能力要求更高,他们的思维必须敏捷、灵活、全面(不遗漏任何一种放置方法)。因此,这一问题不仅可以考查学生对压强概念的掌握情况,而且也测试了学生能力的发展水平。

§4-5 总结物理规律的方法

物理规律是物理学理论体系中的核心内容,只有掌握了物理规律才能遵循这些规律去分析、处理千变万化的物理问题。正因为如此,理解和掌握物理规律也就成为学生学习物理的中心任务。

在研究物理规律的崎岖道路上,物理学家取得了一个又一个的新发现,同时也应用并创造了许多引人注目的科学方法。

一、物理规律

物理规律是一类物理现象及物理过程本质的、内在的联系在人们头脑中的反映,它们借助语言文字及数学公式被描述出来。一系列物理规律的发现,使人们获得了物理现象和物理过程在一定条件下发生、发展和变化的必然结果,也知道了诸多概念之间的相互联系。例如,对于某段电路而言,电阻一定,所加的电压改变了,电流的强弱就会相应地变化;电压一定,导体的电阻变化了,电流的强弱也会相应地变化。欧姆定律就揭示了电路中这种现象的本质,使人们掌握了部分电路电流、电压、电阻三者之间在一定条件下的定量关系。由于物理规律揭示了物理概念之间的联系,物理学才形成了严密的逻辑结构和体系。所以,物理规律是物理学理论体系中最核心的内容,只有掌握了物理规律,才能遵循这些规律去处理千变万化的物理问题。正因为如此,理解和掌握物理规律也就成为物理学习的中心任务。

物理规律包括定律、定理、方程和法则等。

物理定律大多是在大量观察和实验基础上归纳总结出来,而后又进一步经过实践检验而确立的,如帕斯卡定律、阿基米德原理、欧姆定律等。

物理定理是根据一些定律或理论运用数学方法推导出来的,如动能定理、动量定理等。它们正确与否,取决于所根据的定律或理论正确与否,以及所依据的数学推导过程正确与否。它们都要经过实践来检验。

还有些物理规律,大家公认其具有普遍性,而且可以作为其他规律的基础。这些规律常以原理、方程或方程组来命名,如功的原理、光路可逆原理、热平衡方程等。这些原理无法再用别的规律去证明。

还有一些内容并不属于物理学理论体系中的基本规律,但仍可作为物理规律来看待,如二力平衡条件、物体浮沉条件、光的直线传播、平面镜成像特点、晶体熔化与凝固的特点以及安培定则、左手定则、右手定则等。

当然在有些情况下,物理定律与物理定理的界限并不明显,某些以实验为基础通过概括实验数据所得的定律,如阿基米德原理、帕斯卡定律,也可以根据某些物理理论用数学工具推导出来。因此,把这些定律看成是物理定理也未尝不可。有些规律,如万有引力定律,并不是从实践总结出来的,而是通过数学推导得出来的,由于它们具有普遍性且具有重要意义,我们也把它们叫作定律。

二、总结物理规律常用的基本方法、遵循的原则以及物理规律数学表达式的总结

1. 总结物理规律常用的基本方法

在中学物理中,总结规律主要运用实验归纳法、逻辑推理法、理想实验法、图象法、假说方法以及视频分析方法等,其中又以实验归纳法最为普遍。

(1)实验归纳法。

所谓归纳法,是从一些特殊的事实中概括出一般性结论的思维方法,是从许多同类的个别事物中找出它们的共同点的方法。物理学中归纳法的运用主要体现在实验中,因为实验不但能够重复进行,更重要的是它可以准确地反映事物各个部分或物理过程各个阶段的相互联系,而且运用实验最容易引起学生的兴趣,所以在中学特别是初中物理教学中,总结物理规律应用最多的便是实验归纳法。运用实验归纳法时,常常要借助于图象,即把实验所得的数据在坐标系中画点、连线,从图象中分析总结规律。

为了提高所得结论的可靠性和准确性,实验次数应该尽可能多,把同类事物尽量都包括进去,在此基础上运用归纳法。但是由于受时间等条件的限制,一般来说这是办不到的。所以,实际上我们所运用的只能是简单枚举归纳法,即只需要通过观察某类中的某些事物,只要没有遇到相反的情况,我们就可以推出该类事物共同具有的一般性的结论。例如,根据浸入水中的物体所受浮力的规律,推论出物体浸入一般液体中共同遵循的阿基米德原理。其他诸如帕斯卡定律、功的原理、欧姆定律、光的反射定律等,都是如此归纳而得出的。当然,运用简单枚举法也要尽可能枚举较多的事例。

客观事物所遵循的规律往往涉及许多因素,如欧姆定律反映了电路中电流与电压和电阻之间的关系,物体加热所吸收的热量与物体的质量、升高的温度、构成物体的物质性质有关等。因此运用实验方法总结规律时,如果一开始就把所有的因素都考虑进去,势必造成实验的困难。于是,人们常常采用单因子实验法(或者叫作控制变量法)。

（2）逻辑推理法。

逻辑推理法就是在已有定律的基础上结合一些概念，运用数学知识推证而得出结论的方法。例如，动量定理、动能定理就可以运用此法推证得出。在逻辑推理过程中，逻辑推理常常又与实验结合进行。例如，串、并联电路中总电阻的计算公式，就是利用欧姆定律结合串、并联电路中电流和电压的实验关系，运用数学推导得出的。另外，许多用实验归纳法总结的规律，如阿基米德原理、物体的浮沉条件，也可以运用逻辑推理法得到。当然，由逻辑推理法得出的结论正确与否，还需要用实验加以验证。有一些定量描述的规律，限于实验条件，不易实现精确测量，则可采用定性实验结合逻辑推理的方法而得出。例如，电学中的焦耳定律就是如此处理的：首先通过实验得出电流产生的热量与电阻、电流强度、通电时间的定性关系，然后根据能量的转换与守恒定律、功能关系、欧姆定律等推导得出焦耳定律的数学表达式 $Q=I^2Rt$。

（3）理想实验法。

理想实验法是人们依据一定的实验基础，在头脑中塑造的一种理想化的思想实验。一般来说，思想实验在当时的条件下是无法做成的，因此，它不是真正的实验，而是一种抽象的思维方法，属于假说推理的范畴。中学物理教材中研究牛顿第一定律、理想气体状态方程时都运用了此法。

（4）图象法。

所谓图象法，指的是假设某一物理量 y 随另一物理量 x 而变化，从实验和观察中测出一系列与 x 相对应的 y 值后，在直角坐标系中分别标出与各组测量结果对应的点，再用光滑的曲线把各点连接起来（曲线不一定要通过每个点，但是要使曲线尽可能靠近各个点）画出图象，然后分析图象找出规律，或者与已经知道数学关系式的图象对比，得出定量的函数关系。初中物理课本中的"物态变化"就是利用图象法研究了萘的熔化和凝固过程中温度随时间变化的规律，体现了图象法形象直观的特点。图象法是研究物理学的重要方法之一。

（5）假说方法。

假说方法是指在科学研究中提出假定性的科学解释，它是科学理论发展过程中的一种形式和研究方法。当科学理论在发展过程中遇到了一种新的事实而运用现有的科学理论无法解释时，人们常常提出仅仅以有限数量的事实和观察为基础的新解释，这种新解释即是假说。假说是一种重要的研究方法，如分子运动论假说等。

（6）视频分析方法。

所谓视频分析方法，指的是一种基于数据挖掘理念，利用计算机对视频进行处理并在此基础之上描述科学现象、实施科学实验、总结和检验科学规律的科学方法。所谓数据挖掘（Data Mining），是指利用计算机对处于离散状态的数字数据（如数码照片和数码录像）和处于连续状态的模拟数据（如由胶片相机拍摄的照片）进行处理、发现数据之间的关联、构建新知识的过程。科学发展到近代，除去严密的实验观察和逻辑推理之外，基于计算机处理的虚拟仿真、视频分析等技术也已成为重要的研究手段。

视频分析方法主要包括获取视频数据、筛选视频或图像数据、借助软件发现数据关联（知识）以及交流知识价值等四个环节。

2. 总结物理规律遵循的原则

总结物理规律要遵循简单性原则，这也是物理学的美学原则之一。

物理学史表明，科学家都十分注意用最简单的公式来表述客观规律。例如，牛顿只用了几条简洁的定律，就概括了物质世界纷繁的运动现象，完成了物理学史上的伟大综合。相对论之父爱因斯坦说："我们在寻求一个能把观察到的事实联结在一起的思想体系，它将具有最大可能的简单性，我们所谓的简单性……是指这体系所包含的彼此独立的假设或公理最少。"（转引自中国自然辩证法研究会筹委会编《科学方法论研究》）又如，人们在研究光的折射现象时，发现折射角随着入射角的改变而改变。表 4-5-1 中列出了用玻璃砖所做实验测得的入射角和对应折射角的度数，探究的目的是要找出 r 与 i 的关系，为此，用横坐标表示 i，用纵坐标表示 r，用描点法画出它们的图象，但是图象不是简单的一次函数或二次函数。为了找出更为简单的关系，大约经历了 1000 年的时间，荷兰物理学家斯涅尔发现入射角的正弦与折射角的正弦之比是一个常数（笛卡尔作了理论证明），这样用图 4-5-1 表示 $\sin i$ 与 $\sin r$ 的关系就是一条简单的直线了。

表 4-5-1　研究光的折射实验数据表

入射角 i(度)	折射角 r(度)	比值 i/r	比值 $\sin i/\sin r$
0	0		
10	6.7	1.50	1.49
20	13.3	1.50	1.49
30	19.6	1.53	1.49
40	25.2	1.59	1.51
50	30.7	1.63	1.50
60	35.1	1.71	1.51
70	38.6	1.81	1.50
80	40.6	1.97	1.51

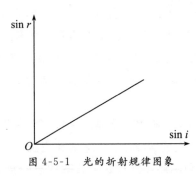

图 4-5-1　光的折射规律图象

3. 物理规律数学表达式的总结

我们以实验归纳法总结部分电路欧姆定律的数学表达式为例说明。

(1) 做单因子实验。

所谓单因子实验方法,指的是在决定事物规律的多个因素中,先固定一些因素不变,只改变其中的一个因素,进行观察实验;如此多次反复,然后再综合多个因素之间的关系的实验方法,也叫作控制变量实验法。

① 首先固定导体的电阻 R 不变,改变导体两端的电压 U,观察 I 与 U 的关系,可得

$$I \propto U。 \cdots\cdots(1)$$

② 再固定电压 U 不变,改变电阻 R,观察 I 与 R 的关系,可得

$$I \propto \frac{1}{R}。 \cdots\cdots(2)$$

③ 综合(1)与(2)两式可得

$$I \propto \frac{U}{R}。$$

(2) 写成数学关系式(即将 $I \propto \dfrac{U}{R}$ 写成等式)。

① 规定单位:如果导体两端的电压为 1 V,通过的电流为 1 A,此时导体的电阻规定为 1 Ω。

② 根据(1)式及上述规定,应该有

导体两端的电压	导体电阻	产生的电流
1 V	1 Ω	1 A
2 V	1 Ω	2 A
3 V	1 Ω	3 A
……	……	……
U V	1 Ω	U A

再根据(2)式,应该有

U V	1 Ω	U A
U V	2 Ω	U/2 A
U V	3 Ω	U/3 A
……	……	……
U V	R Ω	U/R A

即 $I = \dfrac{U}{R}$。此式即为部分电路欧姆定律的表达式。将 $I \propto \dfrac{U}{R}$ 写成等式理应为 $I = k \cdot \dfrac{U}{R}$,k 为比例系数。由于上述规定电阻单位的方法,使得 $k = 1$,所以公式最简单。凡是遵循正比例或反比例关系的物理规律,如阿基米德原理、焦耳定律、牛顿第二定律等,都可以经过类似步骤总结出数学表达式。

（3）简化数学表达式的方法。

① 外推法：即改变坐标原点。

例如，查理定律的数学表达式为 $p_t = p_0\left(1+\dfrac{t}{273}\right)$，图象如图 4-5-2 所示。如果把 AB 延长与横轴相交于 T_0，则 $T_0 = -273℃$；若选 $-273℃$ 为新的温度坐标的起点，则 $T = 273+t$，查理定律就可以表示为更简形式，即 $\dfrac{p_1}{p_2} = \dfrac{T_1}{T_2}$。

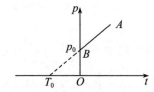

图 4-5-2　气体等容变化的 p-t 图象

② 改变坐标参量。

例如，如前所述，在研究光的折射规律时，人们根据测得的折射角 r 与入射角 i 的数据描绘的图象是一条曲线，它既不是直线也不是抛物线，难以写出简单的数学函数式。可是，若把坐标参数改为 $\sin i$ 与 $\sin r$，则关系图线变为直线，故有 $n = \dfrac{\sin i}{\sin r}$ 这一简单关系，即光的折射定律。不过，想到这一点也是不容易的，几乎经历了 1000 年的漫长历程。

三、结合物理学家及物理学史上的重大发现，介绍物理科学方法的综合运用

物理学史已经充分证明，每一项重大发现都是物理学家综合运用物理科学方法进行研究所取得的成果。为此，在讨论自由落体运动时可以结合教学过程介绍伽利略的方法论思想。

大家知道，伽利略在物理学史上占有重要地位，被后世誉为近代科学之父。这不仅与他在科学知识上取得的伟大成就有关，而且与他在科学方法上的革命性创造分不开。正是由于他在科学方法上的创新，才使自然科学走上了正确的道路。

伽利略创立的科学实验方法，改变了从直观感觉或臆想出发，纯粹依靠逻辑推演得出结论的思辨方法，强调对直观感觉材料要作理性分析，要由实验来检验。他非常重视观察和实验，制造了望远镜并对星体进行观察；为了证实重物下落不比轻物快的结论，他设计了巧妙的斜面实验。在做斜面实验时，由于当时没有准确的计时工具，他就用自己制造的水漏来计时。

伽利略十分重视数学的作用，把它作为描述自然界的语言，使自然科学不仅仅停留在定性叙述上，而开始迈进定量表示的阶段。同时，他又把它作为推理的工具，使自然科学能确切地预言新的事实。他把实验与数学紧密结合形成了实验—数学方法。他为了证明物体自由下落时的加速度 $a = \dfrac{\Delta v}{\Delta t}$ 为常数（这在当时是很困难的，因为 Δt 很短、Δv 很小，很难精确测量），便借助于数学，即根据 $h = 平均速度 \times 时间 = \bar{v}t = \dfrac{(v+v_0)}{2}t = \dfrac{at^2}{2}$ 证明

a 为常数，并将其转化为证明 $\dfrac{2h}{t^2}$ 为常数。显然，h 与 t 比 Δv、Δt 更容易测量。这种转化方法是非常巧妙的。

伽利略还把实际的实验与理论思维紧密结合起来，形成一种新的方法——理想实验方法，并由此发现了惯性定律。这种方法使逻辑推理有了坚实的实验基础，既改变了过去纯粹逻辑推理的思辨方法，又克服了实验只重经验、归纳的片面性。

四、系统方法简介

科学方法伴随着物理学的发展应运而生，因此，应该注意向学生介绍新的科学方法。例如，可以在教学中介绍系统论的方法论思想。

所谓系统方法，指的是按照事物本身的系统性把对象放在系统中加以研究的一种方法，即从系统的观点，始终着重从整体与部分之间、整体与外部环境的相互联系、相互作用、相互制约的关系中综合地、精确地考察对象，以达到最佳地处理问题的一种方法。系统方法为我们提供了研究问题的有效方法。

例如，有甲、乙、丙三种液体，其质量分别为 m_1，m_2，m_3，温度分别为 t_1，t_2，t_3，如果将它们混合在一起，试求达到热平衡时的温度。

按照一般教材中介绍的热平衡方程，需要分两步计算，即首先计算甲、乙混合后的温度，然后再与第三种液体混合。这样，就要列两次热平衡方程，而且实质上是把本来同时进行的过程人为地分解成了有先后顺序的过程（当然，从等效的角度看是一样的）。如果按系统论观点，把这三种液体混合作为一个孤立系统对待，与外界不进行热交换，那么可列方程 $\sum\limits_{i=1}^{3} c_i m_i(t-t_i)=0$，它反映了系统内高温物体放出的总热量等于低温物体吸收的总热量，吸热与放热的代数和为零，即

$$c_1 m_1(t-t_1)+c_2 m_2(t-t_2)+c_3 m_3(t-t_3)=0$$

求解可得

$$t=\frac{c_1 m_1 t_1+c_2 m_2 t_2+c_3 m_3 t_3}{c_1 m_1+c_2 m_2+c_3 m_3}。$$

这样去处理问题就方便得多了。

五、主要物理学家方法论思想简介

1. 在中学物理教学中，主要可以介绍开普勒、伽利略、笛卡儿、牛顿、法拉第及爱因斯坦等物理学家的方法论思想及其特点

例如，开普勒坚信宇宙是简单的、和谐的、美的、对称的，而且是可以用数学语言描述的；伽利略创立了科学实验、抽象思维与数学方法相结合的经典物理研究方法；笛卡儿创立了以数学为基础，以演绎法为核心的方法论思想；牛顿坚持以实验为基础，以归纳法为核心的方法论思想；自学成才的法拉第在他的巨著《电学的实验研究》所叙述的成功经验和失败教训都具有方法论的意义；爱因斯坦的方法论思想更具有深刻、精深的特点，他所创立的相对论集中体现了他的智慧与方法，不愧是科学史上的艺术珍品。结合物理学史

的资料,介绍科学家的方法论思想,肯定会使学生变得更加聪明,因为"方法学就是聪明学"。

2. 在中学物理教学中,要有计划地介绍重要的物理规律发现过程中科学家的方法论思想

例如,第谷将毕生的精力都用于观察天体,一生积累了750个星体的丰富资料,但是这些资料不能称为理论,因为它们仅仅是一些可靠的、确切的资料,并不能说明天体运动的规律是什么,也无法根据这些资料作出科学的预见。后来,开普勒在第谷的大量观测资料的基础上,运用猜想、假说、计算、分析、归纳等多种方法,进行了十几年的艰苦工作,终于总结出开普勒三定律;其中,第三定律以十分简单的数学关系式$\frac{a^3}{T^2}=\frac{GM}{4\pi^2}$来表示,开辟了物理学中把实验、观测数据表达为准确的物理定律的先例。谁又能想到这是在一堆看起来纷繁复杂、毫无规律、杂乱无章的数据基础上发现的呢? 由表4-5-2所列的数据足见开普勒敏锐的观察力和丰富的想象力。

表4-5-2 太阳系六大行星数据对比表

行星	水星	金星	地球	火星	木星	土星
a	0.387	0.723	1	1.524	5.203	9.539
T	0.241	0.615	1	1.881	11.862	29.458
a^3	0.058	0.378	1	3.540	140.8	868.0
T^2	0.058	0.378	1	3.538	140.7	867.9

注:a 为行星运行轨道的半径,以地球到太阳的平均距离为计量单位;T 为行星绕太阳公转的周期,以地球年为计量单位;G 为引力常量,$G=6.67\times10^{-11}$ N·m²/kg²;M 为太阳的质量。

六、物理学发展过程中的失误与失败简介

1. 在总结规律时容易出现的错误

谬误无所不在、无孔不入,没有一种方法是万无一失的。科学家在总结规律的过程中,也常常出现错误。

例如,对直观感觉的材料不作理性分析就会导致错误。因为自然规律总是隐藏在事物的大量现象的背后,有的现象反映了事物的本质,有的现象反映却是事物的假象。假象往往是与事物本质有关的偶然因素或次要因素的反映,如果不加分析,单凭主观臆断常常会得出错误的结论。亚里士多德关于运动的理论,就是犯了这种方法论的错误而得出的错误结论。而伽利略却能够不被表面现象所迷惑,对直观现象进行理性分析。尽管他也看到不同的物体在空气里下落有快有慢,但他同时还注意到不同的物体在空气里下落速度的差异比在水中小。因此他设想,如果介质越稀薄,则物体下落速度的差异就越小。因此,他推论"在一个完全没有阻力的介质中,所有物体以同一速度降落"。

又如，盲目地根据一两个实验结果总结规律，往往造成谬误。研究楞次定律时，按照图 4-5-3 所示进行实验，两次向线圈中插磁铁，结果线圈中感应电流的磁场总是使线圈上端的极性与磁铁下端的极性相同，如果据此我们就总结规律"感应电流的磁场方向总是与原来磁场的方向相反"，这显然是不对的，这也正是学生在应用楞次定律时经常出现的错误。

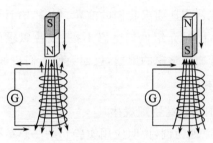

图 4-5-3　研究楞次定律实验示意图

2. 物理学家的"失败"

人们总是希望成功，但实际上，在物理学的研究中，当人们带着现有的知识去开拓处女地时，由于种种条件的限制，首先遇到的往往是无情的失败。物理学史表明，物理学大厦并不都是成功者创造的，它是成功者与失败者共同创造的。因此，从这个意义上讲失败也是成功。爱迪生为了寻找一种合适的灯丝，试用了 1600 多种材料，能确定某种材料不适合做灯丝，本身不也是成功吗？所以爱迪生说："失败也是我需要的。它和成功对我一样有价值，只有在我知道一切做不好的方法之后，我才能知道做好一件工作的方法是什么。"英国物理学家、化学家戴维说："我的那些主要的发现是受到失败的启示后得出的。"因此，能发现错误并做出反应从而获得成功，是一个物理学家训练有素的标志。我们可以把一个理论的探讨或发明的过程归结成研究的"失败"→"失败"的研究 →研究的"成功"。显然，没有对于"失败"的研究就不会有研究的成功。美国麻省理工学院建立了一个专门研究"失败"的研究所，并给学生开设了相应的课程，这是很耐人寻味的。因此，我们应该向学生介绍一些科学家研究过程中的失败。

在历史上，许多物理学家都有过失败，他们常常会因为思想方法的失误而失去获得重大发现的良机。

例如，牛顿由于以偏概全的方法错误，错过了解决色差问题的良机；约里奥·居里夫妇由于缺乏用怀疑批判的思想去认识实验事实，当发现中子的机遇已经到达面前时却又和它失之交臂。

又如，为什么法拉第经过十余年的实验才验证了他自己提出的"由磁生电"的预言，就是因为他忽略了磁场必须相对于线圈运动这一条件，而这个条件恰恰反映了自然界的普遍法则——能量的转换与守恒定律。由此说明，物理学的研究必须在已经证明正确的法则规律的指导下进行。

再如，伦琴发现 X 射线之前，X 射线已多次出现在一些物理学家面前，但是都没有引起他们的注意。直到 1895 年,当伦琴用阴极射线放电管做实验时,无意将一包照相底片放在附近,发现底片"跑光了",这才引起了伦琴的注意。他穷追下去,终于发现了 X 射线。于是,我们从中悟出一种方法:在从事科学研究的过程中,要注意通过观察,揭示隐藏在"区区小事"或者"普遍现象"中的秘密,从偶然的机遇中追求必然的结果。

因此,总结物理学家的失误及失败的教训,同样具有方法论的意义。

作为后人,我们绝不能苛刻地要求我们的前辈,但是,有计划地介绍主要物理学家的方法论思想和他们的失误,同时介绍他们坚忍不拔、孜孜以求的精神以及为科学所作出的不朽贡献,不仅不会降低物理学家的威望,反而会使人们更加崇拜他们。

七、物理规律总结实例

【实例1】运用实验归纳法总结物理规律

下面我们以阿基米德原理为例,说明应用实验归纳法总结物理规律的过程。

第一步,提出问题。

通过实验和日常生活的经验,我们发现物体浸入液体中要受到浮力的作用,浮力的大小与哪些因素有关呢?

第二步,科学猜想。

首先,我们可以结合已有的感性知识进行猜想。这里我们应用因果关系进行猜想,既然浮力是液体对物体的作用力,所以浮力的大小可能与物体及液体有关:

① 可能与物体本身的构成(如密度 $\rho_物$)有关;

② 可能与物体的体积($V_物$)有关;

③ 可能与液体的种类(密度 $\rho_液$)有关;

④ 可能与物体浸没到液体中的深度(h)有关;

⑤ 可能与物体的形状有关。

第三步,进行实验。

在猜想的基础上,运用单因子实验法来验证上述猜想是否正确,从而找出规律。

设计单因子实验:

实验对象:液体(如水、煤油等)、物体(几种密度不同但体积相同的物体,几种密度相同但体积不同的物体),橡皮泥一块。

实验源:液体(液体对物体施加浮力)。

实验效果显示器:弹簧测力计。

(1) 研究浮力 $F_浮$ 与物体本身的密度 $\rho_物$ 的关系,此时 $V_排(V_物)$,$\rho_液$,h,形状等不变。

把形状、体积都相同的铁块、铜块(其密度分别为 $\rho_铁$,$\rho_铜$)浸没在同种液体(如水)中,测定它们所受浮力,通过实验可以得结论①:物体浸没在液体中所受浮力与物体的密度无关。这样就排除了一个因素。

(2) 研究浮力 $F_浮$ 与物体浸没在液体中的深度(h)的关系,此时固定 $V_排(V_物)$,$\rho_液$,$\rho_物$,形状等不变。

在弹簧测力计下挂铁块，将铁块浸没于水中，置铁块于不同的深度处，我们会发现弹簧测力计的示数不变化，从而可以得结论②：物体浸没在液体中的不同深度处所受浮力相同，浮力与物体浸没在液体中的深度无关。这样又排除了一个因素。

（3）研究浮力 $F_浮$ 与物体体积 $V_排(V_物)$ 的关系，此时固定 $\rho_物$，$\rho_液$，h，形状等不变。

在弹簧测力计下挂一个铁块，体积为 V；将铁块逐渐浸入水中，发现弹簧测力计示数逐渐减小，即铁块所受浮力逐渐增大；将铁块浸没于水中，测出它所受浮力；然后在弹簧测力计下挂两个铁块，体积为 $2V$，将它们浸没于水中，测出它们所受浮力。通过实验我们会得到结论③：浮力与物体本身的体积无关，而是与物体排开液体的体积有关；物体排开液体的体积越大，所受浮力越大（而且可以验证浮力与物体排开液体的体积成正比）。

（4）研究浮力 $F_浮$ 与液体密度 $\rho_液$ 的关系，此时固定 $\rho_物$，$V_排(V_物)$，h，形状等不变。

在弹簧测力计下挂一个铁块，分别将铁块浸没于水和煤油中，测出它所受浮力。通过实验我们可以得到结论④：同体积的物体浸没在不同密度的液体中，所受浮力不同；液体的密度越大，所受浮力越大。

（5）研究浮力 $F_浮$ 与物体形状的关系，此时固定 $\rho_物$，$V_排(V_物)$，h，$\rho_液$ 等不变。

在弹簧测力计下挂橡皮泥，改变橡皮泥的形状，并分别将橡皮泥浸没水中，分别测出它所受浮力。通过实验我们可以得出结论⑤：浮力与物体的形状无关。

以上实验记录见表 4-5-3。

表 4-5-3　探究阿基米德原理实验记录表

研究目的	固定条件					结论
$F_浮 \sim \rho_物$	?	$V_排(V_物)$	$\rho_液$	$h_液$	形状	结论①
$F_浮 \sim V_排(V_物)$	$\rho_物$	?	$\rho_液$	$h_液$	形状	结论②
$F_浮 \sim \rho_液$	$\rho_物$	$V_排(V_物)$	?	$h_液$	形状	结论③
$F_浮 \sim h_液$	$\rho_物$	$V_排(V_物)$	$\rho_液$	?	形状	结论④
$F_浮 \sim$ 形状	$\rho_物$	$V_排(V_物)$	$\rho_液$	$h_液$	?	结论⑤

综合以上几个单因子实验，可以归纳出以下结论：物体浸在液体中所受浮力与液体的密度有关，与所排开液体的体积（完全浸没时，恰好与物体的体积相同）有关。如果要想进一步确定浮力与它们之间的数量关系，则仍然可以用单因子实验方法分别进行定量实验，并归纳得出阿基米德原理。

物理学中的其他规律如欧姆定律、焦耳定律等，也是运用单因子实验方法归纳总结的。因此，单因子实验方法是研究物理学的一种重要方法，掌握它是很有意义的。

【实例2】运用理想实验总结物理规律

牛顿第一定律是学生学习初中物理遇到的第一个力学规律，它是综合运用了多种方法而总结的，其中最主要的是理想实验法。对于这一方法，我们以教材内容为例加以说明。

第一步，首先反向提出问题。学生根据已经学过的知识知道，力可以使静止的物体运动,也可以使运动物体的速度加快、减慢或者改变运动的方向。那么,如果物体不受力的话,将会怎样?物理学是以实验为基础的一门学科。下面我们就用一个真实具体的实验来研究这个问题。但是,不受力的物体是不存在的,怎么办?我们可以首先看受力物体运动的情况,然后使物体受到的力逐步减小,观察物体的运动情况如何变化(这是很重要的一步)。

第二步,进行真实的实验。

(1)实验。

我们采用教材中设计的实验:观察小车从斜面上滑下后在水平表面上运动的情况,如图 4-5-4 所示,三次实验的条件及实验的结果记录见表 4-5-4。

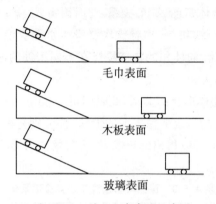

毛巾表面

木板表面

玻璃表面

图 4-5-4　斜面小车实验示意图

表 4-5-4　研究牛顿第一定律实验记录表

次数	实验的条件				实验的结果
	① 观察的物体	② 滑下高度	③ 斜面斜度	④ 平面情况	物体滑行的距离
1	小车 A	h	α	毛巾表面	约 30 cm
2	小车 A(未变)	h(未变)	α(未变)	木板表面	约 50 cm,较远
3	小车 A(未变)	h(未变)	α(未变)	玻璃表面	约 80 cm,更远

上述实验的条件一共有 4 个。实验过程中,其中的①②③3 个条件未变,只改变了条件④,即改变了平面的状况(控制 3 个量不变,只改变一个量,研究改变的这个量对研究目标的影响,即控制变量实验)。

(2)分析实验的结果。

① 实验的结果:小车第 3 次前进的距离大于第 2 次的距离、第 2 次前进的距离大于第 1 次的距离,即第 3 次前进的距离最远。

② 利用因果分析方法,分析出现上述结果的原因:实验的 4 个条件中,只有条件④发生了改变,因此,出现上述结果只能是发生了改变的那个条件引起的。

③ 三次实验中,条件④有什么不同或者发生了什么变化呢?分析可知,第 3 次实验的平面比第 2 次实验的平面光滑,第 2 次实验的平面比第 1 次实验的平面光滑。这说明,

同样条件下（同一物体、从同一个斜面的同一高度处滑下）物体在光滑的平面上前进的距离远些。

进一步提出问题：如果平面非常光滑，物体的运动将出现什么情况呢？

在此基础上进行"理想实验"。根据前面三次真实的实验可以推论，平面越光滑，物体运动的距离将越远。如果平面非常光滑，绝对光滑，以至于没有摩擦阻力，物体将如何运动呢？对这一问题，仍然依据思维推论可得知：物体将以不变的速度，永远运动下去。

300多年以前，伽利略对类似的实验进行了分析，认识到运动物体受到的阻力越小，它的速度减小得就越慢，它运动的时间也就越长。他还进一步通过推理得出，在理想情况下，如果表面绝对光滑，物体受到的阻力就为零，它的速度将不会减慢，这时物体将以恒定不变的速度永远运动下去。笛卡儿还进一步指出，物体如果不受任何力的作用，不仅它的速度大小不变，而且运动的方向也不变，将沿着原来的方向匀速运动下去。

牛顿总结了伽利略等人的研究成果，概括了一条重要的物理定律——牛顿第一定律："一切物体在没有受到外力作用时，总保持静止状态或匀速直线运动状态。"

显然，牛顿第一定律是在提出问题的基础上，运用控制变量实验法及理想实验法总结出来的。当然，理想实验不是真实的实验，而是一种思维方法，但它是建立在真实实验的基础上的。尽管不受力的物体是不存在的，但是由此得出的一系列推论都经过实践检验被证明是正确的。自然界没有违背牛顿第一定律的情况，因此牛顿第一定律是正确的。

【实例3】应用数学定量分析、综合归纳物理规律

应用数学定量分析来综合归纳物理规律是物理学研究中经常应用的方法，下面以总结焦耳定律为例说明。

首先，通过实验使学生定性地认识电流通过导体所产生的热量与电流、电阻、时间有关，而且均随其增大而增加；之后，设计实验进行定量研究，并将实验数据记入表中；然后，根据数据引导学生应用数学方法进行定量分析并总结规律。

在甲、乙两烧瓶中装有等量煤油，插入温度计和电阻丝分别做4次实验，研究电流产生的热量（通过温度计间接显示），实验数据记录见表4-5-5。

表4-5-5　探究焦耳定律实验数据表

实验序号	电流	通电时间	甲电阻丝阻值	乙电阻丝阻值	甲温度升高度数	乙温度升高度数
1	1 A	10 min	1 Ω	2 Ω	2℃	4℃
2	2 A	10 min	1 Ω	2 Ω	8℃	16℃
3	3 A	10 min	1 Ω	2 Ω	18℃	36℃
4	1 A	20 min	1 Ω	2 Ω	4℃	8℃

数据分析如下。

（1）比较第1次甲与乙。

通过甲、乙的电流相同，通电时间相同，电阻之比 $R_乙 : R_甲 = 2 : 1$。

乙与甲烧瓶中煤油吸热量之比 $\dfrac{Q_乙}{Q_甲}=\dfrac{c_乙}{c_甲}\dfrac{m_乙}{m_甲}\dfrac{\Delta t_乙}{\Delta t_甲}=2:1$。

实验中如果没有热损失，即 $Q_吸=Q_放$，那么电流流过乙电阻丝与甲电阻丝放出的热量之比也为 $2:1$。可见，在电流和通电时间相同时，电流通过导体产生的热量跟导体的电阻成正比。

（2）比较第 1、第 2、第 3 次甲的放热情况。

通电时间相同，电阻一定，通过甲的三次电流之比分别为

$$I_2:I_1=2:1$$
$$I_3:I_1=3:1$$

利用能量守恒定律可知，甲电阻放热之比分别为

$$Q_2:Q_1=4:1$$
$$Q_3:Q_1=9:1$$

可见，在电阻和通电时间相同时，电流通过导体产生的热量跟电流的二次方成正比。

（3）比较第 1 次与第 4 次甲电阻放热情况。

电流、电阻都相同，通电时间为 $t_4:t_1=2:1$。利用能量守恒定律可知，甲电阻两次放热之比为 $Q_4:Q_1=2:1$。可见，在电流、电阻相同时，电流通过导体产生的热量跟通电时间成正比。

总结上述各项结论即可得出焦耳定律。

应用数学方法进行定量分析是物理实验教学中常用的方法之一。此外，研究影响物体吸收（或放出）热量的因素，研究影响燃料燃烧放出热量的因素，研究影响导体电阻的因素，研究电流跟电压、电阻的关系等，都要用到数学定量分析方法。

§4-6 物理实验中的方法论思想

任何时代，人们对真理的探求与认识总是与方法联系在一起的，真理的获得不可能在方法之外进行。因此，在当今科技大发展的时代，方法论思想成为科学研究的核心思想之一。同样，在加强实验教学、培养学生实际操作能力的同时，注意向学生进行物理学科学方法教育就显得十分重要了，而且这是可能的。因为在中学物理教材的实验中蕴藏着丰富的科学方法因素，仅统编初中物理教材就有 205 个实验，其中演示实验 145 个、学生分组实验 22 个、小实验 20 个、习题中的设计实验 18 个。这些实验都渗透着物理学研究者十分丰富而新颖的方法论思想。

一、物理实验

1. 物理实验的重要性

前面我们已经谈过，物理实验是人为控制实验条件，运用仪器、设备，使物理现象反复再现，从而有目的地进行观测、研究的一种方法。实验是物理学发展的科学基础，是检验物理学理论的唯一标准。在物理学的研究中，进行实验的目的在于形成、发展和检验

物理理论，并使理论在实践中得到应用。而在物理教学中，进行实验的目的就在于给学生学习物理创造一个基本的物理情境，使学生能够主动获取物理知识，掌握基本的实验技能，发展思维能力，学习实验中的科学方法，促进优秀科学品质和正确世界观的形成。

2. 物理实验的分类

由于物理实验的类型不同、实验的目的与作用不同，因此，分析物理实验中的科学方法因素以及进行科学方法教育的侧重点也就不同。从教学的角度看，物理实验大致可以分为以下几类（前面我们已经讨论过实验的其他分类方法）。

（1）物理分组实验。

分组实验就是以分组形式由学生自己完成的实验，它又有多种情况。

一种是带有研究性（探索性）的实验，目的是为了发现物理规律。这种实验在高中物理中比较多。

一种是验证性的实验，目的是为了验证物理规律。这种实验在初中物理中比较多。

一种是测量物理量的实验，这种实验比较多。其中，有的是基本物理量的测量，如用刻度尺测长度、用温度计测温度、用天平测质量、用电流表测电流等；有的是导出物理量（或者复合物理量）的测量，如测平均速度、测固体和液体的密度、测滑轮组的机械效率等。

另外，还有一种实验是观察物理现象过程的实验，如观察水的沸腾（过程与沸点）等。

分组实验，有的时候还可以由教师结合教学进行，即边讲边实验。

（2）物理演示实验。

演示实验，简单地说就是教师做、学生看的示范性实验。它能把人们在生产和生活中看到的、听到的现象，通过实验手段再现出来，把"生活世界"转化为"物理世界"，造成一种研究物理的气氛、环境，使学生置身于物理情境之中，获得感性认识，产生良好的学习动机。同时，教师的演示也为学生自己实验做示范。由于演示实验的特殊作用，有经验的教师都是非常重视的，几乎每一节课都要安排演示实验。这也给进行物理科学方法教育提供了良好的机会。

另外，还有物理课外实验、物理小实验等。这在有关物理教学法的教材中均有详细论述，这里不再一一介绍。

二、物理实验的基本组成部分

物理学史的大量实验事实说明，一个成功的实验应该由三个部分组成，即实验对象、实验源、实验效果显示器。

实验对象，也就是实验的研究对象。当实验对象接受作用到它上面的"信号"（如力的、热的、电的、光的信号等）后，能产生一定的效应（它是客观存在的），从而显示某些物理现象或者揭示某些物理规律。

实验源，也就是实验的"信号"发生器。由实验源发出的"信号"作用到实验对象上，产生一定的实验效果（如机械的、热的、电的、光的现象等）。

实验效果显示器，它是显示实验对象接受"信号"后产生的效应或实验效果的装置。在物理教学中，物理实验的效果显示是非常重要的，因为实验中必须让学生清楚地观察到实验的效果。

例如，我们选用弹簧研究物体的形变时，弹簧就是实验对象；加在它上面的物体（如砝码）或者是力（如手），就是实验源（力源）；在弹簧上加一个红色箭头作标记，弹簧受力作用后伸长，此时红色箭头标记的位置就要变化，根据标记的变化大小，就可以知道弹簧受力后伸长的多少，所以箭头标记就是实验效果显示器。利用这个实验可以研究物体受力发生形变的规律。

又如，研究凸透镜等光具成像的规律时，凸透镜是实验对象；蜡烛是实验源；蜡烛发出的光线通过凸透镜形成的各种不同的实像显示在光屏上，光屏就是实像的显示器（虚像要采取另外的观察方法）。

实验对象要根据实验的不同要求来选取。研究物体受热后的一般规律时，任何物体都可以做实验对象。但是，我们做实验时，应该选取产生实验效果明显的物体作为实验对象，如要说明物体受力发生形变则选用弹簧比较好；同时，还要考虑比较容易找到的实验对象，如做气体受热膨胀实验时选用空气就比较方便。如果我们是做专题研究，如研究水的热学性质，那么只能选取水做实验对象。

做力学、热学、电学或光学等不同学科的实验，就要分别用力源、热源、电源或光源等。凡是可以对其他物体施加力的作用的物体都可以做力源。蜡烛、酒精灯、电炉子等都可以做热源；做气体受热膨胀实验时用手捂住烧瓶，这时手就起到热源的作用。干电池、蓄电池、发电机等都可以做电源；两个物体摩擦带了电之后也可以做电源。蜡烛、电灯、日光灯、太阳等都可以做光源。

当然，以上三个部分的分法也不是绝对的。有些简单的实验中，实验源与实验对象是一个。例如，在研究光的色散时，太阳光本身既是实验源又是实验对象。有的实验中，实验的效果就发生在实验对象本身上。例如，惯性球实验中的小球，平面镜成像中的平面镜，它们既是实验对象又是实验效果的显示器。

我们做实验，特别是在物理教学中，总是希望效果明显，能够看得更清楚，因此，实验的效果显示器是非常重要的部分。根据实验的不同种类、要求，实验效果显示器常常是千变万化的。例如，为了说明光线通过凸透镜后的会聚现象，我们可以让光线会聚在光屏上形成一个光点；也可以让光线会聚在一张纸上，让纸点燃；还可以会聚在火柴头上，点燃火柴。这些方法显示的效果都是很明显的。

如何显示实验的效果是从事实验研究的重要工作，是一个非常有意义的研究课题。知道了实验的基本组成部分，我们可以设计实验或自制一些简单的实验仪器。我们应该养成一种习惯，对以前做过的实验或今后所做的实验，都应该分析一下它们的具体组成部分。表 4-6-1 所列的是几个常见物理实验的基本组成部分。

表 4-6-1　几个常见实验的基本组成部分

实例	实验对象	实验源	实验效果显示器
物体的形变	玻璃瓶	手的压力	细管中的染色水
液体压强帕斯卡球	液体	活塞	橡皮膜
空气压缩引火仪	气室中的气体	活塞	硝化棉
气体的热膨胀	气体	手捂	细管中的染色水
奥斯特实验	导线中的电流	电源	磁针
光电效应	锌板	弧光灯	验电器
凸透镜成像	凸透镜	烛焰	光屏
α粒子散射实验	金箔	放射源	荧光屏、显微镜

三、物理实验效果显示器的设计方法

物理实验是建立概念、总结规律、联系实际、突破难点的基础和重要的手段。物理实验的三个基本组成部分中，实验效果显示器的设计是最为重要的，而且难度也比较大，因此，学习设计实验效果显示器最有利于提高学生的创新意识和实践能力。

设计实验效果的显示方法一般有直接显示和间接显示两种方法。

1. 直接显示方法

直接显示就是保留实验效果的本来面目，不做任何处理，人们直接观察实验出现的现象，如显示光斜射到平面镜后发生反射的现象，光经过凸透镜发生折射的现象，物体在液体中出现上浮、悬浮、下沉的现象，直接利用放大镜观察课本上的字来说明它的放大作用，等等。

2. 间接显示方法

间接显示就是对实验现象进行一些处理以后再观察。实现间接显示最常用的是转换方法以及放大方法、对比方法等。

（1）转换方法。

① 因为物理实验中常常遇到实验效果不易观察或实验效果不明显的情况，所以常常借助于力、热、电、光、机械等的相互转换，实现可以观察或者使观察效果明显的目的。

② 转换方法的依据是等效的思想，也就是说，转换后的效果与原来实验的效果是相当的。

③ 实例：弹簧测力计、握力计、牵引测力计等，是把力的大小转化为弹簧的伸长量或者仪表指针偏转角度的大小来显示的。测量速度需要测定路程、时间，然后通过计算才能求出速度；速度计则是利用机械的方法转化为速度表上指针的偏转，直接读数即可测得。液体微小压强计是把压强的变化转化为连通器两边液面高度差的变化来显示的。水被加热后的对流不易观察，可是在水中加入高锰酸钾，借助于高锰酸钾溶液的流动，就容易观察水的对流。利用电流表测电流、电压表测电压时，是根据电流在磁场中要受到

力的作用,借助于机械的方法将电流的大小转换为电流表指针偏转角度的大小来显示的。

（2）放大方法。

① 直接放大。例如,利用投影仪的放大作用显示磁体周围磁感线的分布情况、温度计温度的变化情况等。

② 间接的、广义上的放大。例如,研究焦耳定律时,由于煤油受热后的膨胀是不容易观察出来的,这时可以在烧瓶中装入一根细玻璃管,煤油受热后微小的体积膨胀变成细玻璃管中煤油的明显上升,从而实现"小中见大",起到了广义的放大作用。其他实验,如利用微小压强计探测液体压强的实验、伽利略气体温度计的实验、研究物体吸热本领不同的实验、焦耳定律实验等都应用了类似的放大方法,即借助于液体在细玻璃管中的移动或连通器细管中液面的高度差,实现"由小变大"。

放大的方法实际上起到的是增强演示效果,使实验效果更明显的作用。

（3）对比方法。

我们认识事物,除了认识它们的共同点外,更重要的是要认识它们的特点,而对特点的认识主要是通过异中求同或同中求异的对比来进行的。

例如,在研究物体的浮沉条件时,用同重的铅盒与铅团作比较,结果是铅盒上浮、铅团下沉,效果明显,给人留下一个明显的疑问:铅盒和铅团都是用铅做的,为什么铅盒浮起而铅团下沉呢?研究斜面省力的实验,用不同倾角的斜面作对比、用斜面与竖直面作对比。研究物体受热后膨胀程度的不同,用铆在一起的双金属片作对比。研究物体吸热本领不同,用黑白不同的物体表面作对比。对通电导体周围磁针的偏转与磁铁周围磁针的偏转进行对比。对导体与绝缘体的导电性能进行对比。对同名磁极间与异名磁极间磁感线进行对比。采用对比实验研究密度、比热容、电阻等物质特性。研究同一事物的性质的两种实验方法的对比,如伏安法测电阻的内接法与外接法误差大小的对比。

在对比过程中,对比的效果越明显,留下的印象就会越深刻。

有时,只需要增加一个衬托的背景,就可以起到增强演示效果的作用。例如,红色水的后面加上白色的衬托、在暗室里做光学实验等都会收到更好的观察效果。

有时转换与放大方法同时运用。例如,固体热膨胀演示仪,在铜棒上刻有齿条并与一个连接长指针的齿轮啮合,这样,当铜棒受热产生微小的膨胀便会带动齿轮转动,同时又带动指针产生较明显的转动,起到了放大的作用。

物理实验中显示实验效果的方法是很丰富且富有创造性的,值得我们认真学习和思考。

（4）平衡方法。

从物理学的角度讲,矛盾双方的平衡总对应一个平衡方程式,最简单的情况是方程式的一侧为已知量而另一侧为未知量。平衡的实质就是矛盾双方的平衡,是对立倾向的平衡,分析平衡就是分析矛盾的双方。在一个平衡系统中,总存在引起平衡偏离的因素,达到平衡就是抵消这些因素引起的平衡偏离的效应。分析这些引起平衡偏离的因素,可指导实验设计、改进实验方案。

例如,用天平测质量时,待测质量的物体与砝码这两个使天平失去平衡的因素相互抵消,重新使天平达到力矩平衡,从而可知物体的质量等于砝码的质量;用托里拆利实验测大气压时,管中一定高度的液注所产生的压强等于大气压强。另外,测电阻、测电压、研究液体内部的压强与深度的关系的实验,连通器的演示实验,物体浮沉条件实验,阿基米德原理实验,用密度计测密度,杠杆的平衡条件实验,定滑轮实验,伽利略温度计测温实验,测比热容的实验等,也都渗透了平衡思想。

四、物理实验中的思维方法

物理实验中,从设计、操作到分析实验结果,再到总结归纳实验公式,都离不开科学思维。

1. 分析方法

例如:① 运用悬挂法测重心,为什么两次悬挂所得竖直线的交点就是重心? ② 惯性球实验,为什么物体留在原位就说明物体有惯性? ③ 测定滑动摩擦力的实验中,为什么弹簧测力计的示数就等于木块与桌面之间摩擦力的数值? ④ 应该如何解释空气受重力作用的实验原理? ⑤ 分子引力的实验中,为什么从两铅柱紧密接触后不易拉开可联想到这是分子引力的结果,而从马德堡半球实验联想到的却是大气压强作用的结果? ⑧ 如何从欧姆定律实验中归纳出公式? 解决这些问题,都要借助于分析。

2. 理想实验法

理想实验方法是人们在真实的实验基础上,以科学实验为依据,运用逻辑推理对实际的物理过程进行深入分析,忽略次要的矛盾,抓住主要矛盾,进而在人的头脑中塑造出理想过程的实验方法。

例如,物理学中研究牛顿第一定律的斜面实验(或斜面对接实验),就是一种理想实验。当然,从实际实验到理想实验以及根据理想实验总结规律,都还必须进行分析。

3. 物理模型法

物理模型法是在实验的基础上形象地描述物理事实的方法。物理模型的建立,往往会导致理论上的飞跃。中学物理实验中运用物理模型法的典型事例如下:

(1) 根据实验建立液体压强公式时运用理想液柱的模型;

(2) 分析连通器原理时运用理想液片的模型;

(3) 研究电学时运用点电荷模型;

(4) 研究光学现象时运用光线模型;

(5) 研究磁场时运用磁感线模型。

4. 反向探求法

对于某一物理问题,沿着某一方向思考不得其解时,变换方向、反向思考往往会导致新的发现。法拉第研究电磁感应现象时就运用了这种方法。

5. 各种方法的综合运用

例如,在焦耳定律实验中,研究热量 Q 与电阻 R、电流 I、时间 t 的关系时运用了单因子实验方法,总结规律时运用了对比的方法,观察实验效果时运用了放大方法。

物理学不同分支的研究,运用的方法也各有侧重。例如,力学运用平衡方法较多,光学运用色光对比、光线模型以及几何作图方法较多。

五、物理实验中的数学方法

数学是一种科学的语言,它具有严密、逻辑、辩证、抽象等特点,用它可以对客观规律作最精练的总结。物理实验中常用以下几种数学方法。

1. 几何图形法(或图示法)

例如:① 测圆锥体的高及圆的直径;② 运用作图法说明光的反射定律、平面镜成像、潜望镜原理、光的折射定律、水中筷子的弯折、凸透镜与凹透镜对光的会聚及发散作用;③ 运用描点法,画出物质熔化过程中温度随时间变化的曲线;④ 绘制运动的速度图象;⑤ 研究运动(或者力)的合成与分解;⑥ 绘制振动的图象;⑦ 利用图象研究气体的等温、等容、等压变化;⑧ 利用电力线描述电场;⑨ 应用磁感线形象描绘磁场,等等。

2. 叠加平均法(算术平均法)

例如:① 测一张纸的厚度,② 测细金属丝的直径,③ 测短棉线的质量,④ 伏安法测电阻,⑤ 测凸透镜的焦距,等等。

3. 比例法(或简单函数关系法)

例如:① 弹簧伸长与外力的关系,② 分析温度计的刻度与测温物质的温度的关系,③ 总结欧姆定律的数学表达式,等等。

4. 表格法

物理学研究中的定量实验几乎都要用到表格,例如:① 研究滑动摩擦力与哪些因素有关,② 测定滑轮组的机械效率,③ 研究电流与电压的关系,等等。

六、简单测量仪器的设计方法

定量地研究物理概念、总结物理规律时经常要用到测量仪器。例如,比较简单的测量仪器有直尺、弹簧测力计、温度计、微小压强计、密度计等,比较复杂的测量仪器如游标卡尺、螺旋测微器、速度计、气压计、电流表、电压表、电能表等。尽管这些测量仪器的外形、构造、用途等各不相同,但是只要仔细观察,分析它们的测量原理,就会发现这些仪器的设计有一定的规律,掌握了这些规律,就可以进行测量仪器的设计。

下面介绍简单测量仪器的设计方法。

1. 首先确定"被测量"

例如,假设我们想设计测量力和测量温度的仪器,那么,"被测量"就是"力"和"温度"。

2. 研究"被测量"具有什么属性

(1)力可以改变物体的运动状态,也可以使物体发生形变。

（2）温度是表示物体冷热程度的物理量；通过热传递、做功可以改变物体的温度；物体的温度改变时物体的体积随之改变。

3．确定"测量属性"，选择"测量物质"

当然，我们要选择关系简单、便于测定的属性（最好是成正比例或成反比例关系）。

（1）测力时，可以选择使物体产生形变的特性作为"测力属性"，选择弹簧作为"测力物质"，并根据弹簧的伸长来反映力的大小。这是因为弹簧的伸长量与它所受力的大小成正比，而且弹簧比较容易找到，它的伸长量也便于测定。

（2）测温时，选择液体受热膨胀作为"测温属性"，选择某种液体如酒精、煤油或者水银等作为"测温物质"。这是因为它们受热后体积的变化与温度的变化成正比，而且这些液体比较容易找到，体积的变化也便于测量。

4．明确结构原理

（1）测量力的理论依据是弹簧的伸长跟受到的拉力成正比。

（2）测量温度的理论依据是物体的热胀冷缩。

5．确定定量显示被测量数值大小的方法

（1）确定固定点。

（2）根据测力（温）属性随力（温度）的变化，做出标志。

具体做法如下：

① 以所选弹簧的最下端为零点并固定一指针，加上一个标尺和挂钩，然后在下面分别挂所受重力为1，2，3，…牛顿的钩码，记下弹簧指针相应达到的位置，并在标尺对应的位置上标记上相应的力的数值。这样，若在弹簧下再挂待测重物或施加待测的力时，弹簧指针指在标尺何处，对应的示数就是待测重物所受重力或待测的力的大小。

② 将装有酒精的细玻璃管插入冰水混合物中时，管中酒精液面的位置标为零点；再把它放入沸水中（1标准大气压下），管中酒精液面的位置标为100，然后在0～100之间平均分成100个格，那么每一格就代表1度（这就是摄氏温标的1度）。平分刻度的依据是液体体积的膨胀与温度的变化成正比。

这样，一个简单的测力计（弹簧测力计）和测温计（温度计）就设计出来了。

6．明确测量原理

（1）测力计的测量原理是牛顿第三定律，即待测力与弹簧伸长产生的弹力大小相等。

（2）测温计的测量原理是热平衡原理，即当测温计与被测物接触，并经过一段时间后，两者的温度一定相等。

如果我们对使用过的仪表都能进行以上分析，就可以学会设计简单测量仪器的方法。

七、观察演示实验的方法

物理学是一门以实验为基础的学科，要学好物理学必须重视实验，一要学会观察演示实验,二要自己会做实验。

如前所述,演示实验是教师做、学生看的一种示范性实验。一般来说,演示实验都是重要的、典型的、有趣味的实验,对于建立概念、总结规律、联系实际、突破难点都有着重要的作用,其中还包含许多科学方法的因素。因此,学会观察演示实验对于学生来说是十分有意义的。

1. 要注意观察教师进行演示实验时所用的仪器

(1)明确仪器构造的特点。例如,天平的构造是对称的(当然,应该思考为什么要对称)。

(2)仪器、仪表的刻度的特点。有的仪表的刻度是均匀的(如刻度尺、量筒、测力计、温度计等);有的仪表的刻度是不均匀的(如量杯、密度计等);有的仪表,同样刻度可以表示不同量程(如电流表、电压表等)。

(3)通过观察仪器的刻度,能读出最高(大)或最低(小)刻度的示数以及每一大格或每一小格刻度的示数。这有助于在实验过程中迅速、准确地读数。

2. 要注意观察实验现象

许多演示实验的现象往往是出乎学生意料的。例如,两个额定电压相同而额定功率不同的照明灯泡串联接在 220 V 电源上,结果额定功率大的灯泡不如额定功率小的灯泡亮,这与一般人的想象不同。对于电流过大致使保险丝熔断的实验、空气压缩引火仪中硝化棉被点燃的实验等,由于实验现象稍纵即逝,所以要特别注意观察的时机,避免错过机会。有的实验是要观察一个过程,如萘的熔化、水的沸腾实验,这时必须耐心、细致、全面,注意比较前后实验现象的变化。观察实验不能只看热闹,要学会看门道。

3. 要注意观察实验的三个基本组成部分

要能说出具体的实验对象、实验源、实验效果显示器。经常注意分析实验的基本组成部分,对于学生今后自己做实验或设计实验都是很有帮助的。

4. 要学会通过观察实验总结规律

在中学物理特别是初中物理教学中,总结规律时最常用的方法是实验归纳法;简单地讲,就是根据对一些特殊的实验现象的观察和对实验结果的分析概括出一般性结论。例如,观察到气体、煤油、金属棒受热之后都发生膨胀,于是得出一般的物体受热之后都会膨胀的结论。当然,为了提高所得结论的可靠性和准确性,实验的次数应该尽量多,把同类事物尽量都包括进去。

第五章 制定物理科学方法教育的教学目标

····►

　　如前所述,物理科学方法教育要求结合物理教学有意识地渗透和传授物理科学研究的方法。中学物理中每一个模型的建立、概念的形成、规律的总结、习题的求解、实验的设计都闪烁着物理科学方法的光芒。教师在深入钻研教材、确定知识教学目标的同时,应该制定物理科学方法教育的目标要求及达标方法,明确不同阶段物理科学方法教育的重点,制订具体的、与教学内容相配合、适应学生特点的、可操作的目标计划,使科学方法教育更具有针对性、计划性,克服随意性、盲目性。教师要把握好科学方法教育的深度与广度,最大程度地发挥教材的育人价值。

§5-1 制定物理科学方法教育教学目标的依据

一、中学物理课程标准

　　因为我们不是单独开设物理科学方法教育课程,而是结合中学物理教学进行科学方法渗透,因此,教学目标必须按照中学物理课程标准进行。而且新的课程标准对科学方法教育已经提出了明确要求,这为我们制定科学方法教育目标提供了指导。

二、中学物理教材

　　首先要了解、熟悉中学物理教材的内容,其中每一个知识点都隐含着多种科学方法的教育因素,每种方法又可以在许多知识点中应用。然后,在落实知识点的基础上,分析挖掘其隐含的科学方法因素,进一步权衡每一个知识点应该突出哪种方法,一种方法重点落实在哪个知识点上,明确可以以哪些知识点的教学作为铺垫或起点、突破点等。

　　另外,要按照教材的顺序逐一分析应用的科学方法,然后统计各种方法出现的次数,为确定常用的方法提供依据。

　　当然,由于教材中的科学方法具有隐蔽性,因此需要我们去认真分析、挖掘。

三、物理学发展史资料

物理学科学方法论包括科学方法、科学方法的原理与结构、物理学研究的程序等,它们都是人们从对物理学研究过程的再认识和再反思中总结出来的,我们不可能先验地去规定如何进行物理认识,也不可能先验地提出任何方法论的原理及研究程序。由于构成物理科学方法论的全部经验材料体现着物理学的发展历程,因此,学习物理学发展史是进行物理科学方法教育的坚实基础与重要依据。

四、学生的年龄、心理特征与接受能力

如同其他一切教学活动一样,物理科学方法教育也必须依据学生的年龄、心理特征与接受能力来进行。只有从心理学的基本理论出发,对中学生的心理特点和思维规律进行认真的研究,才能明确物理科学方法教育的起点和目标,促进这项工作深入、扎实地开展起来。

对于物理科学方法教育,应该宏观地提出总的目标要求,同时也应该结合教材的具体章节及教学课题,确定微观教学的目标要求。

§5-2 物理科学方法教育目标的层次

为了科学地制定物理科学方法教育的教学目标,教师应明确教学目标的各个层次。

一、物理科学方法的记忆层次

记忆是指在某一物理知识的教学中,当对学生进行了物理科学方法教育后,学生能够再现或回忆起所学过的物理科学方法的名称或物理科学方法的应用实例。

1. 能够说出引入某一物理知识的物理现象(生活中的或实验的)或导出某一物理知识的主要事例

"目标"例:能说出引入速度概念的事例。

"反馈与检测题"例:在"速度"一节的教学中,我们是根据哪些事例引入速度这一概念的?

2. 能够说出引入某一物理知识或导出这一物理知识的过程中所运用的物理科学方法

"目标"例1:能说出研究发声体在振动时所运用的事例和所运用的物理科学方法。

"反馈与检测题"例1:人们观察到发声的音叉在振动、说话时喉结在振动、发声的鼓面在振动等一系列的现象后,利用_____方法得出了"发声体在振动"的结论。

"目标"例2:能说出建立牛顿第一定律时运用的主要科学方法。

"反馈与检测题"举例2:伽利略研究运动和力的关系时,主要运用的是哪种物理科学方法?

3. 能够说出应用某种方法定义的物理概念、总结的物理规律等

"目标"例:能说出应用控制变量实验的方法进行总结的物理规律。

"反馈与检测题"例：试举例说明初中（或高中）物理教材中有哪些物理规律可以应用控制变量实验的方法进行归纳总结。

二、物理科学方法的领会层次

领会是指在某一物理知识的教学中，当对学生进行了物理科学方法教育后，学生能说明学过的某种物理科学方法的基本含义以及应用这种方法的基本步骤。

1. 能够说出某种物理科学方法的基本含义、特点

"目标"例1：能根据应用比值定义法定义速度的过程，说明什么是比值定义法。

"反馈与检测题"例1：什么是比值定义法？应用它的基础是什么？

"反馈与检测题"例2：我们知道密度是物质本身的一种特性，能不能由密度的定义式$\rho=\dfrac{m}{V}$得出"密度与物体的质量成正比、密度与物体的体积成反比"的结论？为什么？

"目标"例2：能结合具体事例说明比较法中"同中求异"与"异中求同"这两种方法的具体含义。

"反馈与检测题"例3：在引入密度的概念时，经过测量和分析后我们发现"体积和质量都不相同的铁块，它们的质量与所对应的体积的比值是相同的"。在这个分析过程中我们所运用的是异中求同的比较法。请说明这一过程是怎样体现异中求同的科学研究方法的。

2. 能够说明应用某种物理科学方法的基本步骤或简要过程

"目标"例：能举例说明控制变量实验方法的基本步骤。

"反馈与检测题"例：电路中的电流与哪些因素有关？如何利用控制变量实验方法来研究它们之间的定量关系？

三、物理科学方法的简单运用层次

简单运用是指在某一物理知识的教学中，当对学生进行了物理科学方法教育后，学生能够根据提供的新情境，运用所学过的物理科学方法进行分析与研究并得出结论，或者运用所学的物理科学方法对所学过的物理知识进行分类。

1. 能够运用所学的某种方法定义一个新的概念

"目标"例：能根据定义速度的比值定义法，定义压强概念。

"反馈与检测题"例：根据已经学过的比值法定义法，说明如何应用比值定义法定义压强概念。

2. 能够根据给出的新的物理情境，应用某种科学方法导出一个结论

"目标"例：会运用"研究滑动摩擦力的大小跟哪些因素有关"时所使用的实验归纳法总结物理规律。

"反馈与检测题"例1：在材料不同的水平面上，匀速拉动长方体物块，实验表明：只要水平面的材料相同、所用物块的材料相同，同一物块的面积不同的三个平面与水平面接

触时滑动摩擦力的大小都是相同的。由此我们可以得出什么结论？说明得出这一结论的过程中运用的科学方法。

"反馈与检测题"例2：我们知道，晶体都有一定的熔点。然而，人们却观察到，冬天同一个人穿着普通鞋子站在寒冷的室外的冰上时冰不融化，而穿上冰鞋后刀刃处的冰却能融化；把一大块冰用支架架起来，拴上一细铁丝环，环下挂一重物时，铁丝下面的冰融化为水，铁丝下落，接着上面的水又凝固成冰，以至到后来重物与铁丝环落地而冰块仍然完好。根据这些现象你能得出什么结论？说明得出这一结论的过程中利用的科学方法。

四、物理科学方法的灵活运用层次

灵活运用是指当对学生进行了物理科学方法教育后，学生能够对自己在日常生活中观察到的现象提出问题，然后运用所学的物理科学方法进行分析、研究并得出结论。

说明：这级目标与前级目标的主要区别在于，它的情境是学生自己在日常生活中发现的而不是由教师给出的，因此，一般是靠教师平时的观察来检测，而不是靠教师命题的考试来检测。

1. 能够根据自己观察到的一类现象归纳出结论

"目标"例：在教材和教师所举出的例子之外，能够说出日常生活中哪些工具或器具的工作是利用了杠杆的原理，并能进行简单分析。

"反馈与检测题"例：你在生活中发现哪些工具利用了杠杆的原理？指出它的支点、动力、阻力、动力臂、阻力臂。

2. 能够将学过的某一种科学方法迁移运用于新的情境中，提出解决问题的方法

"目标"例：学习了应用刻度尺测长度的一些特殊方法后，能运用"积短成长，测长求短"的方法解决日常生活中遇到的问题。

"反馈与检测题"例：你在生活中发现哪些物体的长度不足1毫米但又需要用分度值为毫米的刻度尺测量？（如测量直径不足1毫米的细铜丝的直径等）你是如何进行测量的？

五、说明

（1）处于记忆水平时，学生仅能复述课堂上教师所讲授的与方法有关的内容，不能对有关问题作出说明。

（2）处于领会水平时，学生不仅能复述课堂上教师所讲授的与方法有关的内容，还能从方法论的角度对所学知识做出说明，但是不能把所学方法运用于给定的新情境中进而进行分析并得出结论。

（3）处于应用水平时，学生不仅能从方法论的角度对所学知识做出说明，还能把所学方法运用于给定的新情境中对有关问题进行分析并得出结论，但是自己不能把所学方法运用于日常生活中观察到的现象中对有关问题进行分析并得出结论。

（4）处于灵活运用水平时，学生不仅能把所学方法运用于给定的新情境中对有关问题进行分析并得出结论，自己还能把所学方法运用于日常生活中观察到的现象中，自己提出问题后进行分析并得出结论。

（5）灵活运用这一层次是方法教育的最高水平，能够达到这一水平的学生较少；但是，这一级水平也不是可有可无的，物理科学方法教育目标分类体系必须有这一层次。只要教师明确有这一层次目标，在教学中就会有意识地对学生进行教育，这样，总会有达到这一层次目标的学生。只要有达到这一层次目标的学生，不论多少，都是教学的成功。我们的实践已经证明了这一点。我们在检测初中学生的过程中，给出了高中物理建立加速度概念的一段文字说明（可以叫作"物理情境"），结果许多初中学生都能够建立起类似"加速度"（我们不要求学生必须提出这一名词）的概念。学生非常高兴，因为他们认为学习了科学方法，在初中就可以自己解决高中的问题。这种灵活应用的过程，实际上已经带有创新的意义了。

（6）就题论题很难找到物理科学方法教育检测题的规律，在教学中教师也难以实施。如果经过研究，建立起一套令人满意的、比较完善的物理科学方法教育目标分类体系，则教师和研究人员就有了共同语言，既解决了物理科学方法教育效果的检测问题，也为广大教师在物理教学过程中进行物理科学方法教育提供了一条具体实施的途径。

（7）根据下推原理，能用简单的思维水平解决的问题，学生绝不会用高一级的思维去解决；也就是说，在物理科学方法教育中，当一个情境被学生感知过后，这个情境就不再是新情境了，尽管这一情境可能设计得很巧妙。要测量学生对于物理科学方法的学习是否达到"领会"及以上层次的水平，教师必须使用在教学过程中未让学生做过的题目，而计划用作检测的题目在平时的教学中不应使用。

§5—3 物理科学方法教育目标及达标要求举例

由于中学物理教材的多样性与多变性，我们不便把针对某一教材制定的物理科学方法教育目标一一列出。下面仅以两个专题为例简要说明。

一、初中物理《牛顿第一定律》物理科学方法教学目标与反馈练习题

1．科学方法教育教学目标

（1）能说明研究牛顿第一定律过程中所运用的"设疑提问"的方法。

（2）能说明在总结牛顿第一定律的过程中所运用的物理科学研究方法。

（3）能运用"控制变量法"设计定量研究的实验方案。

2．反馈练习题

（1）一位同学在研究牛顿第一定律的过程中，提出了"如果物体不受力，它将会怎样运动"的问题。这里运用了什么科学方法？

（2）在总结牛顿第一定律的过程中，我们运用了哪些物理科学研究方法？其中，最典型的研究方法是什么？（控制变量法与理想实验法）

（3）人们通过观察发现：液体的沸点可能与纬度、压强、液体的多少等因素有关，你能设计一个研究方案来证明液体的沸点究竟与哪些因素有关吗？

二、实验仪器观察专题科学方法教育目标及达标要求列举

实验仪器观察专题科学方法教育教学目标及达标要求见表 5-3-1。

表 5-3-1　实验仪器观察专题物理科学方法教育目标详表

物理科学方法 教育名称	物理科学方法教育目标	达标知识点（举例）
实验仪器 观察方法	1. 通过观察能说出仪器的外形、构造特点，并能记住各部分的名称： ① 由上到下，由左到右，由前到后，全面观察； ② 观察与操作相结合，认识各零件的作用； ③ 与仪器的原理相联系观察构造	观察物理天平的构造，分为两大部分（名称略），如：观察天平横梁上有三个刀口，通过操作了解其作用；天平是利用等臂杠杆平衡条件制成的，各部分的作用（略）都是为完成这一平衡而设计的
	2. 通过观察仪器的刻度能读出： ① 最高（大）刻度的示数； ② 最小（小）刻度的示数； ③ 每一大格刻度的示数； ④ 每一小格刻度的示数	温度计（或者刻度尺、量筒、弹簧测力计、气压计、电流表、电压表等）
	3. 通过观察能说出仪器刻度的特点及准确度： ① 刻度是均匀的； ② 刻度是不均匀的； ③ 同样刻度可以表示不同量程； ④ 刻度的最小格表示仪器所能测量的最小数值及仪器的精确程度	刻度尺、量筒、测力计及温度计等； 量筒、密度计等； 电流表、电压表等
	4. 通过观察能说出仪器显示物理量大小的方法及特点	刻度尺——观看被测物体两端对准的刻度范围； 温度计——观看液柱所达到的刻度值； 密度计——观看液面所对应的刻度值； 电流表、电压表——观看指针所指刻度的示数； 速度表——用数字或指针指示的示数显示； 天平——天平平衡时右盘中所有砝码质量与游码指示的质量之和

第六章 开展物理科学方法教育实验

§6-1 实验前的准备工作

一、编制问卷了解情况

实验前,通过编制的"学生学习现状调查问卷"了解学生学习物理及其他学科的现状、学习的兴趣、对老师教学的要求、对物理科学方法了解的情况等。这样做,为进一步开展物理科学方法教育提供一些背景资料,也为实验之后的检测提供对比的基础。

二、确定实验的基本内容

根据我们的经验体会,开展物理科学方法教育要解决的主要问题如下:

(1) 在物理教学中开展科学方法教育的必要性及可行性,特别是对于培养跨世纪具有创新精神人才的作用;

(2) 在物理教学中开展科学方法教育对于克服学生学习物理的心理障碍、培养学生学习物理的兴趣、提高学生学习物理的质量的作用;

(3) 在物理教学中开展科学方法教育的内容及目标要求;

(4) 在物理教学中开展科学方法教育的具体实施方法、途径及模式;

(5) 在物理教学中开展科学方法教育与传授知识及培养能力的关系;

(6) 在物理教学中开展科学方法教育与改革高师院校物理系《中学物理教学法》课程的关系;

(7) 在物理教学中开展科学方法教育的效果评估与检验方法。

三、预测课题研究的效果

课题研究主要包括两个部分,一是研究物理科学方法教育的理论问题;二是在中学广泛地开展物理科学方法教育的实验,以便进一步检验、修改、充实、提高理论研究的成果。同时,我们预测通过实验可以达到的目标是培养学生的素质、提高学生的能力、激发学生学习的兴趣、提高学生学习的成绩(包括平时及中考或高考成绩)、提高教学效率,为基础教育服务,为推动素质教育做贡献。

四、明确物理科学方法教育的要求

要加强物理科学方法教育,必须首先明确要求。由于理论不够成熟和经验还较缺乏,当前物理教学尚未具备科学详细地制定这个要求的条件。我们先提出一个不太成熟的中学物理科学方法教育要求的提纲,供读者讨论。下面所提出的提纲含有两类内容。第一类是学生对基本物理科学方法的认识,分为初步了解、了解、初步理解、理解等层次。第二类是学生接受基本物理科学方法的行为训练,包括智力行为的训练和动作行为的训练,使学生在训练中学会运用。另外还需指出,目前物理科学方法教育实际达到的水平可能是比较低的,笔者提出的要求比现状要高些,是考虑到加强方法教育之后可以达到的目标。

1. 初中物理科学方法教育的要求

(1) 使学生了解什么是观察,观察的重要性;了解观察的分类(直接与间接、定性与定量等),了解观察的基本要求(目的性、客观性、全面性等);能够在教师指导下有目的地、客观地、全面地进行观察,培养良好的观察品质。

(2) 使学生了解什么是测量,测量的重要性;了解测量所要达到的准确程度或所能达到的准确程度的意义,了解测量误差的意义;能够在教师指导下正确使用基本测量仪器,养成良好的测量品质。

(3) 使学生初步了解什么是实验,实验的重要性,了解定性实验和定量实验、探索性实验和验证性实验的意义;在教师帮助下,领会实验目的对于实验设计和实验步骤的指导作用,领会简单的单因子实验的设计思路;能在教师指导下完成课本中的学生实验,理解实验目的,有目的、有步骤地进行操作,掌握简单的实验技能,学习分析、整理实验结果的方法。

(4) 使学生受到比较简单的分析、综合、比较、抽象、概括、归纳、演绎、类比等科学思维方法的训练,逐步提高抽象思维能力。

(5) 使学生初步了解什么是物理概念、什么是物理规律,了解物理学知识是以观察实验为基础,依靠观察实验、科学思维与数学方法相互结合才产生和发展起来的。

2. 高中物理科学方法教育的要求

(1) 使学生初步理解实验方法的特征,理解实验在物理学研究中的重要地位,初步理解探索性实验和验证性实验(包括判决性实验)的方法论意义;理解教材中重要实验的目的和相应的设计思路;理解系统误差和偶然误差、绝对误差和相对误差的意义;能够在教师的指导下,根据实验目的基本独立地完成课本中的学生实验,掌握基本的实验技能,会分析实验数据并得出相应的结论,会写简要的实验报告。

(2) 使学生了解什么是理想化模型、什么是理想实验,了解它们在物理学研究中的重要意义;理解教材中运用理想化模型和理想实验的物理内容,培养学生在分析和解决物理问题时运用物理模型的能力。

(3) 使学生受到比初中阶段较为复杂的科学思维方法的训练(分析、综合、抽象、概括、归纳、演绎、假说、类比、想象等），提高运用科学思维方法的能力；初步了解这些思维方法的特征，能够在教师帮助下识别这些思维方法的典型形态。

（4）使学生受到用初等数学方法（包括公式方法、图象方法等）研究和表达物理概念、物理规律以及分析和解决物理问题的训练，提高运用这些方法的能力；了解数学方法的简洁性、精确性、严密性等特征。

（5）使学生了解物理学以至一般自然科学研究的基本过程，了解这个过程的认识论原理；了解科学知识作为科学真理的相对性和绝对性；培养学生实事求是的科学态度，激发学生对科学探索的热爱之情和创造欲望。

五、确定实施物理科学方法教育应遵循的主要原则

1. 寓物理科学方法教育于物理知识教学过程之中的原则

物理科学方法教育是物理教学的有机组成部分。物理教学应以知识教学为主要内容，方法教育应结合知识教学、能力训练的过程长期、分散地进行。

同时，要注意掌握渗透性原则，也就是在知识教学过程中，渗透研究问题的方法，或按照研究问题的方法、思路展开知识教学，使方法教育和知识教学有机结合在一起，以达到整体优化的目的。这样，不仅有利于学生对物理概念和物理规律的学习，而且有利于使学生掌握研究物理问题的基本方法。如果脱离知识对学生大讲物理科学方法论（专门的讲座除外），犹如建设空中楼阁。但是，只埋头讲知识，不注意渗透科学方法教育，则犹如只是送给学生一堆砖瓦，却没有绘出建筑物理学大厦的设计图纸。只有植根于物理知识沃土之中的物理科学方法教育，才能结出灿烂的智慧之果。

另外，在进行科学方法教育的因素分析时，要根据具体问题，分清主次，突出重点。一个知识点的教学往往含有多种科学方法因素，一个方法也可应用于不同的知识点。因此，要抓住关键，突出主要方法的教育，不宜过多；否则，不仅学生学不到方法，还会加重学生的负担。

例如，"牛顿第一定律"的教学是应用理想实验的典型教学，但此过程中还涉及观察法、比较法、控制变量实验法等科学方法。当然，本节课方法教育的重点应该是理想实验法。

2. 显性化教育为主，隐性化教育为辅，两者相结合的原则

隐性化教育就是在教学过程中，隐蔽地发挥物理科学方法的作用，使学生在学习的过程中受到潜移默化的熏陶，一般不出现物理科学方法的名词，也不对方法的内容进行解释。显性化教育就是在教学过程中，提出物理科学方法的名称，并且以学生能接受的深度，讲清楚这些方法的内容、特点和操作过程，同时指导学生运用这些方法解决问题。显性化教育与隐性化教育各有所长。在初始阶段，物理科学方法教育可以隐性化为主、显性化为辅，但是两者不能偏废；随着学生年级的升高、经验的积累以及学生水平的提高，可以逐步加强显性化教育。

对典型的方法，可采用显性化教育与隐性化教育相结合的方法，即在教学过程中隐性渗透,在总结时显性提出。通过课堂教学实践我们体会到,对基础的、常用的物理方法,若不显性化地给出其名称及注意事项,则不能将此法固化在学生的头脑中并形成学生的思维品质。但是,显性化教育的基础是隐性渗透,只有在教学过程中把隐性渗透的文章做深做透,才能在最后显性总结时顺理成章、水到渠成,才能使学生真正理解科学方法及其实质;否则,显性化教育只能是穿靴戴帽的形式主义。

多年来,我们在不同类型的课型教学中进行实验,摸索出在概念教学、规律教学、实验教学、习题教学和复习教学中进行方法教学的内容和方法,总结出"显性化教育和隐性化教育相结合""一学习、二模仿、三创新""知法并行"以及"过程隐性化而总结显性化"的教育模式。

例如,对控制变量法的教育是这样进行的:在讲"导体对电流的阻碍作用——电阻"时,教师教给学生用控制变量法进行实验的基本方法;在讲"电流跟电压、电阻的关系"时,教师则引导学生模仿此法设计实验;以后讲"研究电磁铁"时,教师就放手让学生自己猜想、自己设计实验进行研究,发展学生的探究能力和创新思维。

§6-2 开展教学改革实验工作

一、准备阶段

1. 组建实验队伍、确立实验点

首先,要组建一支研究物理科学方法论的队伍,共同探讨有关的问题,从理论与实践的结合上,研究物理科学方法的含义、种类、作用、操作过程,尽快建立物理科学方法的理论体系,为开展物理科学方法教育奠定理论基础。

在初步建立了有关理论的基础上,在中学开展物理科学方法教育的教学改革实验。为使实验顺利进行,我们本着自愿参加的原则,组建了一支教学经验丰富、工作认真扎实、对开展物理科学方法教育有浓厚兴趣的教师队伍,并确定其任教学校为实验点。这支教学改革实验队伍,来自山东省70个单位共116名教师,包括3所高校、7个市(县)教研室、2所中专、58所中学(包括城市、农村乡镇、高初中等)。在大家自愿的基础上签订了"共同开展教学改革实验研究"的意向书,并颁发了由省高教处签发的聘书,使实验建立在规范化、科学化的基础上。

2. 组织学习教育理论

兴教应该先兴师。"居高声自远,非是藉秋风。"只有教师掌握了物理科学方法论的知识,居高临下,深入浅出,才能使学生受益。我们从1984年开始为高师院校在校学生开设了《物理科学方法论》选修课,并编辑出版了《物理科学方法论》(陕西人民教育出版社1992年出版),受到学生的欢迎。许多当年的学生,现在已经是教学改革实验的骨干。

开展物理学方法教育实验,必须以先进、正确的理论为指导;否则,这种实验将是盲目的。为此,我们在开展实验前,对参加课题实验的教师进行了物理科学方法教育理论培训,组织教师学习物理科学方法论的基本知识、研究分析中学物理教材中科学方法论因素的基本方法等必要的基础理论，为下一步开展实验打下坚实的理论基础。

3. 确定实验班和对比班

确定实验班和对比班的方法有三种。

（1）在平行班较少、只有实验教师一人的学校，一般选实验教师所教班中学习基础较差的班为实验班、较好的班为对比班。教师在同一年级实施两种教学方法，即在实验班进行知识教学的同时有意识、有计划地渗透科学方法教育，而在对比班则按常规教学方法进行教学（当然操作起来有一定的难度）。

（2）在平行班较多的学校，一般选课题组教师所教班为实验班，而选学生学习基础相同、教师教学水平相当的非课题组教师所教班为对比班。显然，这样实验效果的对比更鲜明，更具有说服力；但是，事先教师之间必须协商好。

（3）选课题组教师所教班为实验班，请市、县（区）教研室的教研员在另外学生基础接近的学校选同年级的班做对比班。

最后我们共选择了 96 个实验班，约 5000 名学生参加了实验。

二、实验阶段

1. 分析教材中的科学方法因素

由于物理科学方法并不直接由物理知识来表达，往往是隐蔽在知识之中并支配着知识的获取及应用。因此，为了开展物理科学方法教育，需要教师对物理教材进行科学方法因素的分析，挖掘教材中的方法论因素。这是进行物理科学方法教育的基础工作。

2. 制定科学方法教育的具体目标

我们通过集体备课和分散研讨，在深入钻研教材的基础上，根据方法论原理，仔细分析了中学物理教材所蕴含的方法论因素，预测了其中的方法可能对学生产生的作用，研究了方法对学生的能力培养、素质提高的价值，并根据中学生的实际情况，结合物理教学目标，确定了应主要进行教育的科学方法种类。在两年的实验中，我们主要进行了如下科学方法的教育：观察法、实验法、概括法、归纳法、演绎法、分析法、比较法、猜想法、理想实验法、物理模型法，平衡思想、等效原理、守恒思想等，以及比值定义法、控制变量法等具体的应用方法。

对以上方法，根据它们在教材中出现的次数及价值，制定出记忆、领会、应用、灵活应用等不同层次的目标要求，并制订了系列达标计划。对于在某处要达到什么层次的要求，我们事先都做了合理设置和具体安排。

例如，观察法、实验法、概括法、分析法、比较法、比值定义法、控制变量法等属于应用、灵活应用层次，猜想法、理想实验法、物理模型法及平衡思想等属于识记、领会层次。

在实验的基础上，我们修改、制定了初中物理科学方法教育的教学目标。

3. 制订科学方法教育实施方案，探索科学方法教育的模式

我们根据初中学生的实际水平和初中物理教材的特点，制订了实施物理科学方法教育的实施方案。

我们认为,模拟法是一种进行物理科学方法教育的行之有效的方法。物理科学方法体现在探索与发现知识之中,不亲自经历这种探索过程就难以发现其中的方法要素,更无法体会其中可以意会而难以言传的奥妙之处。模拟方法就是对一些重要的概念或规律,在分析物理学史料的基础上让学生遵循前人科学发现和发明的思路来学习,让学生从当时的科学背景出发,重温科学家在什么问题上、什么环节中、什么情况下用什么思想和方法做出了科学发现、实现了突破性进展,为此可以模拟基本概念的建立和发展、物理实验的设计和实施、物理定律和规律的发现与形成等。我们也可以按照现今的认识,在不违背科学事实的原则下,进行发挥和重构,去设计一个认识过程,进而引导学生去经历这一过程,使学生领略其中所应用的科学方法。模拟方法信息量大,但是费时也较多,因此主要在一些重要科学方法的教育上使用。

在渗透科学方法教育的过程中,如何设计课堂教学是实施科学方法教育的关键。对此,我们逐步探索出一套开展物理科学方法教育的课堂教学模式。

4. 建立科学方法教育的实验档案

建立资料档案,这是开展教学改革实验必须做的一项工作。

实验档案的内容包括实验班、对比班实验前的基础成绩(含各科考试成绩)和实验后每学期的考试成绩,方法教育的检测题,调查问卷,学生对方法教育的反映,对个别学生跟踪调查的情况,科学方法教育研讨课的教案,定期召开的方法教育经验交流会的资料,实验的总结报告,等等。

物理科学方法教育经验交流会一学期召开一次,课题组全体教师参加。在会上,大家谈体会、谈经验、提出存在的问题,相互启发,相互促进。这是检测教师掌握科学方法教育情况的一种比较好的方式。

同时,我们开展了"六个一"活动。为使实验组教师的工作开展得扎实有效,实验组对每位教师提出了如下具体任务和必须提供的资料:每位教师每学期至少举行一次科学方法教育研讨课,交一份自己认为最成功的科学方法教育研讨课的教案,交一套方法教育检测题;一个实验周期完成后,每人摄录一节录像课,交一份有关物理科学方法教育的论文和一份实验总结报告。

实验教师都如期完成了以上任务,为实验提供了极为丰富的档案资料,为总结经验打下了科学、可靠的基础。

5. 开展实验应该注意的几个问题

我们认为,为了深入搞好物理科学方法教育的教学改革实验,应该注意以下几个问题。

(1) 健全组织,制订计划。根据工作的需要我们成立了理论(含总体设计)组、教学改革实验组、教学目标组、教学改革检测组、国内外信息组、电教多媒体组等 6 个子课题组,分别确定了负责人并制订了详细的工作计划,分工明确具体。开展活动时,大家既分工负责又通力合作,积极进行理论研究与教学改革实验。我们定期召开课题组负责人会议,及时交流工作进展情况,不断地落实各个阶段的工作计划。

（2）掌握信息,明确方向。信息组对我国开展物理科学方法教育的情况进行了广泛的文献资料调查,获取了大量的信息资料,并及时汇集成册,为课题研究积累了基础性材料,也使课题组更加明确了研究方向,有力地促进了教学改革实验的进行。

（3）开展培训,提高水平。我们先后在实验基地组织了 12 次培训,向实验教师分发了《物理学方法论》《物理科学方法教育论文集》以及物理科学方法教育培训班讲授提纲等理论学习材料,用理论武装参加实验的教师,使参加教学改革实验的教师都能在理论指导下进行实验,克服了实验的盲目性。

（4）深入听课,现场探讨。我们课题组先后到各校教学改革实验班听课 70 余次,一方面通过学习,共同探讨课题研究中的一些问题,不断地总结经验;另一方面进行现场探讨,提高实验的质量。

（5）组织观摩,加强示范。课题组根据工作进展的情况,先后组织示范观摩课 19 次（含电视录像课）、大型教学改革经验交流会 2 次。这些活动深受教师的欢迎,教师踊跃参加,有的会议与会者多达 300 余人,产生了很大反响,取得了良好效果。

（6）总结经验,丰富理论。通过实验,一方面检验了我们事前总结的基本理论,另一方面通过总结经验进一步丰富了我们的理论。例如,通过实验我们丰富完善了物理科学方法教育的基本内涵,即"弘扬科学思想,掌握科学方法,树立科学态度";初步摸索了一套开展物理科学方法教育的宏观模式,即"一学习、二模仿、三创新";探讨了课堂教学的几种具体的微观模式,即概念、规律、实验、应用、复习等课型中进行科学方法教育的具体模式,等等。

（7）及时推广,扩大成果。我们已经为济宁师范专科学校物理系的 94、95、96、97 级开设了"物理科学方法教育"选修课（过去称为"物理学方法论"）。教学的内容既有过去的理论,又有经过实验总结的理论和经验,比较切合教学实际。我们在 95 级进行了问卷调查,证明这些课程是受学生欢迎的。课题组多次应邀在全国及省、市级物理教学学术研讨会上对实验成果进行介绍和推广。

第七章 物理科学方法教育的检测评价

§7-1 物理科学方法教育检测评价的意义、内容与方式

一、检测评价工作的意义

如同任何教学改革实验一样,检测评价也是开展物理科学方法教育必须进行的一项重要工作。

在制订开展"物理科学方法教育的理论与实践"这一实验计划时,我们曾预测通过实验应该达到以下目的,即提高学生素质,培养学生能力(提出问题的能力,包括数量、质量、难度,解决问题的能力,观察能力,实验能力等);优化课堂教学(提高效率,提高学生特别是女生学习物理的兴趣,掌握了方法、节约了时间等);提高学习成绩(包括校内考试及升学考试等)。

那么,通过实验是否达到了预期的目的,需要通过精心编制各种量表或采取其他形式进行测量和评价。这样,一方面可以检测学生掌握科学方法的情况,为改进科学方法教育提供资料;另一方面可以提高教师自身进行科学方法教育的能力,为推广实验的成果提供有力的保障。

由于物理科学方法教育是一项比较新的课题,有许多问题尚未解决,如还没有建立起一套科学系统的、比较完善而又具体的、令人满意的物理科学方法的教育目标体系和反馈检测的方法体系,因此,如何进行检测评价仍然需要认真研究。

二、检测评价的主要内容

物理科学方法教育实验的检测主要从以下几个方面进行。

1. 物理科学方法教育对提高教学质量和学生能力效果的评价

主要检测通过对物理科学方法的掌握,学生学习物理效率的提高,进而提高物理教学质量和提高学生能力的作用。

2. 物理科学方法教育对学生掌握物理科学方法的效果的评价

主要检测通过物理科学方法的学习,学生是否记住了或理解了某些物理科学方法,

检查学生是否会应用某些物理科学方法，进而评价学生灵活应用物理科学方法的水平。

3. 物理科学方法教育对培养学生情感因素效果的评价

主要检测通过实施物理科学方法教育，学生在掌握物理科学方法的同时学习和研究物理问题时情感因素变化的情况。

三、检测评价的方式

检测评价可以采用几种方式进行。

1. 利用常规考试进行检测

参与学校及上级主管部门统一安排的常规考试，并对实验班与对比班进行对比检测。从实验教师反馈的情况可以看出，几乎所有实验班考试成绩的平均分、及格率、优秀率都比对比班要高，有的还高出很多。有的教师是以基础比较差的班级作为实验班的，结果成绩已经超过了基础比较好的对比班。济宁市市中区参与实验的学校 1998 年中考成绩也有明显的提高。我们还对部分实验班和对比班的考试成绩进行了统计检验。但是，由于现在的常规考试仍然是以考查知识为主，因此我们认为这种考试方法并不能全面反映开展物理科学方法教育的效果。

2. 编制以考查学生掌握科学方法情况为主的检测问卷

编制有关物理科学方法的记忆、领会层次的检测问卷，考查学生掌握物理研究方法的情况。

3. 编制以考查学生掌握方法迁移能力为主的检测问卷

编制有关物理科学方法的简单运用与灵活运用层次的检测问卷，考查学生方法迁移能力的水平。

4. 编制以考查物理科学方法教育对培养学生情感因素效果的问卷

主要检测学生通过实验之后，学习物理的学习兴趣、学习态度、学习动机、学习积极性等思想情感的变化。

5. 召开座谈会辅助检测

问卷调查是进行测量和评价的重要形式。这就需要编制物理科学方法教育教改实验问卷和情感因素测量量表。为此，需要首先在部分学生中进行调查研究，找出有代表性的问题，设计出量表的初稿；然后进行测试和分析、修订工作；最后编制出一个信度和效度较高、方便且实用的量表。

我们已经编制出了几份问卷调查表和一份物理学习兴趣调查量表。

编制出各种量表，这是评价物理科学方法教育效果的基础工作，能否得出正确的结果，还需要按照评价的目的，严格遵守测量和评价工作的有关要求，从一开始就注意实验班和对比班材料的收集和整理，应用教育统计学的理论和方法进行分析，以便得出令人信服的结论。

§7-2 编制物理科学方法教育检测题

通过编制检测题进行检测评价仍然是检测评价的主要形式。

检测题主要采用笔试、口试及操作等形式。笔试题包括问答题、实验题、填空题、选择题等，口试题包括问答题，操作题包括实验题等。

一、编制检测题的方法

1. 依"方法"定"题目"

依"方法"定"题目"是指对应各种方法，说明它们在物理学研究中的应用，如"以速度为例，说明应用'比值定义法'定义物理概念的过程"。

2. 依"题目"说"方法"

依"题目"说"方法"是指说出题目中的方法内容，如"指出定义速度、密度、压强等物理量时在方法上的共同点"。

3. "对比模仿"的方法

平日教学中已经举例（如速度）说明了某一种方法（如比值定义方法），编制检测题时可以再以另一例（如密度），让学生对比模仿说明该方法。

4. "重述"的方法

某一种方法的应用比较重要或这种方法在教材中出现的概率又比较少的情况下，可以利用"重述"的方法检测。例如，通过斜面实验总结牛顿第一定律时利用了"理想实验"的方法，这是很典型的，但是在初中很少应用该方法（可是在物理学中这种方法应用的地方还是很多的）。为此，可以在平常讲解的基础上，让学生复述利用"理想实验"总结牛顿第一定律的过程。这样，既考查了学生是否知道理想实验方法，同时又可以锻炼学生口头表达（或文字叙述）能力。

二、编制检测题应该注意的问题

（1）检测题一定要有物理内容，做到物理知识与物理科学方法的有机结合（知识与方法融为一体）；要简明易懂，不要因语言表述不当而让学生理解受阻。

（2）纯粹的物理学专业知识方面的试题，不宜用来作为评价物理科学方法教育效果的检测题。

例如，选择题："有一块冰漂浮在盐水中（冰的密度小于盐水的密度），如果冰块全部融化后液面将（　　）　　A. 上升　　B. 下降　　C. 不变　　D. 无法确定。"

这就是一道纯粹考核学生对浮力知识理解水平的题目，不能用它来考核学生对物理科学方法的掌握情况。

（3）纯粹的物理科学方法方面的试题，也不宜用来作为评价物理科学方法教育效果的检测题。

虽然在物理教学中必须进行物理科学方法教育，但是物理教学的主体仍然是物理科学知识的教学,不能离开教学主体去另搞一套物理科学方法教育。例如,填空题"归纳法是指从_____到_____的思维方法"就是一个纯粹的科学方法方面的问题。

(4)隐含物理科学方法的题目,也不宜用来作为评价物理科学方法教育效果的检测题。

有些题目,虽然在解答中要用到物理科学方法,但没有明显地指出有关的物理科学方法,也不宜作为评价物理科学方法教育效果的检测题。这是因为物理问题的解决必然涉及物理科学方法的应用,如果解题过程中用到物理科学方法就算检测物理科学方法教育效果了,就使得物理科学方法教育有些庸俗化。例如,填空题"声音在金属中比在液体中传播得_____,在液体中比在空气中传播得_____",虽然,在解答这个题目的过程中要应用比较法,但它不能用来评价学生掌握物理科学方法的水平,因为按照课本中提供的资料,凭记忆也能解答该题。

(5)评价物理科学方法教育效果的题目必须创设新情境。

学生做过的题目,不能用作评价物理科学方法教育效果的题目,因为学生凭记忆就能解答。创设新情境的方法很多,不一定限于初中物理知识,可以让学生分析日常生活中的现象,从中抽象概括出规律性的东西,如:"同一辆汽车,当它在向我们运动的过程中鸣笛时,我们听到的汽笛声音调越来越高;当它在远离我们运动的过程中鸣笛时,我们听到的汽笛声音调越来越低。由此你能得出什么结论?"

有时,我们也可以把高中物理的内容加以简化,作为一种新情境,让初中学生尝试解决。例如,在学习速度时,我们是比较三辆机械玩具车汽车、火车、拖拉机分别做匀速直线运动的时间和它们在这段时间内通过的路程。分析比较发现,尽管每辆玩具车通过的路程不同、所用的时间也不同,但通过的路程与它通过这段路程所用时间的比值是相同的,而不同的玩具车的这个比值一般不同。可见,这个比值反映了物体运动的快慢这种性质。物理学中就用这个比值来定义速度,以表示物体运动的快慢,即运动物体单位时间内通过的路程叫作速度。

在学习了速度的基础上,我们来看这样的例子:在变速直线运动中有一种匀变速直线运动。物体做匀变速直线运动时,速度的变化随所用时间的增加而增加,而且速度的变化与所用时间成正比,但它们的比值是一个恒量。不同的匀变速直线运动,这个比值一般是不同的。在时间相同的条件下,这个比值越大的物体速度变化越快,因而这个比值表征了物体速度变化的快慢。由此你认为,应该如何表示物体速度变化的快慢?

(6)评价物理科学方法教育效果的检测题不能滥用。

评价物理科学方法教育效果的检测题,不能大量用来作为学生的课堂练习或作业。因为评价物理科学方法教育效果的题目应该是创设新情境的,如果滥用这些题目,在评价教改实验的效果时新情境也不新了,就看不出学生对物理科学方法掌握的情况,而仅仅考查了学生的记忆水平。另外,这样做还会加重学生的负担,与物理科学方法教育的目的是相背离的。

三、编制检测题思路举例

(1) 指出已经做过的各个具体实验(学生分组实验、课堂演示实验)的三个基本组成部分。

(2) 指出运用某个实验(如伽利略斜面实验)总结物理规律(牛顿第一定律)的基本步骤。

(3) 说明某些实验的图象(如熔化与凝固曲线)是如何绘制出来的。

(4) 根据一定的要求,设计实验并简要说明实验设计的基本思路,如设计一个实验说明物体浸没在液体中所受的浮力与物体浸没在液体中的深度无关。

(5) 回忆所做过的实验,说明"细玻璃管"在物理实验中的用途。例如,气体热膨胀实验中,利用弯成直角的细玻璃管,在水平部分装一小液柱,观察它的移动,说明气体受热膨胀(物理教材中多次用细玻璃管显示一些物理现象)。

(6) 指出测量某些物理量(如长度、平均速度、密度、压强、机械效率等)在方法上的不同点或共同点(如刻度尺与温度计的使用方法、刻度方法、读数方法都不同等)。

(7) 对应概念、规律、实验、应用四类教学内容,说出应用的科学方法因素。例如:

① 说出速度概念定义的过程、步骤及具体方法(比值定义方法)。

② 根据物理量的定义式,如何确定物理量的单位(以速度为例)。

③ 根据数学知识,由 $I \propto \dfrac{U}{R}$ 写成等式,理应有一个比例系数,可是,为什么欧姆定律可以写成 $I = \dfrac{U}{R}$?

④ 单因子实验的含义是什么?举例说明它的应用(实际上,中学物理教学中所做的实验几乎都是单因子实验,关键是如何说明"单因子")。

⑤ 利用实验总结欧姆定律时,为什么先固定电阻 R 不变,或者先固定电压 U 不变?

⑥ 利用斜面实验研究牛顿第一定律时是如何体现单因子实验的?

⑦ 做比热容实验时,为什么要用相同的烧杯、相同的酒精灯、相同的加热时间等?

(⑥⑦题实际是同一类型的问题,只是问法不同)

⑧ 牛顿第一定律只是应用"实验方法"就可总结出来吗?为什么?

⑨ 对应学过的各种方法,结合具体实例说明它们在物理学研究中的应用。

⑩ 指出研究同一问题,可以采取不同的研究方法(如研究阿基米德原理,可以采取实验或理论推导等方法)。

⑪ 同一习题,可以采取不同的求解方法。

(8) 检查学生的实验、观察能力是否有提高(尽量联系学生身边的物理现象,或者用简单器材即可做的实验)。例如:

① 坐在火车或汽车上,观察窗外的物体是否都是在向后运动?

② 火车(或汽车)迎面从你身边鸣笛而过,你先后听到的笛声一样吗?

③ 日光灯(或者白炽灯)的光投射到钢笔上,在课桌上是否一定都有影子?(做实验

看，并对观察的结果做一说明）

④ 晚间坐在汽车上，司机一般都要关闭车内灯光。你能从观察到的现象说明司机为什么要这样做吗？

⑤ 晴朗的夜晚，你在月光下行走，你走月亮也走，你停月亮也停，你观察过吗？你能说明其中的原因吗？

⑥ 你向自己的手心吹气或者哈气，手的感觉有何不同？你能说明原因吗？

⑦ 冬天与夏天，你从口中哈出气体，观察到的现象有什么不同？为什么？

⑧ 你用左右手分别拿一张纸和一个硬币，从同一高度处松手让其同时落下；再把纸揉成一团，让纸团和硬币从同一高度处同时落下。两次实验的结果有什么不同？为什么？

第八章　物理科学方法因素分析案例

§8-1　《测量》一章中科学方法因素分析

《测量》一章，是学习物理学的基础篇，是最基础的知识，所用到的科学方法对于学生今后的学习具有普遍的指导意义。本章用到的科学方法主要有以下几种。

一、比较方法

（1）比较是认识客观事物的基础，也是进行测量的基础，测量是一种具有量化标准的定量比较。测定长度的过程，就是拿"测量的标准"——如"1米"与被测物体进行比较的过程。测量中的比较主要包括两个方面：一是"测量的标准"与被测物体的比较，二是不同的"测量单位"（如米与千米、厘米、毫米等）之间的比较。

（2）要进行科学合理的比较。① 比较要选取公认的标准，如测量长度选取"米"作标准。② 标准要统一、简单，有利于使用。③ 确定的标准可以复制但要保持恒定、不易变化，如保存在国际计量局里的国际米原器。

（3）要掌握正确使用测量仪器的方法。① 根据测量对象和测量要求选择合适的测量仪器，如测量家具的长度用厘米刻度尺、测量机床上加工的机械零件要用游标卡尺或螺旋测微器、加工集成电路因要求精密度高则要用更加精密的光学仪器测量。② 正确地使用测量仪器。对于不同的仪器也有一些共同的要求，如要注意零刻度（点、线、面），最大、最小刻度，测量范围，仪器的放置（与放置面的关系以及与被测物体之间的关系等），读数的方法（与视线的关系等）。不同的测量仪器还有一些特殊的要求。

二、测量的一般方法

1. 直接测量

（1）直接测量是根据物理量的定义而确定的基本测量方法。这些量一般都是人为规定的。例如，根据长度的定义确定操作程序后，拿着中国的"尺"（我国古代规定的标准），沿着桌子的一边，从一端开始，若量了3次正好到头，我们就说桌子的长度是"3尺"。

（2）利用仪器、仪表直接读数测量。这些仪器、仪表是根据事物的某些性质或它们产

234

生的一些效应而制成的。例如，可以利用测力计、速度计、电流表、电压表等分别测量力、速度、电流、电压等物理量。

2. 间接测量

（1）一般导出量的定义式都是几个物理量的比值或几个物理量的乘积，因此，只要分别测出定义式中的各个物理量，即可计算得出待测的物理量。例如，分别测出距离 s 和时间 t、质量 m 和体积 V、电压 U 和电流 I 等，即可分别计算出速度、密度、电阻等物理量。

（2）利用转换的方法将不易测量的量转换成容易测量的量。例如，薄、细小、轻而小、短小、弯曲以及不规则的物体，可以通过积多求少（或求小）、以直代曲、化斜为正等方法进行测量，如测量一张纸的厚度、一个大头针的质量、细金属丝的直径等。当然，还有一些特殊的测量方法，需要我们不断积累经验、掌握技巧。

3. 综合测量

当遇到一些比较复杂或者难以测量的物理量时，常常根据它们的定义式与一些规律结合起来进行测量，如比热容的测定等。

思考题：怎样用限定的器材测量汽水瓶的容积？

器材与物品：一个汽水瓶，瓶中盛有大半瓶水，一个量筒。

§8-2 《光的反射》一章中科学方法因素分析

光的反射与光的折射是最基本的光学现象，由于它们的一些规律都可以用几何作图的方法来表示，因此它们也被通俗地称为几何光学。几何光学研究中蕴含着丰富的科学方法因素。

一、研究光的直线传播应用的基本方法

1. 在自然条件下纯感官观察的方法

这种方法即对观察的对象不进行干涉，只是通过人们自己的感觉器官对客观事物、现象进行直接感知的方法。进行观察时需要注意三点：一是要有意识、有目标地进行，处处留心，否则就会熟视无睹；二是注意积累必要的相关知识，这样的观察才能看出门道而不是只看热闹；三是观察还要注意方法，要从个别看出一般、从正常中发现异常，从而总结出规律。当然，这种观察方法有一定的局限性，因为人的感觉器官对外界的感受范围、引起反应的时间等都有一定的限制，容易产生错觉而得出错误的结论。

2. 在观察的基础上进行归纳的方法

广义地说，归纳法就是从许多同类的个别事物中找出它们的共同点的方法。其中，常用的是简单枚举归纳法，即在科学观察或日常生活中，当人们发现某类事物中的若干对象具有某种属性且没有观察到相反的事例时，由此就得出该类事物都具有某种属性的结论的方法。光的直线传播就是这样总结出来的：

观察的事物	性质
① 汽车灯光射出的光束	是直的
穿过森林的日光束	是直的
电影机射向银幕的光束	是直的
② 光在空气中的传播路线	是直的
光在水中的传播路线	是直的
光在玻璃中的传播路线	是直的

因此,光在一切均匀介质中的传播路线都是直的。当然,利用简单枚举法总结的规律一定要经过实践的检验。

要注意的是,观察的结论是有条件的。例如,光只有在"均匀介质"中才是沿直线传播的。

二、利用验证性实验研究光的反射定律和平面镜成像的规律

1. 教材中研究光的反射定律采用的是验证性实验

实验的器材很简单,但是这个实验设计得很好。它包括了一般演示实验的三个基本组成部分:实验对象是光,研究它投射到镜面上反射后所遵循的规律;实验源是发光的光源;实验效果显示器是一个可以绕接缝转动的两块白色平板。这个设计简单而巧妙。

2. 研究平面镜成像规律的实验设计十分巧妙

(1)利用一块玻璃板代替平面镜,在其后光线较暗时,它可以起到平面镜的作用;又因为它是透明的,所以可以看到放在它后面的蜡烛,这是用平面镜所办不到的。

(2)由于平面镜成的是虚像,因此它的位置无法测定,难以进行量化研究。教材中采取在玻璃板后成虚像的位置上放一支相同的蜡烛,移动它直到与虚像完全重合,从而确定虚像的位置,通过测量并比较物体和像到平面镜的距离,通过镜后蜡烛与镜前蜡烛在镜中成的像完全重合(镜前与镜后两个蜡烛完全相同)比较像与物的大小,从而得出平面镜成像的规律。这个设计是很巧妙的。

(3)实验对象是玻璃板(替代平面镜),实验源是玻璃板前面的蜡烛,实验效果显示器是玻璃板后面的蜡烛。

三、光的反射定律的方法论意义

以前我们曾经指出,当应用规律解决实际问题时规律也就起到方法的作用了。本章中,研究镜面反射、漫反射、平面镜成像、潜望镜、凹镜的作用、凸镜的作用等问题时都利用了光的反射定律,这时光的反射定律就起到方法的作用了。

四、等效、微分思想

研究漫反射时,我们是把凹凸不平的面等效地分成许多小的平面,在每个小的平面上应用光的反射定律,从而得出漫反射的特点。在研究凹镜和凸镜时,同样也是把凹、凸的曲面等效地分成许多小的平面来进行研究,得出凹镜、凸镜对光的作用。在此,都应用

了等效、微分的思想。这里说的微分就是把事物分割为许多细小部分。这是常用的一种方法。对于微分的真正含义，学生到大学学习时会有进一步的了解。

§8-3　《光的折射》一章中科学方法因素分析

一、建立物理学科基本概念的方法

光学是物理学的一门独立的分支学科。如同其他学科一样，光学在刚开始成为一门学科时，需要建立一些基本的概念或名词。其中，一种方法就是由科学家利用词语进行定义，如光的反射、光的折射、入射角、折射角、法线等概念，平面镜、凸镜、凹镜、凸透镜、凹透镜等光具的名称，以及主光轴、光心、焦点、焦距、实像、虚像等名词。如果问为什么这样定义，可以说既有道理也无道理，实际上它们都是科学家为了研究问题的需要而人为规定的。当然，这种规定应尽可能贴近实际，符合人们的思维习惯，便于研究问题，便于记忆。

二、研究光学的几何作图法

本章大量应用了作图的方法，这是研究几何光学的特殊方法。

（1）利用作图法研究光的折射的关键是把握住"一点""一面""二角""三线"。

"一点"就是要找准入射点，"一面"就是要确定折射光线与入射光线、法线三者所在平面；"二角"就是要记住折射角与入射角之间的数量关系；"三线"就是要记住折射光线、入射光线与法线以及它们的位置关系，三者在同一平面内，折射光线和入射光线分居法线的两侧。

（2）利用作图法研究透镜的性质时，除注意前面所提出的几点以外还要注意以下几点。

① 搞清楚主光轴、光心、焦点、焦距等几个概念及其含义，并会在图上标注。

② 所研究问题的条件是薄透镜，光线是指离主光轴很近的光线。

③ 掌握三条特殊的光线：一是过光心的光线经凸透镜后传播方向不改变，二是与主光轴平行的光线经凸透镜后过焦点，三是从焦点发出的光线经凸透镜后变为与主光轴平行的光。

三、演示实验的组成部分

一个成功的实验应由实验对象、实验源、实验效果显示器等三个部分组成。

实验对象，也是实验的研究对象，当它接受作用到它上面的"信号"（如力、热、电、光的信号等）后，能产生一定的效应，从而显示某些物理现象或者揭示某些物理规律。

实验源，也就是实验的"信号"发生器，由它发出的"信号"作用到实验对象上，产生一定的实验效果（如机械的、热的、电的、光的现象等）。

实验效果显示器，它是显示实验对象接受"信号"后产生的实验效果的装置。

在如图 8-3-1 所示的凸透镜成像实验中，凸透镜是实验对象，烛焰是实验源，光屏是实验效果显示器。在这里，应用了直接显示的方法。

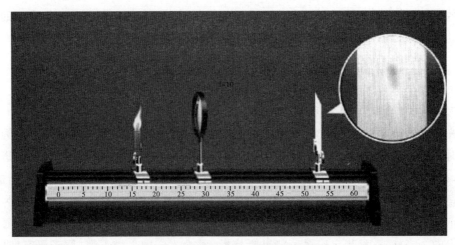

图 8-3-1　凸透镜成像实验装置图

直接显示就是保留实验效果的本来面目,不做任何处理,人们直接观察实验出现的现象。

我们应该养成一个习惯,只要遇到实验,就对照指出它的三个基本组成部分。这对于熟悉实验、了解方法、学习设计实验都会有很大帮助。

四、从方法的角度研究知识之间的内在联系

从知识的角度分析,本章可以分为三部分:光的折射现象与规律,最基本的光具——凸透镜、凹透镜对光的作用,复杂的光具组——照相机、幻灯机等成像的原理。

但是,从方法的角度分析,研究透镜对光的作用,必须应用光的折射规律,光的折射规律成为研究透镜对光的作用的方法,规律具有了方法的意义。同样,因为照相机、幻灯机等实际上就是透镜的组合,研究它们的工作原理必须以透镜对光的作用为基础,因此透镜成像的规律又成为研究相机等复杂光具的方法。

另外,本章在研究凸(凹)透镜的性质时,提出可以把透镜看作一些棱镜和玻璃块的组合。这里再次应用了微分(微元分割法)的思想,而且工厂里也是利用这个原理磨制透镜的。本章还指出"眼睛受骗"的光学实例,说明了观察的局限性等。

§8-4　《压强　液体的压强》一章中科学方法因素分析

在初中物理教材中,《压强　液体的压强》一章既是重点又是难点,其中蕴含着丰富的科学方法。

一、压力、压强概念的定义方法

本章涉及的压力、压强等几个主要概念的定义方法具有普遍意义。压力概念应用了"大类概念"定义"小类概念"的方法。通俗地讲,"大类概念"就是包含的范围大的概念,也叫作上位概念。而"小类概念"就是包含的范围小的概念,也叫作下位概念。例如,"学校"是"大类概念","大学""中学""小学"都是"小类概念"。"学校"包括"大学""中学""小学"。"垂直作用在物体表面上的'力'叫作'压力'。"在这里，"力"是大类概念，"压力"是小类概念。压力属于力，它的特点是"垂直作用在物体表面上"。应注意，"垂直作用在物体表面上"不一定是"竖直"作用在物体表面上。

压强概念应用了物理概念的比值定义方法。只要搞清楚为什么说"比较压力作用的效果需要比较单位面积上受到的压力"，那么，对压强的比值定义法就可以说是理解了。

二、研究压力作用效果的方法

1. 进行猜想

对任何未知的事物都可以进行猜想，但是，我们学习物理要求的是科学猜想而不是乱猜想，猜想要有依据。猜想的途径很多，根据物理现象的因果关系及产生的条件、环境进行猜想是重要的途径之一。压力产生的效果是由"压力"（原因）作用在"物体受力面积上"而产生的形变（结果），因此，压力产生的效果可能与"压力"和"受力面积"有关。

2. 实验验证

猜想得对不对，要靠实验来检验。按照教材中的方法进行实验证明，压力产生的效果不仅与压力的大小有关，还与受力面积的大小有关。实验过程利用了控制变量的方法（这是物理实验中最常用的方法）。如果进行定量实验，可以证明，压力产生的效果与压力、受力面积分别成正比、反比关系。

3. 数学表示

如何比较压力的作用效果呢？我们不能每次都利用实验来说明。我们首先利用实验总结出规律。根据每次实验都出现压力、受力面积两个物理量，再根据数学知识，我们只要比较单位面积上受到的压力就可以了，也就是说，比较压力/受力面积即可引出压强的概念，其推理过程见表8-4-1。

表8-4-1　压强概念建立过程比较表

比较的事物	相同的条件	不同的条件	比较的结果	共同出现的物理量	确定比较的标准
① 木桌正放，放重物与不放重物	相同的受力面积	压力不同	不同的压力效果不同	压力 受力面积	相同的面积取单位面积最简单，所以有压力/受力面积（选用）
② 木桌上放同样重物，木桌正放与反放	相同的压力	受力面积不同	不同的受力面积效果不同		相同的压力取单位压力最简单，所以有受力面积/压力（舍去）

三、研究液体压强的方法

1. 应用类比的方法引出液体压强的概念

液体与固体都受到重力的作用，固体对支持物有压强，由此类比液体对支持物体也有压强。但是,液体没有固定的形状,可以流动,所以液体压强有其自己的特点。

2. 应用实验的方法研究液体压强的规律

教材所示的实验简单易行。我们以前已经说过,典型的物理实验有实验对象、实验源、实验效果显示器等三个组成部分。我们可以把教材上的四个实验的三个部分分别找出来。其中,实验中使用的压强计,它把不易观察的液体的压强,通过橡皮膜等效转换成U型管中两边液面的高度差放大显示出来。这种设计十分简单、巧妙;仔细思考,还会给我们一种美的感觉。

3. 应用"理想液柱"的方法定量研究液体压强的大小

设想在液体中有一个理想的长方体液柱,通过计算它的底面积上所受到的压强,进而推导出一般液体压强的计算公式。

4. 应用"理想液片"的方法及平衡的思想研究连通器中液面相平的道理

(具体说明见教材)

§8-5 《机械能》一章中科学方法因素分析

本章涉及动能、势能和机械能等概念以及动能与势能之间的相互转化与利用等知识,是学习各种不同形式能量转化的起点,是对前面所学的力、热、光等各种物理现象认识的深化与提高。

一、建立动能、势能概念的基本思路与方法

由于本章开始研究能量的问题,因此一定要建立一些最基本的概念。

1. 功和能的因果关系

辩证唯物主义认为,世界上的事物存在普遍联系。任何一个(些)现象都会引起另一个(些)现象的产生;反过来,任何现象的产生都是由其他现象引起的,即事物之间存在着因果联系。一定的原因必然导致相应的结果,一定的结果必然可以追溯到相应的原因。这是我们研究问题的基本思想方法之一。前面我们已经研究了功,要问物体为什么可以做功(结果),原来是由于物体具有能量(原因)。当然,能量这个名词是人为规定的。

2. 动能、势能概念的建立

人们通过观察发现,可以使物体做功的原因多种多样,如使物体运动起来之后可以做功、物体被举高之后可以做功、物体发生弹性形变之后可以做功等。为了便于分门别类地深入研究,人们又需要对这些可以使物体做功的原因(能量)进行分类。

分类法也称归类法,它是根据研究对象的共同点与差异点,将对象分为不同类别的方法。分类要以比较为前提。通过比较,我们规定凡是由于物体运动而能够做功的,它们具有的能量叫作动能。凡是由于物体的位置发生变化(如举高)或者物体发生弹性形变而能够做功的,它们具有的能量叫作势能。其中,前者称为重力势能,后者称为弹性势能,而动能与势能又统称为机械能。

3. 确定动能、势能的大小与哪些因素有关的方法

通过实验确定动能、势能的大小与哪些因素有关，方法比较简单，不再赘述。

二、转化与守恒的思想

教材通过许多实例介绍了动能与势能之间的相互转化。转化是事物之间相互联系的体现，实质上就是矛盾的转化。在动能、势能相互转化的过程中，两者既相互排斥、相互否定又相互吸收、相互贯通，既对立又统一。所以，转化也是最基本的科学思想。

教材只介绍了动能与势能之间的相互转化。为了完整地说明问题，可以进一步提出"守恒"的问题。这样，我们可以初步建立一个基本的思想：由于事物之间的相互作用，自然界中不同形式的运动会发生相互转化，一事物的增长总是伴随着另一事物的减少，而且两者在量上也存在着确定的等量关系。这就是变中有不变，在各种变化中总存在着某种恒定不变的东西。在某些量上存在的这种守恒关系，反映了自然界对立统一规律及物质不生不灭的永恒性。

总之，从某种意义上讲，了解以上基本的思想方法，比单纯地学习动能、势能等几个基本概念更有意义。这一点值得我们深思和领会。

三、实验中的科学思想方法

教材中有滚摆和单摆两个实验，所用的器材易找，实验的过程与方法似乎也很简单，但是真正想做得成功也得下一番功夫；否则，会因为绕绳不正而使滚摆下落中发生扭摆，导致实验效果不理想。而且简单的实验中却蕴含着深奥的道理，更需要我们去认真地观察与思考。我们一再强调，实验必须结合科学的思维才能总结出规律来。

提出问题是科学研究中进行思维的重要体现。我们可以针对教材中的单摆实验提出几个问题，这样对我们总结规律是有帮助的。① 实验时为什么要把小球拉到一定的高度？② 小球在做怎样的运动？小球的运动有什么特点？③ 小球做如上运动（结果）的原因是什么？④ 小球下落时，重力对小球做功，能够做功的原因是什么？⑤ 仔细观察，小球被拉高的高度与摆动之后上升的高度有什么关系？⑥ 怎样说明小球运动过程中动能与势能的相互转化？……同样，也可练习对其他几个实验提出问题，以促进学生的思考，提高学生分析问题、解决问题的能力。

§8-6 《物体的相互作用》一章中科学方法因素分析

《物体的相互作用》一章包含动量这一重要概念，牛顿第三定律、动量定理、动量守恒定律等三个重要的规律以及对碰撞的研究，是力学的核心部分，同时也蕴含着丰富的科学方法因素。

一、克服学习牛顿第三定律的心理障碍

教材中利用大量的实验事实，归纳总结得出了牛顿第三定律。大家可以很流利地背诵定律的内容，但是遇到一些事实后心理就不服气了，开始怀疑定律的正确性。例如，如果说力的作用是相互的话，那么，为什么我们只看到马拉车而没有看到车拉马呢？如果力的大小是相等的话,那么拔河活动中,当甲方胜了乙方并把乙方拉向甲方时甲方的力应该大于乙方的力,不然怎么能获胜呢?这时牛顿第三定律还成立吗?实践证明,这是学习牛顿第三定律的一些障碍。我们只有把这些容易混淆的问题搞清楚了,才算是真正懂得了规律。这也是我们学习和研究问题的重要方法。

二、应用演绎推理方法总结动量守恒定律

历史上,伽利略曾经应用实验的方法研究打击等现象而提出了动量的概念,笛卡儿则初步提出了动量守恒的思想;后来,惠更斯通过大量的实验,研究弹性碰撞等物理现象,基本上确定了动量守恒定律。所以,从历史上看,动量概念的建立和动量守恒定律的得出是建立在实验基础上的。但是在现行教材中,除了介绍实验方法外,还指出动量守恒定律可以通过牛顿第二定律与牛顿第三定律相结合而推导出来,这种方法叫作演绎法。这说明规律是客观存在的,而认识客观规律的方法则是属于主观的。不同的人可以用不同的方法去认识规律,只要我们掌握了一定的方法,完全可以进行发明创造。

动量的概念、动量定理也可以利用牛顿第二定律与运动学公式相结合而推导出来。演绎推导的过程主要是由大前提、小前提和结论三部分组成。大家可以试试看,并且指出推导过程中的大前提、小前提和结论。

三、守恒的思想

物理学中有许多守恒定律,如电荷守恒、机械能守恒、能量守恒、动量守恒等。守恒是研究物理学重要的思想方法之一,守恒的思想还能给人们以美的感觉。这需要我们引导学生仔细体会,使他们逐步形成感受物理科学之美的习惯和能力。

物理量的守恒可以使人们研究问题的过程大为简化。例如,当系统的总动量守恒时,这时我们研究系统内各个物体运动变化的规律,只需要掌握系统的始末状态的动量,而不必去研究系统内力的性质和变化规律以及各个物体相互作用过程和具体细节。所以,守恒的思想(原理)是研究物理世界中运动规律的一种重要方法。

四、运用隔离法研究解决问题

所谓隔离法,就是当研究一个由多个对象组成的较为复杂的系统时,我们首先在其中选取一个合适的对象,并把它从系统(整体)中隔离出来进行分析研究,然后再把另一个对象隔离出来研究……这种方法就叫作隔离法。它适合于物理学的各个分支的研究,因此是一种具有普遍意义的思维方法。从广义上来说,在对力学问题的研究中,合理地选取系统,使系统满足遵循动量守恒定律的条件,也是一种隔离法。在力学研究中,应用隔离法应该注意以下几点:① 隔离的对象要选取的合理,否则反倒使问题复杂化,失去使用隔离法的意义;② 对隔离的对象进行正确的受力分析,对每个力的施力物体和方向、大小、作用点等进行认真分析,既不能遗漏,也不能凭空增添,这是研究一切力学问题的关键。我们之所以可以应用隔离法研究问题,恰好说明任何一个系统都是其各组成部分辩证统一、相互联系的有机整体。

五、运用比较的方法认识容易混淆的物理概念或规律

比较是确定研究对象之间差异点和共同点的思维过程和方法，是研究学习物理的一种主要方法。本章可以对以下几个概念、规律进行比较。

（1）一对作用力和反作用力与一对平衡力异同点的比较，见表 8-6-1。

表 8-6-1　相互作用力与平衡力比较表

一对作用力和 反作用力	两者同时产生、同时消失	两者性质相同	两者的存在和 运动状态无关
一对平衡力	两者不一定同时产生、 同时消失	两者性质不一定相同	只有在物体处于平衡 状态时才存在平衡力

（2）动量与动能异同点的比较，见表 8-6-2。

表 8-6-2　动量与动能比较表

动量	与质量、速度有关	用来量度物体运动的量	是矢量	它的变化与物体所受冲量有关	系统动量守恒时，动量可从系统内一个物体转移到另一个物体，但总动量不变
动能	与质量、速度有关	用来量度物体具有做功本领大小的量	是标量	它的变化与外力对物体所做的功有关	系统机械能守恒时，动能可以转化为势能，动能可能消失，但势能会增加，机械能总量不变

（3）动量守恒定律与机械能守恒定律的比较以及碰撞、反冲运动研究等应用的科学方法，可以由学生自己分析，不再赘述。

§8-7　《曲线运动　万有引力》一章中科学方法因素分析

本章开始研究自然界中更为普遍、更为复杂的曲线运动，其中蕴含着非常丰富的科学方法因素。限于篇幅，我们只重点介绍几种方法。

我们认为，科学方法与科学思想是一致的，科学方法是科学思想的具体体现。科学思想的最基本的观点，一是坚信客观世界是一个辩证统一的有机大系统，人们可以认识它所遵循的规律；二是认为认识客观世界的规律还必须综合运用各种科学方法；三是认为实践是检验真理的唯一标准。人们对复杂的曲线运动的认识过程正好体现了这些基本观点。

一、观察实验是研究物理学最基本的方法

一是观察生活与生产中的现象，通过比较找出其共同点，如通过观察发现曲线运动就是速度的方向不断地随时间改变的运动。

二是观察实验现象，教材中的实验有力地说明了物体做曲线运动的条件是运动物体所受的合外力的方向跟它的速度方向不在同一直线上。这里特别应该指出的是，教材中研究

平抛运动的实验,实验的设计既简单又巧妙。我们不妨从实验验证的结论反向去考虑设计的指导思想:① 根据观察猜想,平抛运动可以等效为两个运动的合成,一个是水平方向上的匀速直线运动,一个是竖直方向上的自由落体运动;② 用 A,B 两个小球分别做平抛运动和自由落体运动,但必须是从同一高度、同一时刻开始运动;③ 解决技术问题,用一个小锤水平打击 A 球的同时让 B 球从同一高度处落下,于是就有了教材中所示的装置(当然我们也可以根据设计要求做成其他的形式);④ 进行实验,发现无论 A 球的初速度大小如何,它总是与 B 球同时落地,验证了落地的同时性,进而说明事先的猜想是正确的。

二、正交分解法是化难为易的有效方法

数学是物理模型的抽象,数学方法是解决和说明物理问题的理论工具。我们根据物理研究对象的质的特点,应用数学提供的概念、理论、方法、技巧,对研究对象进行结构、数量的描述、计算和推导,进而做出分析、判断,揭示物理对象的运动规律。

我们已经证实,平抛运动可以等效为水平方向上的匀速直线运动和竖直方向上的自由落体运动的合运动,因此,就可以在水平方向和竖直方向建立坐标系,然后将平抛运动在这两个坐标系上进行正交分解。由于水平方向受力为零,则加速度为零。而竖直方向上受到重力作用,加速度为重力加速度,这样就可以按以前学过的直线运动知识去解决问题。对于匀速圆周运动,可以以物体运动的瞬时速度方向,即运动轨迹的切线方向和与它垂直的法线方向建立坐标系,匀速圆周运动就可以在这个坐标系上进行分解;由于物体在运动方向上受力为零,则加速度为零,而与切线垂直的法线方向上受到的力就是向心力,这样问题就可以运用牛顿第二定律去解决了。

三、描写匀速圆周运动的概念的特点

物理概念反映着不同事物的本质特征,概念的定义是对概念的准确而精练的表述。

由于匀速圆周运动是一种复杂的运动,因此,描写匀速圆周运动的概念也应该体现这个特点。例如,速度有线速度、角速度之分,可以分别用物体通过的弧长或半径转过的角度跟对应时间的比值来描述匀速圆周运动的快慢;加上一个"线"或"角"字,反映了运动的特点。再如,由于使物体做匀速圆周运动的力的方向总是沿着半径指向圆心,所以叫作向心力;由它产生的加速度就叫作向心加速度。"向心"反映了方向的特点。

总之,这些物理概念很形象地反映了匀速圆周运动的本质特点,值得我们研究新事物、建立新概念时借鉴参考。

四、万有引力定律研究中的科学方法因素分析

1. 牛顿追求天地之间统一规律的思想是导致他发现万有引力定律的关键

传说他从苹果落地这种极为平常的现象中提出了极有意义的问题,然后又从苹果联想到月亮、炮弹等,反复进行思考,越过天地之间的鸿沟把它们统一起来。同时,他发明了微积分这个极为有用的数学工具,为建立运动定律和万有引力定律的清晰概念奠定了基础。

2. 对万有引力定律的研究应用了理想化的质点模型

研究任何两个物体之间的万有引力实际上是很复杂的。此时,我们可以忽略研究对

象的次要因素或无关因素，把物体抽象为两个质点。例如，计算人站在地球表面受到地球的吸引力时，我们可以把地球看作一个放在地心上、质量等于地球质量的一个质点，这样人与地球相距几千千米，也可以简化为一个质点，然后两个质点之间的相互作用即可利用万有引力定律进行计算。

3. 引力常量的测定中应用了测量转换的方法

通常情况下两个物体之间的万有引力实在太小，无法测定或显示出来。为了解决这个问题，卡文迪许采用了扭秤装置，巧妙地将对力的测量转换为对力矩的测定，而力矩的大小正比于石英丝的转动角度，于是他又把这种转动的角度转换为光点的移动，这样的处理实质上又起到了放大的作用。这种转换放大的方法是物理实验中经常应用的方法。

§8-8 《机械振动和机械波》一章中科学方法因素分析

机械振动和机械波是一种很重要的运动形式。由于它的复杂性，从学习知识的角度看这一章并不是重点内容，但是从学习科学方法角度看，它却是重点，因为本章应用了许多最基本但又最重要的新的科学方法。

一、理想化模型方法的应用

本章主要涉及一个理想化过程模型和两个理想化实物模型。通过学习，学生应该知道理想化模型是怎样通过抽象而建立起来的。

1. 弹簧振子：理想化实物模型

建立的方法：提出具体实物即弹簧，然后根据需要赋予弹簧一些极限的、理想化的条件。例如，弹簧的质量比小球的质量小得多，可以忽略不计（理想情况下是没有质量）；水平杆非常光滑，使得小球在其上滑动时的摩擦力可以忽略不计（理想情况下是没有摩擦力），这样就建立起一个理想化的弹簧振子。凡是符合以上条件的弹簧和小球就是弹簧振子。赋予理想条件，就是根据研究问题的需要抓住主要因素、排除次要因素的过程。

2. 简谐振动：理想化运动过程模型

研究振动物体所受的回复力→如果回复力跟位移的大小成正比，并且总是指向平衡位置→这个物体所做的运动就是简谐振动。教材中的弹簧振子的振动就是简谐振动。要注意，一个实际的装置能否看作弹簧振子是一回事，它的振动能否看作简谐振动又是另一回事；它们必须满足各自的条件，才能纳入相应的模型。

3. 单摆：理想化实物模型

具体实物：细线一端拴一个小球，另一端固定在悬点上。

赋予理想化条件：如果细线的伸缩和质量可以忽略（理想化是不可伸缩，没有质量）。

建立理想化的模型：单摆。

拉开摆球，使它偏离平衡位置；放开后，摆球将作往复振动，但不一定是简谐振动，只有当摆角很小的情况下，摆球受到的回复力的大小近似跟位移大小成正比且总是指向平衡位置,这时单摆的振动才可以近似看作简谐振动。

二、用不同的特征量描述不同的运动形式

研究不同的运动形式,需要运用不同的物理量来描述。例如,匀速与变速直线运动用位移、速度和加速度等物理量来描述,圆周运动用线速度、角速度和向心加速度等物理量来描述。机械振动和机械波是与直线运动、圆周运动不同的运动形式,所以除了速度、加速度外,还需要用一些新的物理量或特征量来描述,如振动的振幅、周期、频率、相位和波的波长、波速等。特征量既反映着一类事物区别于其他事物的个性,又反映着一类事物所具有的共性。寻找并确定特征量的过程,是一个抽象和概括的思维过程。我们可以回顾已经学过的各种运动的特征量,看看这些特征量是如何提出的、其表达的物理含义是什么,以便借鉴移植到对其他运动形式的研究中。

三、运用图象描述振动与波

图象是研究物理问题的重要工具与方法,用它描述物理现象与规律具有简洁、直观的特点。本章应用图象的量大,要求也高,难度也大,但是对提高学生应用图象的意识与能力是很有意义的。图象可以用来表示一个质点或物体的某个物理量的变化情况,如振动图象;或者许多质点的某一物理量的图象,如波的图象。图象可以描述一个过程的情况,如振动图象;也可以反映某一时刻(瞬间)的情况,如波的图象。使用二维图象,关键是如何确定两个坐标分别表示什么物理量。例如,我们想把物体振动的情况用图象显示出来,如果只是把来回摆动的情况画出来,那只是一条重叠的直线段;但是如果我们把位移作为纵坐标并沿着表示时间的横坐标展开,就会出现教材中所示的振动图象。它显示了振动物体在不同的时刻的位移以及振幅与周期。描述波的情况则用纵坐标表示某一时刻各个质点偏离平衡位置的位移,横坐标表示媒质中各个质点的平衡位置。当然要注意,振动图象与波的图象虽然都是正弦或余弦曲线,但所表示的意义是不一样的。

四、实验方法

由于机械振动与机械波是比较复杂的运动形式,同时高中生又不具备处理这些现象的数学知识,造成了他们学习这些知识的难度。这样,教师加强实验教学就显得更重要。实验不仅是研究物理的好方法,也是学习物理的好方法。教材中几乎每一节都安排了实验。像波的衍射与干涉,更需要借助于实验;有条件的话,还可以用计算机进行模拟。教材中关于演示简谐振动图象的装置,设计得非常巧妙,用这样一个简单的实验就把位移与时间的关系直观的展示出来了。要注意的是,实验画出的曲线,只能说看上去像一条余弦曲线,只有通过理论推出简谐振动的数学方程式后才可精确地得知它是一条余弦曲线。

§8-9 《分子运动论 热和功》一章中科学方法因素分析

本章是热学的基础知识,主要研究分子等微观粒子所发生的现象及其所遵循的规律。分子运动论与热和功分别从微观与宏观角度研究热学问题,涉及的方法很多。但

是，由于微观世界是与宏观世界截然不同的领域，因此研究方法也有其特殊性。当然，由于知识水平所限，比较多地还是讨论如何从宏观现象揭示其微观本质，以及如何从物质的微观结构引出表述微观本质的宏观物理量。

一、物质的分子结构模型

教材一开始就提出了德谟克利特的原子论。科学发展到今天已经证实了原子的存在，而且原子还能够结合成分子，分子是保持物质化学性质的最小粒子。这实际就是物质分子结构模型。随着这个结构模型的被证实与补充完善，物质内部微观世界的奥秘逐渐被揭开了。凭借这个模型并且假设分子是在做无规则的运动，物理学家顺利地解释了产生布朗运动的原因。在研究分子之间的相互作用力时，物理学家提出了如同教材中的弹簧联结小球的简单模型，帮助学生理解分子之间的相互作用。所以假说、模型在物理学的发展中起着重要的作用。

二、提出问题—观察实验（数学推导）—分析归纳—得出结论

研究微观世界的基本思路仍然还是提出问题—观察实验—分析归纳—得出结论。科学研究的关键是善于提出问题；从某种意义上说，提出问题比解决问题更重要。从人们比较熟悉的宏观世界到人们不熟悉的微观世界，提出问题是更重要的研究方法。教材中提出问题的方法主要有三种。① 直接提问，如："怎样知道分子的大小呢？"然后，教材设计了一个测定分子大小的"油膜法实验"。实验的结果表明，分子直径的数量级是 10^{-10} m。② 根据矛盾提出问题，如："既然物体的分子之间有间隙，为什么折断一根木棍，拉断一根绳子，都要费相当大的力气呢？"这个问题是十分尖锐、十分突出的，甚至可以让人陷入困境；但是问题一旦解决了，往往会引起理论上的突破，达到光明的彼岸。③ 利用类比提出问题，如："物体运动有动能，物体被地球吸引有势能，那么，分子在不停地做无规则运动、分子之间有相互作用力，是否也有动能、势能呢？"

三、实验转换与积累的方法

实验观察是由伽利略提出的研究物理学的最基本方法。研究微观世界同样必须坚持实验方法。但是，由于一般情况下很难用分子、原子等单独进行实验，因此我们无法直接观察到分子、原子所发生的现象，只好用大量分子构成的物体进行实验，然后再进行转换分析归纳，从宏观现象的观察间接地得出微观世界的规律；也就是说，我们利用实验研究微观世界时，必须树立转换的思想。例如，我们无法直接观察到物体内部分子的无规则运动，但是我们可以利用小颗粒的布朗运动，间接地反映出液体分子的无规则运动。

有时，我们也可以把肉眼不能观察到的分子或分子效应，通过分子或分子效应的自身积累而转换成可以观测的宏观物体或宏观效应。例如，扩散现象、显示压紧铅块间的引力、显示分子间存在空隙的实验等，都是积累法的具体应用。

四、等效的思想

做功和热传递都可以改变物体的内能；也就是说，做功和热传递在改变物体的内能方面是等效的。此处的等效是指效果相同。例如，我们既可以利用摩擦的方法，也可以

用加热的方法,使一个铁块升高相同的温度。

五、能量转化与守恒定律研究中的科学思想

通过学习能量转化与守恒定律,要树立正确的自然观;也就是说,要知道自然界是一个相互联系、相互制约的、统一的大系统。系统之中有许多量是可以相互转换、传递的,但是在转换的过程中这些量是守恒的,如质量守恒、电荷(量)守恒、能量守恒等。我们在研究其他规律时不能违背这些已经知道的规律,否则就会失败。为什么有人企图制造永动机却从未成功,就是因为违背了能量转化与守恒定律。

§8－10 《固体和液体的性质》一章中科学方法因素分析

本章介绍了固体和液体最基本的性质,教学要求不高。但是,这些知识密切联系实际,而且实验生动有趣,蕴含的科学方法十分丰富,特别是涉及物质微观结构,对于学生今后研究其他问题都有指导意义。本章整体的研究思路是在观察固体与液体宏观上发生的实验现象的基础上提出问题,然后应用科学方法从微观上对问题加以解释。

一、实验观察是研究固体和液体性质的最基本的方法

物理学是以实验为基础的一门科学。研究固体和液体的性质,也应该特别注意应用实验的方法。因为固体和液体的性质是通过实验现象表现出来的;也就是说,这些实验现象实质上就是它们的物理性质的宏观表现,如果没有这些宏观现象,我们是很难去想象它的微观结构的。本章提供了八个实验,蕴含着丰富的科学方法因素。另外,液滴在消除所受重力影响的条件下,其表面受张力的作用而呈球形。为了证实这一点,可以观察橄榄油在水和酒精混合液里的现象。当然在实验的基础上,我们还要进一步从理论上对实验现象加以解释。

二、研究物质微观结构的假说模型方法

所谓假说,就是在观察和实验的基础上,根据科学原理和科学事实进行理性思维的加工后,对未知的自然现象及其规律所作的假定性解释和说明。假说往往是以理想化模型的形式出现的,特别是人们对事物还未了解其全貌以及本质的情况下,只能根据有限的观察实验材料提出的假说。这是阶段性的假说模型,这种方法在研究物质微观结构时经常运用。

例如,人们根据晶体的外形和物理性质的各向异性,提出了空间点阵的结构模型。利用这个模型可以很好地解释晶体的物理性质。食盐晶体是由钠离子和氯离子构成的,两种离子等距离地交错排列在三组两两垂直的平行线上,所以,从外观上可以看到小盐粒具有规则的正方体形状。石墨与金刚石的强度不同,也可以用它们的点阵结构不同加以解释。

假说模型需要经受实践的检验。当假说模型与实践发生矛盾时,它将被否定(扬弃);如果与实践一致,它就会被肯定,或者进一步被证实。例如,19世纪科学家提出晶体的空间点阵结构模型后,20世纪前期劳厄等人用 X 射线衍射方法得到的实验结果可以

推断晶体中原子的排列情况并测出晶体的晶格常数，证实了晶体的空间点阵结构模型的正确性。随着探测手段的发展，现今的电子显微镜能分辨出相距 $1\text{Å}(10^{-10}$ m$)$ 的两个物点，可以分辨单个的原子。现在人们利用电子显微镜直接对晶体内部进行观测和照相，进一步证实了这种模型的正确性。

三、宏观现象的微观解释方法

教材中介绍了许多有趣的实验，它们从宏观上显现了固体和液体的一些物理性质，这些性质都可以从微观上加以解释。

1. 有序与无序

为什么在云母晶体上的薄石蜡层会被热钢针熔化为椭圆形，而玻璃板上的薄石蜡层被热钢针熔化后则呈圆形？这是由于晶体与非晶体的宏观物理性质存在各向异性与各向同性的不同造成的，而各向异性与各向同性的微观原因则是由于晶体与非晶体结构的有序或无序引起的。所谓有序性，是指一个物理系统内要素之间有规则地联系与转化；所谓无序性，是指物理系统内要素之间混乱而无规则地联系与转化。例如，晶体点阵的有规则排列、原子按一定的顺序结合成分子等都是有序的表现。而非晶体的内部物质微粒的排列是不规则的，宇观出现的流星现象、微观层次的分子热运动则是无序性的表现。物理系统结构的有序与无序的形式具有多样性，其相互转化的形式也是丰富多彩的。例如，液晶可以在电压的控制下实现有序与无序之间的转化，铁磁物质可以在外磁场的作用下实现有序与无序之间的转化。

2. 分子力

分子力是指物质内部分子之间相互作用的引力和斥力。

为什么液体表面具有收缩的趋势？为什么会出现浸润与不浸润现象？为什么会出现毛细现象？……这些问题都可以运用分子力并结合平衡的思想加以解释（具体解释从略）。当我们应用有序、无序、分子力等概念、规律解释具体问题时，它们就具有方法的意义了。

四、对称方法

在物理学领域，所谓对称是指物质状态和运动规律在进行某种变换（或操作）的情况下的不变性。例如，我们说晶体具有规则的几何外形，实际上就是它们绕某一根轴转过一定的角度后就能与原来的位置重合或关于某个平面反射对称。从晶体的微观结构看，它们的严格有序性正是其点阵的对称性。所以，从对称的观点去观察晶体与非晶体，就看清了它们微观结构的有序或无序的本质。

应用对称的思想方法去分析研究问题，可以使我们避免复杂的不规则状态的计算，从而使问题的解决大为简化。对称方法是研究物理问题的一种基本方法，尤其是对更高层次的物理学研究来说更是如此。因此，学会运用对称来研究问题，对于进一步的物理学习和研究大有裨益。

第九章 物理科学方法教育调查问卷、实验问卷及检测题

§9-1 物理科学方法教育调查问卷

年级　　　班（可以不写姓名）

一、填空题（每题 3 分）

1. 为了搞清运动和力的关系,我们采用"让同一小车从同一斜面上的同一位置向下运动到不同材料的水平面后,观察小车在水平面上运动的距离"的方法来研究,这是运用了（　　）方法。

2. 在托里拆利实验中,水银柱产生的压强等于大气压,这是运用了（　　）方法。

3. 伽利略研究运动和力的关系时,运用的最典型的一种物理科学方法是（　　）方法。

4. 人们观察到发音的音叉在振动、说话时喉结在振动、发声的鼓面在振动等一系列的现象后,利用（　　）方法得出"发声体都在振动"的结论。

5. 测量液体内部压强的微小压强计是采用了（　　）方法,把压强的变化用 U 形管两边的液面高度差的变化来表示。

6. 在教材中的"测细铜丝的直径"的实验中,把细铜丝密绕在圆筒上,通过测量细铜丝线圈的总长度求得细铜丝的直径,这里运用的是（　　）的方法。

7. 在学习《温度计》一节时,我们知道设计一般测量仪器应该从以下四点来考虑:① 确定测量的是哪一个物理量,温度计是测量（　　）的仪器;② 此物理量通过什么现象最容易体现出来,温度计是利用（　　）性质体现出来的;③ 找一种容易体现这种现象的物质,温度计采用的是（　　）;④ 测量结果的显示方法,温度计是通过（　　）来显示温度的。

8. 测量物理课本一张纸的厚度,可以采用（　　）方法。

9. 通过对人推车、拖拉机拉犁、推土机推土等一些事例的分析,我们可以用（　　）方法总结出力的概念。

10. 我们研究物理问题最基本的方法有（　　）等。

二、选择题（每题 3 分）

1. 我们已学过的运用比值法定义的概念是（　　　）。

    A. 功　　　　　　　　B. 密度　　　　　　　C. 匀速直线运动　　　D. 压力

2. 在学习物理知识的过程中，运用物理模型进行研究的是（　　　）。

    A. 建立速度概念　　　　　　　　　　　B. 研究光的直线传播

    C. 建立振动概念　　　　　　　　　　　D. 建立功的概念

3. 下列哪些物理问题研究中运用了平衡思想？（　　　）

    A. 物体的浮沉条件　　　　　　　　　　B. 汽化和液化

    C. 力和运动的关系　　　　　　　　　　D. 功的原理

4. 我们在探究阿基米德原理时，利用的物理科学方法主要是（　　　）。

    A. 实验归纳法　　　　　　　　　　　　B. 逻辑推理法

    C. 猜测验证法　　　　　　　　　　　　D. 多因子乘积法

5. 研究运动物体不受力会怎样时，让小车从斜面上滑下，观察在不同的水平面上滑行的距离与什么因素有关，应改变（　　　）。

    A. 平面的光滑程度　　　　　　　　　　B. 小车的质量

    C. 小车开始下滑的高度　　　　　　　　D. 斜面的坡度

6. 在物理定律的学习中，利用理想实验法研究的是（　　　）。

    A. 牛顿第一定律　　　　　　　　　　　B. 阿基米德原理

    C. 欧姆定律　　　　　　　　　　　　　D. 焦耳定律

7. 功的原理这节课，运用的科学方法有（　　　）。

    A. 比值定义法　　　　　　　　　　　　B. 归纳法

    C. 演绎法　　　　　　　　　　　　　　D. 理想化方法

8. 牛顿第一定律是运用下列哪一种方法总结出来的？（　　　）

    A. 实验直接证明的　　　　　　　　　　B. 演绎推理的

    C. 猜想的　　　　　　　　　　　　　　D. 在实验基础上假想推理发现的

9. 在测量下列各物理量的实验中，哪一个应用了平衡的方法？（　　　）

    A. 用刻度尺和秒表测速度　　　　　　　B. 伏安法测电阻

    C. 用量筒测液体的体积　　　　　　　　D. 托里拆利实验测大气压

10. 在研究以下物理问题时，运用平衡思想的是（　　　）。

    A. 用刻度尺测长度　　　　　　　　　　B. 研究光反射

    C. 研究凸透镜成像　　　　　　　　　　D. 用天平测物体质量

三、简答题（每题 8 分）

1. $v=\dfrac{s}{t}$ 是用单位时间内的路程表示物体运动的快慢，能否用通过单位路程所用时间 $\dfrac{t}{s}$ 来表示物体运动的快慢？简述理由。

2. 在阿基米德原理、欧姆定律的研究中,主要采用的是哪种科学方法?

3. 浸没在水中的石块,它所受浮力跟它在水中的深度有没有关系?用什么样的实验可以检验你的答案?

4. 比值定义法在物理教学过程中经常用到,你能总结一下教材中的哪些物理量是通过比值定义法来定义的吗?(至少说出 3 个)

5. 在初中物理教学中,研究哪些物理问题利用了理想化方法?(至少说出 3 个)

§9-2 物理科学方法教育实验问卷

学校:　　　班级:　　　时间:1997 年　月　日

说明:

　　这是一份关于物理科学方法教育实验情况的调查问卷。物理科学方法教育实验已在你们班进行了一段时间,有的同学可能比较喜欢,有的同学可能不感兴趣或厌烦,这都是正常的。因为它是一项教改实验,就可能有合理的方面,也有不尽如人意需要改进之处。教改实验的目的在于寻找一条促进和帮助同学们学好物理的途径。为了提高物理科学方法教育实验的水平,帮助同学们学好物理,请您根据自己的实际情况回答下列问题。

　　请注意,调查结果仅供课题组研究如何改进和完善物理科学方法教育,不同于考试,回答无对错之分,可以不署名。请您根据自己的实际情况,实事求是地回答,不要有任何顾虑。请独立完成,不要相互讨论;若有不明白的地方,可以问老师。

　　谢谢您的合作!

一、选择题

请把符合您的情况的选项的序号填在括号中。

1. 在你们班进行物理科学方法教育实验,您是(　　)。
   A. 非常喜欢　　　　　　B. 比较喜欢　　　　　　C. 无所谓
   D. 不大喜欢　　　　　　E. 很不喜欢

2. 进行物理科学方法教育实验后,您学习物理的兴趣(　　)。
   A. 有很大变化(提高了)　B. 有较大变化(提高了)　C. 没有变化
   D. 有较大变化(降低了)　E. 有很大变化(降低了)

3. 在你们班进行物理科学方法教育实验后,您觉得学习负担(　　)。
   A. 减轻较多　　　　　　B. 有所减轻　　　　　　C. 无明显减轻
   D. 加重不多　　　　　　E. 加重较多

4. 物理科学方法教育实验对您理解和掌握物理知识(　　)。
   A. 帮助很大　　　　　　B. 帮助较大　　　　　　C. 帮助不大
   D. 帮助很小　　　　　　E. 无帮助

5. 您认为在物理教学中进行物理科学方法教育实验（   ）。

    A. 意义很大   B. 意义较大   C. 意义不大

    D. 意义很小   E. 无意义

6. 您认为进行物理科学方法教育实验对学生能力的培养（   ）。

    A. 作用很大   B. 作用较大   C. 作用不大

    D. 作用很小   E. 无作用

7. 您感觉你们班进行物理科学方法教育实验（   ）。

    A. 用时间较少，收效较大   B. 用时间较少，收效较小

    C. 用时间较多，收效较大   D. 用时间较多，收效较小

    E. 用时间较多，没有收效

8. 您认为物理课堂教学中的物理科学方法教育内容还应该（   ）。

    A. 多增加一些   B. 少增加一些

    C. 不必增减   D. 应减少一些

    E. 应多减少一些

9. 您认为物理科学方法教育实验与以往的物理教学相比（   ）。

    A. 很有新意   B. 较有新意

    C. 新意不多   D. 新意很少

    E. 无新意

10. 物理科学方法教育实验对您的物理学习（   ）。

    A. 帮助很大   B. 帮助较大

    C. 帮助不大   D. 帮助很小

    E. 无帮助

11. 您希望物理科学方法教育实验（   ）。

    A. 坚持搞下去   B. 有时间再进行也可以

    C. 坚持不坚持都行   D. 最好别再搞

    E. 最好立即停止

12. 您希望进行科学方法教育实验的学科（化学、数学、生物等）（   ）。

    A. 越多越好   B. 多一些为好

    C. 多少一样   D. 少一些为好

    E. 越少越好

13. 您认为进行物理科学方法教育实验（   ）。

    A. 可以提高学习效率   B. 可以加深对物理知识的理解

    C. 对其他学科的学习有所帮助   D. 加重学习负担

    E. 只是增加了学习时间

二、简答题

1. 您认为你们班进行物理科学方法教育实验的过程中,哪几节课比较好,主要表现在哪几个方面?

2. 您认为你们班进行物理科学方法教育实验的过程中,哪几节课比较差,主要表现在哪几个方面?

3. 您认为你们班进行物理科学方法教育实验的过程中,哪节课给您留下的印象最深,主要的表现是什么?

4. 您认为你们班进行物理科学方法教育实验的过程中,哪几种物理科学方法对您的学习最有用? 试举一例说明。

5. 您认为进行物理科学方法教育有哪些作用?

6. 如果您认为进行物理科学方法教育有必要,那么应如何进行为好? 如果您认为进行物理科学方法教育没有必要,理由是什么?

《物理科学方法教育》实验课题组

1997 年 6 月 3 日

§9-3 初中物理科学方法教育检测题

姓名:　　　　学校:　　　　班级:

学号:　　　时间:1997 年　　月　　日

一、填空题

1. 在引入密度的概念时,经过测量和分析后我们发现,体积和质量都不相同的铁块,它们的质量与所对应的体积的比值是相同的。在这个分析过程中,我们所运用的是( )的比较法。

2. 为了搞清运动和力的关系,我们采用"让同一小车从同一斜面上的同一位置向下运动到不同材料的水平面后,观察小车在水平面上运动的距离"的方法来研究,这是运用了( )方法。

3. "将一段细铜丝密绕在铅笔上,使用分度值为毫米的刻度尺,测出 n 圈细铜丝的长度 L,则可求出细铜丝的直径 $d = \dfrac{L}{n}$"。在这个过程中运用的是( )的方法。

4. 在研究凸透镜成像规律的实验中,实验对象是( ),实验源是( ),实验效果显示器是( )。

5. 伽利略研究运动和力的关系时,运用的最典型的一种物理科学方法是( )。

6. 人们观察到发声的音叉在振动、说话时喉结在振动、发声的鼓面在振动等一系列的现象后,利用( )得出了"发声体在振动"的结论。

7. 我们研究匀速直线运动、光的直线传播等问题时,运用的是( )方法。

8. 测量液体内部压强的微小压强计是采用了( )方法,把压强的变化用U形管两边液面差的变化来表示。

9. 研究物体浮沉条件时,我们用所受重力相同的铅盒与铅团做实验,这是运用了( )方法。

10. 弹簧测力计的原理是通过弹簧伸长的长度来反映所测力的大小,这是利用了( )的方法。

二、选择题

1. 下列概念中,运用比值法定义的是( )。
   A. 功　　　　　　　B. 密度　　　　　　C. 匀速直线运动　　D. 压力

2. 下列物理学习过程中,运用物理模型进行研究的是( )。
   A. 建立速度概念　　　　　　　　B. 研究光的直线传播
   C. 建立振动概念　　　　　　　　D. 建立质量概念

3. 在下列物理问题的研究中,运用平衡思想的是( )。
   A. 用刻度尺测长度　　　　　　　B. 观察水的沸腾
   C. 研究凸透镜成像　　　　　　　D. 用天平测质量

4. 下列方法中,建立阿基米德原理时曾利用的是( )。
   A. 实验归纳法　　　　　　　　　B. 逻辑推理法
   C. 猜测验证法　　　　　　　　　D. 多因子乘积法

5. 下列概念中,哪个是运用比值法定义的?( )
   A. 浮力　　　　　B. 频率　　　　　C. 质量　　　　　D. 速度

6. 研究下列哪个物理问题时运用了平衡思想?( )
   A. 测量密度　　　　　　　　　　B. 观察惯性现象
   C. 研究声音传播　　　　　　　　D. 托里拆利实验

7. 下列概念中,运用比值法定义的是( )。
   A. 功率　　　　　B. 音调　　　　　C. 熔化　　　　　D. 透镜

8. 下列哪个物理问题的研究运用了平衡思想?( )
   A. 物体的浮沉条件　　　　　　　B. 物质的汽化与液化
   C. 力和运动的关系　　　　　　　D. 功的原理

9. 下列概念中,运用比值法定义的是( )。
   A. 力　　　　　　B. 振幅　　　　　C. 凝固　　　　　D. 压强

10. 测量速度的基本方法是首先测量物体通过的路程和所用的时间,然后由公式 $v=\dfrac{s}{t}$ 计算出物体的速度;但对于汽车等运动物体,我们却可以从速度计上直接读出物体运动的速度。由此我们可以推断,速度计的设计是运用了(　　　)方法。

A. 对比 　　　　B. 归纳 　　　　C. 转换 　　　　D. 分析

三、论述题

1. "为了研究浮力与液体的密度、物质的密度、物体浸入液体中的深度、物体的体积以及物体浸入液体中的体积等因素是否有关",我们可以采用什么办法?

2. 相同长度的两条线段处于同一图的不同位置时,看上去不一样长;冬天长期暴露在室外的铁双杠摸上去比木双杠凉,所以铁双杠温度比木双杠温度低。反思上述观察和判断,我们可以得出什么结论?

3. 将一电铃放入玻璃钟罩内接通电路,能清晰地听到电铃所发出的声音。把玻璃罩与一抽气机连接,随着抽气的进行,会听到电铃发出的声音越来越小,到最后就听不到电铃发出的声音了。根据这一实验现象,你能得出什么结论?

4. 用弹簧测力计拉动长方体物块,使物块在水平桌面上做匀速直线运动。实验表明,只要水平面的材料相同、所用物块的材料相同,同一物块的不同面积的三个平面与水平面接触时滑动摩擦力的大小都是相同的。由此,我们可以利用什么方法得到什么结论?

5. 根据"将一段细铜丝密绕在铅笔上,使用分度值为毫米的刻度尺,测出 n 圈细铜丝的长度 L,则可求出细铜丝的直径 $d=\dfrac{L}{n}$"这一实验设计,你对测量一滴水的质量有何设想?

6. 我们知道:晶体都有一定的熔点。然而,人们却观察到:冬天同一个人穿着普通鞋子站在寒冷的室外的冰上时,冰不融化,而穿上冰鞋后刀刃处的冰却能融化;把一大块冰用支架架起来,拴上一细铁丝环,环下挂一重物时,铁丝下面的冰融化为水,铁丝下落,铁丝过后,上面的水又凝固成冰,最后重物与铁丝环落地而冰却是完好的。根据这些现象你能得出什么结论?

7. 我们已经知道,物体所受重力 $G=mg$。然而,①人们在地球上纬度不同的地方,如北京、广州、海口、莫斯科、南极等地所做的实验表明:质量相同的物体在地球上纬度不同的地方所受重力不同;②人们在海拔高度不同的地方,如渤海边、太行山、珠穆朗玛峰等地方所做的实验表明：质量相同的物体在地球上海拔高度不同的地方所受重力不同。这些实验说明了什么？

8. 同一辆汽车，当它一边向我们靠近一边鸣笛时，我们听到的汽笛声音调越来越高；当它一边远离我们一边鸣笛时，我们听到的汽笛声音调越来越低。由此你能得出什么结论？

9. 我们知道，密度是物质本身的一种属性，不能由密度的定义式 $\rho = \dfrac{m}{V}$ 得出"密度与物体的质量成正比、与物体的体积成反比"的结论。由此，你认为对表征导体本身属性的物理量——电阻的定义式 $R = \dfrac{U}{I}$ 应如何理解？

10. 科学家为了研究在匀变速直线运动中物体速度的变化与物体所受外力的关系、物体速度的变化与物体的质量的关系，做了大量的实验，其中有几次的实验结果如下：

① 用质量 $m = 0.10$ kg 的小车做实验的数据，见表 9-3-1。

表 9-3-1　研究物体速度的变化与受力的关系

物体受到的力	0.01	0.02	0.04	0.08
物体速度的变化	0.10	0.20	0.40	0.80

② 小车所受的力为 0.08 N 不变时的实验数据，见表 9-3-2。

表 9-3-2　研究物体速度的变化与质量的关系

小车的质量	0.80	0.40	0.20	0.10
物体速度的变化	0.10	0.20	0.40	0.80

根据这些实验数据回答：物体速度的变化与物体所受外力有什么关系？物体速度的变化与物体的质量有什么关系？你认为应如何表示物体速度变化的快慢？

附："初中物理科学方法教育"检测题参考答案

一、填空题

1. 异中求同　2. 控制变量　3. 放大　4. 凸透镜　蜡烛的火焰　光屏
5. 理想实验法　6. 归纳法　7. 理想化　8. 转换　9. 对比　10. 转换

二、选择题

1. B　2. B　3. D　4. ABC　5. D　6. D　7. A　8. A　9. D　10. C

三、论述题

1. 通过以下实验可解决这一问题：首先，让同一物体全部浸入水、煤油、酒精等密度不同的液体中的同一深度处,测量浮力是否变化;接着让体积相同、密度不同的物体全部浸入同一种液体的同一深度处来测量浮力是否变化,再让同一个物体全部浸入同一种液体的不同深度处来测量浮力是否变化;然后,用 4 个都是由同种物质组成的质量相同的物体,组合成体积为 $V,2V,3V,4V$ 的不同物体,全部浸入同一种液体的相同深度处,测量浮力是否变化;最后,将同一个物体的不同体积浸入同一种液体,测量浮力是否变化。

2. 我们只靠观察得出的结论有时是不可靠的,要正确认识事物的物理本质必须做实验。

3. 声音不能在真空中传播。

4. 运用归纳法得出摩擦力与接触面积无关的结论。

5. 首先,用天平测出小烧杯的质量 m;接着用胶头滴管在小烧杯中滴入 n 滴水(n 要足够大,以便减少测量误差);然后,用天平测出烧杯与水的质量 m_2;最后,计算出一滴水的质量为 $\dfrac{m_2 - m_1}{n}$。

6. 冰的熔点与压强有关或冰的熔点随压强的增大而降低。

7. ① 这组实验说明 g 的大小与所处的纬度有关,地球上纬度不同的地方 g 的大小不同;② 这组实验说明 g 的大小与所处的海拔高度有关,地球上海拔高度不同的地方 g 的大小不同。

8. 振动物体发出的声音的高低与物体的运动情况有关。

9. 不能由电阻的定义式 $R = \dfrac{U}{I}$ 得出"导体的电阻与加在导体两端的电压成正比、电阻与通过导体中的电流成反比"的结论。

10. 物体速度的变化与物体所受外力成正比,物体速度的变化与物体的质量成反比。可以用物体所受的力与物体质量的比值表示物体运动速度变化的快慢。

《物理科学方法教育》实验课题组

1997 年 6 月 3 日

[以上选编自《物理科学方法教育(修订本)》,中国海洋大学出版社 2015 年出版,有修改]

学研札记

1．一朝相约，倾情一生

——一个看似偶然却改变了我后半生研究方向的决定

人的一生是漫长的，但是关键处却常常只有几步。人生往往充满了变化，充满了机遇和挑战。回想起来，我从事物理科学方法教育研究的历程，其实起始于一个看似偶然的决定。

20世纪70年代，山东省师专系统有个物理系校际教研组，开始是由泰安师范专科学校物理系的梅玉初和烟台师范专科学校的王至正两位主任负责。后来，烟台师范专科学校升格成为师院，泰安师范专科学校梅主任又调到南方去了。这样，校际教研组就由我和济南大学（当时称济南师范专科学校）的王河主任负责。70年代末，大家研究决定要在师专物理系试点开设理论物理讲座。我当时担任济宁师范专科学校物理系主任，觉得应该带头做好这一工作。可是，理论物理的四大力学，因为多少年不看不用，已经基本遗忘了。于是，我想借此机会申请去南京大学进修学习，并很荣幸地得到了学校领导的同意。1982年8月底，我奔赴南京大学开始了艰苦的进修学习。那时我已经是41岁的人了，进修学习应该说也是很艰苦的。在此期间，我认真听完了四门理论物理课（梁昆淼先生讲授的"理论力学"，蔡建华先生讲授的"量子力学"，李真先生讲授的"电动力学"，龚昌德先生讲授的"热力学与统计物理"）。同时，事先未征得同意，我贸然前去完整地听了徐纪敏先生开设的32节"科学学"选修课，每周三的晚上听课。这里还有一个笑话。我在南京大学教务处的告示栏里，看到第二学期有一门"科学学"选修课。我当时还有点无知，误认为是把字打错了，把"科学"打成"科学学"了。于是，我怀着一种好奇的心理，很不好意思地坐在教室最后一排的角落里，和十几岁的大学生们一起听徐纪敏先生讲课。徐先生的第一节课就把我吸引住了。他的口才伶俐、思维敏捷、知识渊博，善于旁征博引，把我引领到"科学学"的殿堂。原来这是一门新兴的研究"科学"的学科——科学学，其中的"科学逻辑"等章节，为我的教学与研究指引了方向、提供了很好的借鉴。听课结束，我向徐先生呈上了一篇学习心得——"物理学方法论学习要点"，以表示对徐先生的尊重与谢意。

在此之前，有这样一些事件对我影响很大。① 1980年许国梁先生（全国教专会第一届理事长）在南京师范大学全国物理教学法研讨班上做了"关于能力培养问题"的学术报告。在那个年代,这一报告具有非常重要的意义和影响,至今我仍然保留着许老的报告稿。科学方法教育与能力培养有着十分密切的关系。② 1981 年 11 月 26 日在广州召开了中国教育学会物理教学研究会(后来更名为现在的"中国教育学会物理教学专业委员会")成立大会。我作为山东省代表团的成员,有幸参加了这次大会。会议的学术气氛给我留下了终生难忘的印象。会议期间,与会教师交流了多篇关于培养能力方面的论文。会后返回山东,在随即召开的"山东省中学物理教学研究会"成立大会上,我做了"关于能力培养问题"的报告。之后,我几乎参加了全国教专会所有的重要学术活动,与教专会结下了不解之缘,见证了教专会近 40 年的历史。③ 1982 年,《物理教学》杂志第 1 期,发表了人民教育出版社董振邦先生《使学生从物理课学到一些研究方法》的论文,提出了要使学生学习观察、实验、抽象、理想化、比较、类比、假说、模型及数学等方法。这一论文对我的影响是很大的。2009 年在北京召开的全国教专会春节座谈会上,董老又阐述了在教材编写中体现科学方法的重要性。④ 在南京大学物理系进修期间,龚昌德院士的"热力学与统计物理"课程对我的影响特别深。课上,他不仅讲授了熵、焓等概念及热力学与统计物理的一些规律,更重要的是介绍了科学家为了建立这些概念、总结这些规律是如何提出问题又如何应用科学方法解决问题的……他娓娓道来,如数家珍。听龚老的课,简直就是一种艺术享受。我听课学到的不仅是知识,而且学到了许多使我终生难忘的研究问题的方法。

啊! 我教学 20 年了这才悟出:我们教学不能只是讲知识,更重要的是还要讲获得这些知识的方法。我一定要把这些及时地告诉我的学生!

总之,由于以上几个原因,在我的思想中初步形成了一个思路:一个人有无能力和其能力的大小,是与其是否掌握科学方法密切相关的;学习和掌握了科学方法,就可以促进其能力的培养。因此,我把能力培养的问题转化成学习与掌握科学方法的问题。我几乎放弃了理论物理的进修(成了我的副业了),开始钻图书馆,翻阅杂志图书,查阅搜集有关科学方法的资料。当时没有计算机,我只好手写抄录,慢慢地积累了几千张卡片。这些卡片为我以后开展科学方法教育奠定了丰厚的资料基础。南京大学之行,让我做了一个改变我后半生研究方向的重大决定,开始了对物理学方法论的学习与研究。现在看来,这一决定很值得!

如果说选择物理科学方法教育作为我的科研方向是偶然的,其实并不完全合适。虽然这个决定是我在南京大学进修期间做出的,但关于科学方法在人的发展过程中的教育价值这个问题,我很早就有过或明晰或朦胧的思考。从这个意义上说,最后走向物理科学方法教育研究也可以说是必然的,也许只是需要借助一个契机的出现,如徐纪敏教授的"科学学"选修课。这也许正应了那句话,"机遇只偏爱那些有准备的头脑"。

2. 热爱实验，始于少年

——我们差点成为"小特务"

这是让我终生难忘的一件事情，它开启了我一生的实践和研究之旅！

我们高中的物理老师秦永德非常热爱实验，平时上课经常做演示实验或者带我们到实验室去，让我们亲自做实验。1957年寒假，他带领我们几个同学，学习安装了超外差式收音机和发报机，那时用的还都是电子管呢！安装成功之后，我们便进行从后院宿舍向前院教学楼发射信号的试验，结果被公安局发现了，到学校找领导说我们学校有"特务"活动！幸亏学校党支部书记杜玉环给开了证明信，证明是物理老师带领无线电小组的学生在搞课外活动，这样我们才摆脱了"小特务"之嫌。老师热爱实验，对我的影响很大。于是，我们自己买材料安装矿石收音机，自己爬上房顶安装天线。当能听到省、市两个电台的广播时，我们激动兴奋的心情溢于言表，真的非常感谢我们物理老师的言传身教。

秦老师影响了我的一生。当我大学毕业从事物理教学工作时（我们小组的其他几个同学都考上了清华、北大），我也严格要求自己，念念不忘物理实验。同时，我要求我的学生树立一个理念：初中物理教学，如果没有实验就无法上课。如果真的没有实验仪器，可以将"坛坛罐罐当仪器，拼拼凑凑做实验"。这对培养学生的创新意识是很有益处的。后来，我在济宁师范专科学校物理系做了系主任，得知秦老师还健在时，曾让我的学生转告他，请他到我们物理系任教，教授"无线电基础"课程（当时我正担任此课），但是未能如愿。对此，我总觉得很遗憾，有负于老师的培养。

在少年时代能够有缘遇到秦老师是我的幸运，是他让我真切地感受和体验到实验带来的惊奇感、愉悦感、满足感，领略了科学实验的美妙和趣味。这是我人生中在实验和科研方面的"第一桶金"！它为我开启了一扇通往未来的大门，让我迈出了虽然有些幼稚和蹒跚却极为重要和关键的起始之步。

3. 参与实践，学习科研

——初入大学的科研尝试

1958 年，我高中毕业考入山东师范学院。那时的我风华正茂，对于自己的未来充满美好的憧憬，迫切希望自己将来在祖国的社会主义建设中贡献更大的力量。当时，山东师范学院物理系有一个半导体研究室，是刚刚成立不久的科研机构。半导体研究室虽然成立时间不长，但是在提纯半导体材料方面已经取得了可喜的成果。这期间，正赶上毛泽东主席到山东济南考察。在山东省科研成果展览会上，半导体研究室的负责人韩爱民老师受到了毛主席的亲切接见。毛主席接见韩老师的巨幅照片，悬挂在山东师范学院文化楼里，全校师生都引以为荣，感到非常骄傲和自豪。

那时，半导体研究室要组织一个实践研究小组。我在中学时就对无线电有浓厚的兴趣，参加过无线电科技制作小组，具有一定的知识和技能基础，于是便积极踊跃地报名参加研究小组，最后被批准了。我们与半导体研究室和贾克亮老师一起参与了多项科研和实践工作，其中主要工作有如下几项。一是利用超声波切割薄硅片，即在一根金属杆上焊接剃须刀片，再将其连接到超声波发生器上，利用超声波来切割薄硅片。二是探测大坝隐患，利用放射性探测仪，检查探测济南市南郊卧虎山水库大坝的隐患。三是研制用来检测布匹质量的纤维计数器。检测布匹质量的传统方法是由纺织工人利用眼睛查看织出的布匹的纤维条数，从而判断其质量。这样的判断往往不够准确，而且工人极易产生疲劳、损伤眼睛。我们设计了利用显微镜与电子计数器结合的计数方法，克服了通过眼睛直接观察查数的弊端，取得了很好的效果。

现在回想起来，刚刚步入大学校门，就能够有机会实实在在地参与科研和实践活动，我们真是太幸运了！通过参与这些科研和实践活动，我不仅学到了很多半导体及电子线路方面的知识，而且初步学习和体验了进行科学研究的过程和方法。这不仅为我进一步深入学习物理和进行教育科学研究打下了知识和方法的基础，而且使我树立起立志于科学实践和研究的人生理想。

4. 际遇所至，机遇亦存

——毕业分配的一波三折

  大学四年，我不仅积极参加了科研、体育等各项课余活动，而且在专业课程上认真学习，力求为自己建立更加扎实的专业基础。1962 年 7 月，我以全优的成绩完成了 4 年大学理论物理专业的学习，从山东师范学院毕业。我们那时候是由国家统一分配工作的，同学们都在等待分配工作。不知什么原因，我们那年一直等到了 9 月底才开始毕业分配。按物理系第一次分配方案，我留校在山东师范学院物理系工作。全年级共 168 位同学，而只留校 4 人。留校在当时是大家认为最好的毕业分配去向。毕业分配能够留校在山东师范学院，对于我这样家庭情况的学生是想都不敢想的事情。所以，我回家告诉爸妈的时候，爸爸激动地流下了眼泪，知道这是孩子自己努力的结果。多年以后，我才听原来的辅导员透露，我能够留校是物理系的老师们极力推荐的结果。我非常感激老师们对我的信任！

  但是过了三天系里宣布正式分配方案时，我又被分配到曲阜师范学院物理系。我不明白其中发生了什么事情，只是觉得很突然。当然，我欣然接受了学校的分配方案。在当时，服从分配对于我们每一位大学毕业生来说都是义无反顾的。服从分配就是我的志愿，根本不讲条件。就这样，1962 年 10 月 4 日我和我的师兄闫正武一起登上了去兖州的火车，曲阜师范学院的孙师傅开车到兖州火车站接我们。记得那天下着毛毛细雨，心中带着几分对即将参加工作的激动和憧憬，几分对陌生工作和生活环境的猜测和忐忑，我们乘车到达了曲阜师范学院这所开办在农村的大学。

  但是，没有想到的是，事情又有了变化。我们交上报到证以后，曲阜师范学院人事处的老师说，我们两个人中要有一个到曲阜师范学院附属中学工作，我们的分配方案的备注上有这意见。那时我们的思想很简单，也从来没想到找人托关系帮忙，一听有一个要去附中，我立即就做好了思想准备。闫师兄比我高一级，而且 1961 年去吉林大学进修过半导体专业，因此与我同年毕业分配工作，他到物理系工作肯定更合适。就这样，两天之后学校正式宣布了我们的去向，我便开始了我的教育教学工作生涯，开启了我在曲阜师范学院附中那八年让我一生难忘的中学物理教学工作……

  现在回头来看，我的分配一波三折，也许是冥冥之中上苍的安排，让我来从事我为之付出一生心血和感情的中学物理教育。正是这个分配的结果,让我从一开始工作,就把自己的根深深地扎在中学物理教育教学的沃土之中。这也正是我后来从事物理教育教学研究和物理科学方法教育的起点所在。从这个意义上说,这一波三折的分配对我而言也许是幸运的。这正如登山,不同的路径有不同的景色。走在这条路上,无须企望其他路径的风景,还是把自己的路走好,好好地欣赏和创造属于自己这条路上的美好吧!

5. 两论指导，哲学引领

——以"两论"为指导的一次公开课

1964年，曲阜师范学院赵紫生副院长提出，以毛泽东主席的《实践论》与《矛盾论》为指导，进行课堂教学与教学研究。我认同这一观点，并在1964年开设了一次以"两论"为指导的公开课——楞次定律。

楞次定律的描述很简单，但是要想得出这个结论却比较困难，时至今日这仍然是许多物理教师研究的一个课题。我体会它难的原因，一是涉及的因素较多，如原来磁场的方向、原来磁场如何变化及变化的方向、感应电流的方向、感应电流磁场的方向等；二是结论中是"阻碍"而不是"相反"，要想总结出"阻碍"，难度较大。

要想解决这个难点，以"两论"为指导，我认为要抓住以下几点。

（1）依据《实践论》的观点，教学中必须坚持实验，即做如下的实验（图1），这一般都能做得到。

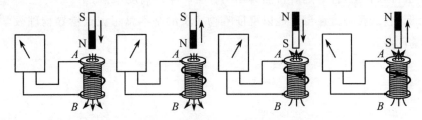

图1 楞次定律实验示意图

但是，我认为仅仅依靠做实验，仍然很难总结出结论。

（2）必须坚持实验与思维同步并进的原则，要思考和回答：为什么要选以上的4种情况来进行实验？为什么会以上述4个物理量的变化来进行分析归纳？尤其是，我们要研究的是感应电流的方向，可为什么还要和感应电流的磁场联系起来呢？

（3）如果我们事先能给学生介绍一点哲学的基本观点，对于总结与理解"楞次定律"是很有必要的，如：

① 任何事物都是一对矛盾双方的对立统一体。这一观点在电磁感应现象中的具体体现是向线圈中插拔磁铁，线圈中产生感应电流，阻碍磁铁的插拔。这非常明显地体现

了矛盾论的基本观点。

② 教师应该指出实验中的因果关系。如图 1 所示,实验揭示了楞次定律实验中的部分因果关系:原磁场磁通量的变化是"因",产生感应电流是"果",原因引起结果,结果又反作用于原因,二者在其发展过程中相互作用、互为因果。感应电流的磁场与原磁场磁通量变化之间具有阻碍与被阻碍的关系,这一点学生是难以悟出来的。

③ 我们还可以从哲学的角度进一步给学生指出一个普遍原理,即宇宙有一个趋于平衡、和谐的特点,万事万物都是由不稳定的变为稳定的。

化学家说,在一个平衡体系中,若改变影响平衡的一个条件(如浓度、压强或温度等),平衡会向减弱这种改变的方向移动。比如一个可逆反应中,当增加反应物的浓度时,平衡要向正反应方向移动,平衡的移动使得增加的反应物浓度逐步减少;但这种减弱不可能消除增加反应物浓度对这种反应物本身的影响,与旧的平衡体系中这种反应物的浓度相比而言还是增加了。这就是勒夏特列原理,又名"平衡移动原理"。

生态学家说,生态系统内部能在一定时间内保持相对稳定,并在有外来干扰时通过自我调节恢复到原初的稳定状态。

物理学家说,在电磁感应中,感应电流产生的磁场会阻碍引起感应电流的磁通量的变化,因此当穿过闭合回路的磁通量增加时,会感应出与原磁场方向相反的磁场,以阻碍磁通量的增加;当穿过闭合回路的磁通量减小时,会感应出与原磁场方向相同的磁场,以阻碍磁通量的减小。

在此处,化学、生态学和电磁学虽属不同领域,看似不相干,却有着相似、相通之处,甚至心理学也与之相通——你让我那么做,我偏不那么做,偏要和你唱反调,产生逆反心理。这样,就比较容易理解楞次定律了。

由此也可以看出,哲学是对自然科学与社会科学的高度概括。

公开课之后,我一直在自觉地以辩证唯物主义的基本思想观点指导物理教学与教学研究,获益良多。

6. 遇挫不馁，笔耕不辍

——第一篇投稿但没有发表的文章

1962年10月，我被分配到曲阜师范学院附属中学任教，开始了我的教育和科研生涯。我一开始就教高中物理，并担任副班主任工作。除了上好课以外，我还组织学生结合我们学校的实际条件，开展了6项课外实践活动：① 安装白炽灯电路；② 安装日光灯电路；③ 安装配电盘电路；④ 学习使用扩音机（当时我们学校使用的是美多150电子管扩音机），并实地安装高音喇叭（6个25瓦）；⑤ 利用热敏电阻（或光敏电阻）设计安装自动控制装置；⑥ 实地学习操作学校水塔的水泵及电磨坊的电动机。每天课外活动时间，学生分组进行活动，很是活跃。学生收获很大，既提高了动手操作能力，又培养了勇于实践、敢于实践的精神。

后来，考入大连海运学院的朱体俊和霍修金给我来信说，在中学阶段开展的课外实践活动使他们得到了锻炼，学到了动手操作的本领，到了大学做电学电工实验时很是得心应手，成了辅导其他同学操作的"小先生"了。为此，他们感到很自豪。看来这项活动是很有意义的。鉴于此，大约在1964年我写了一篇文章，寄给当时全国唯一的一份适合中学物理教学的杂志《物理通报》（当时由中国物理学会主办，现在由河北大学主办），但是文章石沉大海、杳无音信。这篇文章成了我第一篇投稿但没有发表的文章。

之后，我依然坚持根据自己在教育教学实践中的所行所思撰写论文，迄今已发表论文100多篇，均是直投编辑部，没找任何人走后门说情，结果是百发百中。对此，我心里十分踏实和坦然，也颇感欣慰。

7. 联系实际，服务实践

——设计安装学校供电线路

在几十年的学校工作中，我积极主动参与了多项与学校和科研有关的实践活动，提高了自己的动手能力和勇气，为我的科研生活奠定了良好的能力和心理基础。

早在 1964 年暑假，曲阜师范学院附属中学王贯一校长要我设计学校的供电线路。因为在曲阜这种农村地区，那时能够用上电的很少，专业的具有设计水平的电工更少，所以王校长把这个任务交给我这个学物理、教物理的"懂电"的人。殊不知，生活电路我也不是很熟悉……但是，考虑到学校的需要和领导的信任，我大胆地接受了任务，并开始考虑如何设计。我首先查阅、学习有关的电工知识，特别是具体的施工规范，再了解学校的实际用电情况，考虑动力总容量、照明总容量。动力总容量包括水塔电机、电磨坊电机、木工电锯电机等，照明总容量包括学生教室、学生宿舍、教师办公院、教师单身宿舍、教师家属宿舍等的照明……总之，我非常认真地实地考察、查阅学习、分析论证，然后依据自己的已有知识和安装规范开始设计供电电路。这其中，我主要考虑了三点：一是负荷的均衡分配，二是考虑师生学习、工作的时间不同的特点对供电的影响，三是在节约的前提下考虑线路布局的合理性。设计好线路以后，我和马长久老师一起，利用暑假与请来的电工师傅一起施工，完成了学校供电线路的改造。

能够运用自己所学为学校做贡献，我感到高兴和自豪。这次学校电路的设计和安装，更加丰富了我的电工知识，加强了我对理论联系实际的理解，也使自己更加深刻地认识了实践操作在生活和科研中的重大意义。后来，我就有意识地加强实践能力的学习和锻炼，这对我后来解决科研中遇到的难题产生了积极的影响。

1967 年，学校停课，没有事情做，我决定到曲阜师范学院机械厂劳动学习。厂长是曲阜师范学院物理系原实验室主任于学功老师，他答应了我的要求。于是，我就每天跟他上班，夜班也是如此。他的能力很强，什么都会，我跟着他学习操作 C616、C618 等各种车床（当时还没有数控机床）以及铣床、刨床、磨床等机械加工设备。工人师傅对我非常好，非常耐心地教我操作。直到现在，我仍可以自己独立地进行简单零件的车床加工。同时，我也利用这个难得的机会学习与机械、电气有关的知识，并设法将它们与物理学的力学、电学知识联系起来。抽机会，我还去了铸造车间和锻打车间向师傅们学习。

后来，我又到曲阜电机厂劳动学习，参观并实际操作了电机生产的主要工序，如参观电机的机壳、端盖及轴的加工过程，电机的转子铁芯、定子铁芯的冲制与压装过程；同时，动手操作定子下线、转子下线（线圈的绕制、焊接）、线圈的检验、绝缘处理等，以及电机的组装、电机的成品试验（对地绝缘电阻、耐压试验、匝间冲击试验、负载试验等）。我虚心地向师傅们学习。有些师傅知道如何干但是不知道是什么道理，他们便让我给他们讲解其中的物理学原理。在将近一年的时间里，我向实践学习、向工人师傅学习，学到了很多原来不会的实践知识，增强了解决实际问题的能力，为我后来进行日光灯复制、研制电动机的断相保护器奠定了基础，也丰富了我以后给学生讲课的实践内容。

同时，我和工人师傅们也建立了深厚的友谊。后来我调到济宁师范专科学校工作，于学功老师调到位于济南的山东教学仪器厂当厂长，我只要有机会回曲阜、去济南，总要去看望工人师傅们和于学功老师。谢谢曲阜师范学院机械厂和曲阜电机厂的领导和工人师傅们，我永远不会忘记这一段非常有意义的自觉进行的劳动学习。

在曲阜师范大学附属中学以及济宁师范专科学校工作期间，开始的一段时间，我一直负责学校的广播室。每天定时开机，播送早午晚新闻节目；后来由学生会成立管理广播的小组从事这一工作，但是我仍然负责解决技术问题，逐渐学习、掌握了修理扩音机的技术。那时使用的都是电子管扩音机，一般问题都能自己处理解决。后来，有的学生宣传出去，结果学校周边几十里的农村一旦广播出现了故障，都到学校找我去解决。不论什么时间，只要不影响给学生上课，我都会立即骑车出发。那时，我感到能利用自己的一点技术为农民义务服务，是件值得高兴和自豪的事情，而且锻炼了自己，是提高自己技术水平的好机会。为农村义务解决了故障之后，村里人的高兴和感激溢于言表，我和他们也建立了深厚的友谊。

经过多年的实践，我也注意积累了一些经验。例如，当时农村扩音机出故障，一般是以下三种情况：一是电源、整流部分，常坏的是 5Y3 整流管或 20 微法的电解电容；二是功放部分，6V6 放大管易出问题；三是高音喇叭，最常见的故障是音圈烧了或磨断了。我去之前，先请他们说明故障现象，据此我一般就可以判断出什么地方出了问题，早做准备，购买配件，尽快消除故障。

在学校负责广播室是一件需要强烈责任心的工作。开大会时，为了保证开会时不出意外，考虑到广播室离开会地点很远这一实际情况，我总是提前到会，做好充分的准备工作，同时准备两套设备，一旦出了问题马上切换，以保证大会正常进行。现在回想起来，参与这些工作对我来说，实际上是一个应用科学方法解决实际问题的过程。我当时应用最多的方法有观察测量法、因果关系分析法、等效替代法等。

20 世纪 70 年代后期，据家住农村的物理系学生说，农村虽然有了柴油机、电动机，但是由于供电不正常，经常是需要电时不供电、不需要时反倒供电，因此急切需要发电机，希望我们物理系的老师能设法帮助他们解决这一难题。

看到他们渴望的目光，我暗下决心，一定要攻克这一难关，为他们解除后顾之忧。为此，我查阅了相关资料，参考、借鉴外地成功经验，制订了切实可行的实施方案。我认为，针对电动机与发电机结构相似、工作原理和过程互为逆反而电动机有一点剩磁的特点，实现柴油机带动电动机发电从理论上是可行的。经过一番紧张有序的准备，此项实验于一个周日的下午，在办公室前的庭院里如期进行。我们用学校的一台柴油机和电动机，利用日光灯上的电容器可以造成三个相差的原理来实现柴油机带动电动机使之发电。由于构思合理、准备充分，实验一次成功。当标志着发电成功的灯泡亮起来时，围观的师生中爆发出一阵热烈的掌声，我也禁不住热泪盈眶。

这一实验深受农村学生的欢迎。之后有一些学生，经常邀请我去他们家乡推广这一实验，解决了当时农村中普遍存在的用电问题。从这件事情中，我深深地体会到能利用我们所学的知识为社会服务是一件很值得庆贺和自豪的事情。

总之，生活和科研中往往有许多需要我们想办法解决的问题，需要我们动手、动脑，需要我们综合运用所学知识和科学方法。这些问题的解决让我感受到自己的价值，也逐步积累了研究和解决问题的技能、树立起研究和解决问题的信心。感谢生活，是生活给予我们劳动和创造的机会，让我们感受到生活的充实和美好！

8．现实课题，催生革新

——电动机保护器的研制

1970年济宁师范专科学校成立之后的一段时间，学校的人员编制非常紧张，为了确保教学一线的工作，学校服务人员的编制就更少了，因此学校的很多非教学工作得由我们老师兼管或参与。那时的人们从不计较得失，不管分内分外，只要是学校的事情，都会积极参与。当时，我除了完成正常的教学任务外，还要负责学校广播室的管理，包括按时开机播放早午晚的新闻节目；就连学校的水塔水泵、电动机、变压器（没有配电室）出了问题，学校领导也常常是让我去处理。

这里还有一段趣闻。开始时，学校的水塔电机大约半年会出一次故障，后来是3个月、2个月就出一次故障，时间间隔越来越短；一旦故障发生，便会全校停水，严重影响师生们的正常生活需求。面对这一状况，学校领导急得如坐针毡。一时间，学校师生都调侃说师（湿）专变"干（gān）专"了，这也成为人们茶余饭后的笑料。为了改变这种被动状况，校长马铭初找到我，希望我能想办法解决这一难题。

临危受命，欣然应战。虽然我是从事物理教学特别是搞"无线电"教学的老师，这件事对我来说仍不失是一种挑战。肩负如此重担，我决心变压力为动力，力争在最短的时间内研制出电动机保护器，把设备故障消除在萌芽状态，尽量让学校师生的工作、生活少受影响。

查清电动机频发故障的原因是当务之急。为此，我先后到济宁电机厂和济宁农机修理厂，向那里的工人师傅求教，学习他们的经验，并由此得知，电动机出现事故以至于烧坏的主要原因是"断-相"所致；也就是说，由于三相供电线路中的某一相断了，造成其余两相超负荷而导致电机烧毁。这些均与我的理论分析结果完全吻合。故障原因明确了，接下来就要在怎样判断、证实断相时会有什么预兆和信息上下功夫。

资料显示，电动机的内部绕组是三相对称的，外接的三相Y形电源也互为对称，因此电动机正常运转情况下始终处于平衡状态，Y形接点对地是没有电位差的。然而，当其中任意一相断掉时，其余的两相就得承担原来三相的负担，造成电动机内部三相绕组失衡。此时，电机就会发出类似"打嗝"的不平衡声，这种声音被电工师傅戏称为"电机喊救命了"；接着，就能嗅到烧焦的味道，此时如不及时断电，绕组很快就会发热烧毁，电机将会停止运转并报废。

针对这种现象,如果能把断相时 Y 形接点出现的微小的电位差作为一个信号,输入到三极管放大电路的基极回路中,经过三极管放大电路的放大作用,把微弱的信号经过放大后再输出到集电极回路中,控制一个继电器,继而让这个继电器控制三相电动机启动开关的启动线圈,实现自动切断电源,便可达到保护电机的目的。这些想法得益于我以前在工厂里学到的很多电气机械方面的技术,这些技术现在用起来得心应手;同时,科学的分析方法更是有助于我尽快找到解决问题的办法。

自动控制电机断相的思路基本形成后,关键就是应用所掌握的无线电知识设计具体的电路,进行现场实验。经过几个月紧张连续的实验,不但解决了校园内经常无故停水的问题,同时也实现了水塔水位的自动控制。实验成功的那一天,正值我们学校召开秋季运动会。马铭初校长在操场上,通过高音喇叭向全校师生宣布了这一"特大喜讯"。"干专"的日子终于宣告结束。大家奔走相告,使这一大快人心的好消息传遍全校。

之后,我又研制出适合较大功率电机的断相保护器,并被推广到我们附近的农村应用;继而又和济宁电机厂的工人师傅一起,运用在电机内部绕组上埋设热敏电阻的方法,实现了电机断相自动控制。遗憾的是,此项试验虽然成功,但是由于改变电机生产工艺难度较大,未能投入使用。以后,我又连续研制成功煤矿用的"发爆器"及"柴油机带动电动机发电"等。这些活动密切联系实际,不仅丰富了我的实践经验和课堂教学,同时得到了学校的大力支持。张竞南副校长亲自去市科协专门为我争取了一笔 7000 元的科研经费。在那个年代,这个数字已经是很可观的了。由于在科研方面连续取得了一些成果,我被评为济宁市优秀科技工作者。组织部陈部长在全校师生大会上亲自为我颁奖,这开创了我校历史之先河,令我倍受感动和鼓舞。我决心要排除万难,争取在教学、科研上做出更大的成绩,以回报国家给予的关心和支持。

9. 精诚所至，金石为开

——让人后怕的日光灯复制

1970 年底，济宁师范专科学校正式组建成立，教学楼很快拔地而起，各个学科的教师培训相继开始举办。"文革"中被压抑的学习风气又悄然兴起，教师、学员们个个笑逐颜开，整个校园里到处呈现出一派生机勃勃的新景象。

为了把"文革"给学校工作造成的损失降到最低，师生们加班加点，夜以继日地奋战在各自的岗位上，办公楼里几乎每天都是通宵达旦，灯火通明。随着时间的推移，用于照明的日光灯管大量老化损坏。面对日益增多的坏损灯管，我看在眼里、疼在心上。此时，一个大胆的设想突然跃上我的心头。假如能变废为宝，让废旧的日光灯管重新焕发生机，那将会为国家节约一笔很大的开支。为此，我日思夜想、寝食难安。经过对废旧日光灯管的仔细观察分析，我发现关键问题是灯管两端发黑和灯丝损坏，而灯管的其他部分还是完好的；也就是说，只要解决了灯丝这个主要矛盾，其他问题就会迎刃而解，那么让废旧的日光灯管复明的设想就会变为现实。

主意已定，我和校办工厂的两个老师组成攻关小组。可笑的是，我们三个人都是外行（一个团委书记，一个外语教师，我是唯一的一个稍微有点物理知识的教师）。在一无相关经验、二无图纸、三无生产设备的情况下，要想从事此项工作谈何容易。俗话说，只要精神不滑坡，办法总比困难多。当时，我们就是凭着一腔不服输、没有条件创造条件也要上的激情开始工作的。我们首先到济南灯泡厂参观学习，向工程技术人员虚心请教。功夫不负有心人。在那里，我们不但得到了肯定的答复，同时还得知已经有人正在进行此项实验。得知此消息我们欣喜若狂，立即马不停蹄地奔赴河南开封，参观了正在着手复制日光灯管的小工厂。在掌握了第一手资料之后，我们的复制工作紧锣密鼓地开展起来。

首先，我们明确了日光灯复制的基本工序：一是截管，将日光灯两头老化灯丝附近的管子截去一小段，整个日光灯管变短了一点；二是焊接，把新的灯丝焊接并封到管中；三是抽真空，对新管抽真空，并灌进一点水银（约一个高粱米粒大）；四是通电试验并老化（连续通电大约 24 小时）。

实施这些工作，首先要解决各工序所需要的各种设备，如截管机、封管机、真空炉、老化台等。其中，封管机的技术要求最高且制作工艺复杂，我们连图纸都没有。怎么办？于是，我就去曲阜师范学院机械厂，利用我曾在那里下厂学习的关系，请教工人师傅。我给他们画了简单的图纸并描述设备的结构，大家群策群力、集思广益，出主意，想办法。凭借工人师傅们积累多年的实践经验和高超技能，经过大家夜以继日的艰苦工作，封管机和真空炉两项主要难点设备终于制造成功。

设备问题解决了，其他问题也难不倒我们。没有场地，我们因地制宜就地取材，利用原来的两间学生宿舍作为两个生产车间，开始进行复制试验。其中，一车间主要是用来做截管、抽真空、灌水银、封管、老化；二车间用来提供高压汽油，通过管道输送到一车间。一车间全是明火操作，二车间全是易燃易爆物品，两车间之间只有一墙之隔。由于当时安全生产意识非常薄弱，全然没有考虑到其中隐藏着的重大安全隐患。是呀，两个车间相距这么近，又紧挨着学生宿舍，万一发生火灾事故，引起爆炸造成的严重后果将不堪设想。现在回想起来，真是后怕！

当时，正值盛夏酷暑难当，即使坐着不动也会大汗淋漓。就是在这样的环境中，经过几个月的艰苦试验，我们终于成功地完成了废旧日光灯的复制工作。当第一批 6 只新日光灯通电发出亮光时，我们三个激动地拥抱在一起，幸福的热泪夺眶而出。学校党委书记赵勉同志得知后前来祝贺，对我们取得的成绩给予充分肯定，对我们敢为人先的精神表示赞赏，鼓励我们再接再厉、继续努力，以实际行动为我们学校的发展增光添彩。事过多年，现在回想起来，我仍心有余悸，这真是一个十分"可怕"的日光灯复制！

10. 佯谬不谬，实证理证

——来自教学实践的第一篇论文

1978 年在给学生讲授力学课程时，我遇到一个问题：底面积相同而形状不同的容器，内装深度相等的同种液体，虽然容器中的液体所受重力不同，但液体对底面的压强、压力却是相同的。这在流体静力学尚未被人们完全认识时是一个十分让人迷惑的现象：为什么容器底部受到液体的压力跟容器内液体所受重力不一定相等，却跟容器的形状有关系呢？这个问题最早是由帕斯卡提出的，并被人们称为"流体静力学的佯谬"。对此，不仅学生感到难以理解，我自己也没有把握说得清楚明白，也就难以说服学生了。为了解决这一问题，我先通过实验进行初步验证，然后做了严密的理论推导证明。

首先，做模拟帕斯卡裂桶实验。在密封的塑料杯中装满水，上面开孔且用塑料管或橡胶管与漏斗相连，向漏斗和塑料管中注满水。当将漏斗提高到一定高度时，尽管其中液体的质量和所受重力没有发生变化，但是水却可以从塑料杯壁上的小孔中喷出来。当学生亲眼看到上述实验事实时，他们常常感到非常惊讶，改变了"水越多越重对容器底面压力就越大"的错觉，进而认识到液体压强与液体的深度有关而与液体所受重力无关。

但是，只是这样还不能让学生信服，因为还没有从物理学原理上解释清楚。于是，我又进行了下面的定性解释和定量推导证明。

首先，运用力的相互作用等知识对这一"佯谬"进行了定性解释（详见本书第 003～007 页）。

然后，运用物理知识和数学方法对"佯谬"进行定量的证明（详见本书第 003～007 页）。

这样做了以后，学生觉得从物理学原理上把静液佯谬解释清楚了，效果很好。于是，我把这一证明的过程与方法总结了一下，写成论文《流体静力学的佯谬》，想寄给杂志社发表。但是，由于这个问题的证明，过去在高中、大学从来没有遇到过，而且是第一次应用高等数学证明初等物理教学中遇到的问题，自己心里没有把握，所以我又查对资料、仔细核算，整整拖了一年才寄给物理教学杂志社，最后发表在《物理教学》1981 年第 5 期上。

这是我第一次正式在物理教学杂志上发表论文。在那个年代，发表论文是不多见的，因此我发论文的事产生了较大影响，有些老师（如沈阳师范大学刘力教授）在编写教材或撰写论文时还引用了该论文,为此我被物理教学杂志社聘为通讯员。这次发表论文,也给我以信心和动力。从此以后,我更加注意结合自己的教学实践,坚持开展课题研究并及时总结研究成果撰写论文。

由此,我深刻体会到,对于教学乃至生活中遇到的问题,要养成科学的处理习惯,一是要从实验角度加以验证,实事求是;二是要从理性角度分析证明,讲清道理。这充分体现了科学的实证精神和理性精神,也许这正是学习物理的价值所在吧!

11. 学会平台，助我成长

——我深爱的"教专会"

在我近40年的物理教学、科研生涯中，中国教育学会物理教学专业委员会（我将其简称为"教专会"）是我挚爱的良师益友。每每回忆起"教专会"工作的一场一幕，我总是激动不已。

1981年6月，我接到山东省教育厅高教处的一份通知（当时的通知还是手写的），按照通知的要求，山东省代表团的7名成员一起于11月乘车去广州开会，我是山东代表团的成员之一。11月26日，我们荣幸地参加了具有历史意义的中国教育学会物理教学研究会（后更名为"中国教育学会物理教学专业委员会"）成立大会。来自全国各地的三股大军——中学物理教师、各省市、地、县教研员和各高师院校教学法教师数百人，聚首羊城，开启了我国中学物理教学研究的新篇章。

如今，"教专会"已经走过了30多个春秋。开始，我只是作为代表参加了会议。1982年"教专会"的第一届第二次理事会，"根据近年来师专学校的发展和广大师专教师的要求，研究会要加强师专的工作。理事会决定在高师组中增加张延庆、张宪魁、丛庆麟负责这方面的工作"。之后，"教专会"又单独成立了师专工作委员会，我连续担任了三届师专工作委员会的主任委员，并从第二届一直当选为理事、常务理事。同时，我又得到工作单位的大力支持，使我有幸参加了"教专会"几乎所有的重要学术活动。2000年暑假之后，我常驻北京，并受大家的信任与委托，在秘书处工作，担任常务副秘书长，参与了"教专会"历次重要活动的研究与决策。因此，由于机遇和缘分，我与"教专会"结下了不解之缘，见证了"教专会"30多年不平凡的发展历程。特别值得我怀念的是，历次的学术活动，学者云集，人才荟萃，就我国中学物理教育进行深入研讨、献计献策，为推动中学物理教学改革、改进物理教学方法、提高物理教学质量发挥了重要作用，为培养创新型的人才奠定了基础。

30年，在历史的长河中也许只是弹指一挥间，但是它带给我的影响却是重大的、深远的。我连续11年参加了"国家教委高等学校理科物理教材编审委员会中学物理教材教法编审组"（北京师范大学阎金铎先生任组长）开展的学术活动，这无论是对于我的学术生涯，还是对于我的人生道路，都产生了非常重要的影响，留下了弥足珍贵的记忆，令我至今难以忘怀。通过参加"教专会"及"编审组"的学术活动,通过向专家、长辈的虚心求教,通过与诸位学者、教师的相互切磋,开拓了我的视野,丰富了我的阅历,也使我产生了许多教学和研究的灵感;可以说,我在学术上的点滴进步都离不开"教专会",离不开"编审组",离不开那些良师益友。参加"编审组"活动的都是来自全国各高师院校从事"物理教学法"教学与研究的教师,按年纪,他们有的是我的长辈,有的是我的兄长,在共同热爱的事业中,我们结下了深厚的情谊。他们严谨的治学态度、丰富的智慧学识、独特的人格魅力,使我受益终身。他们提携、引领我步入物理教学研究这一新兴却极具发展前途的领域,坚定了我致力于"教学法"学科建设的信念,使我为之做了一点务实和有益的工作。我通过自己的实践与研究,提出了"中学物理教师的 3351 素质结构",并作为自己终生奋斗的目标;提出了"导致悖论教学法",把"模糊数学"引进到物理教学研究中来,并坚持 30多年不间断地进行"物理学方法论"与"物理科学方法教育"课题的研究;直到现在,还有一个科学方法教育课题正在研究之中。

回顾 30 多年的历程,我感到"教专会"至少有三方面经验值得坚持。

一是"教专会"有一个德才兼备、学术水平高的领导集体和学术带头人。我们学会的朱正元教授倡导"坛坛罐罐当仪器,拼拼凑凑做实验",极其朴素的语言却涵盖了课程标准的三维目标,成了物理教育界人人皆知的至理名言;许国梁先生在"关于能力培养问题"的报告中带着和蔼可亲的笑容进行的极具说服力的全面论证,至今仍深深地印在我的记忆之中,他的著作《中学物理教学法》仍然还在许多高师院校流传并使用;雷树人先生主持编写的极其简练严谨的中学物理教材,几乎影响了包括我个人在内的几代人;连续担任三届理事长的阎金铎教授,以其严谨的治学态度、风趣幽默的教学艺术,被老师们誉为电教明星(因在电视大学兼教而驰名全国),曾有老师联名写信向他表示感谢……

二是"教专会"有一个以中学物理教师为主体,各省、地、市、县教研员为骨干,连接高等师范院校的教学论教师(含各出版社的编辑人员)而组成的一个和谐的三结合教学研究集体。这是具有我们国家特色的研究团队。正是由于这三支队伍,各自发挥其所长,大家联合起来,才使得我们的中学物理教学研究在短短的 30 多年里取得了长足的进步。哪里这三股力量联合得好,哪里就出名师,这是难得的宝贵经验,我们一定要珍惜它。

三是始终如一地坚持开展教学研究。不论时代怎样变迁、风云如何变化,"教专会"都坚持搞课题研究,为解决问题开展研究,以研究解决问题,千方百计地为中学生、高师院校的大学生、中学物理教师搭建开展教学研究的平台,为他们展示自己的才华和成长创设机会。让人感到欣慰的是,我们已经有了一些值得信赖的名牌活动,许多学生和教师正是在这样的氛围中得到了成长的机遇。

回顾历史,是为了更好地总结经验、不断开拓创新。"以史为鉴,温故知新。"要把握今天,就不能忘记昨天、前天是怎么走过来的。只有了解了过去的足迹,才可以使我们少走一些弯路,使教学改革更快地走上正确的轨道,为推动改革做出我们的贡献。回顾历史,是为了更好地促进"教专会"的发展,适应教育改革发展的新形势。

时至今日,经常参加"教专会"和"编审组"活动的教师,有的已经驾鹤西去,有的也已退休，难以经常联系。值此"教专会"成立 30 周年之际，我想用一点笔墨，祝愿"教专会"工作向更高水平、更高标准、更高要求的目标迈进，彰显出更加旺盛的生命力、创造力、凝聚力和推动力；期盼"教专会"成为我国中学物理教育工作者的精神家园，未来中学物理教育家的摇篮。

几十年来，我在"教专会"的科研活动中逐步成长和发展。"教专会"是一个内容丰富、天地广阔且富有价值和魅力的平台。最后，我还要真诚地再次说一句："我爱'教专会'！"

12. 高山仰止，景行行止

——在许国梁先生百年诞辰纪念会上的发言

尊敬的各位领导、各位老师，尊敬的许老的家人：

大家下午好！今天我怀着十分崇敬的心情，代表中国教育学会物理教学专业委员会参加这个聚会，与新老朋友齐聚一堂，缅怀我国物理教育界敬爱的老前辈许国梁先生，共同纪念许老 100 周年诞辰。许老是我们中国教育学会物理教学专业委员会第一届理事会的理事长、第二届理事会的名誉理事长。

1981 年 11 月 26 日，许老作为筹委会主席，在广州主持召开了新中国成立以来关于中学物理教学方面的一次空前的盛会。就是在这次大会上，中国教育学会物理教学研究会（后更名为中国教育学会物理教学专业委员会）正式成立了，许老当选为第一届理事会理事长。从此，许老与其他几位老前辈引领着全国高师院校的物理教学论教师，各省、市、地、县的物理教研员以及广大的一线中学物理教师，开展了卓有成效的各种教学研究活动，为促进我国中学物理教学改革、提高中学物理教学质量做出了重要贡献。许老自己还身体力行，亲自主持编写了《中学物理教学法》教材，结束了我国高校长期以来缺少具有自己特色的教学法教材的历史。教材出版后，全国几乎所有高师院校都采用了许老主编的教材。这本教材为培养我们自己的中学物理教师起到了不可磨灭的作用。许老所倡导的教学法体系，一直在影响着一代又一代从事物理教学论的老师们。同时，许老又亲自主持开展了"综合启发式教学"的课题研究。该研究荣获全国第一届高校优秀教学成果特等奖，为我们晚辈树立了良好的榜样。大家都深为许老的治学精神所感动。

我和许老尽管只有几次面交，但是许老却给我留下了十分深刻的印象。他不愧是一个德高望重、学识渊博、关怀后辈、和蔼可亲的专家学者。1980 年 12 月，他在南京师范大学所作的"关于培养能力问题"的学术报告录音，我至今还珍藏着。1983 年 7 月在哈尔滨友谊宫，他召见我们几个晚辈时，与我们作了十分亲切的交谈。正是许老的鼓励与教导，使我坚定了从事物理教学法的教学和开展物理学方法论教育研究的信心与决心。20 多年过去了，许老的音容笑貌仍然经常在我的脑海中浮现。

高山仰止，景行行止。许老高尚的师德风范必将长存，一代一代地传下去，并在新的形势下不断发扬光大。

许老永远活在我们的心中！

最后，祝愿许老长期辛勤工作过的苏州大学物理系的教学、科研工作取得更加辉煌的成就，祝愿许老的亲属身体健康、家庭幸福、事业大成。

谢谢大家。

13．咬定青山，永不放松

——许国梁老先生的热切鼓励：既然对，那你就坚持

1983 年 7 月 16 日，中国教育学会物理教学研究会在哈尔滨召开高师教学法学术研讨会，我作为正式代表参加了会议。在会上，我提交了《物理科学方法学习要点》论文。这是我开始进行科学方法教育研究的第一篇论文，有幸被大会论文评审组选中，作为大会第 7 个代表发言。

发言过后，田世昆老师批评我为什么发言时像放机关枪一样（指发言语速太快）。我辩解说："论文已经选入论文集，代表们人手一册，我觉得没有必要再占用老师们更多的宝贵时间。"他严肃地对我说："你知道吗？大家对你这篇论文的看法分歧很大！"我听后，脑子像炸开了锅，不知如何是好，一直闷闷不乐。第 2 天，学会理事长许国梁老先生，要在他下榻的友谊宫接见我们。这里还要说一个很有意义的小插曲。会前因为我们使用许老编写的《中学物理教学法》教材，为了便于再修改，许老曾发信征求我们的意见。我在回信中既作了充分的肯定，同时也作为应付提了一两条建议（觉得不提一点修改的建议也不合适）。没想到，许老把我们所提的建议全部印了出来（肯定的地方没印）。许老的做法在我的脑海中引起极大的震动，不由得让我对这位既严谨治学而又谦虚朴实的老人肃然起敬。他的这种做法，我认为无疑是空前绝后的了！我带着一种既敬佩又不安的复杂心情去了许老住处（那时我是比较年轻的与会代表之一，也从来没有见过他）。一进门，我自报姓名说道："许老，我是张宪魁。"许老惊讶地说："噢，原来你就是张宪魁，这么年轻啊，我还以为是一位老先生呢！"他的这句话，顿时打消了我的紧张情绪。谈完对教材建议之后，我急于问他："许老，听说有些老师对我的论文持有不同的意见，您怎么看？"许老问我："你认为对吗？"我说："我认为对啊。"许老操着他那口南京普通话，慢悠悠地说："既然对，那你就坚持！"许老的一席话，让我茅塞顿开，更加坚定了我继续探讨、推行科学方法教育的信心。

1989 年 11 月，我又有幸和许老聚首，那是在武汉开完会乘江轮回南京途中。为了便于照顾许老，会议安排我们住在同一个二等舱。能为老人尽力，我期盼已久。一路上，我们促膝长谈，令我受益匪浅。当时，我还代表山东省教研会力邀许老，希望他来年 4 月能到山东菏泽参加我们山东的年会，莅临指导。对此，许老欣然接受。当时我很高兴，只盼

来年能在山东接待这位备受崇敬的长者、学者;另外,聆听教诲之余,也陪他欣赏一下国色天香的菏泽牡丹。但不幸的是,这位德高望重的老人春节后却驾鹤仙逝。虽然我的愿望成为终生遗憾,但是许老的敬业精神一直激励着我,他的教诲成为我前进道路上的座右铭。30多年来,尽管遇到了不少困难与挫折,但是我一直牢记许老先生的殷切期望和悉心指导,没有退却,一如既往,奋勇向前,为推进物理科学方法教育极尽绵薄之力。

14. 日思夜想，灵感忽现

——科学方法判定原理的发现

1983年暑期，我从南京大学进修回来后，就开始给学生开设"物理学方法论"讲座。讲稿也就是十几页的讲义，是我自己编写，由儿子帮助刻板后自己再动手印刷的（2010年在东北师范大学国培班上，偶遇我的一个老学生孔祥龙，提起此事，他还记忆犹新）。之后，资料逐渐丰富，编成一本讲义，后又编成两本讲义……讲课时，我叮嘱学生，毕业后教学中一定要渗透科学方法教育。但是20世纪80年代的中学教材，仍然是以讲知识为主，并未涉及科学方法。学生问我："张老师，我们到哪里去找科学方法啊？"是啊，这不是为难我的学生吗？我没有告诉他们教材中的科学方法在哪里，责任显然在我。这也成为困惑我的难题，一直在我脑海中盘旋……有一天我和老伴、女儿一起吃饭，当我拿筷子去夹菜的时候，忽然一个闪念在我脑中形成，当时不由自主地喊了起来："啊，有了！"老伴笑着说我神经病！不是神经病，是我有了一个灵感，原来我没有告诉学生的鉴定方法就在这里。我要吃菜，就必须用筷子（工具）去夹（方法）。外国人用刀子叉子，小孩子直接用手拿或干脆用嘴去啃。受到这个启示，通过进一步思考，我终于找出了方法在教材中存在的形式，最后提出了一个判定科学方法因素的命题，即在物理学知识点的建立、引申和扩展中，知识点以及知识点与知识点之间的连接处（我们把它叫作"键"），一定存在物理科学方法因素。这也就是找科学方法的方法。

9月份，在山东泰安召开的华东六省一市物理教学研究年会上，我遇到了《中学理科教学》杂志的主编李国倩老师。她问我现在忙什么，我说被学生所逼多日，思考出了一个命题。她让我把资料寄去。阅读后，她说命题是正确的，可以叫作"科学方法因素判定原理"，并在1990年10月份的《中学理科教学》杂志的头条位置刊登了我写的关于这个命题的文章。之后，这个原理被许多科学方法教育研究工作者及研究生采用，由此进一步证明了这个原理的正确性。对此，我感到由衷的高兴。

如果说科学领域有什么偶然的机遇，那么这种机遇只能属于那些有准备的人，属于那些善于独立思考、具有锲而不舍的精神的人。在科学研究的崎岖小道上，只有那些不畏艰险的人，才能勇敢地登上科学研究的顶峰，体验到探究的乐趣，欣赏到高处的绝美风景。

15. 躬身力行，思而为文

——《物理学方法论》一书的问世

1989 年 11 月 7 日,高等学校理科物理教材编委会中学物理教材教法编审组工作会议及学术交流会在武汉市华中师范大学召开。会议期间,我介绍了在物理系开设"物理学方法论"选修课的做法与体会,与会老师对此很感兴趣。晚饭后在东湖散步时,陕西师范大学物理系的王欣老师说,他认为这个做法很有新意,为了能让更多的学校和老师效仿,他极力鼓励我把开设选修课的讲义编写成书。我当时认为,研究得不够深入,积累的资料还不够充分,想晚一点再说。王老师又进一步阐述了出书的理由。在他的鼓励下,我们说干就干。会后,我们立即组织了编委会,并开会分工布置任务,以我为开设选修课编写的两本讲义为基础,进行修改补充,并由陕西人民教育出版社出版。出版社的编辑杨益先生对此书的出版非常支持,自始至终参与了我们的讨论、审稿等各项工作。这本书只经过了一年多的时间,很快就于 1992 年 3 月正式出版了。这样,我国第一套完整的《物理学方法论》问世了,受到了老师们的好评,并且先后加印了几次。1995 年 8 月在陕西师范大学召开的全国首届物理科学方法教育研讨会上,出版社的同志带到大会的 200 多本被一抢而空,出版社只好又回去再取了一些书。

会议休息期间,有的老师拿着这本书要我签名。实话说,我既很感动,又有些不好意思。看到老师们的那真挚、热切的表情,我写下了"为我国物理科学方法教育尽绵薄之力——共勉"的话。

山东教育社的王希明编辑为此书写了 3000 多字的书评,发表在《博览群书》1993 年第 3 期上,对此书给予了很高的评价。陕西人民教育出版社的杨益先生也撰文称赞"一书在手,受益终身"(书讯报,1992 年 12 月 21 日)。

回想起来,这本书的主要特色有以下几点。

(1) 该书首先提出了按"常规"与"非常规"的标准对物理科学方法进行了分类,使物理科学方法的分类问题变得简单可行。

(2) 把科学想象、直觉、灵感与机遇(过去的禁区)、物理美学、物理悖论、失败反思等作为"非常规"物理科学方法,纳入物理科学方法体系之中,在国内属于首创。

(3) 在积累大量资料的基础上,认真研究总结了一套比较完整的物理科学方法体系,国内罕见。

（4）首先提出了在中学要结合教学进行"物理科学方法教育"的理念，并初步提出了实施的具体方案。

在此，要特别感谢王欣和李晓林老师，感谢杨益编辑，他们为此书的编写和出版做了很多有意义的工作。

附：《物理学方法论》书评

一书在手，受益终身

——评《物理学方法论》

杨益

要过河，必须要有船和桥；

要上山必须要有一定的辅助工具或设施；

人类社会愈发展，特别是发展到今天的电子时代，人们愈加渴望用最省时省力的方法减少人们的劳动量，提高工作效率，增加效益。

学习各门功课自然也存在着方法问题。多年来，中学生一直反映物理课程难学。这里除了编选内容方面的原因外，最主要的还是一个方法的问题；不掌握方法，或者方法运用不当都会给学习造成障碍，或者叫拦路虎。鉴于中学师生中存在的实际问题，鉴于中学物理教学大纲中对培养学生能力提出了明确的要求，广大师生急需提高方法论的意识和水平。《物理学方法论》的作者就是在这种迫切的形势下完成该书的编写任务的。

新中国成立以来关于物理学方法论方面的书出的不多，要找一本全面系统阐述物理学方法论的书比较困难。在这种形势下，陕西人民教育出版社出版的这本书就具有"填补空白"的意义。

本书阐述的方法较全面，既有常规的方法又有非常规的方法，既有经典的方法又有现代的系统科学的方法，同时还阐述了物理美学、物理学悖论以及物理学家失误的方法论意义，其特点是内容丰富、论述全面、切合实际、有鲜明的针对性和指导性。在科学技术飞速发展、改革开放步伐加快的今天，方法论显得更为重要。有了正确的方法，人们可以少走弯路，特别是对广大中学师生来说，可以增加自觉性、克服盲目性，早出成果，多出成果。

本书不失为方法的宝库、师生的益友。

《物理学方法论》简评

王希明

由张宪魁、王欣主编，陕西人民教育出版社于 1992 年出版的《物理学方法论》一书，是立足于物理教育的方法论研究专著。它将方法论、物理学史、物理教育融为一体，自成体系。书中内容广泛，涉及哲学、美术、物理学、逻辑学、教学论，以及系统论、控制论、信息论、耗散结构论、协同论、突变论，洋洋洒洒 32 万言。它既是对前人方法论研究成果的一次高水平的综合，又在诸多方面作了有价值的探索。

一、《物理学方法论》构筑了一座宏伟的方法论体系的大厦

大凡一个理论体系，必须有明确的该体系的地位、范畴、内部结构、外部关系，以及各组成部分的概念、特点及规律等。作为物理学方法论，该书对上述各方面尽述其详。

关于物理学方法论的位置，本书定为方法论的第二层次——自然科学方法论中的一个分支。它研究物理科学认识的逻辑结构和研究程序，揭示各研究阶段和环节的作用、特点及遵循的原则，总结研究中常用的一般方法，阐明各种方法的含义、特点、运用原则，研究新兴科学技术对物理发展的方法论意义。

关于物理学方法论的内部结构，本书提出了三个组成部分：物理学知识的发现与研究方法，物理学理论体系的建立方法，物理学理论的学习与传播方法。它们各自又有子系统。例如，对于前者，本书明确分为常规方法与非常规方法，常规方法中又包含了经典方法和现代方法。书中分章阐述了观察、实验、数学、分析、综合、归纳、演绎等各类型逻辑思维方法，想象、直觉、灵感等非常规逻辑思维方法，以及物理理论形成过程和模式、物理悖论、研究失败等的方法论意义，还有中学物理教学中的方法论教育等。这样，呈现在读者面前的是一个相互关联的主体结构。

关于物理学方法论的外部关系，本书分别总结了它与哲学、美学、逻辑学、心理学、系统论等"三论""新三论"的关系，着重阐述了物理美学思想、物理学悖论等专题。虽然作者们尽是物理教育工作者，但他们对有关的哲学、逻辑学、美学等"外部知识"的深入学习和掌握，却令人刮目。

本书每个组成部分的论述，集理论研究之精华，条分缕析，入木三分。这也是本书的显著特点和优点。对于各种物理方法，书中大都循着以下顺序展开：该方法的定义、作用、特征、分类、形成依据、运用原则、局限性及其对物理教育的启示。例如，对于科学观察的基本原则，书中将其概括为客观性、全面性、连续性、典型性和重复性五原则；对于物理直觉，书中提出直接性、迅速性、抽象性、猜测性、创造性、整体性等六个特点。作者深刻、精炼的研究和表达功夫，由此可见一斑。

二、《物理学方法论》自始至终充满着唯物辩证法思想

本书内容提炼自物理学发展的大量史实（古代、近代至现代的重大物理事件在书中得到较充分的反映），来自物理教育的实践。而人们对物理世界的认识史本身就充满了唯物论与唯心论、辩证法与形而上学的较量。事物的本来面目就是唯物辩证的，其特点为：是客观的而不是主观的，是发展的而不是僵死的，是全面、整体的而不是片面割裂的。所有这些，在本书中都有很好的体现。对古老的归纳、演绎、推理方法，书中增列一节，作了简要的历史回顾与展望，使读者可以在不足三页的文字里，触摸到该方法从古希腊到20世纪这几千年里的大体演进脉络，并由爱因斯坦对"直觉归纳"的贡献进而认识到，如果我们把西方科学中重视实体，强调经验、分析和定量表述的方法，与中国传统哲学中重视直觉，强调整体、关系、协调和转化的思想结合起来，将会导致一种更加符合时代科学精神的新自然观和科学研究方法。在关于20世纪中叶才发展起来的系统科学方法的论

述中，本书引用了耗散结构论创始人普利高津所讲的观点，现代新科学的发展更符合中国的哲学思想，应把强调实验及定量表述的西方传统和以"自发的自组织世界"为中心的中国传统结合起来。读者由此不仅对历史的辩证发展会有明晰而确切的把握，在面向未来时还会有登高望远、眼界大开之感。

三、《物理学方法论》对于以教育为落脚点的方法论研究，做出了有益的探索、开拓性的贡献

本书的编写者们，通过多年在高等师范教育中的教学实践，深切认识到传授知识固然重要，而掌握方法更可使受教育者受益终身。为此，他们开设了包括物理学方法论教育在内的"物理学方法论"选修课，以使学生尽早了解和熟悉方法论，促使其尽快成才，并通过他们在未来的教育岗位上的工作，使更多的青少年获益。在反复的教育实践的基础上，他们编写了《物理学方法论》一书。毋庸赘言，这种探索尽管还是拓荒性的，但它对于培养未来的科技工作者、未来的科技教育工作者，广义地讲，对于培养未来的建设者，意义是重大且深远的。

本书的探索表现为：在各章内容的选择、安排、叙述上，有利于广大青年学生掌握；在各种物理方法的论述中，增写该方法对物理教育的启示；在全书最后，单置一章论述中学物理教学中的方法论教育；在有关章节，既有教法研究内容又有学法研究内容。

四、《物理学方法论》各章既相互独立，又协同互补，有效地支撑了高水平的整体

本书系热心方法论教育工作者的集体成果。这个写作集体，对整体写作计划进行了多次研讨，取得了共识，然后各扬所长、合理分工、分章撰写。他们大量搜集资料、请教专家，并在教学实践中不断深化认识，认真负责，展其所能；在统领人的指挥下，终于合作完成此书。方法论体系本来就错综复杂，各种方法相互联系、交叉、重叠，但由于作者们配合默契，读者在阅读本书时却会发现内容少有重复、累赘之感。从整体上看，本书在同类书籍中确实不失为一部高水平著作，我愿意将它推荐给更多的青年学生、教育工作者和科技工作者。

16．且行且思，溯源穷流

——科学方法教育教材的编写与研制

1983 年 7 月，结束了在南京大学的学习之后，我立即萌发了给学生开设"物理学方法论"选修课的想法。我的性子很急，想办的事情立即就办。回到济宁，正是暑期，儿子放假在家，我就买了一块钢板，让他刻印了我写的第一稿讲义。字写得不好，但是能看懂，能说明问题。开学之后，我用此讲义为物理系的学生开设了"物理学方法论"选修课。

就这样，1983 年暑假后开始编写的选修课的教材，从个人刻印到打印第 1 版再到打印第 2 版，内容逐渐增加丰富，最后于 1992 年 3 月由陕西人民教育出版社正式出版，即《物理学方法论》。此书于 1993 年获山东省科技进步奖。

此后，我以《物理学方法论》为指导，从 1996 年至 1998 年，在中学开展了较大规模的"物理科学方法教育的理论研究与实践"的教育实验。该项目于 1998 年 9 月通过了教育部组织的专家组的鉴定。在此基础上，我又编写了专著《物理科学方法教育》《物理发现的艺术》，先后于 2000 年 3 月、2003 年 1 月由青岛海洋大学出版社（现中国海洋大学出版社）出版。这有力地推动了物理科学方法教育的开展。就在此期间，物理课程标准公布了，教师进行科学方法教育的积极性大有提高，撰写的论文也增多了，参加物理科学方法教育课题研究的积极性也增强了；但是，又出现了一些现实问题：很多教师没有学习过科学方法，对于科学方法的基础知识及科学方法教育的内涵没有全面的了解，要让老师们学习有关的文字资料，时间又比较紧。这样，我又萌发了一个新的设想：把我编写的《物理科学方法教育》一书改写成讲故事的形式，并用视频的手段增强趣味性，提高老师们学习物理科学方法的积极性，而且使老师们可以利用茶余饭后的零碎时间学习科学方法。于是，我就组织一些热心物理科学方法教育的老师，开始研制"科学方法教育视频教程"，并前后经过了以下过程：

（1）编写科学方法教育视频教程提纲，确定编写模式；

（2）组织编委会，开题并作辅导报告；

（3）初定模式，进行研制，制作样例，修改发布推广；

（4）举办研讨班，反思提高；

（5）进行逐一个例面审；

（6）请教专业人员，提高视频制作水平；

（7）请专家终审；

（8）最后由广东科技出版社正式出版。

《物理科学方法教育视频教程》分为高中教师版和初中教师版，分别做成 16G 的 U 盘，使用方便，受到老师们的欢迎。

17. 名曰模糊，实不模糊

——模糊数学的学习和运用

20 世纪 80 年代，中学物理教学法的研究已经很热了，出版社也出版了几种在全国有影响的教材及教学参考书。但是，人们提出了一个很有挑战性的问题，即教学法多是经验的总结，没有上升到理论的高度，特别是没有应用数学解决教学研究中的问题。按照马克思的说法，一个理论只有应用了数学时才能称其为理论。因此，编写组的老师们开始探讨如何应用数学方法研究物理教学中的问题。也巧，就在这时，我在一本有关模糊数学的书中看到这样一段话，大意是说，凡是涉及人的问题，如果应用数学来解决的话可以应用模糊数学。我在这本书里第一次看到"模糊数学"这个新词。于是，我又在图书馆里找到了一本有关模糊数学的书。借出那本书时我正要去宁波参加高师教学法丛书第 1、2 册审稿会（1985 年 11 月）。在途中我详细阅读此书，书中的内容立刻吸引了我。原来，1965 年美国加利福尼亚大学的应用数学家 L. Zadeh（扎德）在一篇论文中，引进了数学上的一个新概念——模糊集（Fuzzy Sets，可音译为"弗晰集"）。由于这个概念在科学方法论上的重要作用，它迅速被开拓为纯数学的一些分支；尤其突出的是它在宽阔的科学领域内得到日益广泛的应用。在那些模糊性是普遍现象的领域内，如心理学、经济学、法学、医学、生物学、气象学以及与电子科学有关的一系列领域内，它的应用获得了许多重要成果。我想，物理教学不也是模糊性现象普遍存在的领域吗，是否可以引用它来研究物理教学中的一些问题，如课堂教学评价的问题？于是，我就开始自学模糊数学。学习了模糊综合评判、模糊识别等内容后我很受启发，开始尝试将其应用到研究物理课堂教学评价中去。我撰写了一篇论文《课堂教学效果的模糊综合评判及微机程序》，发表在我们学校的校刊 1987 年第 1 期上（我不会编程，其中的程序部分是请杜宗喜老师帮忙做的）；又撰写了一篇论文《模糊数学与物理学刍议》，发表在《物理教学》1987 年第 11 期上。这其中还有一个小插曲。有一天，我收到来自天津的一位物理老师的电话，他说我的这篇论文计算有错误。我听了很震惊，黑字写在白纸上，错了的话，影响多坏啊！我对他说，一定虚心接受意见，再仔细审看我的文章后回复他。之后，我非常仔细认真地审阅了我的论文，看来没有错误，是那位老师仍然应用经典数学的计算方法进行模糊数学的计算，因此他认为文章有错误。

1988 年 10 月 12 日，编写组在南京师范大学召开了全国第一次半量化研讨会，我带去了一篇论文《物理教学研究的模糊数学方法》。晚上，阎金铎先生告诉我，要我 13 日上午在大会上作"模糊数学知识"的报告，并且要我用普通话。这是我第一次用普通话做这样的报告。尽管紧张，但是我做了认真的准备，讲座后反响较好，顿时掀起了一阵模糊数学热。编审组的负责人刘昌年老先生对此给予充分的肯定，并且说，像张宪魁老师这样，已经快 50 岁的人了（1941 年生），仍然坚持学习新知识、接受新事物，值得老师们学习。这对我是极大的鼓舞。会后，我先后应邀在四平师范学院举办的东北三省高校教师培训班、在杭州为浙江师范学院举办的教师培训班、在舟山师范专科学校举办的全国高师教学法研讨班等教师培训课堂上，作了普及模糊数学知识的讲座，为推动模糊数学在物理教学及教学研究中的应用尽了自己的微薄之力。有个研究生告诉我，他毕业之后，分配到泰安某医院放射科。工作中，他应用模糊数学的模糊识别方法，研究分析病号透视的 X 光片，为确诊提供了判断依据，取得了很好的效果。

为了推动物理教学研究量化方法的研究，1991 年在"教专会"成立 10 周年纪念会期间，"教专会"召开了中学物理教学法编审组会议，研究 5 年规划，把编写《物理教育研究量化方法》一书作为规划课题，由我主持。该书于 1992 年由湖南教育出版社出版，于 1995 年获全国优秀教育图书三等奖。

不过也得说明，由于我在大学期间只学习过经典的高等数学，数学基础不很丰厚，再自学模糊数学遇到了较大的障碍，有些符号都难以识别；特别是在南京大学学习以后，我又确定转向了物理科学方法教育的研究，就未再深入学习模糊数学，所以我有时把这一课题叫作"半成功的研究课题"。值得借鉴的教训是，确定研究课题必须考虑自己的基础和强项。

18. 探学之秘，研教之法

——中学物理教学法系列教材的编写

中学物理教学法是高师物理系的必修课程，20 世纪 80 年代苏州大学许国梁先生主编了一本教材，解决了我国没有自己的教学法教材的问题。不过，该书适合于本科院校，专科学校还有一些自己的特点，因此很有必要编写一本适合师专应用的教材。于是我设想，在原来我们济宁师范专科学校自己编写的讲义的基础上，组织全省 13 所师专教学法教师一起编写一本中学物理教学法教材。这个想法得到山东省教育厅高教处的大力支持。

很快，我们便在济宁师范专科学校编印的物理教学法讲义的基础上，结合山东省内其他师专的经验和资料，联合编写了《中学物理教学法》，并于 1987 年 8 月由山东教育出版社出版。

1988 年，教育部安排了师专规划教材《中学物理教材教法与实验》的编写工作，北京师范大学出版社发给我聘书，唐山师范专科学校魏日升主任约我一起编写。1990 年 2 月，该书由北京师范大学出版社出版。

2001 年，物理课程标准颁布之后，为了适应新的教学理念，我们又编写了《新课程中学物理教材教法与实验》。该书于 2006 年 7 月由北京师范大学出版社出版，魏日生、张宪魁任主编。该书是在 1990 年出版的全国高等师范专科学校规划教材《中学物理教材教法与实验》的基础上，根据新课改精神再次改写而成的。全书共分八章：① 新时期中学物理教师的基本素质；② 物理课程的基本理论；③ 中学物理教与学的方法；④ 中学物理实验教学的基本理论与技能训练；⑤ 中学物理教学基本技能与现代信息技术的运用；⑥ 中学物理教学设计；⑦ 中学物理教学反思与评价；⑧ 中学物理教学研究。该书内容新颖，重点突出，目的明确，贴近当今中学物理教学实际，有利于学习和掌握。该书尽量体现时代特征，力求突出新课改理念、现代教育技术的运用及中学物理教师综合素质的培养。该书还配有光盘，以扩大教材容量和增强实践性。该书适于师专、师院和非师范院校的物理教育专业的学生作为教材，也可作为中学物理教师培训教材和在职中学物理教师的参考读物。

在使用以上这些教材的过程中，我们逐渐发现一些问题：教师讲教学技能时，只能以语言的方式进行表达,显得太苍白而不够形象;如果用中学教师教学的实际案例进行讲解,肯定会更有说服力和吸引力,也更有利于学生记忆和理解。于是,我们又提出编写中学物理教学法系列化音像教材的设想。

我们在初步编辑了几集以后,听取了济宁市教研室教研员及部分中学教师的审读建议,他们感到很有实用价值。这个项目在"教专会"10周年纪念大会上获得了优秀成果一等奖。期间,正值教学法编审组制订规划,本项目也被确定为八五规划课题。

于是,我们就开始了正式编写。编委会由济宁师范专科学校、山东师范大学、曲阜师范大学、聊城大学、唐山师范专科学校、苏州大学、荆州师范专科学校、沈阳师范学院等8所高师院校组成。经过2年多的时间,一套14集的《中学物理教学法电视系列教材》正式由高等教育出版社出版;开始为录像带,后来改为光盘,至今仍在发行。该教材获得了山东省普通高校优秀教学成果二等奖,对于提高中学物理教学法课程的教学质量起到了很好的促进作用。

编委会召开了1次专题研讨会和5次审稿会,分别为:

1988年5月2—8日,北京,高等教育出版社选稿会;

1991年6月7—13日,北京,高等教育出版社审稿会;

1993年11月17—21日,辽宁沈阳师范学院,高等教育出版社音像教材审稿会;

1994年4月8—12日,山东济宁师范专科学校,高等教育出版社音像教材审稿会;

1994年6月25—30日,苏州大学,高等教育出版社音像教材审稿会;

1995年4月9—13日,山东聊城师范学院,高等教育出版社音像教材审稿会。

19. 学海拾贝，教苑撷英

——《中学物理教学文选》编选始末

"文革"结束后，教育战线拨乱反正，邓小平同志于 1977 年 7 月提出编写全国通用中小学教材的建议。1978 年，教育部颁布了《全日制十年制学校中学物理教学大纲（试行草案）》。这部大纲是根据中学物理学科特点，在总结了新中国成立以来的经验教训并注意吸取国外先进经验的基础上制定的。在"教学目的"中，教学大纲特别地提出了物理教学要适应现代化的需要，首次强调对学生能力的培养。人民教育出版社根据这个大纲编写的中学物理教材，于 1978 年至 1981 年陆续出版。

新版通用教材出版后，广大教师的积极性很高，使用教材、研究教材并发表了很多有见地的教研论文。如何更加充分地发挥这些论文的辐射作用，让更多教师共享各位作者的教育教学智慧，成为一个很有价值的课题。因此，我们认为很有必要对这些论文进行筛选，精选部分论文结集出版。

在选编论文时，我们的原则是一切着眼于中学物理教师的需要。入选论文要有借鉴和学习价值，要贴合中学物理教学的实际。为此，我们按教学研究专题和知识专题分别检索汇总，并加写了编者按。我们总共编辑了 5 册《中学物理教学文选》，共约 240 万字，其中第一册 40 万字、第二册 56.2 万字、第三册 58.4 万、第四册 27.2 万、第五册 40 万字。

记得统稿时，正值暑期，天气炎热，家中没有风扇空调，我只好将两脚放入凉水盆中降温。那时，我真是一心想着把最好的、最有价值的论文选出来，生活上的这些小困难都不是事儿！

这套《中学物理教学文选》出版后，在中学和高师院校都获得强烈反响。得到此书的老师们如获至宝，没有得到的深感遗憾。有的老师说，这套书即使现在看仍不失为一套物理教学与研究的小百科。这让我们这些选编工作的参与者倍感欣慰，这也正是我们的期待和理想。

后来，我们又考虑到，中学物理是一门涉及知识相当广泛的学科，因此教师备课是需要查找很多资料的；为了减轻教师查找资料的时间，需要编写一本便于教师备课用的手册——《初中物理备课手册》。最终，该书 1990 年由人民教育出版社出版，全书共 41.9 万字。该书选取了大量与初中物理教材内容相关的资料，大大丰富了一线教师的教学资源，对老师们备课给予了很大帮助。

20. 欲善其事，必利其器

——与时俱进的课堂信息技术

"工欲善其事，必先利其器。"技术手段一直都是影响工作效率的关键因素，课堂教学也是如此。随着信息技术的发展，课堂信息技术手段也在与时俱进。自 20 世纪 80 年代以来，扩音机、幻灯投影仪、电视机、计算机、笔记本电脑、数字投影仪、交互式电子白板、多媒体设备以及网络技术陆续进入课堂。信息技术的运用，促进了教师教学手段的变化。这些变化为课堂带来了更加丰富的信息，拓宽了信息渠道，提升了学生的兴趣，提高了课堂的效率，让我们深刻地感受到课堂信息技术的重要性。因此多年来，我不仅一直在各种场合呼吁、倡导将先进的信息技术手段引入课堂，而且身体力行，勇于尝试新的信息技术手段。

早在 1987 年 9 月 3 日，教育部在哈尔滨召开了全国师专系统教学计划修改研讨会。我作为山东省师专物理系代表参加会议，领队是山东省教育厅高教处的兰岩世。会议在郑绪岚歌唱过的太阳岛召开。实际上，当时太阳岛还不像歌中唱得那么美，但是住在具有俄罗斯风格的房子里，晚饭后漫步在松花江畔、斯大林大街，倒是很有让人流连忘返之感。

为了师范专科学校的长远发展，与会代表认真负责，对于教学计划如何修改讨论得很热烈，大家各抒己见。记得我通过阐述多种理由，力荐把计算机列为物理系的必修课，最后大家予以接受，我很高兴。尽管那时我自己还不会使用计算机，但是我已经意识到它的重要性。回校以后，我就开始创造条件争取尽早将计算机应用于辅助教学。

1992 年 8 月 11—21 日，济宁市委组织部与济宁市教育局，组织教育系统拔尖人才赴微山县义务讲学。讲学中，我在传统教学手段的基础上加入了当时还是非常先进的电视教学手段，取得了很好的教学效果，得到一致好评。在报道该活动的电视片中，我的课堂录像镜头占了 1/4，可见电视教学手段在当时也受到了媒体的高度关注。

1993 年，我开始研制中学物理教学方法系列化音像教材，并开始开展微格教学。

1996 年，我主持为中国教育电视山东台摄制了 28 集物理科学方法教育课堂教学录像，并通过卫星向全国播放。

1998 年 5 月 20 日，我组织举办了山东省师专多媒体学习班。

1998 年我校购买了 7 万元一台的数码投影仪,这在当时可是个稀罕物,许多附近的高校都来参观,学习如何将数码投影仪应用于教学。

1999 年,我倡导并力推成立了山东省物理现代教育技术研究会,大家还推选我担任理事长。这期间,我组织了三次大的培训活动和三次课件大赛活动。我撰文呼吁"以现代教育技术为突破口,促进物理教学改革"(撰写的论文刊登在《山东教育》杂志上)。

我在中国教育学会物理教学专业委员会倡导成立教育技术工作委员会,与中国物理学会联合组织了三次全国物理计算机课件大赛(秦皇岛市大赛,中山市大赛,青岛市大赛)。

此外,我还编辑了中学物理教法及实验技能视频教程、物理科学方法教育视频教程、初中物理科学方法系列微课。

几十年来,我经历了课堂信息技术手段从录音机、电视机、投影机直到目前的多媒体设备的进步和变迁,这些技术手段可以称得上是四世同堂。我深切地感受到先进的技术手段给我们的课堂教学带来的革命性的变化以及由此而带来的惊喜和快乐。直到现在,70 多岁的我还能熟练地运用各种多媒体技术手段服务教学和生活。我深刻体会到这些新技术给我的生活和工作带来的方便和乐趣。因而,我乐而忘忧,乐此不疲!

21. 看似荒谬，至理存焉

——8－1＞8 一个辩证不等式

我的 QQ 上标有"8－1＞8"。8－1＝7,怎么能大于 8 呢?

这是一个辩证不等式,其含义是在每天 8 小时的工作时间里,拿出 1 小时用来锻炼身体,这样工作效率比 8 小时全部用来工作还要高。

多年来,我就一直坚持用这个不等式来指导我的工作和锻炼。我深知锻炼身体的好处。记得远在中学时期,我就非常注意锻炼,积极参加劳卫制锻炼 1、2 级,参加过"莫斯科—北京"长跑;大学期间,我是山东师范学院垒球队、棒球队队员,我们队曾获得山东省高校棒球比赛冠军。工作后,我获得过济宁师范专科学校教工羽毛球单打冠军 1 次,双打冠军 2 次。我们与山东省内高校及工厂举行多次比赛,有输有赢,贵在参与,锻炼了身体,增强了友谊。现在我 70 多岁了,剧烈运动做不了,每天还坚持游泳 1000 米。现在,我身体舒服、心情舒畅、做事高效、其乐融融。

不管是在物理系任教还是在教务处工作,到了课外活动时间,我主张留下一人值班,其他老师都去参加活动锻炼身体。老师们有了健康的身体,就可以更好地投入工作。这样,既利于个人,也利于工作,还利于家庭。

总之,我个人多年来一直坚持体育锻炼,这让我有了健康的身体、旺盛的精力和清醒的头脑。这些年,我做了大量的、超负荷的工作,直到现在 74 岁了还能中间不休息连续作几个小时的报告。这些都得益于这个辩证不等式! 这个看似荒谬的不等式,其实内里蕴含着深刻的道理。我深信它,喜欢它,践行它,享受它!

22. 桃李不言，下自成蹊

——在陶昌宏教研创新研讨会上的发言

各位领导，各位老师，大家上午好！

感谢北京市教科院基础教育教学研究中心的盛情邀请，参加陶昌宏教研创新研讨会给了我一次学习的好机会。在此，首先让我代表中国教育学会物理教学专业委员会向大会表示真诚的祝贺，预祝研讨会圆满成功。同时，我也以个人的名义，向我的老朋友陶昌宏先生表示由衷的祝贺。

我退休来京之后，有幸结识了陶昌宏先生。十几年来，在参与学会的各项工作和平日的交往中，我们结下了深厚的友谊。他拥有渊博的知识、深厚的文化功底，多才多艺，极富魅力，对同志、对我充满着爱心和激情，给我留下了难以忘怀的美好印象，成了我盼望经常相会的良师益友。特别是有幸拜读了他的专著《教育情怀》之后，一个德高望重的中学物理教育专家、省级教研员的高大形象出现在我面前，我对他的敬佩油然而生。我高兴，我欣慰，我思考，感触颇多，以下我谈几点感想。

第一，打下坚实的专业功底是他成长的基础。

从1979年1月，陶先生开始物理教学生涯起，他就暗下决心，一定要在这三尺讲台上绽放出人生的光彩。

首先，他具有从事教育事业的强大动力。这个动力来自他对教育事业的热爱，来自他对学生的热爱，来自他对自己工作岗位的热爱。他把从事教育事业视为人生一大乐事，把培育英才视为自身生命的延续并甘愿为之付出爱心和精力。正因如此，他才能在做不完的事情里保持着生命的冲动和创造力，总是比别人有更多的付出、更多的辛劳，不断超越自我，从而走向了成功。

其次，为了能够有充沛的精力从事教育事业，他一直坚持锻炼，时刻要求自己有一个健康的身体和良好的心理素质。他以坦荡的胸怀对待学生、对待同事、对待领导、对待事业。十几年来我总是看到他笑呵呵的面容，从来没有见过他生气难堪的样子。这很难得，体现出他是一位为人表率的教育专家。

再次，在他身上充分体现了一个中学物理教育专家应该具备的教育教学能力，即渊博的专业学术、熟练的教育技术和良好的教学艺术。这为他成为知名的教育专家奠定了坚实的基础。

第二,植根于课堂教学实践是他专业发展的保证。

中学物理教育专家从哪里来,不是从天上掉下来的,也不是在象牙塔里"焖"出来的,而是从学校里、从课堂里摔打出来的,是在教育科研的思索中、实践中历练出来的。实践出真知,创新出境界。换言之,专家都是干出来的,只有植根于教育的沃土之中,扎根课堂教学,在实践中探索,专家才能生存、成长、发展。陶先生从当教师的那一天起直至担任北京市基教研究中心物理教研室主任,一直坚持立足课堂教学,执教观摩课、示范课,说课,上课,评课,展现了他成为专家的奋斗历程。"宝剑锋从磨砺出,梅花香自苦寒来。"这是一个颠扑不破的真理。

第三,把给教师以前沿性的引领作为自己义不容辞的使命和责任。

在成为名师专家之后,是做一颗耀眼而孤独的明星,还是发挥引领作用,聚集并照亮一群新星?对于陶先生而言,这个问题的答案是不言而喻的。陶先生成名之后,担起了北京市基教研究中心物理教研室主任的重担。他坚持发挥凝聚和引领作用,带出一个又一个的优秀学科团队,通过开办研修班,"以名师引领校本教研","以名师引领教育科研",由"点"的突破带动"面"的兴起,营造催人奋进的学术氛围,激发教师追求卓越的热情,带领优秀教师参与教育改革,更新教育教学理念,树立新型的人才观、质量观和发展观,力求多出成果,创立北京市的教育品牌和教育模式,从而推进了北京市的中学物理课程改革,推动了北京市教育教学质量的整体提升,为各省、市树立了学习和借鉴的榜样。

第四,不断总结并著书立说是他始终不变的愿望。

教师的工作特点之一是重复性。重复,可以使教师日渐成熟、形成经验。经验是可贵的,但仅仅停留在经验上是不可取的。专家就要有一种创新的欲望、突围的渴求,要敢于打破定式与惯性,获得不断的提升和发展。

要使教师树立正确的教学观念,就必须在教学理论方面有所建树,就要进行教学理论的创新。如何借鉴国内外优秀的教学理论,如何发扬我国教育的优良传统,如何与现代物理教学相结合,如何与我国中学物理教学的实际相结合,这是我们每一个物理教育工作者必须面对和思考的问题。陶先生的专著《高中物理教学理论与实践》,体现了一个物理教育专家的雄心壮志,为我们做出了榜样。正如我国著名的物理教育家阎金铎先生所说,"陶昌宏同志提出的'物理教学的基本特征',体现了时代性,具有创新性。他提出的'物理教学的基本特征'的教学理论,揭示了新时期中学物理教学的基本规律,对推进素质教育、深化教学改革,提高课堂教学质量,对培养学生的创新精神和实践能力,培养创新型人才具有十分重要的指导意义"。

最近很多记者追问什么是幸福,陶先生的人生实践给出了答案:有一个健康的身体,有一个和谐的家庭,从事着自己热爱又对社会有益的一项事业。这"三个一"就是幸福,而且是最大的幸福。

　　陶先生以他高尚的人格魅力和高超的学术水平,引领和影响了难以计数的同龄人和年轻人,而且必将给予更多的物理教育工作者以启迪和熏陶,正所谓"桃李不言,下自成蹊"。最后,祝愿我的老朋友、中学物理教育专家陶昌宏先生及在座的各位永远幸福!

　　谢谢!

23．人生路上，贵人助我

——让我感恩的几位领导和朋友

记得赵忠祥在《岁月随想》中写过这样一句话："一个人本事再大，如果没有朋友的帮助，就像一粒没有阳光和水分的种子，永远不会发芽。"几十年来，我走过的路就正好印证了这句话。在我的人生旅程中，遇到了许多助我的贵人。

1．王贯一校长

我刚刚分配到曲阜师范学院附属中学工作时，学校校长是王贯一。他是一位极为严格认真的校长，仅举一例可见一斑。当时学校的作息信号是由校工人工敲钟来完成的。大钟悬挂在校园里的一棵树上。王校长要求负责打铃的校工，手持闹钟（当时手表很少），要按作息时间表分秒不差地敲钟。王校长还有一个更为奇特的要求，早晨起床铃声必须是由弱到强、由慢到快逐渐变化，让学生从睡梦中逐渐醒来；熄灯铃声则相反，由强到弱、由快到慢逐渐变化，让学生逐渐进入睡眠之中。

王校长不仅对工作要求十分严格甚至苛刻，而且特别体贴关心学生和老师。附中学生的家基本上都是农村的，比较贫苦，为了保证学生能吃上菜，王校长亲自抓勤工俭学、劳动建校，学生每天只交 3 分钱，就可以每天早餐有咸菜、中午和晚上两顿有炒菜。这在当时是很难得的！而且，学校种的菜丰收了，还送给附近的解放军吃。

我刚到附中不久，得了感冒发烧，王校长亲自到简陋的宿舍里来看望我，让我一个刚刚参加工作的年轻人感到十分温暖。我结婚后，为了能让我安心工作，王校长自己亲自从曲阜到济宁市教育局找当时的张竞南局长，把我爱人调到了附中。这样的校长，让人终生难忘。

1970 年 11 月份，附中一半的老师调到了济宁去组建济宁师范专科学校，他留在曲阜师范学院。王校长舍不得这些老师。我们临走时，他要到各家一一告别。教导处的韦良成老师看到他和老师惜别时心中难受的情景，不让他再一一告别了。春节时，他又和曲阜师范学院的赵紫生副院长亲自去济宁给我们拜年，祝贺新春。之后，我们和他一直保持着良好的关系。

2. 张竞南校长

张竞南在济宁师范专科学校担任副校长期间,负责抓教学工作,经常深入教学一线听课。当时,我在主动地进行物理实验的考试改革,即采取抽签实验并面试的方法考查学生的实验水平。这样做,老师要费时费力,但对提高学生的实验技能和学习质量是很有好处的。张竞南校长亲自来到实验室,观察了一上午,又调查了学生的反应,认为这种做法很好,便在学校多种场合对此进行宣传。另外,他极力支持我外出参加教研活动。当时,我担任山东省和全国"教研会"理事,外出参加活动的机会多,有学校的经费支持,我几乎一次不落地参与有关教研活动。我外出参加活动回校之后,他便召集会议,要我给其他系搞教学法教学的老师传达会议精神。

20 世纪 70 年代,我主动为学校水塔研制了电动机断相自动保护器(和水位自动控制一体)。他得知后,亲自去找济宁市科委主任,为我们争取了 7000 元的科研经费。7000元的经费在当时是很可观的了。我很珍惜来之不易的经费,继续搞了其他几项研究。后来,我获得济宁市科研先进个人的称号。

1982 年 9 月,我争取到去南京大学进修的机会,这对每个老师来讲都是难得的机遇。我很珍惜这次机会,集中精力安心学习。大约在 11 月份,我收到张竞南校长亲自写给我的一封信,要我回校参加外语考试,以备职称晋升。我很激动,但是我考虑已经有了进修机会了,再回去参加外语考试晋升职称,好事不能都是自己的啊,心里很犹豫。这时,我哥哥告知我,这是领导的意见,让我服从。于是,我在考试的前一天晚上回到了学校,第二天上午参加了外语考试之后,下午立即返回南京大学,继续进修学习。1983 年,我很顺利地晋升为副教授。后来,高校的职称评定工作停止了几年,直到 1992 年我又顺利地晋升为教授。在当时,我还是比较年轻的教授呢(当然没法和现在的年轻人比啊)。

人要知恩感恩。没有像张校长这样的老教育专家的关爱支持,就没有我的今天。

3. 刘向信处长

1994 年,我调到了学校教务处工作。原来学校要我担任教务处长和支部书记工作,我坚决不同意。因为党政领导一人兼,既不利于工作,容易独断专行,也不利于个人的成长。拖了一个月,我才到了教务处。在教务处,我把主要的几项具体工作全部分工给三位副处长,我只抓宏观的五年规划,负责向领导要经费,必要时为老师们的职称晋升呼吁,对教务处工作的不足、失误担责。直到 2000 年 3 月,我因超龄被免职。在教务处工作期间,我印象较深的有这样几件事。

1995 年初,记不清是几月份了,我去济南开教务处长会,午餐安排在山东省电视大学餐厅里。大家落座以后,忽然听到高教处刘向信处长问哪位是济宁师专的张处长。因为我刚到教务处不久,第一次参加全省的教务处长会,刘处长不认识我是很自然的事。我起身应答以后,他请我到他身边坐下。席间,他问道,我们学校世行贷款的教学研究课题都中标了(我记得是 6 项),是全省最好的了,有没有什么经验。噢!原来他关心的是这件事情。这是我到了教务处之后,遇到的第一件大事——申报世行贷款科研课题。我如实地向刘处长作了汇报。我说,我刚到教务处工作,没有经验。接着,我介绍了我们学校申报课题的情况。为了申报课题,我们重点抓了三件事。① 抓课题特色:必须是有特点的课题才可以申报,如中文系、历史系围绕济宁运河文化、运河历史做文章,生物系针对微山湖生物考虑课题,物理系结合已经研究的比较有新意的物理科学方法教育申报课题。② 举办培训班:针对课题申报举办了课题主持人的培训班,提高主持人申报科研课题的能力和撰写申报书的水平,这对今后开展科研工作也是很有意义的。③ 成功在于细心:我们对每一份申报书都进行了严格的、深入细致的讨论修改,最后对申报表逐段、逐句、逐字进行修改润色,争取做到不出大问题、没有小问题。结果我校申报的课题全部中标,我们很受鼓舞。自那以后,我觉得高教处及刘处长对我们学校和我更加重视,特别关照。对此,我也特别感激。

我到教务处的另一项重要工作是迎接高教处开展高校教学工作评估大检查。这是一项很得人心的工作。通过检查评估,各校以评促建,提高了教学工作的质量。在检查工作中,我全力以赴,特别是对师专层次的教学评估检查的指标体系作了深入的研究,制定了我们学校迎评促建的详细指标体系。这样做,既有利于各系的教学建设,又有利于专家组的检查。这些工作都受到高教处的好评,并要我在全省高校教学评估研讨会上作经验介绍。此后,全省很多师专到我们学校参观学习,这对我们学校的工作也是极大的促进。教学评估之后,我们学校教务处被评为山东省高校优秀教务处,我被评为山东省优秀教育工作者。

2000年初,学校对中层领导干部进行调整,我因年龄已超,从岗位上退了下来,由年轻人接替。我如释重担,非常高兴——可以更加集中精力搞教研了。3月份,我的行政职务被免后,4月份被山东省教育厅高教处聘为山东省高等学校教学指导委员会(以下称"教指委")委员。"教指委"的成员主要是由各高校负责教学的副校长组成的,像我这师专系统"第三世界"(当时师专属于三类院校,故有此戏称)的教务处长是很难入选"教指委"的。因此,我把这项工作看作高教处领导对我的信任与关爱,是我向"教指委"的其他委员及全省各高校虚心学习的好机会。从此,每次以"教指委"专家组的名义到高校参加一些活动,如检查指导教学工作、对新建专业或科研课题进行评估认定时,我都是放下架子,甘当小学生,虚心学习。我总是在事先充分做好背景资料学习的基础上,有针对性地提出建设性意见;同时,多为专家组做些资料准备的工作,让其他委员能集中精力,真正发挥专家的指导作用。

这期间,有一个小插曲挺值得回味。"教指委"第一批共20多位委员,其中又参加了第2批的就我1个人。第一次参加会议时,山东艺术学院的辛春生处长认为我一定比他小,于是我们就比生年(同年),再比生月(同月),再比生日(同日)。哈哈,难得的同年同月同日生!于是,我们只好再比生辰,他是10点钟出生的,我不知道生辰是何时,只好打电话问了老父亲,才得知是天刚亮出生的。于是,我得出比辛处长早到这个世界几个小时的结论,他只好承认是我的弟弟了。几年来在一起工作的日子里,我和其他委员建立了深厚的友谊。这是我人生中难以忘怀的一段非常有意义的时光。

后来,刘向信处长担任了山东省教育厅副厅长等职务,但不幸患病到北京住院。我去医院看望他,一起畅叙友谊并感谢他对我的关爱和支持。但是遗憾的是,听说他病情好转回济南后,不久又旧病复发而去世。在此,我祝福他在天之灵安息!

4. 陈为友老师

我最早是在全国中学物理教研会年会(在山东省召开)上认识陈为友老师的,之后我们几乎每年都见面。后来,他担任了《山东教育》主编,对我的教研工作更是极力支持。通过各种活动,我看得出他人品好文笔更好,我们称他为理科笔杆子。他为《山东教育》写的卷首语,每一篇都可以称得上范文,可以说下笔如有神,真是令人佩服!

我在《山东教育》杂志发表的几篇关于教学法、物理科学方法教育以及信息技术方面的论文,也都是他建议撰写的。

1996—1998 年,我在山东省的许多中学开展了"物理科学方法教育的理论研究与实践"实验;1998 年 10 月,有关实验通过了教育部组织的专家组的鉴定,并获得教育部颁发的教学研究成果奖。陈老师知道后,极力要我好好总结撰写成书。在他的鼓励下,我编写了《物理科学方法教育》一书。他说此书应该是著作而不是编写,并经他推荐由青岛海洋大学于 2000 年 3 月正式出版,得到很多老师的认可,成了畅销书,已经重印 5 次。这本书现在经修改充实,近期将再次重印。此后,我和陈为友老师又联合编写了《物理发现的艺术》《物理学方法论》(一套数理化丛书)以及适合中学生阅读的《物理学习方法》等书,使得物理科学方法教育的理论参考书更趋系统和完整。这一切,都应该感谢陈为友老师的远见卓识。

后来,我们又和乔际平老师以及山东省的许多中学老师,一起研讨编写义务教育物理课程标准立项教材。在这些活动中,我们建立了深厚的友谊。在此,我祝他身体健康,希望他继续发挥特长,为祖国的教育事业做出更大的贡献!

5. "教专会"

自从 1981 年参加了中国教育学会物理教学研究会(后改为物理教学专业委员会)之后,我和"教专会"便有了不解之缘、终生之约。30 多年来,我参与了"教专会"所有的年会以及重大的学术活动。所以,这里我要说的贵人不是一个人,而是许多位专家、教授、师长、朋友,他们是许国梁先生、雷树人先生、阎金铎先生、乔际平先生……

我尊敬的各位先生和亲密朋友,对我关爱有加,工作上委以重任。我连续担任第 2～7 届理事,第 3～6 届常务理事,第 5～7 届常务副秘书长;第 1～3 届师专教院工作委员会主任(1983 年开始担任师专工作组负责人);自 2000 年开始担任常务副秘书长,开始参与"教专会"重大活动的决策,多次主持"教专会"的重大活动,见证了"教研会"30 多年艰辛的发展历程。我爱"教专会",我离不开"教专会"。因为工作的关系,我和阎金铎、乔际平老先生的接触更多一些,他们是我的良师益友。

　　各位先生对我在学术研究上加担子。他们非常信任我，让我承担各种学术报告、主持各种课题研究、参与编撰各种科研著作……所有这一切活动对我来讲都是考验与锻炼，是难得的学习和思考的机会。感谢"教专会"，感谢所有助我的贵人。

24. 倾心布道，广传"科法"

——以毕生精力推动物理科学方法教育

多年来，我一直致力于物理科学方法教育的理论研究和实践探索，在逐步建立起一定的理论体系并积累了比较丰富的教学实践经验后，不少高等院校、物理教学研究会、教研机构、中学等邀请我参加教师培训和教学研讨活动，向老师们介绍自己对物理科学方法教育的理解和做法。

由于我在讲课时是从自己多年来的实践和理解出发的，所以常常是全情投入，讲得忘情，有时忘了时间、忘了腰疼……因为那时脑子里只有物理科学方法教育了。

我讲课内容主要从中学物理教育教学的实际出发，比较接地气，对理论也是结合案例来阐释，因此比较受老师们的欢迎。有一次在哈尔滨讲课，听课的老师们情不自禁地站起来鼓掌（物理问题用类似鸡兔同笼的理想实验，不列方程解决），课后排队要我签名留念，耗时长达半小时之久。我在廊坊师范学院讲课，从一点半讲到五点钟，我说结束吧，老师们鼓掌，我以为同意结束了，结果是要我延长时间继续讲。就这样，我一直讲到 7 点钟，听者仍是余兴未消……这些都让我感受到老师们对物理科学方法教育的热情。这让我很激动，因为我看到了物理科学方法教育方兴未艾的强大生命力。

记得 2014 年暑期我应北京师范大学物理系之邀，为 2014 级教育硕士研究生班开设"物理科学方法教育"选修课。8 月 9—10 日我按计划上课，听课的学员是来自全国各地的中学教师。他们听课十分认真，而且我和他们不断地进行互动，教学效果很好。第二天上午课余休息期间，余鸿伟老师过来对我说："老师，我给你提个要求可以吗？"我说："好啊，欢迎。"他说："我考你的研究生可以吗？"我听了既激动又为难。我只能如实告诉他："对不起，我是应邀来讲课的老师，我没有资格招研究生。"我生怕挫伤了他的积极性，又告诉他："如果你想考研究生，研究科学方法教育专题，我可以帮你推荐导师。"他很高兴，接着执意和我一起照相留念。

如此情况，我已经遇到很多次了，但是这次余老师真挚的态度与表情给我留下了更加难忘的印象。我很遗憾一辈子没有资格招收研究生；但是，我又很自豪和感到欣慰，作为"第三世界"（我戏称）师专的老师，曾经多次为北京师范大学、东北师范大学、西南大学、苏州大学等名牌大学的本科生、研究生，开设"物理科学方法教育"讲座或选修课。虽然我没有资格招研究生,但是我为开展物理科学方法教育、提升教师以及学生的科学素养尽了绵薄之力。只要我生命还在,我将永远继续下去。

参与这些活动,既推动了科学方法教育,又促进了我对物理科学方法教育的进一步思考和研究。所以,我对这种邀请既自豪又非常重视。每次讲课前,我都认真备课,并且尽可能事先了解学员的情况和需求,事后与学员交流反馈,以便于改进自己的讲课内容及方式,捕捉对改进和充实物理科学方法教育有益的信息,进一步深化和发展物理科学方法教育。

物理科学方法教育任重而道远,我们还需踏踏实实地多做些工作。我愿以古稀之年再献自己的微薄之力。

物理科学方法教育是一项充满魅力的事业,能够深度参与这项工作,是我的一生之幸,也是我的一生之乐!

附录

学者师者，风范长存

——张宪魁先生的教育人生

　　张宪魁先生是中国教育学会物理教学专业委员会常务副秘书长，原济宁学院教授，是我国当代物理科学方法教育的理论家和教育活动践行者。在几十年的教育研究和实践中，张宪魁先生坚持实事求是的学术理念，发扬学以致用的学术传统，立足于中学和大学课堂教学，在学习中研究，在研究中学习，不断探讨，不断实践，形成了独具特色的"草根"研究方法，先后出版了十几部物理教育著作，发表了百余篇物理教育论文，承担了多项国家级物理教育研究课题，取得了丰硕的成果，带动全国各地的一大批物理教师开展物理科学方法教育实验，促进了我国基础物理教育的改革和发展。

　　张先生的所有研究与实践，就像一本厚重的大书，每一页都与中国的教育息息相关，每一页都记载着中国物理教育发展的风雨沧桑。作为张先生的同事、同行、学生，我们有幸在不同时期与张先生共事、合作、学习，从不同方面感受他的人格魅力和大家风范，启发良多，受益匪浅。基于这样的经历和对先生的缅怀，我们尝试从以下几个方面予以梳理，以求理清张先生的学术历程、涉猎领域和学术成果，凸显张先生教育思想的发展脉络和理论精髓。

基础物理教育的研究与实践

　　张先生于 1962 年 7 月毕业于山东师范学院理论物理专业，分配到曲阜师范学院附属中学工作。在中学物理教学中，张先生往往有着自己更加深入的思考和探索，从理论高度指导自己的教学。例如，对于楞次定律这一教学内容，学生往往难以真正理解。对此，他从实践论角度，加强实验以给学生提供更加丰富的感性认识；从认识论角度，突出在对实验现象的归纳总结中所运用的思维过程和方法的作用；从矛盾论角度，运用事物发展变化过程中的对立统一规律进行分析。这样做，有效地突破了学生学习的难点，大大提升了学生认识物理知识的高度。

　　张先生还对学习新技术和新知识具有独特而浓厚的兴趣。他特别喜欢动手实验，喜欢思考研究，喜欢解决实际问题，喜欢迎接挑战。他在曲阜师范学院附属中学担任中学物理教学工作期间，就带领学生开展教学实践研究。在尽力做好课堂教学工作的同时，他在课外组织学生成立电工小组、无线电小组等，通过开展电工实践活动，自己也参与到学校的建设与维修工作中，如安装白炽灯电路、安装配电盘、使用与维护扩音机、实地操作学校水塔的水泵及电磨坊的电动机等。在解决实践问题的过程中，他不仅获得了成就感、得到领导和同事们的认可，也使他梳理了解决问题的策略和方法、提高了动手实践能力。

1966年，张先生到工厂去参加劳动8个月，向工人学习技术，经历了人生中很重要的一段时光。他在机械厂学习操作使用各种设备，如车床、钻床、铣床、刨床、磨床、冲床、镗床等，学会了粗、精加工各种零件的基本工艺技术，学会了磨车刀的技术，同时对车床的基本结构作了全面的了解。在电机厂学习期间，他熟悉了电动机生产流程中的基本工艺技术。他一边劳动一边学习，学到了许多机械、电机生产加工方面的实践知识和技能，打下了坚实的技术基础。这一时期，张先生就已经开始注重通过观察、测量、替换和经验判断等方法解决实际问题，体会到用方法解决问题的妙处。这一阶段的研究工作及思考，为他以后进行物理科学方法教育理论和实践的研究奠定了基础，对后来从事教学、科研产生了很大帮助。

高等物理教育的研究与实践

1970年11月，由于工作需要，张先生调到济宁师范专科学校物理系任教，开始从事高等物理教育教学与研究工作。

在当时的高等师范教育中，如何提升高等师范院校学生的基本素养，为基础教育输送合格的新生力量，已成为亟待解决的重大问题。张先生认为，高等师范教育担负着为基础教育培养合格师资的重任，高等师范教育质量的高低直接关系着整个基础教育的成败。张先生担任中学物理教材教法课程的教学任务，针对中学物理教学对教师的实际要求，讲授中学物理教学的目的、任务、原则等基本理论，课堂教学的规律与基本方法，以及选择、分析、使用物理教材的方法，使学生具有从事物理课堂教学的基础知识、基本技能和初步能力。

张先生教学态度严谨，善于思考，注重学生的知识基础和学习能力，强调创新教学方法。1978年，他给物理系学生讲授普通物理力学课程，其中遇到一个问题：形状不同而底面积相同的容器，内装深度相等的同种液体，虽然容器中的液体质量不同，但液体对底面的压力却是相等的。这在流体静力学尚未被人们完全认识时，是一个十分令人迷惑的现象。为帮助学生排除这个困惑，他用定性和定量两种方法作出令人信服的证明，很好地突破了教学难点。张先生把这一证明的过程与方法，总结写成了论文《流体静力学的佯谬》，发表于《物理教学》1981年第5期。

"中学物理教学法"是高师院校物理系的必修课程。张先生在山东省教育厅高教处的大力支持下，以自己的教学讲义为基础，组织有关院校的老师，联合编写了适用于高等师范专科学校的《中学物理教学法》。1990年，他又在此基础上加以拓展深化，主持编写了教育部规划教材《中学物理教材教法与实验》。1994年，张先生主持编辑了一套14集的《中学物理教学法电视系列教材》，由高等教育出版社出版。该教材获得山东省普通高校优秀教学成果二等奖。2001年,《义务教育物理课程标准》颁布之后,为了体现新的教学理念,张先生等主编的《新课程中学物理教材教法与实验》出版。

十余年的教材编写,从自编自印参考资料,自编自印教材,到联合编写全省通用的教材,再到主持编写全国通用的教育部规划教材,张先生经历了从学习模仿前人的教材体系到创新形成自己的教材体系的历程。十多年六七个版本,这是一个张先生从零开始的艰苦奋斗的过程,是他一学习、二模仿、三创新人生追求的生动体现,这对于他以后从事其他工作都具有一定的借鉴和指导作用。张先生还连续11年参加了阎金铎先生领导的国家教委高等学校理科物理教材编审委员会中学物理教材教法编审组开展的学术活动,对我国中学物理教材教法的编审工作做出了突出贡献。

在教材编写过程中,张先生自己曾总结了三条收获。一是提高了中学物理教学法的专业理论水平和实践能力,使自己能够比较从容地从事中学物理教学法的教学工作,并且还融入了自己的一些创新。二是通过组织全省及全国各地老师们编写教材的过程,提高和锻炼了组织协调能力。三是编写过程也是广交朋友的过程,与全国各地的高校教学法老师建立了非常友好的关系,在全国各省都有了良师益友,为今后组织全国性的学术活动奠定了基础。

基于学会平台进行辐射引领

1981年11月,张先生参加了中国教育学会物理教学研究会(后更名为"中国教育学会物理教学专业委员会",以下简称"教专会")成立大会;1982年,"教专会"的第一届第二次理事会决定在高师组中增加张延庆、张宪魁、丛庆麟负责有关工作;在2000年第5届3次年会上,阎金铎先生又宣布聘张先生担任常务副秘书长。由于机遇和缘分,张先生与"教专会"结下了不解之缘。作为"教专会"的最早参与者,张先生见证、亲历了"教专会"近40年不平凡的历程。截至2016年,张先生共参加了98次全国性的学术活动。

张先生参与学会秘书处的工作后,积极投身学会各项学术活动的策划与组织;其中,不仅包括对每年年会的学术主题及当时中学物理教学研究的关键问题的研究,也包括全国中学物理教学改革创新大赛、全国中学物理教学名师赛、全国高师院校大学生物理教学技能大赛、全国中学生应用物理知识竞赛等广大师生喜爱的各类比赛交流活动,还有物理科学方法教育等专题学术研究活动,以及面向全国一线教师的"全国物理教育科研课题"的规划编制、指南编写、立项审核、中期检查、结题鉴定等工作的规划与组织。这些工作既凝结着他对物理教学改革工作的心血,同时也体现了他对物理教育的敏感与智慧。这些学术活动的成功开展,对于推动我国基础教育物理教学改革,对于调动广大中学物理教师参与教学研究的积极性,对于提升广大一线教师教学研究的水平,乃至引导我国高等师范物理教育专业的发展都起到了积极的促进作用。在每年的学术年会和各类大赛及交流展示活动中,张先生不只是运筹设计的策划者,更是具体实施的组织者。十多年来学会组织的各项活动,既有张先生的智力投入,也有他辛勤体力劳动的付出。另外,自2010开始,每年一次,张先生先后组织召开了11次全国物理科学方法教育学术研讨会。这些研讨会是中国教育学会物理教学专业委员会支持下的唯一的全国性专业学术活动,在全国物理教育界产生了很大影响。

更令人钦佩的是,在许多老前辈和良师益友的引领下,张先生开始了更为自觉、更为深入的教学研究活动。除了参与组织全国学术会议外,他还负责筹建了山东省中学物理教学研究会;与山东省教专会高师组的老师们一起开展中学物理教学法的教学研究,共同编写了《中学物理教学法》《中学物理教学文选》(共 5 册)《初中物理备课手册》等;与山东师范大学、曲阜师范大学、聊城师范学院(还有外省几所高校)的老师们一起摄录编制了《中学物理教学法电视系列教材》。2001 年张先生与乔际平先生一起主持编写山东省新课标义务教育物理教科书。

1999 年,张先生和山东省物理教研员宋树杰建议、倡导,经山东省"教专会"批准成立了山东省物理现代教育技术研究会,制定了山东省物理现代教育技术研究会章程,研制了山东省中学物理多媒体动画评价标准与细则。之后,该研究会先后组织了三次大规模的全省中学物理教师多媒体技术的培训活动(烟台、泰安、淄博)和三次计算机课件(积件)评比活动(桓台两次、龙口一次),参赛课件作品数量大,参会人数多,堪称盛况空前。这些活动都深受老师们的欢迎,大大推动了山东省物理教学与现代信息技术的融合发展。

物理科学方法教育的理论探讨与实践研究

近 40 年来,张先生一直坚持物理科学方法教育的研究与实践,他在这方面的工作主要分为两个阶段。

第一阶段,从 1981 年到 2000 年,主要进行基础研究。

1981—1993 年,张先生通过文献研究、理论研究,编写了"物理学方法论"选修课讲义;在张宪魁、王河等主编的《中学物理教学法》(山东教育出版社 1987 年出版)中,编入了"物理学方法论"专题;在自己的授课讲义的基础上他与人合编了《物理学方法论》(陕西人民教育出版社 1992 年出版)。为辅助中学生自主探究学习物理,针对初中学生学习物理的困难,他编写了供初中学生自主学习用的《物理学习方法》(知识出版社 1993 年出版)。该书结合大量例题介绍了理解物理概念、掌握物理规律的 15 大要点,做物理实验的技巧和 10 条解题思路、方法与技巧,最后对准备考试和参加考试时的注意事项也作了详细介绍。

1984—1995 年,张先生在济宁师范专科学校物理系在校学生中进行了物理科学方法综合教育实验,既为科学方法教育积累了实践经验,又为将来在中学开展科学方法教育培植了人才。该实验于 1989 年获山东省教委普通高校教学成果一等奖,于 1999 年获教育部师范教育发展改革项目优秀成果三等奖。这些成果均被收入张先生参与编写的《初中物理教材的选择与分析》(高等教育出版社 1993 年版)《物理教育学》(青岛海洋大学出版社 1994 年出版)等著作中。

1996 年,张先生联合王其超、李新乡教授编写了《物理课堂教学评价》一书(高等教育出版社 1996 年出版)。该书是作者在经过广泛调查研究的基础上,参阅有关物理教学评价的资料编写而成的,书中创造性地提出按照不同的评价目的与课型分别设计不同评价表的主张。该书提供的不同课型与 10 项教学技能的评价指标体系,经过了多次实验,证明具有科学性、导向性、整体性及可行性,符合我国中学物理教学的实际。

1996—1998 年,在 70 多所中学进行了物理科学方法教育的理论与实践的课题研究,共有 116 位教师和 116 个班的 5800 多名学生参与实验。该研究于 1998 年通过了教育部组织的专家组鉴定,于 1999 年获教育部基础教育改革实验优秀成果三等奖。

1998 年 6 月—1999 年 6 月,为了进一步深化对物理科学方法教育的研究,将物理科学方法教育理论运用于中学物理课堂,向更大范围推广物理科学方法教育的研究成果,应中国教育电视山东台邀请,张宪魁、李新乡教授主持拍摄了 28 集、总时长 1264 分钟的《中学物理科学方法教育课堂教学示例》电视片。

为此,他们带领山东省济宁、潍坊、泰安三地的十余位老师,以曲阜师范大学、济宁学院为基地,利用周末和假期休息时间,历时一年,完成了这项设计难度大、实施工作量大、组织协调烦琐复杂的浩大工程。

在备课过程中,张先生带领课题组成员,对初中物理教学内容进行全面分析,采用常见的物理课堂分类方式,从物理现象、物理概念、物理规律、物理实验、物理应用等五个方面,选取了 27 节典型课例;每节课 1 集,另外 1 集是张先生主讲的物理科学方法教育的研究成果介绍和课堂实施操作指南。

从 1999 年开始,这套电视教学片曾连续两次在中国教育电视山东台,通过卫星向全国及东南亚地区播放,当时的《中国广播电视报》和《山东广播电视报》上都有节目预告,节目的播出产生了强烈反响。这套电视教学片的研讨、摄录、播出和传播,探讨了物理科学方法教育在各种不同课型中的教学设计和课堂实施,对于深化物理科学方法教育的课堂实施,如何把物理知识教学与科学方法教育融合起来,起到了很好的示范、促进作用,有力地扩大了物理科学方法教育研究的影响,推动了全国物理科学方法教育研究的持续、深入开展。

为了科学评价课堂教学,张先生编写了《物理教育量化方法》一书(湖南教育出版社 1992 年出版)。该书内容丰富,在所应用的数学方法中,既包括针对确定现象并揭示其必然规律的经典数学方法,又包括针对随机现象并揭示其统计规律的概率论和数理统计方法,还有揭示模糊现象规律的模糊数学方法以及新兴的系统科学方法。在介绍每种方法的同时,该书提供了应用的事例,如学生学习状况的分析、学生进步幅度的分析、教师课堂教学质量的模糊综合评判、学生思维能力的分析与评估等。该书可以很好地帮助物理教育工作者尤其是一线物理教师,在分析和查找自己在物理教育工作中存在的问题的同时,实现由过去单纯地依赖自己感性经验到精准量化评价教学的飞跃,进而更好地提升物理教学效果。

1998—2000 年,在前期理论研究和实践探索的基础上,张先生进行了系统的反思和总结,编著了《物理科学方法教育》一书(青岛海洋大学出版社 2000 年出版)。

第二阶段,从 2001 年至 2020 年,为深入研究和实施推广阶段。

2001 年 6 月 8 日,教育部颁布了《基础教育课程改革纲要(试行)》;之后,教育部又颁布了义务教育及高中物理课程标准,科学方法成为中学物理课程标准的三维课程目标之一。至此,物理科学方法教育成为中学物理新课程实施的应有之义,物理科学方法教育与新课程实施结合得更加紧密。

2003年,张先生与程九标、陈为友合作编写了《物理发现的艺术》一书(中国海洋大学出版社2003年出版)。该书选取一系列体现物理学发现艺术的事例,以物理学研究的基本方法为主线连缀成章。读者通过本书的阅读,能体会到物理学研究中方法的重要性,感受到那些天才物理学家们机智、巧妙、敏锐、坚韧、广博、深邃的研究艺术风格,进而提高学习物理的兴趣、增强学习物理的信心。特别值得一提的是,该书对那些非常规物理方法,做了深入的解读和诠释,极大地拓展了读者的视野。

2001—2013年,结合新课程的实施,张先生探索了物理科学方法教育的有效教学模式,在实践基础上提出了"知法并行教学模式",并形成了系列教学案例,撰写并发表了论文《物理科学方法教育的"知法并行教学模式"》(《物理教师》2013年第6期)。

2010—2013年,为了支持广大师生采用多种方式学习科学方法,张先生和保定学院张喜荣教授组织了240多位高校教师、研究生、中学教师、教研人员,采用行动研究法,成功研制了《物理科学方法教育视频教程》(广东科技出版社2013年出版)。该教程分为初中教师版和高中教师版,每个版本共有4册。其中,第1册以视频动画的形式,通过讲故事具体介绍了11种物理科学方法及其在中学物理教学中的应用实例;第2册通过课堂教学视频,展示了教师在课堂教学中实施物理科学方法教育的案例;第3册以人教社的初高中教材为蓝本,针对每一节教学内容,都提出具体的教学设计方案,进行"知法分析",并以视频动画形式展示这一节主要应该体现的科学方法,同时还提供了丰富的教学参考资源;第4册包括中学物理实验荟萃、中学生创新实验、中学物理创新趣味系列实验等,共计170多个实验视频,还有物理习题、物理学史、物理学家及当代科技进展、物理学史专题讲座、视频动画等丰富的教学资源。

2013年6月,张先生结合逐步成熟的微课视频制作技术,提出了开发初中物理科学方法系列微课程的设想。想到就落实,是张先生的一贯风格。很快,初中物理科学方法系列微课课题组成立了,成员有高校教授、各级教研员、一线名师,人数多达135人;秦晓文、李新乡担任总顾问,张先生和张喜荣担任总编。根据参与学校的区域分布,一共设立了13个制作小组。这些小组分别来自全国各地,有大型城市的教师也有县域乡村的教师,有发达地区的教师也有相对落后地区的教师,覆盖范围广,参与人多,影响面宽。2015年2月全部微课制作顺利完成,共设计制作微课216节,涵盖了初中物理所有知识点。

初中物理科学方法教育系列微课程的开发蕴含着张先生的智慧和精神,为教师全面理解初中物理知识中蕴含的科学方法提供了重要资源,也为学生在学习物理知识的同时领悟科学方法提供了重要资源支撑,为初中物理科学方法教育的深度实施提供了重要载体。

2015年,张先生和北京教科院秦晓文老师等联合主持,编写了《物理科学方法教育理论与实践》一书（北京师范大学出版社 2015 年出版）。

2014 年至 2015 年，郭玉英、张宪魁主编的"物理教师教学能力丛书"，由北京师范大学出版社出版。该丛书包括《物理概念教学方法与案例》《物理学业评价方法与案例》《物理规律教学方法与案例》《物理教学设计方法与案例》《物理实验教学方法与案例》等。该丛书阐释了中学物理概念教学、规律教学、实验教学、教学设计、学业评价方面的理论和实践，课堂实践部分主要选用 2000 年以来全国中学物理青年教师教学大赛、中学物理教学名师赛、中学物理教学改革创新大赛的优秀案例。

为了进一步推广研究成果，在原有课题研究的基础上，2013 年 4 月张先生和保定学院张喜荣教授联合主持了新一轮的"适合我国国情的物理科学方法教育的理论与实践研究"课题研究，并进一步明确了 16 个子课题，全国 24 个省市 870 位教师主动报名参与研究，37 个学校主动申请作为科学方法教育研究基地校。课题组建立了科学方法教育专题网站。该网站共有六个栏目：重点课题、会议信息、科法论著、科法论坛、子课题、友情链接。另外，他们还建立了"CAPE 科学方法教育"微信公众号和 8 个 QQ 群，传播科学方法教育最新成果，及时讨论解决研究中遇到的问题。

在整个研究过程中，张先生带领课题组的老师们采用理论研究与行动研究相结合、群体研究与个案研究相结合的方法，滚动式推进，逐步完善并扩展应用范围；通过群体研究，大范围收集物理科学方法教育的成功经验，然后进行系统的整理和提炼。在此基础上，课题组对其中成效显著的学校进行学校层面的个案研究，对有特色、有创新的教师进行个案跟踪研究，进一步梳理物理科学方法教育的理念、行为和策略。

为了扩大科学方法教育成果的传播交流，张先生作为教育部首批国培计划课程专家，到全国（除港、澳、台之外）各省、市、自治区的中学以及北京师范大学、东北师范大学、西南大学等数十个高师院校举办科学方法教育讲座，听众多达数万人，产生了广泛而持久的影响。

历经近 40 年的研究、探索和推广，张先生的物理教育思想影响了许许多多的物理教师，造就了一大批物理教育教学的名师，影响了一代又一代的学生，赢得了学生、家长、教师、学校的广泛赞誉，取得了优异的学术成就，产生了良好的社会效益。

（张喜荣、田成良、孔祥龙执笔）

为了理想而不懈奋斗的人

——我心中的张宪魁教授

保定学院　张喜荣

从 1996 年在曲阜师范大学召开的全国物理实验教学研讨会上第一次见到张宪魁教授到现在已经有 20 多年的时间了，但张老师留给我的印象却丝毫没有被流逝的时光冲淡：他步履轻捷稳健，他目光温和睿智，他谦逊、勤奋、淡泊……他是一位学富识广、可敬可亲的长者。从认识张老师起，他的指导与帮助便一直伴我成长。张老师明理求真、勤奋务实、求新求进的精神，善待人生、淡泊宁静、不骄不躁的境界，尽心尽力、孜孜不倦、永不放弃的追求，都深深地影响着我、引领着我、促进着我，我的进步更是得益于他那恳切耐心、循循善诱、无微不至的教诲。

张老师钟爱他的物理科学方法教育事业，对于物理科学方法教育，他倾注了自己全部的热情和精力。他经常考虑的是如何建立物理科学方法教育体系，如何搞好学科建设，如何编写适当的教材，如何推动教学改革，他做梦都想把物理科学方法教育搞得红红火火。1983 年以来，张老师一直坚持物理学方法论的理论探索，并且深入中学课堂进行物理科学方法教育的实践研究，出版了《物理学方法论》《物理科学方法教育》《物理教育量化方法》等多部专著。在国内，他首先提出了按"常规方法"和"非常规方法"两大类来对科学方法进行分类的观点，并勾画出一套比较完整的、颇有新意的物理科学方法结构体系，提出了物理科学方法存在的基本形式和判定原理。他的观点得到了专家和物理教育工作者的普遍认可，为广大物理教师分析教材或教学资料中的方法论因素、进一步开展物理科学方法教育奠定了基础。他所提出的诸如物理美学、失败反思、物理悖论等"非常规的"物理科学研究方法，观点新颖且很有说服力，也属于国内首创。他第一个提出的导致悖论教学法，与课程改革的新理念不谋而合，已被许多教师应用到物理教学实践中。

在担任中国教育学会物理教学专业委员会常务副秘书长之后，张老师考虑得更多的是如何在全国推动物理科学方法教育的研究与实践。物理课程标准三维目标的提出，使得一线教师更加重视物理科学方法教育；然而，由于教师对物理科学方法教育的理解不到位，找不到实施物理科学方法教育的路径，加之升学压力大、工作任务重、学习资料匮乏等多种原因，物理科学方法教育实施的情况并不乐观。针对这一现实，张老师组织研制了《物理科学方法教育视频教程》《初中物理科学方法系列微课》，提出了"一学习、二模仿、三创新"以及"知法并行"的教学模式，大力倡导和推行以"弘扬科学思想，掌握科学方法，树立科学态度"为内涵的物理科学方法教育。在这些研究和推广活动中，张老师殚精竭虑，付出了大量的精力和心血。他不顾年事已高，足迹踏遍全国绝大多数省、市、自治区。他退而不休、老骥伏枥、壮心不已。他那求真求实、坚忍执着的精神，着实让人感动、让人敬佩，值得我们学习。

张老师经常谈起他的治学体会，至今我还记忆犹新。他不仅影响着我的治学道路，而且影响了我的学生。在治学方面，他强调三点。一是要勤奋，要多读书。多读书，才能完成理论和资料的积累，提升自己的理解，为科研打下坚实的基础。二是勤于思考、勇于实践。在工作实践中，要不断反思。在实践中学习、在实践中研究是教师专业发展的必由之路。三是敢于创新、善于创新。对任何事物的研究，都要考虑如何创新。所谓创新，指的是既要方向新、问题新，又要方法新、见解新，还要视角新、材料新。创新是发展之基、研究之本；只有坚持创新，才能拥有旺盛的生命力。

张老师虽然硕果累累、成绩骄人，但他依然一丝不苟、努力工作，对求知永远充满好奇心，对物理教育研究永不满足。他不仅重教学，而且重育人。在教学中，他对学生要求十分严格。在生活中，他十分关心学生的生活，经常为学生排忧解难。他经常和学生或青年教师谈心，以自己的亲身经历和生活阅历，向大家讲述人生的价值，帮大家解决困惑、寻找发展的定位点，鼓励大家要经得起社会和人生的考验，坚定而执着地为实现自己的奋斗目标而不懈努力。他经常说，幸福就是有一个健康的身体、一个和睦的家庭以及一份自己喜爱的事业。

经师易得，人师难求。有张宪魁教授这样德才兼备的楷模，我们深感幸运。从他的身上，我们可以从更高的角度认识教师职业的价值，并为这一崇高的职业而无私奉献。

潜心三十余载孜孜不倦　科学方法教育硕果累累

中国教育科学研究院课程教学研究中心　李正福

张宪魁先生投身科学方法教育的研究与实践三十余载，取得了辉煌的成就。多年前，张先生就认识到科学方法教育的重要价值，深入开展科学方法教育的理论研究和实验探索，为我国物理科学方法教育体系的建立奠定了坚实的基础。近年来，张先生老当益壮、不辞辛劳，组织全国志同道合的教育工作者，共同推进科学方法教育的改革与发展，使科学方法教育在培养学生科学素养、落实立德树人根本任务等方面发挥更大的作用。

一、慧眼识珠，阐明科学方法教育的重要意义

研究问题的确定，直接关系到研究过程能否顺利开展和持续深化，也决定着研究能

否取得预想的效果。一个研究问题，只要具有很好的价值和意义，就可以开展起来并持续深化下去，促进一些理论或者实际问题的解决，最终形成新的研究领域；如果研究问题选择得不到位，那么研究开展起来就可能很艰难，也很难取得大的成效。所以，选择研究问题、确定研究方向往往成为一项研究的基础性工作。而研究问题的明确却不是一件容易的事情，既需要研究者对问题的深刻理解和准确把握，更离不开研究者的创造性思维和大胆猜测。爱因斯坦曾说："提出一个问题往往比解决一个问题更为重要，因为解决一个问题也许只是一个数学上或实验上的技巧问题。而提出新的问题、新的可能性，从新的角度看旧问题，却需要创造性的想象力，而且标志着科学的真正进步。"所以，对研究问题的选择，不仅是研究者知识、能力、素养的集中体现，更是研究者品味、情怀、境界的真实反映。张老师选择科学方法教育作为研究问题进行长期的探索，就是基于他对科学方法的深刻认识、对科学教育的整体把握以及对学生成长的全面关怀。

如何认识科学方法教育的意义？开展科学方法教育有何价值？这是科学方法教育首先需要解决的问题。张老师纵观科学发展史，搜集、整理、提炼科学工作者对科学方法重要价值的论述，进而发现一个现象，即"从科学发展的历史看，凡是对人类认识的发展起到积极影响的，不论是自然科学家还是哲学家，他们都非常关注方法论的研究"。他又从认识论和学习论的角度来思考科学发现和学习，指出：从人们认识与学习客观规律的过程来看，应该经过三个阶段，即建立实践基础，应用科学的方法进行思考、归纳，总结规律。张老师系统分析了科学教育的目的和内容，指出科学方法的重要性：从形成学生正确的世界观来看，比起任何特殊的科学理论来，对学生影响最大的还是科学方法论。针对创造性人才培养问题，张老师特别强调，科学方法教育有利于尽快培养高素质的创造性人才。基于以上分析，张老师明确提出学习科学方法的必要性。他认为，从对学生在学校学习的基本要求来看，学生不仅要学习知识，还要学习科学方法。对科学方法教育的重视，并非只来自张老师在理论上的思考，更来自张老师实施科学教育的实践体悟。张老师在多个场合谈及开展科学方法教育的缘由：在物理教学中逐渐意识到科学方法的重要性以及尝试开展科学方法教育后取得的良好效果。正是在科学教育实践中真正感受到科学方法教育确实有效，张老师才负责任地将科学方法教育逐步推广，组织和引导中小学老师们一起开展科学方法教育。

二、孜孜不倦，构建科学方法教育的基本体系

开展科学方法教育是一项系统工程，需要解决教学目标、教学内容、教学途径、教学评价等问题。研究工作开始之初，科学方法教育的基础很薄弱，多个基本问题都没有得到解决，甚至有些问题还没有被明确提出，能得到的资料也不多。在这种情况下，张老师克服了许多困难，孜孜不倦，深入思考，逐个攻克难题，构建了科学方法教育的基本体系。

科学方法教育内容是开展科学方法的基础，是"巧妇为炊之米"。张老师细致考察了科学教育目标，认为科学方法教育的内容包括三个方面，即弘扬科学精神、掌握科学方法、树立科学态度。这就解决了教什么的问题，使得科学方法教育有了内容上的依托，促

进科学方法教育走上了实践的道路。此外,张老师还对科学方法教育内容进行了细化,指出科学精神就是怀疑精神、求真精神、创新精神、人文精神、实践精神,科学态度就是严谨的态度、实事求是的态度。而对于科学方法的内容,张老师则建立了系统的科学方法体系。他认为,广义地讲,科学方法应该包括研究方法、理论体系的建立方法以及理论的学习与传播方法;根据研究方法本身是否具有较为成熟的模式,可把研究方法分为两大类,既包括具有一定规律和程式的常规方法(如观察实验方法、逻辑思维方法、数学方法等三种方法),也包括非常规方法(如直觉、灵感、想象、猜测等方法)。

针对教材中很少提及科学方法、教学内容中缺少科学方法具体内容的问题,张老师认为应该结合物理知识,在教材中挖掘科学方法因素。在总结大量事实的基础上,他发现以下三种情况中一定有方法存在,或者说方法的存在有以下三种形式:① 对于同一事物来说,沿着纵向或横向发展过程中的转折过渡处,一定存在着方法;② 不同事物之间(包括人与事物之间)建立联系或者发生关系时,一定存在着方法;③ 理论用于实践解决实际问题时,理论本身就具有了方法的意义。基于此,张老师建立了"物理科学方法因素判定原理"——在物理学知识点的建立、引申和扩展中,知识点以及知识点与知识点之间的连接处(我们把它叫作"键"),一定存在着物理科学方法因素。这就解决了科学方法教育的内容问题,也为科学方法在教学中生根发芽找到了落地之处,促进了科学方法与科学知识的结合,使科学方法教育得以走进寻常课堂,大大地提高了科学方法教育的可操作性和普及程度。

此外,张老师还对科学方法教育的教学方式、教学途径以及教学评价进行了深入的研究,取得了很好的效果。在张老师持续不断的深入研究下,物理科学方法教育的基本体系逐步建立起来。

三、躬耕课堂,推动科学方法教育的教学实践

科学方法教育的生命在于课堂,离开了课堂,科学方法教育的价值和意义就无法得到充分体现。在几十年的科学方法教育研究和实践的过程中,张老师始终坚持深入教学一线,躬耕课堂,在教学中发现问题、思考问题、解决问题,推动了科学方法教育在实践中开花结果。

20 世纪 90 年代,张老师潜心开展科学方法教育,在中学开展了大量的科学方法教育实验。比如,1996－1999 年,张老师组织物理科学方法教育课题研究,有 58 所中学的116 位教师参加。课题研究检验并丰富了原有的理论研究成果,同时取得了开展物理科学方法课堂教学实验的一些经验,积累了大量的实验资料和数据。正是通过这些课堂教学实验,张老师对分析教材中科学方法因素的基本途径和方法、制定物理科学方法教育的教学目标、开展物理科学方法教育的教学改革实验、进行物理科学方法教育课堂教学的检测评估、编制物理科学方法教育检测题等进行了系统总结,并对物理科学方法教育的课堂教学模式进行了探讨,还给出了一些教材中科学方法因素分析的实例、检测题汇编、物理科学方法教育课堂教学纪实等参考资料。这些研究成果源自科学方法教学实

践,服务于科学方法教学实践,具有很强的实践性、可操作性、可借鉴性,大大促进了科学方法教育的进一步开展,得到广大教师的一致好评。

张老师不仅重视课堂教学,还非常重视对教师的培养。他不辞劳苦地走进各地的教师培训课堂,帮助老师们认识科学方法教育、提高科学方法教育效果。他经常受邀到高师院校,走进本科生课堂为学生开设科学方法课程,系统地培养师范生的科学方法教育能力;经常到研究生课堂,辅导研究生开展科学方法教育的学习和研究,鼓励他们关注科学方法教育、开展科学方法教育,并对他们撰写学位论文进行指导;经常举办科学方法教育培训活动,在培训课堂上向广大教师传授科学方法教育的理论与实践知识。他长期躬耕课堂,扩大了科学方法教育的影响,普及了科学方法教育基本知识,吸引了更多的教师关注和实施科学方法教育。

四、栽培桃李,培养科学方法教育的新生力量

张老师开展科学方法教育,不仅关注学生对科学方法的掌握和科学素养的提高,还非常关注科学方法教育与研究队伍的建设,尤其重视对科学方法教育新生力量的培育。他鼓励广大教师将科学方法引入日常教学,引导他们开展科学方法教育。他充分信任年轻教师,精心栽培、细心指导、大胆使用他们,为他们提供各种机会、搭建多种平台,帮助他们提高专业水平,让他们在教学中出彩。比如,他指导多位教师申报课题,自己付出很大的精力但从不做课题负责人,而将荣誉留给年轻人;组建课题团队后,他手把手地教年轻教师如何做研究,逐步引导他们走上教育研究的道路;课题研究中,他总是感到老师们开展课题研究很辛苦,争取各种机会让老师们获得回报;课题总结时,他逐字逐句地修改老师们的论文,帮助他们发表论文、展示成果。我接受张老师的指导将近十年,多次得到张老师的帮助,深刻感受到张老师对年轻人的真心爱护和无私关怀。在张老师的带领下,科学方法教育的新生力量不断涌现,一些教师在科学方法教育研究中取得了很好的成绩,他们发表了高质量的学术论文、组织了优质的课堂教学、完成了高水准的教学作品、获得了教学大赛的奖项,极大地促进了科学方法教育的深入开展。此外,张老师对教研工作造诣很深,经常指导各地的教研工作和教师团队建设,以形成科学方法教育的强大合力。在张老师的努力下,全国各地的研究生、一线教师纷纷参与到科学方法教育的研究与实践中,形成了一支具有较强实践能力与研究能力的科学方法教育队伍。

五、耕耘不辍,引领科学方法教育深度发展

新课程改革以来,"方法"被明确列为三维目标之一,成为教育亮点,也成为教学研究的重点。如何更好地落实课改目标、提高科学方法教育效果,成为张老师关注的问题。虽然已经年过七旬,张老师依然关心科学教育发展大事,继续在科学方法教育领域耕耘不辍,组织了"适合我国国情的科学方法教育研究",系统、全面、深入地开展科学方法教育。在理论研究方面,张老师从教学论、学习论的角度审视了科学方法教育方式,基于科学方法的属性提出了新的科学方法教学模式。在实践方面,张老师重视现代教育技术的

应用,积极引入新技术、开发新资源,组织老师们编写科学方法教育视频课程、制作科学方法教育微课。通过组织科学方法教育研讨、科学方法教育论文征集、科学方法教育专题培训等活动,张老师引领老师们加深对科学方法教育理解、探索科学方法教育规律、解决科学方法教育面临的一些新问题、丰富科学方法教育资源,使得科学方法教育进入到一个新的更高的发展阶段。

"居高声自远,非是藉秋风。"张宪魁先生在科学方法教育领域取得的辉煌成就,令人赞叹;张宪魁先生严谨的治学态度和执着的研究精神,让人敬佩;张宪魁先生淡泊名利、甘作人梯的高尚情操,更使人高山仰止。在科学方法教育的道路上,我将不辜负张宪魁先生的期望,执鞭坠镫,贡献个人的微薄之力。

"因您,我们走向了远方"
——记张宪魁老师对工作室的引领

无锡市张世成工作室　张世成　蒋文远

敬爱的张宪魁老师,为了推进物理科学方法教育几十年如一日,坚忍不拔,勇于探索,使数以万计的物理教师受到感染并携手同行。

张世成工作室就是众多受到深度感染的教师群体中的一个。张宪魁老师从资源、精神乃至教学主张上为我们提供指导和滋养,让我们像他一样坚信"$s=vt$"。在崇高目标的指引下,不停地思考与实践,即使慢,也一定会获得教师自身的专业发展,并最终助推学生的素养提升。为此,我们衷心地感谢张老师:"因您,我们走向了远方!"

一、张宪魁老师对工作室的教学引领

在工作室研究物理科学方法教育遇到困难时,张老师总能给我们及时的大力支持。记得有位老师参加教学大赛前,为了准备"阿基米德原理"一课,请张老师予以指导。张老师立即寄来他主编的《物理科学方法教育》一书,并指导我们如何在物理科学方法教育上高屋建瓴、如何使物理科学方法教育与物理知识教学水乳交融。他提出了三个问题,从细节开启我们的思考。

问题1:在学生分组实验后,分小组上台展示。有的展示"物体的体积对浮力的影响",有的展示"浮力与深度无关"。只看到学生的展示过程,不见实验设计的思想和方法。

问题2:课堂上,教师与学生一起,针对每一个猜想逐一进行验证。由于时间紧,过程匆忙,流于形式。

问题3:在排除物体的相关因素对于浮力的影响时,教师给出的理由是"浮力是液体施加给物体的,力的大小当然只与施力物体有关"。这一说法好像有道理,但是又说不出依据。

在张老师的引导、启发下，我们通过对以上问题的分析解读，最后决定将物体的密度、物体的体积、浸没在液体中的深度等无关因素，采用师生集体讨论、教师进行演示实验的方法予以检验排除；而对液体密度和物体排开液体的体积等有关因素，则让学生分组实验进行深度探究。这样，既保证了学生在有限的时间里对浮力有更加深刻的理解，又让学生充分地"走过那关键的几步"，从而在设计思想、逻辑推断上有整体的收获。

几年来，我们从张老师那里获得了丰富的教学支持以及如何有效地开展物理科学方法教育的建议，仅直接的教学指导就有 300 次之多。在张老师的引领下，我们工作室的蒋文远老师获得江苏省优质课一等奖、孟垂亮老师获得江苏省优质课二等奖。2014 年 10 月底，蒋文远老师在苏州参加江苏省优质课大赛期间，有人问蒋老师为什么科学方法的渗透如此独具匠心，蒋老师回答说，因为我们背后有一个强大的团队，那就是张宪魁老师建设的物理科学方法教育团队！正是因为有了张老师的支持，我们工作室才越走越有信心、越走越有力量。

二、张宪魁老师对工作室的精神引领

我们工作室虽然有一定经费，支持老师们外出学习或请专家来工作室指导，但是老师们往往会因为时间紧、教学任务重、家庭事务多等原因，在学习上放松、懈怠，不愿去外地学习，去了也不安心；还有部分老师评上了高级职称，也就不再努力读书、认真研究了。

2010 年 8 月，全国第 3 届物理科学方法教育研讨会在南京师范大学举行。会上，工作室的老师们第一次认识了张老师和他的"物理科学方法教育"，知道了张老师坚持物理科学方法教育研究数十年，这让我们非常敬佩。我们工作室有一个研修方程式"$s = vt$"！现在，我们真正认识到原来这个方程的代言人是张宪魁老师。正是因为他长期专注于物理科学方法教育研究，才会在这个领域获得这么深刻的见解、影响这么多的教师、造福这么多的学生。也就是在这次会议上，我们团队与朱文军团队第一次全面相遇，两个团队商定，要把张老师的专注、坚持的精神发扬到团队建设中来。我们想，何不现场学习研讨，用最好的方式来表达对张老师的敬仰？当天晚上，在宾馆的大厅里，在近 40℃的高温下，我们与张老师畅谈着、倾诉着。我们被张老师的精神和故事深深地感动了。与张老师 3 个多小时的交流，使我们心中涌起一股股暖流，我们个个心潮澎湃。"我们为什么要发展，如何像张老师那样去发展？"这个问题引起了我们工作室全体老师的深刻反思并产生共鸣：鸡蛋只有从内部打破才会成为生命，从外部打破只会成为食物。

从此以后，张老师不顾年事已高，数次莅临工作室，热情洋溢而又鞭辟入里地悉心指导我们进行物理科学方法教育的理论学习和实践研究。2011 年 6 月 30 日，他给我们讲解了物理科学方法教育案例，告诫我们在日常教学中应循序渐进地渗透科学方法教育，指导我们要从隐性渗透逐渐过渡到显性教育，既不要缩手缩脚，也不要急于求成。2012 年 4 月 23 日，张老师再次来到工作室，随着我们对科学方法教育认识的逐渐深入，他指导我们进行物理科学方法教育视频的开发。他一个个地单独指导，从下午 1 点 30 分一直到第二天凌晨零点半（中间只是简单地吃了盒饭）。当最后离开他的房间时，看到他布满血丝的眼睛，我们非常心疼；他却反过来安慰我们说，搞自己喜欢的事情不觉得累！

有了张老师的引领，我们也慢慢学会了坚持。2012 年 8 月，在全国第 5 届物理科学方法教育研讨会（延安大学）上，我们介绍了我们的研究成果——"科学方法对证据物理的支撑"；2013 年 8 月，在全国第 6 届物理科学方法教育研讨会（保定学院）上，我们介绍了"物理科学方法教育效果的前测和后测"；2014 年 5 月，《证据物理：为提升科学素养而教》获得江苏省教学成果优秀奖；2014 年 4 月，《证据物理：名师工作室三年研修路线图》发表在《中小学教师培训》杂志上，并被中国人民大学书报资料中心《中学物理教与学》全文转载；2015 年 6 月，《证据物理》荣获无锡市精品课题一等奖；2020 年 12 月，《证据课堂：证据物理的十年探索》发表在《中学物理教学参考》杂志上；2021 年 4 月，《学习及评价："证据课堂"再出发》发表在《中学物理教学参考》杂志上……现在，每当想起我们的引路人——敬爱的张宪魁老师，我们就不敢懈怠。"这个世界最大的精神激励，就是比你高尚的人还比你勤奋。"正是在张老师的精神滋养下，我们也开始自觉地坚持着、发展着。3 年来，我们出版专著 4 部；发表论文 42 篇，其中在中文核心期刊上发表 14 篇、被中国人民大学书报资料中心复印转载 5 篇。所有这一切，都要感谢张老师的精神熏陶、思想引领和方法指导。

三、张宪魁老师对工作室的理念引领

2011 年 6 月，张老师来到工作室指导我们的团队建设，听了我们的"证据物理"，他非常高兴。"一个团队就是要有一个教育主张，这个主张就代表你们的教育哲学。你们要坚持下去，不是做一年两年、三年五年，甚至也不是做十年八年，而是做一辈子！"与此同时，他还对我们的观点进行了追问：证据物理最终把学生培养成什么样的人？你们的实施路径是什么？你们的阶段规划是怎样的？你们是刮一阵风还是做一辈子？

好的追问就是一种引领。为了回应张老师的追问，我们进行了深入的思考与实践。

我们的终极目标是为了把学生培养成善于独立思考和独立判断的人。我们的证据物理便是围绕这个目标而来的。因此，我们的课堂观、我们的学生观、我们的课程观都是用来支撑这个信念的。我们要使学生有自己的学习理念，并将自己的学习理念与证据物理发生关联。我们要让学生明白探究绝不止于结论，而更多的是修正和发展自己的观点。

从张老师的追问中，我们更加坚定了"证据物理"的教学理念。透过工作室这几年的发展，伙伴们发现"证据"既是物理学科所特有的一种烙印，也是我们教学追求的一种象征。我们的课堂观察是基于证据开展的，我们的探究也是始于证据的，我们倡导教师和学生都能享受到一种基于证据的生动课堂生活。据此，我们提出了基于"证据意识培养"的探究观、课堂观和质量观。

"证据物理"的探究观。"猜想就是根据事实得到的尚待确认的结论。"科学探究的本质就是"以事实为证据对发现进行解释"。我们提倡的科学探究是"基于情境提出问题，并根据事实做出猜想，进而设计实验去寻找更充分的证据来解释发现的过程"。探究是从观察开始，让学生"提问有依、猜想有据"；探究是从实验设计的改进中看到思维流动的

脉络,让学生"设计有方、改进有法";探究是从数据处理中得到思维的培养,是"评价有思、交流有想"。在"证据物理"教学中,学生经历的是基于证据的探究,是一种有"根"的探究;此根可以生长出能力和方法,此"根"可以传承科学态度和科学精神。"证据物理"教学不仅仅要求学生对证据的尊重,还要求学生提升寻找证据的能力和解释证据的能力。这样,才能支撑"以事实为证据,对发现进行解释"的探究教学,才能体现出鲜活的、能动的"证据物理"的特征。

"证据物理"的教学观。教学是一个暴露错误的过程,要在充分相信学生的基础上让学生彻底暴露"前概念"。在学生探究时,教师要有信息收集的意识;不要只看对的,要尽量记录学生的错误并进一步追问错误的原因。课堂中的错误像是生活中的"牛粪"。牛粪看似是"垃圾",常常被人丢弃,但是,它可以做肥料为植物的生长提供养分,可以做燃料在冬天给我们带来温暖。学生的错误或失败、学生的"前概念"、学生学习的困境等,同样可以用来温暖学生并促进师生的共同成长。学生好比是"鲜花",我们不要把"鲜花"插在"牛粪"上,因为这样没有实现"鲜花"与"牛粪"能量的连接,这是对"牛粪"的浪费,也是对"鲜花"的糟践;如果我们是让"鲜花"生长在"牛粪"上,让"鲜花"的根从"牛粪"里获得使生命舒展的能量,那么,"牛粪"就会让"鲜花"开得更加绚烂。

"学生说错不是错,不让学生说才是错。""怕学生出错的课不是好课,让学生暴露问题的课才是好课。""暴露错误,精准教学!"暴露错误,不是出于对学生的惩罚或侮辱,而是对学生学习权利的尊重,是教为学服务的体现,最终是为了学生能够优雅而印象深刻地通过探究的艰难之处。

"证据物理"的质量观。探究教学通常都是要有结论的。我们需要思考这样三个问题:一是为什么要获得结论,二是在怎样的过程中获得结论,三是除了结论我们还获得了什么。科学探究仅仅是为了得出结论是远远不够的。知识只是方法的载体,如果只是为了记住结论,把本该是"做中学"的方法性知识和"悟中学"的价值性知识统统转化为"记中学"的事实性知识,这不单单是在教"死知识",而是把所有的知识都"教死了"。

在探究教学中,教师与学生、学生与学生之间要以实验文本和生活体验为媒介展开相互对话,学生唯有通过对证据的追问、对证据的质疑,才能习得种种知识。学生不是单纯的"结论接受者",而是"证据的搜寻者和解读者""结论与意义的建构者"。证据物理的质量观就是:不为结论,但能获得结论;结论重要,但方法和素养更重要;获得结论,更获得对探究的热爱。

一位哲学家说过,一个优秀的教育工作者应当有自己的教育主张,如果没有主张,即使做得好也好得有限,而坏则往往每况愈下。"证据物理",就是在这样的追问和质疑中,成为我们工作室的共同信仰,成为我们工作室的哲学引擎。现在,"证据物理"已经越来越多地得到老师们的认同,在区域内也形成了一定的影响,在云南、宁夏、天津、深圳等十多个省、市、自治区的"国培计划"中引起共鸣。工作室培育出一位特级教师、一位正高级教师、一位江苏省教学名师,张世成老师成为无锡市梁溪区社会事业领军人才,蒋文远、史育萌、徐志红老师成为无锡市学科带头人,顾红霞、范艳梅、宋怀甫、耿雁冰老师成为无锡市教学能手,钱嘉、徐春珏、王伟彬老师成为无锡市教学新秀。2018 年度我们工作室展示的口号是"人在一起叫开会,心在一起叫团队"。"证据物理"就是我们的初心,是我们的共同教育主张和学科宣言。2019 年度我们工作室展示的口号是"老师你问我呀,问问我是怎么想的",含义是希望教师关注学生的思考证据,确保教学"以人为本"。2020 年度我们工作室展示的口号是"评价:指向学生的获得",含义是证据物理要有确凿的证据来判断学生的发展,以实现增值评价。我们工作室先后出版《证据物理》等 5 本专著,发表《证据物理:工作室三年研修路线图》《证据物理:为提升科学素养而教》《基于证据意识培养的学与教的设计》《评价证据:有效教学的导航仪》《证据课堂:证据物理的十年探索》《学习即评价:证据课堂再出发》等基于实践探索的文章。这些都是在践行张老师对我们的理念引领——"做真实可靠的研究,表达有灵魂的观点"。

走了这么远,我们依然记得是从哪里出发的。正是我们的"引路人",让我们工作室在物质、精神乃至哲学理念上都有极大的收获。我们赞美"引路人",他潜心学习,勇于探索;他坚持不懈,每天游泳 1000 米,就是要为研究保障好身体!他就像无锡惠山顶上的一盏明灯,总是在召唤着我们前行,让我们工作室能"郁郁葱葱、欣欣向荣"。我们十分怀念我们的"引路人"。当 2020 年 11 月得知张老师驾鹤西去的时候,我们非常悲痛。他的离去是我们物理教育界的重大损失。我们深深地知道,只有不断地将物理科学方法渗透到育人中,才是对我们的"引路人"——张宪魁老师最好的怀念。

师恩难忘

山东省东营市利津县盐窝镇中学　韩云峰

凛冽的寒冬,本来是令人难挨的,可对我来说,却是既振奋又幸福的日子,因为老师的到来,让这个寒冷的冬日充满了浓浓的暖意。

很难想象,如我这般——一个已届不惑之年的人,在阔别 20 多年后与老师重逢,竟也会如孩童般激动。

"你的手这么凉啊!"初见时,老师一句寒暄的话,让我准备了一夜的问候竟然不知用什么方式再说出口;一时哽咽,泪水不自觉间已模糊了我的视线。

恍惚中,时光仿佛又回到了 20 多年前:一群来自鲁北的农村娃,背着简单甚至有些寒酸的行囊,初次离家来到相隔千里的鲁西南。口音和习惯的不同,曾经使我们感到那样的不适,是您和其他老师让我们在济宁师专物理系感受到了家的温暖。而我,因为在系学生会的缘故,很荣幸能够更多地体验到老师们的关怀和帮助。

岁月流逝,记忆中的您愈加清晰……

还记得那次学校进行社会实践活动吧?那次正轮到我们班值周,当时我负责门卫组。当两名后勤人员带"公物"外出时,我们非常认真而坚决地"不予登记"。于是,两位后勤人员在学校门口与我们发生了争执。当时的情况曾使我们整个班级感到了莫大的压力。现在想来,那时是多么大胆与冒失,但转念又想,那时的我们又是多么的果敢与真诚。在骑虎难下的当口,是老师您多方沟通,巧妙地化解了这次"危机"。

临近毕业,恰逢雨季。滂沱大雨中,透过办公室的玻璃窗,看着您和其他老师还在为我们的工作分配开会协商,我当时的那种心情,多少年都不能忘怀……

在济宁师专就学的两年,是我人生记忆中最值得留恋的两年。是您,带领我们物理系的老师,让我从一个懵懂的学生成长为一名共产党员。师恩难忘,每每看到珍藏的物理系老师们的合影,一种温暖便会涌上心头。

岁月匆匆,阔别20多年,再次坐在教室里聆听老师上课,是一种异样的心动和幸福。我专注地看着老师,生怕漏掉任何一个细节。老师的课依然是那么风趣和精彩。从参加培训的老师们的脸上可以看出,他们听得极为专注。当得知老师前一天晚上两点钟才休息时,我的心中又有了一丝担心和不安。一位年逾七旬的老人,这样忘我地工作,身体能吃得消吗?然而,一天的培训下来,老师的精神还是那么矍铄;尤其是下午,为了早点结束,让距离县城较远的老师能在天黑前赶回家,老师竟连续讲了3个多小时,中间都未能休息一下。循循善诱中,老师的声音是那么洪亮、那么富有激情、那么阳光。这声音深深地感动、震撼着我们每一位听者!

晚上,我们几个同学聚在老师房间里,聆听老师的教诲,畅谈分别后的感受和从教以来的感悟,重温那久违了的浓浓温情。老师的每一句话中都饱含着对我们深切的关怀和对我们今后工作的期望。夜已经很深了,尽管都还有很多话要说,但考虑到老师太需要休息了,我们便与老师依依惜别。回到车上,我发现落在车里的手机上有好几个未接来电,这时我才想起,因为激动竟忘了给妻子打个电话了。

妻常说我是一个很喜欢怀旧的人,很多时候她也很喜欢听我诉说上大学时的故事。有时,她还会和我开玩笑,说我最适合生活在梦想中,只有做学生才能找到最好的感觉。我们经常交流这样的话题:在求学最关键的时候能遇到最好的老师,绝对是人生最大的福分!

夜深了,我躺在床上,却辗转反侧久久不能入睡。毕业后多年的工作经历和波折,在自己内心中留下了些许沧桑,慢慢地我发现自己在很多场合中变得不再那么自信,有时还近于木讷。特别是近两年,我明显感觉到身体的不适,有时竟会出现期待退休或是调到后勤岗位的念头。然而,今天看看老师对研究的执着精神和对人生积极向上的态度,对比自己目前的状态,内心真的感到汗颜。老师年逾七旬尚有如此的精神和活力,自己才40多岁怎能放弃向上的追求呢?人生应是一个永不停息向前滚动的车轮,学会不放弃,人的一生才不会留下遗憾!

真的希望自己能像老师那样,用科学的方法寻找教育的动力和活力,让生命活力四射,让人生散发出更加耀眼的光芒!

小注: 2013年冬,张宪魁教授来利津作学术报告。毕业20多年,再次与恩师重逢,甚是激动,心潮澎湃,夜不能寐,往事历历在目,于是记下了这段文字,以表达对恩师的怀念、崇敬和钦佩。

学高为师，身正为范

山东省邹城市唐村中学　孙承建

因缘际会，在济宁见到了来开会的张宪魁老师，遇到了全国各地的各位老师、专家、学者，向诸位同人学习，受益颇多。这是张老师负责的国家级课题会议，来自全国各地的60多位学者和老师在发言环节"唇枪舌剑"，你一言，我一语，在辩论中我明白了"什么是微课""微课的作用""如何制作微课"等。主持会议的张老师思维敏捷，频频发言，直陈要点。

自从大学毕业，我一直在农村中学任教，也参加过许多教学研讨会，场面如此热烈的研讨会我还是第一次见到，真的让人大开眼界。如果我的课堂也是这样的，我该多么幸福啊！在会上，张老师的风采仍如20多年前为我们讲授"物理教学法"时的样子。我仿佛回到了张老师的课堂上，置身于联合教室之中，和78位同学一起聆听张老师讲课。张老师反复强调："物理教师如果没有广博的物理知识和熟练的实验技能，是难以适应中学物理教学的；然而，要使物理教师的专业知识充分发挥作用，并在教学实践中让中学生有效地掌握知识、发展能力，就必须认真分析和处理教材、恰当运用教学方法和手段。"

在教学实践中，我将这段话奉若圭臬并努力践行着。我在每一本备课本的第一页都写上"知识、实验和方法"几个字。每一堂课我都精心设计，注重引领学生在物理知识的学习中经历思维过程、领会研究方法。由于我注重培养学生的思维能力而不是让学生仅仅靠记忆和刷题来提高学习成绩，因此，我的课堂教学深受学生的欢迎，取得了优异的教学效果，得到学校领导和家长的赞誉。

"方法"不仅仅体现在物理课堂上。当年老师的教诲言犹在耳：工作要认真，更要有方法。参加工作后，我就异常迷恋"方法"。备课、批改作业、辅导学生、做班主任时，我必思考："如何去做？上策、中策、下策各是什么？还有更好的方法吗？"有一次，在课堂上我发现一个男生偷偷玩手机。怎么办？我悄悄走过去，敲了敲他的课桌，又悄悄走开。如此做法，令这个男生很意外也很感动，因为没有老师对他这么"客气"。下课后，他主动找到我道歉，并保证从此不再将手机带到学校。过了一段时间后，他的班主任来感谢我，说："我和他谈了几次话，没有劝动他；我还没收过他的手机，但他仍然不改。没想到的是你做到了。"实际上，当时我也想没收他的手机，但是考虑到他和班主任及其他任课老师已经因在课堂上玩手机发生过几次冲突，都以老师的失败而告终，更重要的是这学生特别要面子，于是，我换了处理方法，没想到他服了。这就说明，有方法且方法对，则事半而功倍。

记得大学毕业前参加教育实习，我非常幸运——指导教师是张老师。我的普通话说得不规范，张老师一点一点帮我纠正；我的教学思路散乱，张老师耐心地帮我理清；我的教学环节时快时慢，张老师循循善诱地鼓励我。最令我难忘的是，一句"上课"，张老师让我重复了十多遍。"有这个必要吗？"当时的我多少有些不理解。其实，现在想来，张老师是在让我"务本",从基础做起,夯实基础,才能水到渠成。后来读了张老师写的书中的一段话,我就更加深刻地领会到张老师的精益求精。在书中,张老师这样写道:"也许是性格所决定的,应该说,我对任何想要做的事情,态度一贯是认真的,但是对结果总是没有满意的时候。同样,写这本书也是如此,我总觉得还有很多地方需要修改、完善。不过,由于自己的水平所限,时间也到了,只好暂且告一段落。留下一些遗憾,就算作鞭策、激励自己的动力吧!"

往事如在眼前,教诲犹在耳边。如今的我也算是成熟型的教师了,我的学生也已遍布各地,工作在各行各业了,于是颇有些自得满足之感。但是,再看看张老师,70多岁了还活跃在讲台上,其思路之敏捷、理念之超前、语言之犀利,一如从前的风采。张老师是一面镜子,照出了我的懒惰,让我心生不安。记得许多年前,张老师就谆谆告诫我们:"撰写论文投稿为什么没有发表呢,要找到原因,首先是看论文中有没有自己真实的教研成果,其次才是看写作技巧运用得如何。"张老师经常讲:"要教一科,爱一科,研究一科。"扪心自问,我做过真正意义上的研究吗?没有。张老师虽已退休十余年,仍坚持探索并推动物理科学方法教育,为此而孜孜不倦、乐此不疲。这是一种什么精神?只有有心人,才能在平凡的事业中创造出有价值的东西;只有有理想的教师,才能告别过去,不断学习,不断思考,不断创造,给自己带来更加丰富的专业化生活,给学生带来更多的幸福感!从张老师身上可以看到,只有深入地、认真地去研究,才能让我们的教学充满乐趣,焕发出强大的生命力。

会议结束第二天,恰逢重阳节,我邀请张老师登高游峄山,恩师欣然应允。

在游峄山的过程中,我又当面聆听了张老师的教诲:"一定要搞教研,只有搞教研,才能做一个智慧型的老师。"对于这一点,从前的我不以为然,总以没时间、工作忙为借口搪塞和麻痹自己。在老师面前,我还能说自己忙吗?20多年前张老师教我们的时候,他是学校的教务处长。在负责学校教务管理的同时,他依然坚持给我们上课,仍坚持做教育科研。现如今,他老人家70多岁了,还在坚持研究。他说:"搞教研,要坚持,这不是一朝一夕之事,而是一件长期的事情,一定要杜绝功利性。"他还说:"在工作中,不要计较名利,不要计较得失,要以一颗平常心敬业爱岗。"老师的话字字入耳入心,我深以为然。在峄山上,张老师对峄山的历史、对碑刻的来历不耻下问,我真切地感受到了老师充满好奇、虚心向学的人格魅力和学者风范。张老师登山的时候尚且如此,更何况对于他一生为之倾尽全力的物理科学方法教育!"学高为人师,身正为人范"的母校校训,不正是对张老师的绝佳写照吗?

"路漫漫其修远兮,吾将上下而求索。"在教学研究的路上,我将以张老师为楷模,不遗余力地去追求和探索。

我眼中的张宪魁先生

清华大学附属中学　赵洪英

提起张宪魁教授,让我不由自主地想起鲁迅笔下的藤野先生,我对他们的崇敬之情是如此相似。对张先生的称呼,着实难为了自己好一阵子。称呼张教授吧,他不像我想象中的那种学究的样子;称呼张老呢,又显得距离远了,不够亲近,不能表达自己跟张先生在一起时那种如沐春风的温暖与舒适。张先生从来不会给人以高高在上的感觉。于是,我还是按照传统的对老师的称呼,尊称他为先生吧!

想起张先生,心里总有一股东西在涌动。所以,我一直想写点文字,写给敬爱的张宪魁教授。值此物理科学方法教育 30 周年之际,谨以此文献给尊敬的张先生,以表达我内心的钦佩、敬仰和感谢。

一、困惑与幸福

我参加工作近 20 年,随着教育教学的逐渐熟练而来的是激情的消磨和自我更新的懈怠,内心渐渐滋长出些许恐慌和担忧。令我恐慌的是,自己不如刚入职的硕士生、博士生,他们有我所不具备的对高深知识的理解和各种新思维、新技能;令我担忧的是,自己必须面对渐渐袭来的职业倦怠。我的出路何在?我的优势何在?我朝着哪个方向发展,才能给自己一份踏实、充实和快乐呢?

以前,我一直以为课题应属于科研工作,场景大抵如此:穿着白大褂,端坐示波器前,眼睛紧盯大屏幕或者身边满是精密的实验器材,高大上的理论研究及一系列烦琐而必要的程序,那是平常人不可靠近的存在。对于我个人而言,在上交各种申报材料而真的需要填写"教研课题"这一项时,顿觉困惑不已!

见到张先生,又有机会以晚辈的身份得到老师的爱护、期待、指导,这种感觉真是幸福。我的工作和生活又有了新的起点,一如刚工作时,作为一个新教师,我在老教师面前被提醒、被点拨、被照顾得周周到到。

在张先生面前,不仅受到教诲,尤甚的是作为晚辈却得到先生的尊重。这使我受宠若惊。在这种充满着爱护的感觉中成长,哪里是简单的"幸福"二字可以描述得了的?除了幸福,还有什么更合适的词语呢?——暖暖的幸福!

——这老爷子呀,暖男一枚!

二、初见与鼓励

很幸运,一年半前,我有幸加入了物理科学方法教育研究团队。据了解,张先生坚持做这个课题很多年了,而且正在带领全国各地的老师们踏踏实实地研究着这"草根课题"。我在想,作为新人,我半路上加入这一课题,能够快速地融进去吗?也许是我以前关注的面太窄,所以刚一接触物理科学方法教育这一概念,头脑中便一片模糊,无从下手。幸运的是,我所在的团队马上安排了一个具体的任务给我:设计、录制一节微课,题目自定,要求只有一个——体现物理科学方法教育。

何为微课?何为物理科学方法教育?选择哪一节课题来呈现?于是,在团队的共同努力下,经过一番又一番的折腾,我终于以"微课"的形式,呈现了一节体现物理科学方法教育的课例,提交到初中物理微课初审会上。

我带着刚出炉的热乎乎的微课,登上了开往曲阜的列车。我的微课有在这次会议上展示的可能吗?一路上,我惴惴不安。我心里虽然做好了两手准备,但仍然十分期盼能够在大会上展示。只要给我展示的机会,就是对团队和我的工作的肯定和鼓励,就是难得的学习和交流机会。

赶到会议住地,已近午餐时间。餐厅里,老师们已经坐下了好几桌。看上去,有些老师彼此早已熟悉,在互相问候。有些老师和我一样,是首次加入的新人,默默地坐着。我在想,像张宪魁先生这样一位在中学物理教育界赫赫有名的老专家,带领全国的老师们开展物理科学方法教育,而且在退休之后继续带领大家进行研究并拥有那么多不同年龄的粉丝,该是一个什么样的形象呢?我的脑海中不断地设想着张老师出现时的场景。

我想多了,张宪魁教授完全一副很随和的样子。袖子高高挽起的白色长袖衬衫,膝盖部分带有明显褶子的深蓝色的长裤,使他在自然、随意之中透出一种莫名的亲切感!张先生端着酒杯,走到我们的饭桌前,满面笑容,说出了很多老师的名字,使每一位老师都能感觉到自己很受欢迎、自己很重要、自己无可替代。瞬间,我感到自己就在一位普通老者身旁,拘谨即刻消失。

——这老爷子呀,亲切慈祥!

会议结束时,跟张先生合影留念。令我惊讶的是,张先生直接说出我的名字,并且鼓励我说:"昨天的微课展示很成功。你花了很多心思,一定要坚持下去。"对于一个新手而言,没有什么比张先生的鼓励更有力量了。张先生的话带着期待、激励和鼓舞,令我平添强大的动力,使我以持续不断的热情投身到教学研究中去!

——这老爷子呀,他的激励和鼓舞,刚劲有力!

三、信念与时尚

从加入科学方法课题组以来,我有幸多次聆听张先生的讲座。张老师经常讲到一个问题:"作为一个物理教师,大家都讲过若干次家庭电路这部分内容了,但是大家有没有亲手摸过火线?"大多数老师当然也包括我都会说"没有"。这时,张老师就会脚踩木凳,一手摸着火线,然后用测电笔测试:张老师带电了!

——这老爷子呀,有对真理的坚信!

济南,是张先生的老家,那儿有他中学时代的记忆。在一次会议结束后,我们和张先生一行四人决定利用一点闲暇时间去趵突泉游玩。

张先生随身的行李很少,只有一个手提小包。我想,他的小包里应该有钱包、手机一类的必备品吧。到了泉水旁,他从容地从不大的包包里拿出仅有的一个摄像机。他像专业摄像师那样,不断地引导我们这几个"模特","微笑""再向左一点"……

临走,他对我们说:"回去以后我把视频导出来,稍加剪辑,QQ 传给大家。"他对于各种现代通信方式和手段,早就能熟练地操作和使用了,显得那么时髦。作为年轻人,我总是很惭愧跟不上他那新潮的沟通交流方式。

——这个老爷子呀,还挺时尚!

四、希望与童心

好几次我听到张先生都在讲述同一个愿望。若干年前,大概是张先生与他的老师一起谈论科学方法研究的时候,大家就有一个共同的想法:趁着一些科学家还健在,通过各种方式采访他们,请科学家们讲述当年做研究且有所突破时用到了什么科学方法、取得了什么进展、留下了什么遗憾;然后,从中挖掘科学方法教育资源,该是多么宝贵的财富啊! 但是由于种种原因,他的这一想法一直未能实现。

我想,如果从我们这一代开始,是不是可以沿着张老师指引的方向,充分利用现今交通便利、通信发达、网络互联等条件,从某一个角度推动这件事的实施呢? 也许,采访科学家会有很多麻烦和困难,但这一定是非常有意义的事情,肯定有助于将科学方法教育发扬光大!

——老爷子呀,您的愿望,我们晚辈会尽力去实现!

有人说,张先生保持青春的秘诀是童心、梦想和激情。张先生也把童心、梦想和激情潜移默化地带给他身边的人,使大家带着童心、梦想和激情投入到研究中去。

张先生常年奔波在全国各地,亲自到各省、市、自治区的一些学校举办讲座、作报告,对一线教师进行辅导。他结合自己的理论成果与实践研究,深入浅出地介绍物理科学方法教育的意义及知法并行教学模式,展示课题研究的成果,与大家共同分享开展物理科学方法教育的经验。他的报告和辅导有时长达三四个小时,他却始终保持一贯的激情和活力。张先生的报告,旁征博引,用他那渊博的学识以及对科学方法教育的深刻理解和实践智慧,引导越来越多的教师投身于对物理方法教育的理论研究和教学实践中。

当然,他做指导时,也没忘随时学习,然后把他学习到的新鲜案例再带给其他省、市、自治区的老师们。每每进入物理科学方法教育研究时,他总像一个童心未泯的孩子,满满的好奇心,极高的兴致……

——这老爷子呀,一个初心不忘、童心未泯的老先生!

成功在久不在速

——我眼中的张宪魁教授

江苏省扬州市江都区丁伙中学　陈　彬

张宪魁教授，一位 70 多岁、30 年耕耘在物理科学方法教育领域的老物理教育工作者，一位谦和、热情、执着的老人，一位非常令人仰慕的学者。

"平生同所为，相遇偶然迟。"第一次见到张教授是在江西师范大学召开的 2009 年中国教育学会物理教学专业委员会年会暨全国物理教学研讨会上。我应邀参加大会论文交流，在下榻的百瑞四季酒店的电梯里偶遇张宪魁教授。当时张教授并不认识我，我主动打招呼，他微笑着挥扇示意。第一面，我感觉戴着眼镜、衣着简单的张教授是一位朴素、面善、随和的学者。

我和张教授第二次相逢，是 2013 年 4 月参加在淮安市清江中学举行的江苏省初中物理课程标准培训活动时。张教授在大会上作了题为"物理教学中的方法教育"的专家报告。这是我首次现场聆听张教授的报告，使我对物理科学方法教育有了初步了解。报告会后，我和张教授在报告厅前相聚。自我介绍后，我畅叙了南昌会议的机缘。张教授似乎记起了什么，我们之间的关系立刻拉近了许多。我邀请张教授一起合影，他欣然应允。张教授问我有没有兴趣参加他主持的课题，当时我除了感激意外再也没有别的了。我们互留了联系方式。第二面，张教授渊博的学识和对年轻人的关爱感动了我。

2013 年 6 月，由中国教育学会物理教学专业委员会组织的 2013—2016 年全国物理教育科研课题评审结果公布，张宪魁和张喜荣教授主持的课题"适合我国国情的科学方法教育理论与实践研究"被评为重点课题。不久，张教授给我寄来了建立物理科学方法教育基地校和子课题的申报材料，我校物理同人对此很有兴趣。我向大家介绍了张教授及他的课题，大家满是激动，参与的积极性很高，基地校就这样建立起来了。我校还申报了子课题"物理科学方法教育与中考、高考相关性等问题的研究"。

2013 年 7 月，全国第 5 届物理科学方法教育学术研讨会在河北保定学院举办，我作为基地校负责人应邀参加。来自全国各地近 200 位物理教师欢聚一堂，畅谈开展物理科学方法教育研究的得与失，热议物理科学方法教育大计。我在大会上作了题为"三近三适：初中物理科学方法教育与中考有效衔接策略"的交流发言。作为大会组织者之一，张教授介绍了他先前奋斗在山东而后又转战北京在"教专会"发挥余热，但仍念念不忘物理科学方法教育研究的 30 年历程，阐述了物理科学方法研究的基本理论和成果，使与会同行更加深刻地认识了物理科学方法教育的重要性，更加明确了物理科学方法教育的研究方向，更加清楚了中学开展物理科学方法教育面临的困难。全体与会者凝聚了做好物理科学方法教育、培养学生科学素养的共识，会议发出了开展适合我国国情的物理科学方法教育研究的动员令。随着对张教授逐渐深入的了解,我更加尊重和敬佩他。"长风破浪会有时,直挂云帆济沧海。"正是这位古稀老人 30 年执着于物理科学方法教育研究的真实写照。

保定会议后,我和张教授的联系更加频繁了,经常 QQ 聊天。我汇报物理科学方法研究的新困惑、新想法,张教授则不吝指教,给予我很大的支持。逢节过年,我会发去问候的短信;张教授经常云游四海作专家报告,我会温馨地提醒老人家注意劳逸结合。张教授反复提醒我们要认真开展课题研究,了解基地校开展研究活动的进展;谆谆告诫我们,研究要实在、要基于教师、要基于学生,基地校要多出成果并积极申办基地校建设现场会等。张教授对一个遥远的普通中学的教改实验如此关注和关心,让我们非常感激。

"落红不是无情物,化作春泥更护花。"张教授对晚辈的无私关心着实让人感动。开展子课题研究,我们缺少物理科学方法教育的相关理论书籍。于是,我联系张教授询问《物理科学方法教育》一书哪里可以买到,张教授立刻说他来负责此事并把书邮寄给我们。我问买五本需要多少钱,张教授说不要钱,送给老师们的!仅仅过了几天,承载着张教授殷切期望的五本书果然送到了学校。当我把书送到同事们手里时,大家很是激动,异口同声地说:"我们一定要做好基地校建设和子课题研究工作,这样才能更好地回报张教授的支持和期望!"

我们期待第 7 届物理科学方法教育学术研讨会暨张宪魁物理科学方法教育思想研讨会如期召开,总结张宪魁教授物理科学方法教育研究 30 年的精彩人生,展示物理科学方法教育 30 年的辉煌成果,为我们提供更多的学习和借鉴,为中学物理教育事业做出更大贡献。

认识张宪魁老师

苏州市振华中学　申 洁

真正认识张老师,那是 2010 年 8 月在南京师范大学仙林校区召开的全国第 3 次物理科学方法教育学术研讨会上。当年 6 月,我在网上看到会议通知后,写了一篇关于科学方法渗透于光的色彩、颜色的教学设计;发给张老师后,很快就收到了他的回信。他对文章给予了较高评价,邀请我到会并作大会发言。这使我很受鼓舞,对物理科学方法教育产生了强烈的热情。

2001 年 12 月,我在南京晓庄学院参加了历时 45 天的江苏省首批骨干教师省级培训。晓庄学院物理系王泽农教授作为我的导师,给我推荐阅读的参考书目中,有一本是张宪魁老师的著作《物理科学方法教育》(青岛海洋大学出版社 2000 年出版)。阅读这本书的过程就是初识张宪魁老师的过程;虽然从文字上看不到张老师的容貌与神采,但透过文字可以读出张老师的心声——科学方法教育的内涵是"弘扬科学精神,掌握科学方法,树立科学态度",从字里行间能感受到张老师对物理科学方法教育执着研究的精神以及对中学物理教育高度关注的情怀。

而后,我参加了张老师主持的第4届、第5届、第6届全国物理科学方法教育学术研讨会,提交的论文获奖并作大会交流,得到许多物理同行的认可。后来,我有幸在陕西延安、河北保定、北京等地与张老师多次面对面地交流,他的热情与温暖、和蔼与善良、执着与坚持给我留下了深刻的印象。

在张老师的热情感召下,我加盟了物理科学方法教育研究团队,认识了许多物理教学精英和骨干教师,在物理科学方法教育网络交流平台(QQ群)上与一线教师的交流日渐经常化和自主化,感觉很是受益,也使我对物理科学方法教育的研究进入了一种自觉的状态。

2012年9月,张老师莅临我校,与我校及苏州市其他兄弟学校的物理教师一起,就物理科学方法教育的有关问题进行了对话交流。张老师呈现了他30多年来在物理科学方法教育方面取得的研究成果,介绍了"双线并行"教学模式与策略,推介了物理科学方法教育视频教程,使老师们思路大开、深受启发。

几年来,在张老师的关心和指导下,我结合自己多年的教学经历及对科学方法教育实践的思考,将科学方法教育与教学情境设计有机结合起来,以课题研究的形式进行深入研究,完成了多篇以实施物理科学方法教育为主题的论文,在《物理教师》《中学物理》《物理通报》等专业期刊上发表。同时,我加大了科学方法渗透于物理实验教学情境设计的研究,"用干冰做升华和凝华实验"获得江苏省初中物理实验创新活动评比一等奖,在中国教育学会物理教学专业委员会2014年年会上被评为自制教具创新一等奖。以此实验研发过程为素材的微电影《干冰之旅》,真实反映了我校物理团队合作研究的专业成长历程。目前,该微电影已在网络上被广泛传播,产生了良好的辐射效应。

张老师是我国中学物理科学方法教育实践研究的先行者之一。他主张中学物理科学方法教育要加大"显性化"力度,倡导"一学习、二模仿、三创新"的科学方法教育实践模式。他身体力行,深入基层学校,通过讲座和案例分享,指导各基地学校的物理教师做细做实科学方法教育研究的基础工作,组织各地优秀骨干教师编辑出版了《科学方法教育视频教程》,为广大一线物理教师提供了实施科学方法教育的实践案例,引领广大中学物理教师立足课堂教学实践,领会科学方法教育内涵,提高物理教学效率,发展学生核心素养。

张老师以昂扬向上、持久不息的精神姿态,行走并沉浸于科学方法教育研究不断创新的实践旅途中,乐此不疲。他亲自做"站在绝缘木凳上手触火线"的"触电"实验,精彩而真实的情境令人难忘,消除了物理教师对"触电"实验的恐惧感。张老师还将此实验拍摄成视频,放在了视频教程中,供更多的老师观摩学习。

我对张老师的尊崇,更多的源自在自身教学实践过程中所感受到的科学方法教育的内涵及其价值的引领。这种引领与启迪是张老师教育境界及人格魅力的无声影响,是一种教育信念共鸣的彼此呼应。

我和张老师因科学方法教育而结缘相识,他带给我的是积极的鼓励、暖心的关照、有益的启发,让我对物理教学有了更多的科学方法认识层面的升华,使得我在进行教学设计时会不自觉地联想到科学方法的渗透与融合,会自觉地思考如何运用科学方法才能使教学更有效。我深深地意识到,物理教学过程中还有更多的课题值得去思考和探索。

张老师是我的导师,也是我的朋友。

我们有过苏州的相逢、南京的相遇、无锡的相约、哈尔滨的邂逅,有过夏日炎炎的会面体验、冬日寒冷的告别感受,有过春天的"Email"附件发送、秋天的 QQ 信息交流……

曾经握手相见、微笑面对、温暖问候、挥手再见,共同的理解与期待尽在不言中……我对张老师,由初识到认识,进而到钦佩、崇敬。

今天回想起来,通过《物理科学方法教育》一书初识张老师,也许是来自偶然,但是却成就了缘分。正是这份缘分,带来了张老师的指导和帮助,撞击出我思想的火花,激发出我行动的巨大能量。张老师倡导的物理科学方法教育,已经成为我的物理教育生活中不可缺少的重要部分,也成为我的学生物理学习的重要内容。是张老师改变了我的物理课堂和教育生活,我感谢张老师高远的引领、具体的指导和温馨的交流。

张宪魁就学、工作简历

就学简历

1947 年 9 月—1952 年 7 月　徐州王大路小学、中山路小学、光启小学、文亭街小学等　学生

1952 年 9 月—1958 年 7 月　济南铁路中学　学生

1958 年 9 月—1962 年 7 月　山东师范学院物理系　学生

1982 年 9 月—1983 年 7 月　南京大学物理系理论物理专业进修学习

工作简历

1962 年 10 月—1970 年 11 月　曲阜师范学院附属中学　物理教师

1970 年 11 月—2001 年 2 月　济宁师范专科学校　物理系教师，物理系主任，教务处长

2000 年 11 月—2019 年 12 月　中国教育学会物理教学专业委员会　常务副秘书长

张宪魁主要著述一览表

著述名称	出版单位	出版时间	备注
中学物理教学法	山东教育出版社	1987 年	张宪魁、王河、王至正、高仁人、张光化编
中学物理教学的理论探索与改革实践	高等教育出版社	1989 年	杨肇基、倪汉彬、乔际平、田世昆主编，张宪魁参编
初中物理教学通论	高等教育出版社	1989 年	阎金铎、田世昆主编，张宪魁参编
全国高等师范专科学校教材——中学物理教材教法与实验	北京师范大学出版社	1990 年	魏日升、张宪魁主编
初中物理备课手册	人民教育出版社	1990 年	乔际平、张宪魁、张光化主编
中学物理教学概论	高等教育出版社	1991 年	阎金铎、田世昆主编，张宪魁参编
中学物理教师教学基本功讲座	北京师范学院出版社	1991 年	乔际平、苏明义主编，张宪魁参编
中学物理学习法	江西教育出版社	1992 年	张宪魁、许亚平、刘景林、陈为友编著
物理教育量化方法	湖南教育出版社	1992 年	张宪魁、王欣、李来政主编
物理学习方法	知识出版社	1993 年	张宪魁、许亚平、刘景林、陈为友编著
初中物理教材的选择与分析	高等教育出版社	1993 年	乔际平、张宪魁主编
物理教育学	青岛海洋大学出版社	1994 年	王至正、张宪魁、王河主编
中学物理教学法电视系列教材	高等教育出版社	1996 年	张宪魁撰稿与导演
物理课堂教学评价	高等教育出版社	1996 年	张宪魁、王其超、李新乡编著

续表

著述名称	出版单位	出版时间	备注
物理科学方法教育	青岛海洋大学出版社	2000 年	张宪魁著
物理发现的艺术	中国海洋大学出版社	2003 年	程九标、张宪魁、陈为友编著
新世纪高等学校教材——新课程中学物理教材教法与实验	北京师范大学出版社	2006 年	魏日升、张宪魁主编
物理学方法论	陕西人民教育出版社	2007 年	张宪魁、王欣主编
科学方法论丛书——物理学方法论	浙江教育出版社	2007 年	张宪魁、李晓林、阴瑞华主编
物理科学方法教育视频教程	广东教育出版社	2013 年	张宪魁、张喜荣主编
物理科学方法教育(修订版)	中国海洋大学出版社	2015 年	张宪魁著
物理科学方法教育理论与实践	北京师范大学出版社	2015 年	张宪魁、秦晓文主编
物理教师教学能力丛书	北京师范大学出版社	2020 年	郭玉英、张宪魁主编

张宪魁学术活动年表

第一部分　全国性学术活动

一、中国教育学会物理教学专业委员会年会(或理事会)

序号	时间	地点	内容名称
1	1981 年 11 月 26 日—12 月 3 日	广东省广州市	中国教育学会物理教学专业委员会成立大会
2	1986 年 11 月 2—6 日	江西省九江市	中国教育学会物理教学专业委员会第二届理事会第一次全体会议
3	1989 年 10 月 9—12 日	天津市	中国教育学会物理教学专业委员会第二届理事会第二次全体会议
4	1990 年 8 月	黑龙江省哈尔滨市	中国教育学会物理教学专业委员会第三届理事会第一次全体会议
5	1991 年 10 月 5—9 日	山东省威海市	中国教育学会物理教学专业委员会第三届理事会第二次全体会议
6	1993 年 9 月 21—24 日	江苏省南京市	中国教育学会物理教学专业委员会第四届理事会第一次全体会议
7	1994 年 10 月 10—13 日	江苏省苏州市	中国教育学会物理教学专业委员会第四届理事会第二次全体会议
8	1995 年 10 月 19—21 日	江西省九江市	中国教育学会物理教学专业委员会第四届理事会第三次全体会议
9	1996 年 8 月 11—21 日	湖南省怀化市	中国教育学会物理教学专业委员会第四届理事会第四次全体会议
10	1997 年 8 月 10—13 日	新疆维吾尔自治区哈密市	中国教育学会物理教学专业委员会第四届理事会第五次全体会议

续表

序号	时间	地点	内容名称
11	1998 年 7 月 27—8 月 1 日	山东省青岛市	中国教育学会物理教学专业委员会第五届理事会第一次全体会议
12	1999 年 11 月 1—5 日	安徽省黄山市	中国教育学会物理教学专业委员会第五届理事会第二次全体会议
13	2000 年 11 月 10—14 日	湖北省宜昌市	中国教育学会物理教学专业委员会第五届理事会第三次全体会议
14	2001 年 11 月 3—8 日	云南省昆明市	2001 年中国教育学会物理教学专业委员会年会暨全国首届中学物理教学改革创新大赛
15	2002 年 12 月 27—29 日	黑龙江省哈尔滨市	2002 年中国教育学会物理教学专业委员会年会暨中学物理教与学综合改革实验课题现场会
16	2003 年 11 月 27—29 日	福建省福州市	2003 年中国教育学会物理教学专业委员会年会
17	2004 年 10 月 29 日—11 月 1 日	上海市	2004 年中国教育学会物理教学专业委员会年会暨全国首届物理特级教师论坛
18	2005 年 10 月 29 日—11 月 1 日	浙江省杭州市	2005 年中国教育学会物理教学专业委员会年会
19	2006 年 12 月 22—25 日	海南省海口市	2006 年中国教育学会物理教学专业委员会年会
20	2007 年 11 月 25—29 日	广东省珠海市	2007 年中国教育学会物理教学专业委员会年会
21	2008 年 7 月 20—24 日	新疆维吾尔自治区乌鲁木齐市	2008 年中国教育学会物理教学专业委员会年会
22	2009 年 10 月 23—26 日	江西省南昌市	2009 年中国教育学会物理教学专业委员会年会
23	2010 年 8 月 5—9 日	北京师范大学	2010 年中国教育学会物理教学专业委员会年会暨国际物理教育论坛
24	2011 年 10 月 28—31 日	苏州大学	2011 年中国教育学会物理教学专业委员会学会年会暨学会成立 30 周年纪念活动

续表

序号	时间	地点	内容名称
25	2012 年 12 月 24 日—29 日	黑龙江省哈尔滨市	2012 年中国教育学会物理教学专业委员会年会
26	2013 年 8 月 15—18 日	宁夏回族自治区银川市	2013 年中国教育学会物理教学专业委员会年会
27	2014 年 9 月 26—29 日	重庆市	2014 年中国教育学会物理教学专业委员会年会
28	2015 年 8 月 20—22 日	河南省郑州市	2015 年中国教育学会物理教学专业委员会年会

二、全国中学青年物理教师优秀教学录像课大赛

序号	时间	地点	内容名称
29	1996 年 8 月 11—17 日	湖南省怀化市	全国第一届中学青年物理教师优秀教学录像课大赛
30	1997 年 8 月 13—20 日	新疆维吾尔自治区哈密市	全国第二届中学青年物理教师优秀教学录像课大赛

三、全国中学物理教学改革创新大赛

序号	时间	地点	内容名称
31	2001 年 11 月 3—8 日	云南省昆明市	全国首届中学物理教学改革创新大赛
32	2004 年 7 月 22—28 日	山东省邹城市	全国第二届中学物理教学改革创新大赛
33	2005 年 8 月 21 日	黑龙江省大庆市	全国第三届中学物理教学改革创新大赛
34	2007 年 8 月 10—15 日	辽宁省沈阳市	全国第四届中学物理教学改革创新大赛
35	2009 年 8 月 5—10 日	内蒙古自治区呼和浩特市	全国第五届中学物理教学改革创新大赛
36	2011 年 11 月 21—25 日	广东省中山市	全国第六届中学物理教学改革创新大赛

续表

序号	时间	地点	内容名称
37	2013 年 8 月 15—18 日	宁夏回族自治区银川市	全国第七届中学物理教学改革创新大赛
38	2015 年 8 月 20—22 日	河南省郑州市	全国第八届中学物理教学改革创新大赛

四、全国中学物理教学名师赛

序号	时间	地点	内容名称
39	2009 年 11 月 25—30 日	北京市	首届全国中学物理教学名师赛
40	2010 年 10 月 20—25 日	北京市	第二届全国中学物理教学名师赛
41	2012 年 9 月 24—28 日	山东省青岛市	第三届全国中学物理教学名师赛
42	2014 年 9 月 27—28 日	重庆市	2014 年中学物理名师课堂教学展示

五、全国高师院校大学生物理教学技能大赛

序号	时间	地点	内容名称
43	2009 年 8 月 15—17 日	鲁东大学	全国第一届高师院校大学生物理教学技能大赛
44	2010 年 7 月 30—31 日	南京师范大学	全国第二届高师院校大学生物理教学技能大赛
45	2011 年 8 月 2—4 日	西华师范大学	全国第三届高师院校大学生物理教学技能大赛
46	2012 年 8 月 2—4 日	延安大学	全国第四届高师院校大学生物理教学技能大赛
47	2013 年 7 月 31 日—8 月 1 日	保定学院	全国第五届高师院校大学生物理教学技能大赛
48	2014 年 7 月 29—31 日	安庆师范学院	全国第六届高师院校大学生物理教学技能大赛

序号	时间	地点	内容名称
49	2015 年 7 月 29—31 日	汉中理工学院	全国第七届高师院校大学生物理教学技能大赛

六、全国物理科学方法教育学术研讨会

序号	时间	地点	内容名称
50	1995 年 8 月 3—6 日	陕西师范大学	全国首届物理科学方法教育学术研讨会
51	1999 年 8 月 9—13 日	苏州大学	全国第二届物理科学方法教育学术研讨会
52	2010 年 8 月 1—2 日	南京师范大学	全国第三届物理科学方法教育学术研讨会
53	2012 年 8 月 2—4 日	延安大学	全国第四届物理科学方法教育学术研讨会
54	2013 年 7 月 28—30 日	保定学院	全国第五届物理科学方法教育学术研讨会
55	2014 年 4 月 26—28 日	北京市	全国第六届物理科学方法教育学术研讨会
56	2015 年 8 月 16—18 日	曲阜师范大学	全国第七届物理科学方法教育学术研讨会暨张宪魁物理科学方法教育研究 30 年研讨会
57	2016 年 8 月 1—3 日	黑龙江省哈尔滨市	全国第八届物理科学方法教育学术研讨会
58	2017 年 7 月 31 日—8 月 2 日	青岛大学	全国第九届物理科学方法教育学术研讨会
59	2018 年 7 月 31 日—8 月 2 日	长江大学	全国第十届物理科学方法教育学术研讨会
60	2019 年 7 月 31 日—8 月 2 日	安徽省阜阳市	全国第十一届物理科学方法教育学术研讨会

七、全国物理新课程改革经验交流会

序号	时间	地点	内容名称
61	2003 年 8 月 5—8 日	广东省深圳市	全国物理新课程经验交流与成果评价大会
62	2004 年 9 月 21—25 日	湖北省宜昌市	全国第三届物理新课程改革经验交流会
63	2005 年 4 月 7—10 日	山东省泰安市	全国高中新课标物理教学研讨会
64	2005 年 10 月 19—22 日	江苏省南京市	全国第四届物理课程改革经验交流会
65	2005 年 11 月 3—5 日	江苏省南京市	全国中学物理创新性实验与高师物理教学论实验建设研讨会
66	2007 年 12 月 17—19 日	广西壮族自治区南宁市	全国第五届物理课程改革经验交流会
67	2008 年 10 月 29 日—11 月 2 日	浙江省宁波市	全国初、高中物理课程改革经验交流会暨全国中学物理教育优秀论文评比会议

八、全国计算机课件评比交流会

序号	时间	地点	内容名称
68	1999 年 8 月 1—4 日	河北省秦皇岛市	全国第一次计算机课件评比交流会
69	2000 年 10 月 30 日—11 月 4 日	广东省中山市	全国第二次计算机课件评比交流会
70	2001 年 8 月 22—27 日	山东省青岛市	全国第三次计算机课件评比交流会

九、全国高师系统学术会议

序号	时间	地点	内容名称
71	1980 年 12 月 28—31 日	江苏省南京市	全国高等师范院校中学物理教材教法研讨班
72	1982 年 6 月 5 日	湖北省武汉市	全国师专《中学物理教学法》学术研讨会

续表

序号	时间	地点	内容名称
73	1983 年 7 月 16 日	黑龙江省哈尔滨市	全国师专《中学物理教学法》学术研讨会
74	1985 年 5 月 27 日—6 月 1 日	山东省青岛市	全国初中物理教学研讨会
75	1985 年 7 月 16—25 日	四川省成都市	全国师专《中学物理教学法》学术研讨会
76	1985 年 8 月 6—12 日	广东省惠州市	全国师专《中学物理教学法》学术讨论会
77	1987 年 7 月 17—25 日	河北省唐山市	全国高师《中学物理教学法》实验教学研讨会
78	1988 年 8 月 10—14 日	山东省济南市	全国师专《中学物理教学法》学术研讨会
79	1988 年暑期	山东省济南市	第三届全国中学物理教学研讨会
80	1989 年 8 月 11—16 日	河北省唐山市	全国高师《中学物理教学法》学术研讨会
81	1989 年 5 月 16—23 日	浙江省舟山市	全国《物理教学论》研讨班
82	1990 年 7 月 23—28 日	山东省曲阜市	全国首届物理教学法学术研讨会暨新编初中物理教材研讨会
83	1991 年 7 月 5—11 日	河北省唐山市	全国高师《中学物理教学法》实验教学研讨会
84	1992 年 8 月	陕西省西安市	全国中学物理教学改革经验交流会
85	1993 年 9 月 21—24 日	江苏省南京市	全国物理教育半量化学术研讨会
86	1995 年 7 月 24—29 日	新疆维吾尔自治区克拉玛依市	全国中学物理教育学术研讨会
87	1996 年 10 月 14—20 日	山东省烟台市	全国中师中学物理教育学术研讨会
88	1998 年 12 月 4—7 日	海南省三亚市	全国高师中学物理教育学术研讨会
89	2008 年 11 月 10—12 日	北京市	物理课程与教学论专业发展暨师范教育高层学术论坛

十、国家教委高等学校理科物理教材编审委员会中学物理教材教法编审组活动

序号	时间	地点	内容名称
90	1985 年 11 月 15—22 日	浙江省舟山市	教材编审组活动
91	1986 年 11 月 1—6 日	江西省庐山市	教材编审组活动
92	1987 年 10 月 8—14 日	天津市	教材编审组活动
93	1988 年 10 月 11—15 日	江苏省南京市	物理教育半量化学术研讨会
94	1989 年 11 月 7—11 日	湖北省武汉市	教材编审组活动
95	1990 年 8 月 9—12 日	吉林省长春市	教材编审组活动
96	1991 年 10 月 4—9 日	山东省威海市	研讨八五规划
97	1992 年 9 月 7—11 日	天津市	教材编审组活动
98	1993 年 9 月 26—28 日	山东省济南市	教材编审组活动
99	1994 年 10 月 13—15 日	江苏省苏州市	教材编审组活动
100	1995 年 9 月 25—28 日	辽宁省沈阳市	教材编审组活动

第二部分　山东省学术活动

一、山东省中学物理教学专业委员会年会(或理事会)

序号	时间	地点	内容名称	承担会议报告题目
1	1981 年 12 月 12 日	济南市	第 1 次山东省中学物理教学研究会成立大会	谈关于能力培养问题
2	1983 年 9 月 18 日	曲阜市	第 2 次山东省中学物理教学研究会	
3	1984 年	潍坊市	第 3 次山东省中学物理教学研究会	物理教学中方法论的教育问题
4	1986 年 4 月 23—27 日	菏泽市	第 4 次山东省中学物理教学研究会	物理教学发展的趋势
5	1990 年 3 月 14 日	滕州市	第 5 次山东省中学物理教学研究会	物理学方法论
6	1991 年 4 月 6 日	聊城市	第 6 次山东省中学物理教学研究会	
7	1997 年 4 月 28 日	德州市	第 7 次山东省中学物理教学研究会	物理科学方法的再思考
8	1999 年 4 月 23 日	泰安市	第 8 次山东省中学物理教学研究会	以教学手段的现代化为突破口,全面提高教学质量

二、山东省高校教学指导委员会活动

序号	时间	地点	内容名称	备注
9	2000 年 5 月 22 日— 6 月 5 日	山东电视大学培训中心 山东工程学院 淄博学院 油田师范专科学校 石油大学 滨州师专 滨州医学院	高校教学改革试点课程和 试点专业中期检查	
10	2000 年 12 月	青岛大学 青岛海洋大学 青岛建工学院 青岛化工学院 日照职业技术学院 临沂医学专科学校 临沂师范学院 山东工艺美术学院	教学改革计划项目验收	
11	2001 年 1 月	济南市	山东省高等教育省级教学 成果奖评审会议	
12	2001 年 11 月 14—23 日	聊城师范学院 山东建筑工程学院 山东师范大学 山东体育学院	普通高校检查评估	
13	2002 年 10 月 28 日— 11 月 6 日	山东师范大学 山东建工学院 山东英才职业学院 山东青年管理干部学院 济南铁道职业技术学院 济南大学 聊城职业技术学院 聊城大学	新上本科专业考察	
14	2002 年 7 月 3—5 日	济南大学 德州学院 山东经济学院	试点专业、课程检查和延 期项目验收	
15	2001 年 6 月	青岛海洋大学	山东省高校教学管理学会 第十一届年会	

序号	时间	地点	内容名称	备注
16	2002 年 6 月 24—27 日	烟台师范学院	山东省高等学校教务与教学管理学会第十二届年会	
17	2003 年 10 月 8—11 日	中国石油大学(东营)	山东省高校教务与教学管理学会	

三、其他学术活动

序号	时间	地点	内容名称	备注
18	1980—2014 年	山东各地市、各高师院校	作学术讲座数十次	
19	1990—1993 年	济宁师范专科学校、聊城师范学院、山东师范大学、曲阜师范大学、唐山师范专科学校、沈阳师范学院、苏州大学、黄冈师范专科学校等地	主持参加"中学物理教学法系列化音像教材"编审会	
20	2001 年 11 月	山东省济南市	中学生物理报二十周年纪念会	
21	2002—2005 年	山东省济南市、济宁市	山东省组织编写义务教育物理教科书,担任主编,先后参加编审会十几次	

接受山东物理学会副理事长兼秘书长张承琚教授代表山东物理学会赠授的纪念宝鼎（2015年）

与阎金铎先生合影（2011年）

与乔际平先生合影（2005年）

与伉俪情深、相濡以沫、恩爱一生的老伴田永秀教授在一起（2009年）

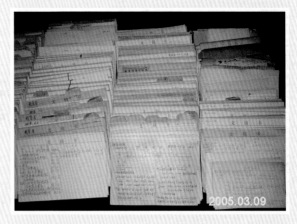

在南京大学的进修开启了物理科学方法教育研究的人生之旅（1982年）

积累的几千张物理科学方法手写卡片

《物理学方法论》（与人合作主编，陕西师范大学出版社1992年出版）

济宁师范高等专科学校承担的物理科学方法教育的理论探讨与实践课题获"世界银行贷款师范教育发展项目改革课题"优秀成果三等奖。

教育部办公厅

一九九九年三月十日

荣获"世界银行贷款师范教育发展项目改革课题"优秀成果三等奖（1999年）

《物理科学方法教育》（修订本，中国海洋大学出版社2015年出版）

《物理发现的艺术》（与人合作编著，中国海洋大学出版社2003年出版）

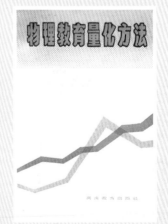

《物理教育量化方法》（与人合作主编，湖南教育出版社1992年出版）

在全国物理科学方法教育学术研讨会上（2010年，南京师范大学）

在"物理科学方法教育视频教程"汇报鉴定会上（2012年）

参加中国教育学会物理教学专业委员会秘书处会议（2011年）

在中国教育学会物理教学专业委员会年会上作工作报告（2008年）

在全国物理科学方法教育研究基地校揭牌仪式上（2013年，山东淄博一中）

与课题组老师们在一起（2014年）

后　记

张宪魁先生大学毕业后即投身物理教育事业。他把从事教育事业视为人生一大乐事,把培育英才视为自身生命的延续,将毕生精力奉献给了他的学生以及物理教育事业。他把教学当作学习,为教学而学习,以学习促教学,以研究促教学,开创了一条教、学、研一体化的教育之路和人生之路,形成了系统的物理教育思想和为学、为师之道。

直到生命的最后一段时光,张先生仍然心系物理教育研究,谆谆勉励学生后辈潜心钻研、努力学习,把物理科学方法教育与物理课程标准有机地结合起来、与发展学生核心素养有机地结合起来,深入开展课堂教学改革,其殷殷之情、拳拳之心让人感佩、让人敬仰。虽然张先生已经离开了我们,但他对我们在学术上的引领、科研上的启迪、品行上的感召、人格上的润泽、思想上的陶冶,依然是激励我们在物理教育科研之路上继续前行的宝贵精神财富,依然在鞭策着我们为物理教育事业做出更大贡献。

为了更好地传承和发扬张先生的宝贵思想和精神财富,也为了表达对张先生的追忆和怀念之情,中国教育学会物理教学专业委员会提出,要收集、整理张先生的物理教育思想和教学研究心得体会,结集出版《张宪魁物理教育思想文集》。不谋而合,张先生的几位学生和朋友,也有要系统地整理张先生的著述及教育思想的想法,使得这项工作得以迅速而顺利地展开。中国教育学会、济宁学院以及张先生远在日本的儿子张磊先生对文集的编纂及出版给予了大力支持。中国教育学会物理教学专业委员会副理事长苏明义以及济宁学院的领导分别为文集撰写了序言。编委会的同人们克服各种困难,齐心协力,终于完成了这部文集的编纂工作。

我们编辑出版《张宪魁物理教育思想文集》,首先对张先生的众多教育著述进行了收集和整理,力求呈现其教育理想和实践探索,凸显其教育思想及发展脉络,将其教育思想精髓体现在这部《张宪魁物理教育思想文集》之中,再现张先生孜孜以求的探索精神以及对中国教育事业强烈的使命感和责任感。但由于篇幅所限,无法全部收录如此丰富的内容。我们按照尊重历史、把握重点、凸现脉络的原则,将张先生的著述中那些更具有代表性的部分收录到本文集中。

《张宪魁物理教育思想文集》主要内容包括四大部分:第一部分"论文精选",择取了张先生具有代表性的 10 篇论文;第二部分"《物理科学方法教育》(修订本)选编",展现了张先生关于物理科学方法教育的核心理论观点;第三部分"学研札记"是张先生对自己学习、研究历程的回顾和反思;第四部分"附录",包括对张先生学术研究历程的梳理总结,学生、同好对张先生的怀念以及对与张先生一起参与物理科学方法教育研究的回忆,张先生的就学、工作简历,张先生的著述概览、学术活动年表和工作生活掠影。

在收集、学习、整理张先生学术成就的过程中,我们始终被张先生的思想和精神所感染,对他的学术成就和人品魅力有了更加深刻的认识。张先生深得儒家文化之真味,为人虔敬,修己敬业,立己达人。对自己,他守道中庸、笃志育人、克己修为、淡泊宁静、勤敏于事。对家人,他上孝父母、下慈子孙;他深爱老伴,与老伴相濡以沫、相敬如宾、携手白头。对学生,他爱之弥深、期之弥高、谆谆教诲、不厌其烦、不惧其难。对同事,他待之以诚、待之以礼、想之以先、做之以先。对朋友,他真心相见、虚心学习、热情相助、无私奉献。张先生的为人、为学、为师之道永放光芒,永远值得我们学习。

由于我们的水平与能力有限,对于张先生教育思想的理解与把握不够深刻,对于材料的收集与选取可能挂一漏万、多有疏失。不当之处,恳请指正。

最后,对于在收集、整理、编纂过程中给予我们帮助和支持的各级领导和老师们,再次表示衷心的感谢!

编者

2021 年 8 月